URBILD UND URSACHE IN DER BIOLOGIE

VON

HANS ANDRÉ

MIT 127 ABBILDUNGEN UND 3 TAFELN

MÜNCHEN UND BERLIN 1931
VERLAG VON R. OLDENBOURG

Druck von R. Oldenbourg, München und Berlin

MEINER LIEBEN MUTTER

„Aller Weg geht zur Form, zur Gestalt des Zieles.

Nennt diese Form das Zweckmäßige. Sie ist immer mehr, Herkunft und Erfüllung. Mag sie wechseln, das Urbild, welches ihr zu erreichen bestimmt ist, birgt sich in ihr von der Zelle an.

Alles Geschaffene, auch das ungereift Fallende, Überzählige vollendet treu sein gegebenes Maß und steht im Angesicht des Vollkommenen seiner Art.

Freund, Platons Garten, das Land der reinen Form lädt uns ein.

Und wir bekennen uns zu seinem Wesen, welches Himmel und Erde schuf."

Hans Heinrich Ehrler.

VORWORT.

Das vorliegende Buch ging aus einer Vorlesung hervor, die ich im Winter-Semester 1930/31 an der Staatlichen Akademie in Braunsberg gehalten habe. Die Vorlesung war den wesentlichen Fragen der Biologie gewidmet, jenen Fragen, die sie an die lebendige Wirklichkeit als solche richtet. Sie versuchte zu zeigen, daß die Biologie als Wissenschaft nicht erst anfing, als sie vom Bildgehalt, von den reinen Erscheinungsformen des Lebens, sich abwandte und mit den Kategorien des Unlebendigen ihren Gegenstand zu erfassen suchte. Die Fragen der klassischen Biologie, die von der Erscheinungsform als der Ganzdarstellung des Gegenstandes ausging, scheinen vielmehr auch heute noch den Kern der biologischen Problematik zu bilden. Diese Problematik gesehen zu haben, war freilich nicht das Verdienst der Vorzeit allein. Von der klaren realistischen Grundlage des klassischen Denkens aus gilt es heute, die Früchte voll ans Licht zu heben, die die so reich anschauungsbedingte und zu tieferer Sinndeutung neigende deutsche Naturphilosophie für die Biologie gezeitigt hat und in der Gegenwart aufs neue ansetzt. Die heutige Bewegung im deutschen naturphilosophischen Denken wird am besten gekennzeichnet als eine auf die Kritik der Sinne (H. Pleßner und Herm. Friedmann) gegründete Wendung zum Objekt in seinem Vollbestande, also auch in seiner uns durch den optischen Sinn sich offenbarenden Verfassung. Und so möchte diese Schrift zum Goethejahr 1932 gerade auch von der heutigen Erkenntnislage aus das Tiefste in Goethes Metamorphosenlehre und in der erst vollendeten Durchführung des Metamorphosengedankens durch K. Chr. Planck aufzeigen.

Der zweite Teil dieses Buches zeigt dann, wie aus der ideengeschichtlichen Orientierung der Wissenschaft selbst neue Lebenssäfte zufließen: eine ungeahnte Fülle von Problemstellungen, die wirklich konkretisierbar, wirklich der empirischen Forschungsarbeit zugänglich sind und diese selbst allseitig neu befruchten. Und als wertvollster Auszug aus der ideengeschichtlichen Orientierung wird sich uns eine genügend tiefe und breite Grundlage für eine neue biologische Wissenschaftslehre ergeben, eine Grundlage, die in der bildbedingten und konkret-kausalen Analyse und in der abstrakt-kausalen der exakten Naturwissenschaft zusammengehörige Gesichtspunkte erkennen läßt. Die weitere Ausarbeitung dieser Grundlage muß ich dem Fachphilosophen überlassen. Für mich kam es nur darauf an, im eigenen Fachgebiete sozusagen die höchste Spannweite des geistigen Horizontes, freie Aussicht und Übersicht zu gewinnen. Und so hoffe ich besonders in naturwissenschaftlichen Kreisen dazu beizutragen, daß man sich über die verschiedenen „Einstellungen“ zum Objekt und ihre relative Richtigkeit und Einseitigkeit klar wird und so die Leute der verschiedensten Richtungen einander näher kommen und die Gegensätze sich überbrücken.

Fräulein Mathilde Planck, die mir die Werke ihres Vaters, die fast alle vergriffen sind, in liebenswürdiger Weise zur Verfügung stellte, sei an dieser Stelle herzlichst gedankt. Ebenso Frau Maria Scheler für die durch sie mir ermöglichte Einsichtnahme in frühere Manuskripte von Max Scheler. So wenig ich Schelers philosophischer Wandlung folgen kann, so verdanke ich ihm doch — besonders den persönlichen Unterhaltungen mit ihm — die stärkste Befestigung in der Überzeugung, daß, was die reine Erscheinung uns lehrt, in Wahrheit dasselbe ist, was auch im inneren Wesen der Sache liegt. Durch diese Überzeugung ist mir auch das Verständnis Plancks erst voll zuteil geworden. Die Deckungseinheit so vieler Entwicklungen Plancks mit den Gegenwartsergebnissen der Biologie haben mir die Zuversicht gegeben, hier auf dem wahrhaft realistischen Boden mich zu befinden. Wesentlich ergänzend aber kam hierzu die genuinaristotelische Grundlegung der konkretkausalen Fragestellung, die in der Unterscheidung von

Materialfeld (Potenz) und Verwirklichungsfeld (Akt) und in der Erkenntnis der Priorität des Verwirklichungsfeldes (d. Aktes) wurzelt. Diese Formulierung liegt als tiefstes erkenntnisaufbauendes Element allen meinen Ausführungen zugrunde und führt auf dem Gebiete der organischen Wirklichkeitsbestimmung erst zu jener feineren Unterscheidung der Begriffe, die nicht nur über das Verhältnis von Stoff- und Formwechsel sondern auch über das Todesproblem und über das Verjüngungs- und Sexualitätsproblem einiges Licht verbreitet. Zur Entwicklung dieser Gedankengänge waren für mich vorbereitend die Lektüre einer kleinen Abhandlung von Michael Gloßner über den aristotelischen Begriff der realen Möglichkeit sowie die kosmologischen Studien von Jos. Gredt O. S. B. in der Zeitschrift Divus Thomas. Die hier entwickelten ontologischen Prinzipien führten mich zum Wesen der konkreten Kausalität hin, das ich bei der Grundlegung des Kausalgrundsatzes auch phänomenologisch (charakterologisch) zu erhellen suchte. Ich sehe von dieser Grundlegung aus den tiefsten Irrtum der Gegenwart darin, daß sie den Weg zum Objekt vom Menschen (von der philosophischen Anthropologie aus) und nicht vom Sein aus zu finden sucht.

Wem ich in der Gesamtorientierung über den Gegenstand zu philosophisch geworden bin, der möge bedenken, daß dem nicht einer bestimmten Methode oder Gewohnheit sondern dem Sein verpflichteten Denken die adaequatio cum re, die Annäherung an die Sache selbst, das einzig Wesentliche ist. Und wenn zu dieser adaequatio eine Gesichtskreiserweiterung nötig ist, die man als philosophische zu bezeichnen hat, so gehört diese eben auch zum Fachgebiet hinzu. Die Aufgabe einer Fachdisziplin kann doch nicht sein, um einer praktisch-vereinfachenden Denkökonomie willen Sein und Wesen ihres Gegenstandes auf sich beruhen zu lassen. Ihr Schwerpunkt muß vielmehr im Objekte selbst liegen und nichts, was der tieferen Aufhellung des Gegenstandes dient, darf sie von sich ausschließen. Von diesem Schwerpunkt aus bestimmt, muß demnach auch jedes Naturerkennen sich im erkenntnistheoretischen Realismus zu vollenden suchen. Sonst kreist es ewig um sich selber und nicht um die Natur. Der Biologe, der von sich aus zu diesem

Realismus geneigt ist, wird sich aber auch nicht ohne intellektuelle Rechenschaftsablegung zu ihm entschließen können, er muß eine biologische Wissenschaftslehre fordern, die in diesem Sinne grundgelegt ist. Und das führt ihn wieder in das Gebiet der Philosophie. Man hatte es selbstverständlich gefunden, als die alte theoretische Physik sich in der Erkenntnislehre Kants verankert hatte. So wird man es auch gelten lassen müssen, wenn das neue biologische Denken zu ihm ursprünglicher zukommenden Grundlagen zurückkehrt. Für den Forscher ist dabei zunächst das Ausschlaggebende, die innere Befruchtung und Ausweitung seiner Methoden selber, die darzustellen ich mich besonders bemüht habe.

Zum Schlusse sei auch meinem Freund und Kollegen Prof. D. Dr. Switalski für so manche kritische Anregung in der Dialektik des Gespräches herzlich gedankt!

Braunsberg, den 21. Juli 1931.

Prof. Dr. HANS ANDRÉ.

Inhaltsverzeichnis.

I. Historische Grundlegung.

Platon, Aristoteles, Thomas v. Aquin. Konkrete Kausalität, Ideenproblem. Verwirklichungslehre und Entwicklungstheorie. Pflanze, Tier und Mensch. Rangordnung und Wertproblem . . 1

II. Der Kampf der Mathematisierenden u. d. Biolog. Naturanschauungen.

Reaktion des abstrakt-kausalen (mechanomorphen) Denkens und sein Umschlagen in anthropomorphe Naturdeutung. Wiederherstellung des bildbedingten Denkens in der Biologie durch Goethe und K. Chr. Planck 79

III. Der Ausgang dieses Kampfes in der Gegenwart.

Die zweite Reaktion durch die neuere positivistische Biologie. Überwindungsversuche dieser Reaktion durch kritische Analyse (bei Driesch), positive Wesensforschung (bei Scheler und Buytendijk), neue Kritik der Sinne (bei Pleßner und Friedmann) und neuen Realismus (bei N. Hartmann) 146

IV. Anwendung auf die heutige biologische Erkenntnis besonders in der Botanik. 197

A. Probleme der individuellen Formgestaltung der Pflanze (Formreizbarkeit, biologische Feldtheorie usw.) 201

B. Das Todes- und Verjüngungsproblem in der Individual- Art- und Stammesentwicklung 223

C. Mögl. phylogenet. Entfaltung auf Grundlage der Stoffbereitung

1. Dialektik des Stoffwechsels 232

2. Das komplikatorische Prinzip Rosens 261

D. Einblick in fortschreitende Wesensentwicklung der Pflanze (Planck, Heidenhain, Uittien, Troll, Humboldt) 269

E. Vereinigung der bildbedingten mit der kausalen Grundlegung der Phylogenie. Deszendenz und Konvergenz. Typologie und Ideenlehre. Concursus divinus 310

I.

Das bildbedingt-typologische und das konkret-kausale Denken in seinen antiken Wurzeln (Platon und Aristoteles) und in seiner klassischen Synthese (Thomas von Aquin). Darlegung des Aufbaues der Natur aus Material- und Verwirklichungsfeldern. Das Wesen der konkreten Kausalität. Das Ideenproblem und das Problem des Ursprungs der Ideen (in der menschlichen Erkenntnis) in seiner Bedeutung für die Biologie. Thomistische Verwirklichungslehre und Entwicklungstheorie. Der typologische Aufbau des Lebens: Pflanze, Tier und Mensch. Die Verbindung der Stufenlehre mit dem platonischen Teilnahmegedanken. Die Seinsgrundlagen des mathematischen Geltens (Bionomie). Das Problem der Rangordnung in der Natur in seiner Bedeutung für die Biologie (Wertproblem).

Wenn die Gegenwart bestrebt ist, die Bedeutung des Begriffs des Ganzen für die Erkenntnis der mannigfaltigsten Gegenstandsgebiete nachzuweisen, so geht sie davon aus, daß diese Gebiete bisher nur bruchstückartig und unter sehr unzureichenden Gesichtspunkten betrachtet wurden. Was speziell die Gegenstände der Naturerkenntnis angeht, so wissen wir, daß dieselben einer unbefangenen Charakteristik recht verschiedene Seiten darbieten, daß aber diese ihre mannigfachen Ansichten von einer Zeit, die vorwiegend nur messend und zählend an die Dinge herangetreten ist, nicht alle gleichmäßig beachtet wurden. Und wenn schon diese gleichmäßige Beachtung aller Eigentümlichkeiten an den Naturgegenständen vernachlässigt wurde, so wurde erst recht außer acht gelassen, diese Eigentümlichkeiten unter Gesichtspunkte zu bringen, die sie nicht als etwas zufällig Zusammen-Geratenes, sondern als etwas Zusammengehöriges erscheinen lassen. Was wir an den Gegenständen erfaßten, das waren materiale Merkmale, und diese waren in Begriffe gefaßt, die selbst wieder materiale waren, d. h. nicht das Typische zum Ausdruck brachten, welches das eine die Hauptzüge enthaltende Bild von dem andern deutlich unterscheiden ließ. Das gilt z. B. von den bekannten Definitionen, die von der Pflanze überhaupt in den Lehrbüchern der Botanik gegeben wurden. Sie enthielten noch nicht den letzten formalen Gesichtspunkt, unter dem wir die Pflanze als Pflanze bestimmen und dem jede Art von Pflanze eingeordnet und jede Art von Tier ausgeordnet werden kann. Einen solchen Begriff gab es für die neuere Biologie überhaupt nicht. Man sagte, daß weder durch den Stoffwechsel noch durch den Formwechsel noch durch die Reizbewegungserscheinungen eine scharfe Abtrennung von Tier und Pflanze möglich sei. Das ist ganz richtig; aber diese Begriffe sind ja selbst wieder nur Materialbegriffe, die nicht eingefaßt sind in einen obersten formalen Rahmen, der das typisch vegetabilische Verhalten gegenüber dem animalischen des Tieres bestimmt. Dadurch, daß man bloß mit Materialbegriffen arbeitete, kam es auch, daß die Anthropologie im Menschen im Vergleich zum Tier nur graduell veränderte Organisationscharaktere und der Physiologe im Belebten nur eine graduelle Steigerung des Unbelebten erblickte. Gegenwärtig sieht man nun ein, daß man mit so gänzlich bruchstückartigen Begriffen keine Wissenschaft aufbauen kann, die ihren Gegenstand als Ganzes, in seinem Vollbestande, zu erfassen trachtet. Immer mehr bedient sich daher die Wissenschaft wieder einer bildbedingten, auf die Erfassung des Wesens gerichteten (quidditativen) Abstraktion. So erst vermag sie die Ordnung, die in den Erscheinungen zum Ausdruck kommt, ideal grundzulegen.

Man könnte versucht sein, einzuwenden, daß eine solche Orientierung die Ebene strenger Wissenschaftlichkeit verläßt und sich dabei auf Kant berufen, der nur die quantitative Seite der Naturerscheinungen einer streng wissenschaftlichen Erforschung fähig gehalten habe. Aber unter den modernen Kantforschern hat namentlich Hans Heyse (1) gezeigt, daß eine solche Berufung auf Kant nicht gerechtfertigt erscheint. Nach Heyses Ausführungen, die mir recht gediegen erscheinen, sind gerade nach Kant die Begriffe und ihre Gegenstände in verschiedenen Feldern zu denken, je nachdem, ob sie als Erscheinungen, d. i. wesentlich durch die Mittel von Raum und Zeit, oder als Dinge an sich, und dann ohne jene Mittel — aber vielleicht durch andere — zur Erfassung gebracht werden können. In dem physikalischen Bezirk ist der Raum ein Ganzes, das die Grundlage der Möglichkeit der Teile und als reine Mannigfaltigkeit die Grundlage der Konstruktion der Bewegungen repräsentiert. Auch die Zeit wird als grundlegendes Prinzip mit hineingenommen. Sie wird z. B. von Kant verknüpft mit Raumdifferentialen, um die Bewegung eines Körpers zu definieren, der „in jeder noch so groß anzugebenden Zeit gleichförmig doch nur einen Raum, der kleiner ist, als jeder anzugebende Raum", zurücklegt, „mithin seinen Ort in alle Ewigkeit gar nicht verändert". Wenn nun in Raum und Zeit konkretisierbare Ganzheits- oder Systembegriffe für den physikalischen Bezirk ermittelbar sind, Begriffe, durch welche die physikalischen Vorgänge mathematisch in Funktionsgleichungen typisiert werden können, so ist nicht einzusehen, warum nicht der biologische Seinsbezirk mit besonderen nur für ihn geltenden Systembegriffen erfaßt werden kann. Dieser Versuch der Erfassung unter einem höheren integrierenden Gesichtspunkt bräuchte die physikalische Betrachtungsweise ja keineswegs auszuschalten. Diese ist ja nur als ein Gesichtspunkt zu betrachten, zu dem weitere nur der biologischen Ebene zugehörige Gesichtspunkte hinzukommen können. Wesentlich ist die Erhöhung der Mannigfaltigkeit der Perspektiven für jene Ordnungseinsichten, die die Biologie als eine Wissenschaft sui generis nicht entbehren kann.

Diese Art, in das Leben und seine objektiven Ordnungsbestimmtheiten einzudringen, war in keiner Zeit völlig ausgeschaltet. Aber ihre erste tiefe Grundlage hat sie in der Antike erhalten. Schon Goethe gab deshalb eine Anweisung, Naturforschung im Geiste und Stile Platons zu treiben. In seinen „Maximen und Reflexionen" (Nr. 664) schreibt er: „Um sich aus der grenzenlosen Vielfachheit, Zerstückelung und Verwickelung der modernen Naturlehre wieder ins Einfache zu retten, muß man sich immer die Frage vorlegen: wie würde sich Platon gegen die Natur, wie sie uns jetzt in ihrer größeren Mannigfaltigkeit, bei aller gründlichen Einheit, erscheinen mag, benommen haben?" Aber damit hat Goethe nur die eine Wurzel wissenschaftlicher Betrachtungsweise in der Antike aufgezeigt, die ideal normative. Sie ordnet die Naturphänomene in bestimmte Typen ein, so, wie man etwa Gemälde dem klassischen, impressionistischen, expressionistischen oder kubistischen Typus einordnet, um seinen Charakter als Kunstwerk der Malerei ganz allgemein zu „normieren" (vom Wesen des Typus aus zu begreifen). Ein ausgesprochener Platoniker in der Biologie, Karl Camillo Schneider, hat so auch tatsächlich neuerdings versucht, die Mannigfaltigkeitsgehalte in der Malerei als Beispiele aller biologischen Mannigfaltigkeit heranzuziehen. Diese Betrachtungsweise ist an sich erkenntnisaufbauend, aber sie berücksichtigt nur die eine Seite der synthetischen Betrachtung, nämlich die Zusammenfassung der Erscheinungen unter einem allgemeinen Begriff, in dem sie wie in einer idealen Fassung der Möglichkeit und idealen Ordnung nach enthalten sind. Aber sowohl das Natur- wie das Kunstgebilde bringt nicht nur diese allgemeine Fassung zur Darstellung, sondern stellt auch in sich selber ein konkretes individuelles Ganzes dar, eine streng in sich geschlossene Einheit, die, wie wir heute sagen würden, einen komplexkausalen Gestaltcharakter zeigt, d. h. in ihrer Eigenart sich nicht aus der Summenwirkung der Teile ableiten läßt. Diese konkrete Einheit in ihrem Vollbestande zu erfassen und ursächlich zu ergründen, war das Hauptbestreben des Aristoteles im Gegensatz zu Platon.

„Was immer Natur und Kunst hervorbringt, sagt Aristoteles, wird durch die aktuelle Kraft des Dinges aus seiner potentiellen herausgefördert." Er ergänzt so die ideale Bestimmung von Grund und Folge, die der bildbedingt-typologischen Betrachtungsweise Platons zugrunde liegt, durch die Wirklichkeitsbestimmung eines Materialfeldes durch ein Verwirklichungsfeld. Das Materialfeld umfaßt das bestimmungsbereite Möglichsein (die passive Anlage oder Potenz), das Verwirklichungsfeld das in Eigenkraft stehende Wirklichsein (den Akt, die Form). Ganz allgemein zeigt Aristoteles der Einblick in die obersten Seinsunterschiede in Verbindung mit dem Widerspruchsprinzip, daß eine Wirklichkeitsbestimmung als Übergang von der Potenz in den Akt immer schon ein actu Seiendes, ein in Eigenkraft stehendes Sein, voraussetzt. Denn etwas kann nicht zugleich und in gleicher Hinsicht bestimmungs empfangend und bestimmungs mächtig sein. Als Formaktualität, d. h. als Verwirklichungsfeld zu fassendes bestimmungsmächtiges Sein, das den Körper in das eine wirkliche Ganze fügt, kann aber der Akt dem Körper nur innewohnen, insofern dieser ein Zusammenhängendes, ein Kontinuum ist. Daraus folgt notwendig die Ablehnung der Korpuskularphysik des Demokrit mit ihrer Vorstellung eines sogenannten leeren Raumes und eine Annäherung an die Gestaltphysik und Feldphysik von heute. Letztere setzt Elektronen und Wellen miteinander in Beziehung und erweist es als unmöglich, vom Elektron das einfache Bild eines „kleinsten Dinges", eines starr mit sich selbst identisch bleibenden „Wirklichkeitsklötzchens" beizubehalten. Auch umfaßt der Begriff der „Energie" als der Möglichkeit Arbeit zu leisten, wobei dann jeder „Energieform" ein Bewegungsäquivalent irgendwelcher Art irgendwie zugeordnet werden kann, nach der heutigen Auffassung nur eine Seite des Energiebegriffs. Ihrem Wesen nach ist sie auch „ineinsbildende Energie": Formenergie. Es ist das Verdienst von Weyl, auf die Beziehungen der heutigen Physik zu den ontologisch-dynamischen Vorstellungen des Aristoteles wieder hingewiesen zu haben (2).

Wenn Aristoteles den Blick so vor allem auf den inneren ursächlichen Bestand der Naturdinge und auf den konkreten Verwirklichungsprozeß in den Naturvorgängen richtet, so entgehen ihm doch nicht auch die allgemeinen Wesenszüge, die dem Leben selber und seinen großen Abstufungen in Pflanze, Tier und Mensch zukommen. Auch dieses Allgemeine ist nach Aristoteles eine Art Ganzes, das die spezifischen Unterschiede als ideale Möglichkeiten in sich einschließt.

Ganz allgemein charakterisiert er das Leben als Bewegung, die den Grund ihrer Bestimmung in sich selber trägt. Die leblosen Körper haben nach Aristoteles kein Prinzip der Selbstbestimmung und werden deshalb in der Art, wie sie sich bewegen, ganz von außen her bestimmt. Dazu kommt noch ein Zweites. Wenn die leblosen Körper ihre Eigenschaften äußern, so wirken sie auf anderes verändernd ein. Im Gegensatz zu einer solchen sich veräußernden Wirksamkeit nennt Aristoteles die Lebenstätigkeit „einen Fortschritt der eigenen Natur zu sich selber". Das Lebewesen ist also nicht nur aus sich selber, sondern auch für sich selber tätig. Man nennt eine solche Tätigkeit eine immanente.

Was nun die Stufen des Lebens angeht, so faßt Aristoteles dabei nicht nur den körperlichen Vollzug der Bewegung und die rein körperlichen Hilfsmittel dabei ins Auge, sondern es kommt ihm vor allem darauf an, den Bewegungstypus, um den es sich handelt, festzustellen, also eine Art Typologie der Bewegungsformen der Natur und dadurch auch ihrer Seinsstufen zu geben. Aus der Erkenntnis, daß der Pflanze die in der Handlung selbständige Tätigkeit des Tieres und das Sinnesleben fehlt, hat Aristoteles tiefe Einblicke in ihre ganze Baukonstruktion und ihre Verhaltungsgesetze gewonnen. Die Pflanzen entbehren mit dem Trieb und der Sinnestätigkeit des einheitlichen Mittelpunktes für ihr Leben und sind durch ihre Ernährungsweise nur polar nach oben und unten und nicht nach vorn und hinten und rechts und links gegliedert. Erst beim Tier ist durch das Erkennen ein intentionaler Ausgangspunkt der Bewegung in einem Vorn und ein Richtungsspielraum zwischen rechts und links gegeben. Ein verschiedenes Bauprinzip als Ausdruck verschiedener Wesensart der Bewegung waltet dann auch zwischen Mensch und Tier. „Die Tiere, sagt Aristoteles drastisch, haben nur eine Hilfe und können sie mit keiner andern vertauschen, sondern müssen daran sein wie ein Mensch, der immer in den Schuhen schläft und alles in den Schuhen verrichtet, die Leibesrüstung niemals ablegt und die Waffe, die er einmal hat, nie vertauscht. Der Mensch dagegen kann Hilfsmittel in Menge haben und jederzeit mit ihnen wechseln und auch Waffen führen, welche er will und wo er will. Ist es doch seine Hand, die ihm Kralle, Huf und Horn, Spieß und Schwert wird und welche Waffen und welche

Werkzeuge es sonst noch sein sollen. Denn sie kann all das werden, weil sie alles fassen und halten kann und dieser ihrer natürlichen Bestimmung entsprechend auch ihre Gestalt gebildet ist" (3). Dieser aristotelische Gedanke, der das Charakteristische im Menschen in der relativen Organausschaltung sieht, ist bekanntlich vor mehreren Jahren von Alsberg in seinem Buche „Menschheitsrätsel" wieder aufgegriffen und zu einer orginellen, wenn auch etwas einseitigen Anthropologie ausgearbeitet worden.

Auch die allgemeinen Wesenszüge des vegetativen Lebens, die der Ernährung, des Wachstums, der Fortpflanzung und der Vererbung hat Aristoteles in einer Reinheit erfaßt, die uns in Erstaunen versetzt. Ernährung im aristotelischen Sinne ist nicht rein physiologisch zu verstehen als Hervorbringung von organischen Substanzen, d. h., wie wir heute sagen würden, von verwickelten Kohlenstoffverbindungen. Sie besagt vielmehr eine echte spezifische Einverleibung der verarbeiteten Nahrung in die aktuelle Einheit des lebenden Körpers und in diesem Sinne eine wahre „Hinzuzeugung" lebender Substanz. „Dasselbe, sagt deshalb Aristoteles, ist das Ernährende und das seinesgleichen Erzeugende. Wie die Kraft der ernährenden Seele aus der Nahrung später das Wachstum bewirkt, indem sie sich als Werkzeug dazu der Wärme und Kälte bedient — denn darauf beruht ihre und gewissermaßen jede Bewegung — so setzt sie auch von Grund auf das, was von Natur wird, zusammen" (De generat. animal. II, cap 4, pag 740 b). Sehr instruktiv ist auch eine Stelle bei Aristoteles, welche das Rätsel der Fortpflanzung berührt. Aristoteles geht, wie wir schon erwähnt haben, davon aus, daß in allem, was von Natur oder durch Kunst entsteht, durch ein in der Tat Seiendes das der Möglichkeit nach Seiende wird. Der Same nun erhält vom Zeugenden, von dem in der Tat Seienden, eine solche Beschaffenheit und hat von ihm eine solche Bewegung und ein solches Prinzip, daß er aus dem von der Mutter gelieferten Material den Embryo bildet. Aber daß der Same, nach dem er alle oder einige Teile hervorgebracht hat, wieder untergehe, ist nach Aristoteles widersinnig. Indem der Befruchtungsstoff unter Zufuhr von Nahrung vermehrt und beim Organisierungsprozeß verbraucht wird, bleibt doch noch etwas unverbrauchtes Samenmaterial übrig, „so, sagt Aristoteles, wie ein Maler oft Farbe übrig läßt, derjenigen ähnlich, die er benutzt hat". Und aus diesem unverbrauchten Material wird im männlichen Organismus wieder neuer Same gebildet, so daß durch diese Samenkontinuität die Erbsubstanz von Generation zu Generation weitergegeben wird. Auf diese Weise erklärt Aristoteles nach Johannsen (4) die Vererbung, d. h. die Tatsache, daß der Nachkomme den Eltern wieder gleicht. Neuerdings hat freilich eine eingehendere Untersuchung festgestellt, daß zu der von Johannsen angeführten Stelle auch widersprechende Stellen bei Aristoteles zu finden sind, welche die Samenkontinuität ausschließen. Wie dem auch sei, wichtig ist, daß von Aristoteles die stofflichen Grundlagen der Vererbung auch wirklich material (in Analogie zu den Farben) aufgefaßt werden, während die ordnende, die Teile ins wirkliche Ganze fügende Ursache der Organismus selber bzw. sein Verwirklichungsfeld ist.

Plato, der Philosoph der Idealbestimmung durch die Wesensnormen, und Aristoteles, der vorwiegend von der konkreten Wirklichkeitsbestimmung (des Materialfeldes durch das Verwirklichungsfeld) ausgehende Denker, haben sich in Thomas von Aquin zu einer durchaus neuen und höher gestaffelten Einheit verbunden, und man kann diese wie aus These und Antithese schöpferisch vollzogene Synthesis des Aquinaten mit Recht als den Standpunkt der perspektivischen Totalitätsbetrachtung der Wirklichkeit überhaupt bezeichnen. Thomas verwirklicht die Verbindung beider durch seine Lösung des Ideenproblems im allgemeinen und des Problems des Ursprungs der Ideen in der menschlichen Erkenntnis (ideogenetisches Problem) im besonderen. Diese Lösung gelingt ihm, indem er Platon mit dem konkretkausalen Denken des Aristoteles durchdringt und umgekehrt Aristoteles durch den christlich gedeuteten Teilnahmegedanken Platons zu einem gereinigten Platonismus emporhebt.

Die Vermittelung der aristotelischen Philosophie und vor allem auch der biologischen Grundanschauungen derselben dankt Thomas von Aquin seinem Lehrer Albertus

Magnus. Dieser war ein ausgezeichneter Naturbeobachter mit einem ausgeprägten Formensinn, was schon daraus hervorgeht, daß wir bei ihm als erstem in der Literatur eine Beschreibung der feinen Schneekriställchen finden sowie die erste richtige Schilderung der Knospenlage des Kelches und der abwechselnden Stellung der Blütenteile bei der Rose.

Als theoretischer Biologe übernimmt Albert von Aristoteles die scharf das Eigentümliche erfassenden Begriffe des Wachstums und der Ernährung, seine treffliche Charakteristik des vegetativen und sensitiven Lebens, er vertieft sie und belegt sie durch neue Beobachtungen. Er kennt auch und beschreibt die Schlafbewegungen der Blumen, aber der echte Schlaf ist ihm ein Vorzug der auch nur am echten Wachsein teilnehmenden Tiere. Ganz modern mutet es uns an, wenn er den Formwechsel der Pflanze in innige Beziehung zu ihrem Stoffwechsel bringt und hier schon so etwas wie eine Blattmetamorphose durch wechselnde Stoffzufuhr annimmt. Das von Stufe zu Stufe sich verfeinernde Blatt ist nach ihm als ein Anhang der Knoten aufzufassen, in welchem der überflüssige Teil der Nahrung abgeschieden wird. Je nachdem diese Abscheidung gröber oder feiner ist, soll auch das Blatt sein Formgepräge ändern. Eine ganz ähnliche Vorstellung legte auch später Goethe seiner Auffassung von der Blattmetamorphose zugrunde. Gestalttypologische Untersuchungen können wir darin erblicken, daß Albert die Gestaltungen der Blüten auf geometrische Formen zurückführt, sie als geflügelte Form, Glockenform und (häufigste) Sternenform unterscheidet. Wie Goethe, so hat auch schon Albert botanische Experimente angestellt. So beschreibt er selbst einen hübschen Versuch mit Rosen. Wenn man eine Rosenknospe zeitig unterbinde und im Herbst wieder löse, so blühe sie an klaren Herbsttagen wieder auf. Die scharfe Beobachtung, die wir bei Albert auf dem botanischen Gebiete finden, zeigt sich auch auf dem zoologischen. Er weiß, daß die Ameise auf Reizung einen scharfen Saft absondert, beschreibt richtig ihre Brutpflege, weiß, daß die Fühler ein Organ zum Einander-Erkennen sind. Dies beweist er, indem er die Fühler abschneidet; fühlerlose Ameisen irren dann ziellos umher und beißen sich an ihren Gefährtinnen fest. Wie ich einer interessanten Notiz von Kohlbrügge entnehme, berichtet Albertus Magnus auch über eine Art Sprache der Affen. Neben solcher Fülle wesentlicher Beobachtungstatsachen findet sich bei Albert auch immer wieder der Versuch, die lebendigen Bildungen als solche zu erkennen und namentlich in der Anthropologie bemüht er sich, die greiflichen Teile des Menschen im Zusammenhang zu erfassen und als Andeutungen seines Innern aufzunehmen. Er nennt den Menschen nicht bloß spezifisch verschieden vom Tiere, sondern gewissermaßen generisch; er zeigt, wie er die höchste Entwicklung des Zentralsinnes, des Gefühles, habe, während die anderen Sinne edler ausgebildet sind als bei den Tieren; er weist auf die Hand als das Organ des Verstandes und der Kunst hin, auf die vollkommenste Leibesgestalt, die nach den drei Dimensionen harmonisch sich entfaltet, auf die vollkommenste Bewegung des Menschen, auf seinen aufrechten Gang, auf die Verklärung aller Kräfte und Triebe durch die Seele, die „wie der feste Sitz sei, auf dem alle Schönheiten der göttlichen Schau und Wahrheit und Güte thronen". Was ihn an der Seele am meisten in Erstaunen setzt, ist ihre reine, dem Erkenntnisstreben entsprechende Richtung auf die Wahrheit als solche. „Die Seele, sagt Albert, ist etwas Wunderbares; aber in ihr ist wunderbarer als alles, daß der Mensch durch sich selber zu wissen verlangt." Was den Erwerb des Wissens im Menschen durch die Ideenbildung angeht, so hat Alberts Lösung dieses Problems, das man das *ideogenetische* genannt hat, schon im wesentlichen das Richtige getroffen, wenn seine Lehre vom *intellectus agens* (wonach der Verstand zwar Schüler der Erfahrung und insofern rezeptiv d. h. empfangend, aber doch zugleich sein eigener Lehrer ist), auch manchmal akut mystisch im neuplatonischen Sinne wird. Auch die Lösung des Ideenproblems wird schon von Albert auf die klassische Formel gebracht: Die Ideen sind *vor den Dingen* (*ante res*) als *Vorbilder*, *in den Dingen* (*in rebus*) als *Wesen* und *nach den Dingen* (*post res*) als unsere menschlichen *Abstraktionen*.

Was in Alberts Versuch, den Aristotelismus und Platonismus auf einer höheren Ebene zu vereinigen, noch unzulänglich und unausgeglichen blieb, hat die ungleich höhere spekulative Kraft des Aquinaten zur inneren Vollendung gebracht. Die Fragen, inwieweit Thomas von Aquin aus den antiken Quellen rein geschöpft oder inwieweit er sie christlich interpretiert oder selbständig weiter gebildet hat, können hier unberührt bleiben, da es sich uns nur darum handelt, den platonischen Aristotelismus in der Naturanschauung des Aquinaten selber kennenzulernen — also jene Synthese, die in der kritisch wesentlich höher gestaffelten Erkenntnislage von heute das uns zutiefst bewegende Problem bildet. Wenn ich sie zu ihrer besseren Exemplifizierung schon gleich mit der Gegenwartserkenntnis in lebendige Verbindung setze, so rechtfertigt sich das dadurch, daß ich nur auf den entwicklungsfähigen Kern in ihr und nicht auf die historisch bedingte Schale gehe, die der mittelalterlichen Naturerkenntnis angepaßt war. Erst am Schluß unserer Ausführungen werden wir sehen, wie auch dieser Kern aus der heutigen Problemlage heraus neu sich innerlich aufbauen muß, insofern die einheitliche Lösung eine viel feinere und tiefere Scheidung der Gesichtspunkte in ihr verlangt.

Sicher ist die konkret-kausale Fragestellung das Charakteristische in dem seinsgerechten Denken des hl. Thomas. In bewußtem Gegensatz zu dieser seinsgerechten Kausalauffassung ist der gesetzesgerechte Kausalbegriff der modernen Naturwissenschaft, ihre auf mathematisierende Idealbestimmung (nicht primär auf Wirklichkeitsbestimmung) hinausgehende Tendenz herausgebildet worden. Wenn wir diese Idealbestimmungen ins Auge fassen, so steht darin der Notwendigkeitscharakter im Vordergrund. Das Kausalverhältnis löste sich auf in das Verhältnis der gesetzmäßig-notwendigen Aufeinanderfolge und besagte, daß mit dem tatsächlichen Vorhandensein bestimmter körperlicher Bedingungen notwendig das Auftreten eines ganz bestimmten Erfolges verknüpft ist. Kennt man die Anfangslage und die Anfangsgeschwindigkeit eines Massenpunktes in einem gegebenen Kraftfeld, so kann man seine Bewegung genau bestimmen. Zwischen den quantitativ erfaßbaren Größen der Bedingungen und des Erfolges wurde eine mathematisch-rationale Funktionsgleichung aufgestellt. Bei Einsetzung bestimmter Bedingungswerte sollte dann auch ein ganz bestimmter Erfolgswert notwendig herauskommen. Daß dem so ist, war aber lediglich eine Voraussetzung, ein Postulat der Naturwissenschaft, und zwar oberstes Postulat, auf das sie ihre ganze Zuversichtlichkeit in der Erforschung allgemeiner, unverbrüchlicher Naturgesetze gründete — eine Zuversichtlichkeit, die sich dann auch immer bei der Entdeckung eines neuen Gesetzes durch die Erfahrung zu bestätigen schien.

Diese Auffassung des Naturgesetzes wurde nun aber durch die neueste Entwicklung der Physik mächtig erschüttert. Die kritische Analyse zeigte zunächst, daß viele Gesetze in ihrer wissenschaftlichen Formulierung nur statistische Feststellungen sind. Durch die exakte Forschung wird lediglich konstatiert, daß Dinge, die man für gleich ansieht, unter bestimmten gleichen Umständen in gleicher Weise reagieren, und diese gleiche Reaktionsweise wird dann als Naturgesetz formuliert. Daß aber zwei Dinge, die man für gleich ansieht, wirklich gleich sind, ist schon eine bloße Annahme. Schon zwei Sauerstoffatome sind, wie wir heute wissen, in jedem Moment voneinander verschieden. Daraus, daß die bisher beobachteten Sauerstoffatome sich gleich verhalten haben, können wir also nicht schließen, daß alle Sauerstoffatome sich unter den angenommenen gleichen Umständen gleich verhalten *müssen*. Von bestimmten gleichen Umständen der Reaktion zu sprechen und andere Umstände zu vernachlässigen, weil sie nach den bisherigen Erfahrungen ohne Einfluß auf die Reaktion geblieben sind, ist noch weniger zulässig. Je mehr man freilich einzelne Fälle mit dem immer gleichen Resultat verglichen hat, desto größer wird die Wahrscheinlichkeit, daß das gefundene Resultat sich in einem bestimmten Falle einstellen wird. Aber es bleibt immer nur die Wahrscheinlichkeit einer statistischen Feststellung, die empirisch nie zur vollen Gewißheit erhoben werden kann. Dazu kommt die neueste Erkenntnis der Atomphysik, daß im Gebiete atomistischer Größenordnungen bestimmten Berechnungen nicht nur durch die unvollkommene Praxis mit den äußeren Instrumenten, sondern *grundsätzlich durch die Natur der zu messenden Objekte und das Sin-*

nesorgan des Beobachters eine unüberschreitbare Genauigkeitsgrenze gesetzt ist. Die Annahme einer letzten Gesetzlichkeit des Geschehens würde dadurch für die Physik als Postulat mindestens überflüssig sein, da sie ja jetzt auch grundsätzlich nie bestätigt werden könnte. Man spricht daher von einer Kausalitätskrisis in der modernen Physik, weil man unter Kausalität die mathematisch-funktionale Idealbestimmung der gesetzmäßig notwendigen Verknüpfung materieller Zustände versteht, die jetzt grundsätzlich durch die Erfahrung nicht mehr auf ihre Richtigkeit nachprüfbar erscheint. Ja, es sieht so aus, als ob die Physik in der Wechselwirkung der letzten Wirkungszentren eine streng festgelegte Ordnung sogar positiv leugnen wollte.*)

Bei dieser Sachlage ist es wichtig einzusehen, daß die Physik nur bestimmte Bezüge am Naturwerden ins Auge faßt, aber nicht dessen eigentliches Wesen. So wenig die Regeln der Grammatik dem blühenden sprachlichen Leben eines Gedichtwerkes Ausdruck verleihen können, so wenig können Formeln, die die Abhängigkeit quantitativ ermittelbarer Größen darstellen, die Wissenschaft zum Abbild der Natur machen. Aber wie soll man nun faktisch an die Wirklichkeitsbestimmung herankommen? Etwa dadurch, daß wir auf der Grundlage eines psychologischen Empirismus in die Natur deshalb tätigende Ursachen hineinverlegen, weil wir selbst uns als tätigende Ursachen erleben (und so die Natur als produktive Natur nur in Analogie zu uns selbst zu verstehen suchen?). Dieser Weg wäre reiner Anthropomorphismus. Im Gegensatz zu jener mathematisch abstrakten oder zu dieser psychologistisch-vermenschlichenden Kausalitätsauffassung finden wir bei Aristoteles und der genuinen Scholastik ihre Einsichtigmachung vom Objekt des Seienden selbst her.

*) Schrödinger freilich ist der Ansicht: Wenn die Philosophen glaubten, aus anderen Gründen an der strengen Geltung des Kausalgesetzes festhalten zu müssen und dürfen, so stehe seitens der Physik dem nichts im Wege, nur müsse sie freilich erklären, daß sie daran, wenigstens in ihrem gegenwärtigen Zustande, kein grundsätzliches Interesse habe. (Vgl. die immer ausgezeichneten Berichte von Bavink über diese Fragen in der Zeitschrift „Unsere Welt").

Wenn wir ihre Kausalbegründung zeitentsprechend durchführen wollen, so müssen wir modern phänomenologisch vorgehen, d. h. durch schlichte Wesenscharakteristik in das Sein und Werden als solches einzudringen versuchen. Es handelt sich dabei gar nicht um die Einsicht in eine Tätigkeit als spezifisch menschliche Tätigkeit, sondern um das unmittelbare Aufzeigen der beiden obersten Seinsunterschiede, die allerdings durch Analogien, die die innere Anschauung uns bietet, am besten sich verdeutlichen lassen. Wir gehen in der phänomenologischen Analyse am erfolgreichsten von gewissen konkret-sinnlichen Erkenntnisakten, nämlich von der Auffassung bestimmter Figuren aus. In Abb. 2 ist uns rein gegenständlich ein Flechtmotiv gegeben, das durch Vereinigung der vier Hakenkreuze von Abb. 3 entstanden ist. In diesem Flechtmotiv finde ich nun aber ein Moment vor, das mich überrascht. Es ist zunächst so beschaffen, daß die vier vorhergegebenen Hakenkreuze nicht mehr in ihm vorhanden sind. Will ich sie trotzdem in der Anschauung aus ihm herausisolieren, so zeigt das Flechtmotiv einen gewissen Widerstand. Noch deutlicher zeigen dieses Moment die Abb. 4 bis 7. In allen ist als Kern das Hakenkreuz 4 enthalten. Seine Herauslösung gelingt am leichtesten bei Abb. 5, am schwersten bei Abb. 7. Indem ich nun den Widerstand erfasse, den die Gestalten in verschiedener Weise der Herauslösung bestimmter Glieder entgegensetzen, erfasse ich darin zugleich auch ein gewisses Gefestigtsein der Gestalt, und zwar ein Gefestigtsein, das nicht ein rein inhaltliches Zusammengehaltensein als Element der Erkenntnis bedeutet. Auch ein solches gibt es. Aus der Zweckbestimmung der Uhr sind gewisse rein ideale Widerstände gesetzt gegen beliebig viele Konstruktionsvariationen. Eine solche nur rein sinngesetzliche Festigung im Verbundensein der Teile liegt in der Gestaltauffassung nicht vor (was, wie wir später sehen werden, bei bestimmten rein zwangsläufigen Gestaltergänzungen besonders deutlich hervortritt). Deshalb stellen die vier Hakenkreuze auch nicht rein ideale Möglichkeiten zum Flechtmotiv und dieses nicht nur eine rein inhaltlich begründete Vereinigung derselben vor. Im Moment ihrer Festigung liegt also ein lediglich vom Sein als Sein, und zwar als einem in Eigenkraft stehenden (bestimmungsmächtigen) Wirklichsein und nicht inhaltlich vom

Abb. 1—16 mit Ausnahme Abb. 12 u. 13 aus Matthaei, Das Gestaltproblem.

Sinn her gesetzter Widerstand. Daß dieser erlebte Widerstand von etwa unsere Tätigkeit begleitenden Tastempfindungen scharf zu unterscheiden ist, hat zuerst Dilthey scharf gesehen, der ihn im Gegensatz zur toten örtlichen

Empfindung „die Erfahrung der lebendigen Kraft im Widerstande“ nennt. Wenn wir weiterhin das in Eigenkraft stehende Wirklichsein als ein psychisches bestimmen müssen, so tut das nichts zur Sache, da es sich für uns vorläufig nur um den Einblick in die beiden obersten Seinsunterschiede handelt. Wir stellen ferner fest, daß in bezug auf das Flechtmotiv die vier Hakenkreuze, wenn sie zusammengerückt werden, ihre Erscheinungsform verlieren. Sie haben zur Neubildung ein Möglichsein, aber nicht eines das zunächst inhaltlich sinngesetzlich einsichtig ist, wie die Bildung einer Uhr aus so oder so geformten Teilen. Sie stehen vielmehr zur Flechtmotivbildung, deren Festigung, wie wir gesehen haben, immer nur vom Sein als einem in Eigenkraft stehenden Wirklichsein und nicht rein inhaltlich vom Sinn her gesetzt werden kann, sie stehen, sage ich, zu dieser Flechtmotivbildung in einem realen Möglichsein. Dieses Möglichsein „gilt“ in der realen Ordnung, wie eine mögliche Konstruktionsvariation der Uhr zunächst in der idealen Ordnung „gilt“. Obwohl an diesem Beispiel aus der Wahrnehmungslehre das reale Möglichsein nicht unmittelbar verdeutlicht werden kann, so läßt sich das in ihm enthaltene Moment einer realen „Bestimmungsbereitschaft“ (im Gegensatz zur idealen) doch an anderen Beispielen, etwa an den Phänomenen des reinen inneren „Geöffnetseins“, der „maximalen Empfänglichkeit“ des Lernenden dem Lehrenden gegenüber, anschaulich einsichtig machen.

Nun ist es aus dem Widerspruchsprinzip einleuchtend, daß einem Etwas, dem ein reines reales Möglichsein in bezug auf ein anderes Etwas zukommt, nicht zugleich und in gleicher Hinsicht ein bestimmungsmächtiges Wirklich- oder Aktuellsein in bezug darauf zukommen kann. Da es also der Eigenkraft in bezug auf das, zu dem es in Potenz steht, entbehrt, muß es sie von einem von ihm verschiedenen Etwas, das schon in Eigenkraft steht (also wirklich bestimmungsmächtig ist) empfangen. Dieses aber ist die Ursache (oder das Verwirklichungsfeld) der Überführung des bestimmungsbereiten Möglichseins (der Potenz oder des Materialfeldes) in das dann tatsächlich durchbestimmte Wirklichsein (den Akt), d. h. eines Vorganges, der das Wesen jedes Werdens überhaupt (als Wirklichkeitsbestimmung) ausmacht. Die Überlegung gilt also für jedes dem Werden unterworfenen Sein, da sie von den beiden als ganz allgemein erschauten Grundunterschieden des Seins, der Potenz und des Aktes, ausgeht. Das eigentlich seinsoffenbarende Moment im Sein ist vor allem das „Eigenkräftige" im aktuellen Sein, weshalb schon Plato das Sein mit Kraft identifiziert hat (Soph. p. 247 d. e.).

Es ist durchaus wahrscheinlich, daß unsere auf die oberste Wesensanalyse des Seins gegründete Ableitung des Ursächlichkeitsgrundsatzes einen heutigen Positivisten nicht überzeugen wird. Dessen immer noch durch die Assoziationspsychologie befangenes Urteil läßt ihn nur schwer zu der Erkenntnis dessen kommen, was dem geistigen Blick unmittelbar sich auftut: des bestimmungsmächtigen „In-Eigenkraft-Stehens" und des bestimmungsbereiten „In-Anlage-Stehens" als obersten Unterschieden im kreatürlichen Sein. Er neigt dazu, diese Unterscheidung als eine reine Fiktion des Sicheinlebens zu betrachten. Es gilt deshalb, unseren Ursächlichkeitsgrundsatz zunächst auf die vitalen Vorgänge der Wirklichkeitsbestimmung anzuwenden und den Dualismus von Materialfeld und Verwirklichungsfeld in ihnen aufzuzeigen. Es wird sich dabei empfehlen, zunächst die psychologischen Erfahrungen beim Sehakt noch etwas näher zu analysieren, also nicht dessen Inhalt als Element der Erkenntnis, sondern die ihn als psychischen Vorgang charakterisierenden Erscheinungen.

Wenden wir zunächst dem einen Anteil bei der optischen Wahrnehmung unsere Aufmerksamkeit zu, der das zu formende Material, den optischen Stoff, bei ihr darstellen soll, und durch das Reizaufnahmeorgan, die Netzhaut, geliefert wird. Die Netzhaut unseres Auges besitzt eine komplizierte Struktur und ist aus verschiedenen Schichten aufgebaut. Die oberste, also nach vorn (zur Linse) gewendete Schicht enthält die vom Gehirn herkommenden Sehnervenfasern mit ihren Ganglienzellen, welche schließlich in ihre Endbäumchen auslaufen. Zwischen diesen Endbäumchen und den Stäbchen- und Zapfenzellen vermitteln die bipolaren Zellen. Die Stäbchen- und Zapfenzellen liegen also zuhinterst und sind wie die Härchen eines feinen Samtüberzuges dicht zusammengedrängt. Etwa 500 Stäbchen und 200 Zapfen kommen auf einen mm. Im ganzen zählt man in der Netzhaut etwa 120 Millionen Stäbchen und 3 Millionen Zapfen. Die Lichtstrahlen müssen durch die glashelle Netzhaut bis zu diesen Stäbchen und Zapfen durchdringen und sie erregen. Die Erregung wird von den bipolaren Zellen zu den Sehnerven übermittelt und durch diese ins Gehirn. Die Stelle des deutlichsten Sehens, der sogenannte gelbe Fleck, enthält bloß Zapfen, die hier außerordentlich dünn sind und dichter stehen wie sonst, auch mit eigenen bipolaren Zellen und Sehnervenfasern verbunden sind.

Wenn wir ein homogenes tiefschwarzes Sehfeld wählen, und in demselben einen minimalen an der Grenze der Sichtbarkeit stehenden Lichtpunkt aufleuchten lassen, so entspricht das der Erregung eines einzigen Elementes oder einer Elementarerregung. Es ist wichtig, daß jedes Sehelement nur einer einzigen Empfindung fähig ist, also nicht verschiedene Eindrücke sondern kann. Je zahlreicher nun die Netzhautelemente sind, um so besser kann bei gleicher Entfernung zwischen Auge und Gegenstand dieser in einzelne Punkte aufgelöst werden, die sich zum entsprechend feinen Erregungsmosaik auf der Netzhaut vereinigen. Je geringer die Zahl der Sehelemente ist, um so weniger scharf ist das Mosaik des Gesamtbildes. Wenn man eine photographische Aufnahme durch immer gröbere Raster verundeutlicht und sich vorstellt, daß jedem Rasterpunkt ein Sehelement entspricht, so gewinnt man vom Auflösungsvermögen der einzelnen Tieraugen, deren Netzhautmosaik ja ebenfalls feiner oder gröber sein kann, ein ungefähres Bild.

Obwohl nun das Erregungsbild aus zahllosen Elementarerregungen zusammengesetzt gedacht wird, kann in der Wahrnehmung etwas herauskommen, was sich keineswegs als Summe zahlloser elementarer Sehakte repräsentiert. Gurwitsch (5) geht von folgendem Gedankenexperiment aus: „Das Gesichtsfeld sei mit einem bunten, kleinscheckigen Mosaik aus grellen Farben ausgefüllt. Innerhalb eines geometrisch wohl definierbaren Bezirkes (z. B. eines Dreiecks) glätte man nun vorsichtig und stetig (ohne Wissen der Versuchsperson) die Differenzen zwischen den einzelnen Mosaikelementen aus. Die Gestalt des Dreiecks wird nun ganz allmählich, für einen Beobachter früher, für den anderen später, aber schließlich für alle, und zwar zwangsmäßig hervortreten. Wir können dabei alle Stufen dieser Vereinheitlichung einzelner eventuell liminaler Wahrnehmungen verfolgen und sogar quantitative Gesetzlichkeiten aller Art ableiten. Dieser eigenartige Vorgang ist aber weit mehr als eine bloße Verschmelzung im Sinne der Bildung einer Summe oder Resultante, da mit ihr auch das Auftreten einer Gestalt verknüpft ist, die dem durch das bunte Mosaik ausgefüllten Felde noch fehlte. Wir können demnach von einem amorphen und einem gestalthaften (morphogenen) Felde sprechen und die schrittweise Verwandlung des ersteren in das letztere bzw. ein gestalthaftes Werden (eine Morphogenese) des Gesichtsfeldes verfolgen und feststellen. Die innere Verwandtschaft des hier auftauchenden Problems mit dem Grundproblem der Morphogenese ist geradezu ergreifend. Ebensowenig wie die Ausbildung der embryonalen Form aus den Elementarleistungen allein ableitbar ist, ist es auch die Entstehung des an Stelle des bloßen Nebeneinander liminaler Erregungszustände des amorphen Feldes auftauchenden gestaltenreichen Gesichtsfeldes.“

Das dualistische Verhältnis zwischen Materialfeld und Verwirklichungsfeld, wie es uns hier entgegentritt, läßt sich noch näher bestimmen als das Verhältnis des optisch-sensorischen Zentrums im Gehirn zum peripherischen Sinnesorgan und speziell zur Netzhaut. Das Verwirklichungsfeld im optisch-sensorischen Zentrum oder die „in-eins-bildende Energie“, um einen Otto Willmannschen Ausdruck für sein bestimmungsmächtiges und Einheit stiftendes Wesen zu gebrauchen, tritt dem von ihm beherrschten optischen Materialfeld besonders dann sehr deutlich gegenüber, wenn ein einseitiger Defekt des optisch-sensorischen Feldes (der sog. Calcarina) vorliegt. Der normale Mensch faßt, um einen Gegenstand deutlich zu sehen, ihn scharf ins Auge, d. h. er richtet sein Auge so, daß eine gerade Linie von dem Zentrum des Gegenstandes durch die Mitte seiner Pupille und den Augenmittelpunkt genau auf den gelben Fleck, die

Stelle des schärfsten Sehens, fällt. Goldstein beschreibt nun den Fall des Sehens, wo bei einem Patienten einseitig eine Totalläsion des optisch-sensorischen Feldes im Gehirn eingetreten ist, die eine Calcarina also total funktionsunfähig geworden ist. Wenn ein solcher Patient gezwungen wird, den Fixierpunkt so mit geradeaus gehaltenen Augen festzuhalten, daß er dem gelben Fleck entspricht, so sieht er außerhalb des Fixierpunktes die nach der blinden Feldseite zu liegenden Reize nicht. Sobald man aber neben der fixierten Marke weitere Objekte in einer solchen Lage bietet, daß sie sich auf der sehenden Netzhaut abbilden, und ihn dann auffordert, das deutlichste Objekt anzusehen, dann blickt der Kranke an der Marke vorbei. Daraus folgt, daß ihm offenbar eine Stelle am deutlichsten erscheint, die nicht mit dem gelben Fleck in Übereinstimmung zu bringen ist, sondern innerhalb der gesunden um ihn herum ausgebreiteten Netzhaut liegt. Durch die Tendenz des Organismus, ein dem Wesen nach wie das normale struktuiertes Sehfeld zu besitzen, hat sich an Stelle des gelben Flecks eine neue Stelle funktioneller Höchstleistung gebildet und haben sich die Leistungen sämtlicher Netzhautpunkte geändert. Das Wesentliche, was durch die Verschiebung erreicht wird, ist eine solche Herbeischaffung des Materials, daß dadurch wenigstens die eine (noch unverletzte) Calcarina das ganze Sehfeld aufbauen kann. Das untergeordnete Feld, die Netzhaut, die das Material vermittelt, verändert sich nach Maßgabe und Intention des übergeordneten Verwirklichungsfeldes, das das Material „formt“. Das Material wird selbst dann gestalthaft (vereinheitlichend) durchgebildet, wenn es gar nicht vollständig gegeben ist. Fallen Kreise, Flächenquadrate, Ellipsen oder Sternfiguren aus drei einander sich schneidenden Balken teilweise auf den normalen und teilweise auf den völlig rindenblinden Teil eines Gesichtsfeldes, so können sie unter Umständen doch zu vollkommenen Figuren ergänzt werden. Diese Ergänzung findet selbst dann statt, wenn die ergänzten Teile auf der dargebotenen Figur objektiv fehlen. Wie bei der durch Hirnverletzung geschädigten Synthese optischer Wahrnehmungen die ursprüngliche stationäre Feldstruktur wieder hergestellt wird, zeigen auch

Gelbs Untersuchungen des Farbensehens bei rindengeschädigten Patienten. Bei solcher zentralen Störung des Farbensinnes kommt es vor, daß das Vermögen, die Farbe mit dem sie tragenden Objekt zu einem gefärbten Dinge zu vereinigen, aufgehoben ist. Die Dinge werden farblos gesehen, während eine farbige Fläche vor den Dingen liegt, durch die der Patient hindurchgreifen muß, wenn er das Ding berühren will. Bei der Genesung legt sich dann die Farbe langsam wieder auf die Oberfläche der Objekte. In anderen Fällen kann man den Aufbau des gestörten Wahrnehmungsvermögens Schritt für Schritt verfolgen. Bei starker Rindenverletzung wird die optische Wahrnehmung zunächst völlig entdifferenziert. Eine leuchtende Glühbirne wird nur als Helligkeit empfunden. Dann kommt es zum Eindruck einer leuchtenden Wolke ohne scharfe Kontur. Gibt man zwei Lampen zugleich, so sieht der Kranke nicht zwei Scheine, sondern einen größeren Schein in der Mitte. Im Laufe weiterer Genesung bildet sich zunächst die „amorphe Form" großer weißer Objekte heraus, woraus sich die distinkte Mehrheitswahrnehmung entwickelt: Zwei diskrete Lichter oder Objekte können jetzt zugleich wahrgenommen werden.

Zum tieferen Verständnis des Aufbaues der Wahrnehmungswelt sind freilich die sensorischen Verwirklichungsfelder psychologisch (von innen her) noch viel feiner zu analysieren, als dies bisher unter der Vorherrschaft der Assoziationspsychologie mit ihrer Art „psychischen Chemie" geschehen ist. Hier hat namentlich Palágyi (6) auf einen wichtigen Gesichtspunkt hingewiesen. Wenn, durch die Sinnesempfindungen ausgelöst, nicht ein dem Erkenntnisstreben entsprechendes (intentionales) Hineinversetzen in die räumlichen Verhältnisse durch Bewegungseinbildungen oder Bewegungsphantasmen möglich wäre, wäre auch der Aufbau einer bewußten räumlichen Gestaltwahrnehmung nicht möglich. Bedecke ich z. B. mit der Handfläche die kreisförmige Öffnung eines Bechers, so nehme ich die Kreisform der Öffnung nicht vermittelst der Empfindung wahr, die der Glasrand erweckt, sondern diese Empfindungen müssen erst meine Einbildung anregen und mich zu einer eingebildeten Bewegung rund um den Glasrand herum veranlassen, damit ich dessen Kreisform zu erfassen vermag. Ähnlich erkannte auch schon Paul Claudel (7), daß das Sehen sich nicht aus einem Bild ergibt, das sich in unser Gehirn einzeichnet, sondern aus einer Art Berührung mit dem Gegenstand, den der Blick anrührt und „umschreibt". Was mit großem Scharfblick Kant geahnt hat, wenn er sagt, „daß die Einbildungskraft ein notwendiges Ingredienz der Wahrnehmung selbst sei, daran hat wohl noch kein Psycholog gedacht", das erhebt Palágyi zum Prinzip seiner Wahrnehmungslehre. Empfindungen sind allerdings eine unerläßliche Bedingung (die „Nahrung") für die Wahrnehmung irgendwelcher wirklich daseiender Gestalten der Dinge, aber nicht die Empfindungen selbst, sondern die durch diese erweckten virtuellen Bewegungen sind es, die uns die Gestalten enthüllen. Daß Berührungsempfindungen mit einem Etwas, einem „Lokalzeichen", verbunden sind, beruht darauf, daß wir in der Einbildung „lokalisieren", d. h. eine hinweisende Bewegung nach dem Orte machen, an dem unser Leib berührt wird. Aber damit ist die Funktion der virtuellen Bewegung noch nicht erschöpft. „Indem wir mit der eingebildeten Bewegung auf einen Punkt unseres Körpers hinzielen, wird in diesem Punkt wiederum eine Empfindung erregt, die freilich wegen ihrer sehr geringen Intensität gewöhnlich nicht deutlich zum Bewußtsein kommt. Es ist aber bekannt, daß, wenn jemand einen Punkt unseres Leibes scharf beobachtet, wir in jenem Punkte eine Empfindung verspüren, nicht etwa, weil aus dem fremden Auge ein erregendes Fluidum nach dem fixierten Punkt hinströmt, sondern, weil unsere eigene Einbildung sich mit jenem fixierten Punkt zu beschäftigen beginnt und die eingebildete Bewegung, die nach einem Punkte unseres Leibes zielt, dort auch eine Empfindung weckt. Es gehört zu unseren alltäglichsten Erfahrungen, daß eine jede Bewegung, die wir in der Einbildung vollziehen, die mannigfachsten Empfindungen zu erwecken vermag. Streckt man z. B. in der Einbildung die Hand nach der metallnen Türklinke aus, so wird in der Hand nicht nur eine Berührungs- sondern auch eine Kälteempfindung wie bei dem wirklichen Erfassen des Metalles ausgelöst. Allerdings sind diese induzierten Empfindungen von sehr geringer Intensität, aber es gibt Fälle, wo diese Intensität auch einen höheren Grad erreichen kann. Führt man etwa in der Einbildung eine Zitronenschnitte in den Mund, was gewöhnlich dann geschieht, wenn irgend jemand das vor unseren Augen tut, dann kann diese eingebildete Bewegung eine so lebhafte Geschmacksempfindung von Zitronensäure hervorrufen, daß die induzierte Empfindung an Intensität beinahe der wirklichen gleichzukommen scheint." Das Interessanteste an diesem Sachverhalte ist, daß die Empfindung nicht nur eine eingebildete Bewegung, sondern diese rückläufig auch wieder Empfindungen erweckt. Man muß also sagen, daß der sensorische Nervenprozeß einen zweiten Nervenprozeß, den der virtuellen Bewegung anrege und diesen zu dem ersten zurückführe, so daß die Nervenbahnen des ganzen Vorganges eine in sich geschlossene Linie bilden müssen. Natürlich schließen sich außer Geschmacksempfindungen, Kälteempfindungen (wie bei obigen Beispielen) auch Muskelempfindungen an eine eingebildete Bewegung an, und sind geeignet, modifizierend auf sie zurückzuwirken, so daß ein ganzer Hof von Erinnerungen um sie herum entsteht. Ist die Empfindungszone der Muskelbewegungen in bezug auf den Tastsinn erkrankt, so kann eine im Dunkeln ertastete Gestalt nicht mehr aufgebaut werden.

Palágyi hat uns so auf jenes relativ souveräne Feld der Phantasietätigkeit hingewiesen, das uns eine „Findung" der Außenwelt in ihren räumlichen Verhältnissen allererst ermöglicht. Diese Findung beruht nicht auf einfachen Empfindungen, auch nicht auf einem Gedanken an die Bewegung, sondern auf einer phantasmatischen, einer „eingebildeten" Bewegung, durch die sich das Subjekt in eine andere Raumlage versetzt, ohne sie auch wirklich einzunehmen. Dadurch, daß wir in der Phantasie in der einen Hinsicht ein rezeptives, die von außen kommenden Empfindungen aufnehmendes, anderseits aber auch ein sie für die räumliche Zurechtfindung aktiv verwertendes Prinzip sehen, wird in Analogie zu diesem Dualismus auch das eigentliche Wesen der vitalen Wirklichkeitsbestimmung viel klarer. „Die Instruktion, welche die Keimteile fortschreitend zu ihrem Schicksal bestimmt, wird in Gestalt eines biologischen (Verwirklichungs-) Feldes gedacht, indem dem unorganisierten Material Organisation vom bereits organisierten so mitgeteilt wird, wie etwa Elektrizität einem ungeladenen vom geladenen Körper" (Rudy). Die Stoffwechselreize haben dabei nur eine auslösende, keine im eigentlichen Sinne schöpferisch-realisierende Funktion. Eine solche tritt uns aber schon in relativ primitiven Gestaltungsprozessen entgegen. Ein feiner Kenner der ungeheuer mannigfaltigen Kieselgerüste der Radiolarien schreibt: „Die Abscheidung aus Kieselerde bestehender Gerüste beruht auf den elementaren Lebensfähigkeiten des Stoffwechsels und des Wachstums. Wären bei der Bildung der Hartteile diese Fähigkeiten allein wirksam, so könnten die Weichteile bei entsprechender Stoffzufuhr wohl Mineralsubstanz abscheiden. Durch Wachstum könnte auch eine Massenzunahme der mineralischen Teile eintreten. Indessen müßten die Kieselgerüste dann bald so, bald so, aber immer wieder anders aussehen. Die Wirklichkeit zeigt jedoch eine ganz erstaunliche Regelmäßigkeit der Gestaltungen. Sie zeigt ferner, daß das Wachstum des Kieselgerüstes bei jeder Art einer besonderen, nur für diese eine Art geltenden Gesetzmäßigkeit unterliegt. Diese Erscheinungen können nur auf Wirkungen von physiologischen Funktionen beruhen, die den Fähigkeiten des Stoffwechsels und des Wachstums übergeordnet sind, die diese Fähigkeiten beherrschen, leiten und regulieren." (8)

Auch sonst sehen wir bei der Bildung von Skeletteilen ein dem Stoffwechsel (als Materialfeld) übergeordnetes Verwirklichungsfeld, in das Reize auslösend hineinwirken können. Der Dualismus der sich zwischen beiden auftut, tritt übrigens am schönsten in den klassischen Versuchen von S. Becher über die Bildung der Skelettelemente bei den Holothurien hervor (9). Die Holothurien (Seewalzen oder Seegurken) bilden eine Klasse der Stachelhäuter, haben aber im Gegensatz zu den übrigen Stachelhäutern einen äußerlich kriechenden, raupenähnlichen, walzen- oder schlauchförmigen Körper ohne festes Skelett. Die Körperwand besteht — von innen nach außen betrachtet — aus einem inneren

Leibesepithel, einer starken Ringmuskelschicht, einer dicken Lederhaut, die aus einer dichten inneren und einer lockeren äußeren Schicht besteht, und schließlich aus dem äußeren Epithel. In der Lederhaut eingebettet liegen in bestimmter Ordnung eine Menge Kalkkörperchen in Gestalt von Rädchen, Stäben, Gitterfiguren und Ankern. Becher richtet sein besonderes Augenmerk auf die viel bewunderten Anker und

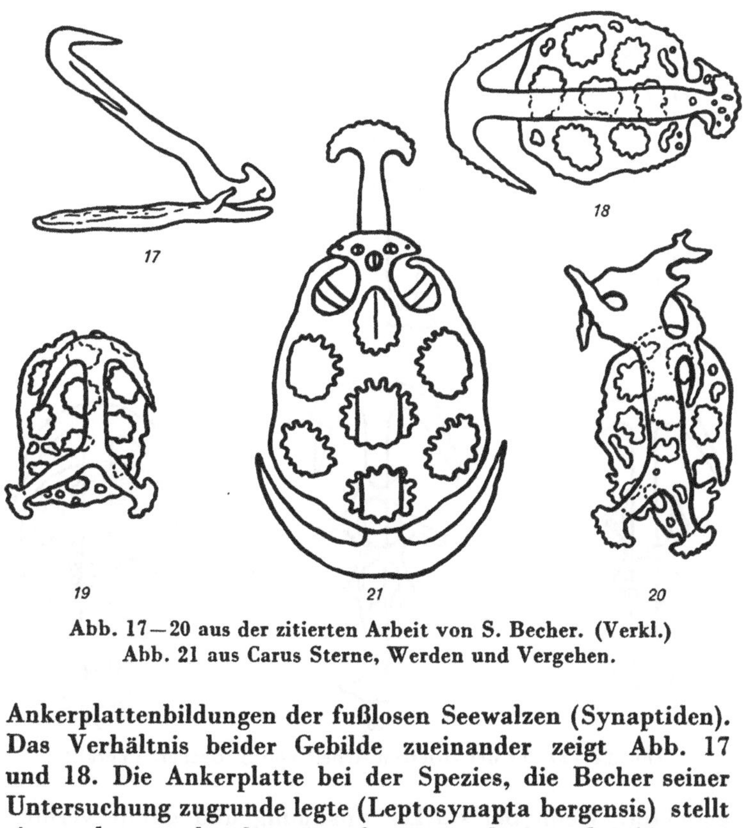

Abb. 17—20 aus der zitierten Arbeit von S. Becher. (Verkl.)
Abb. 21 aus Carus Sterne, Werden und Vergehen.

Ankerplattenbildungen der fußlosen Seewalzen (Synaptiden). Das Verhältnis beider Gebilde zueinander zeigt Abb. 17 und 18. Die Ankerplatte bei der Spezies, die Becher seiner Untersuchung zugrunde legte (Leptosynapta bergensis) stellt ein ovales, regelmäßig gitterförmiges, flaches Gebilde dar, das einen besonderen spitz-verschmälerten Teil besitzt, dem der schief gestellte Anker mit dem Stielende aufsitzt, wie der Fuß eines Reiters dem Bügel. Die Platte liegt der äußeren Grenze der dichteren Bindegewebsschicht der äußeren Lederhaut auf. Durch die schief aufwärts gerichtete Lage des am Bügelende aufsitzenden Ankers rückt der Ankerbogen der äußeren Epidermis näher. Die Bogenenden sind, wie Abb. 17 zeigt, schräg nach außen, d. h. der Epidermis zu,

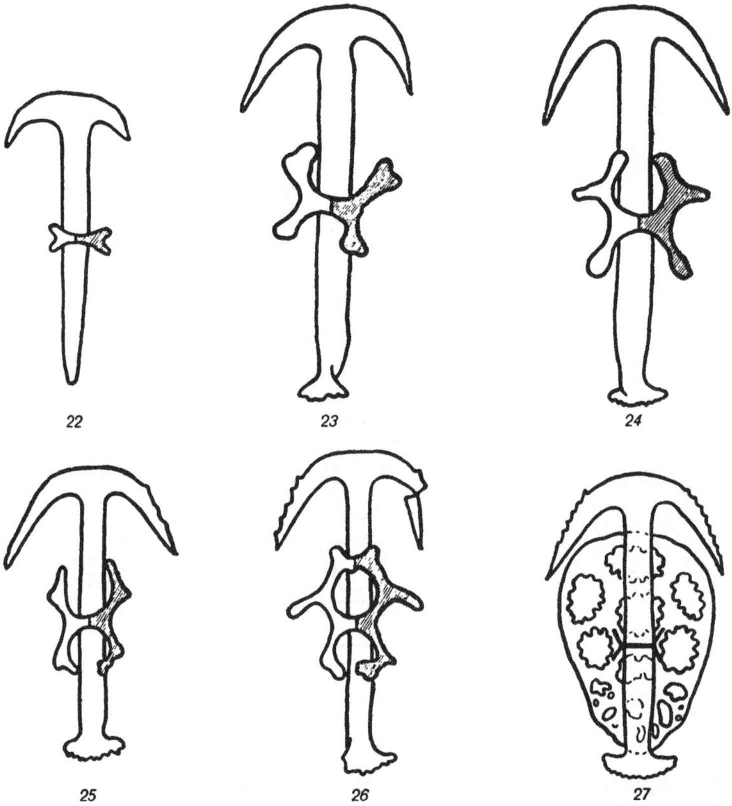

Abb. 22–27 aus der zitierten Arbeit von S. Becher. (Verkl.)

gerichtet. Wenn bei starker Spannung und damit verbundener Verdünnung der Körperwand sich der Anker flach legen muß, dann müssen sich die Spitzen des Bogens nach außen kehren und auch die Epidermis in feinen Spitzen vordrücken. Dieses sog. „Kletten“ ist den fußlosen Tieren von Nutzen bei der Fortbewegung, die durch Kontraktionen der Körperwand bewirkt wird. Anker und Platte sind in der Querrichtung des Körpers mit ihrer Symmetrieebene orientiert, stehen also mit derselben auf der Längsrichtung des Körpers senkrecht.

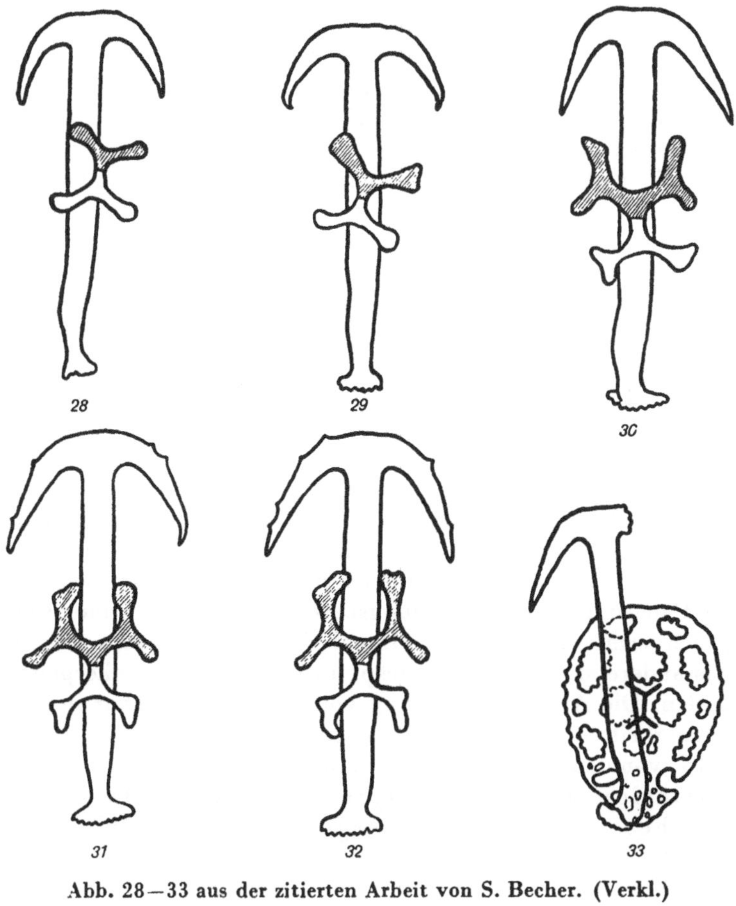

28 29 30 31 32 33

Abb. 28—33 aus der zitierten Arbeit von S. Becher. (Verkl.)

Der gitterförmige Bauplan der Ankerplatte kommt, wie die Entwicklungsgeschichte an ihren verschiedenen Stadien zeigt, durch gabelige Verzweigung eines Kalkstäbchens zustande. Wie Abb. 22 zeigt, liegt dieses Stäbchen normal senkrecht zum Anker gelagert und gabelt sich bald an beiden Enden unter einem Winkel von 120°. An der Hand der Abb. 23—26 ist es leicht einzusehen, wie durch weitere Gabelung der ersten Ästchen ein Gitterwerk mit sechseckigen Löchern entstehen muß, das durch Modifizierung und ungleich schnelles Wachstum der Teile ein geschlossenes ovales Ganzes bildet. In diesem Endgebilde (Abb. 27) ist die ursprüngliche zum Anker senkrecht orientierte Lage des Bälkchens noch deutlich zu erkennen. Bezeichnet man die Enden des Bälkchens als dessen Pole, so ist aus dem rechten Pol die rechte Hälfte der Ankerplatte hervorgegangen (in der vorhergehenden Abbildung grau gehalten).

Dieses Differenzierungsschema ändert sich aber, sobald das Bälkchen ursprünglich nicht quer zum Anker, sondern in dessen Längsrichtung orientiert ist, wie das manchmal vorkommt und von Becher aus der abweichenden Endform des Gitterwerkes, namentlich im zentralen Teil, erschlossen werden konnte. In diesem Falle entsteht durch die Gabelung aus dem einen rechten jetzt nach vorn gelagerten Teil nicht die rechte Plattenhälfte, sondern deren oberer Teil, also etwas ganz anderes wie im Normalfall. Durch die graue Farbe des rechten Pols ist das in Abb. 28—32 deutlich erkennbar. Die Plattenbildung ist also keineswegs durch eine ein für allemal festgelegte Selbstdifferenzierung bestimmt, sondern die Pole sind ihrer Bestimmungsbereitschaft nach harmonisch-gleichvermögend, können einmal den rechten resp. linken, das andere Mal den oberen resp. unteren Teil der Ankerplatte bilden. Die Ausdifferenzierung vollzieht sich offenbar in Abhängigkeit von einem übergeordneten Verwirklichungsfeld, von dem aus das Material „instruiert“ wird. Trotz der Variation mancher Teilprozesse bleibt die Formsynthese in ihrem Endergebnis wesentlich konstant.

Weitere Beobachtungen von Becher zeigen auch deutlich, daß das Bügelende der Platte in seiner Ausbildung von dem sog. Handhabenende des Ankers beherrscht wird. Abb. 19 zeigt einen Anker, dessen Schaft oder Stiel sich in zwei Schäfte mit normalen Handhabenenden geteilt hat. Es ist unverkennbar, daß die zugehörige Ankerplatte sich den zwei Enden entsprechend erweitert hat — mit einem zugespitzten Ende rechts und links. Noch deutlicher zeigt die Abhängigkeit Abb. 20. Der kräftige Ankerschaft ist nahe seinem Handhabenende wieder in zwei Äste gespalten, die einen schwachen Wulst und wohlausgebildete Handhabenenden erkennen lassen. Die Äste divergieren unter einem spitzen Winkel (von ungefähr 60°). Dementsprechend sind auch zwei schön ausgebildete spitze Bügelenden vorhanden, die wiederum genau unter den Ankerschaftästen liegen.

Während in Bechers Beobachtungen das Verwirklichungsfeld für die Ankerbildung wegen der Kleinheit des Objektes experimentell nicht faßbar und nicht lokalisierbar ist, lassen sich in anderen Fällen die Verwirklichungszentren der Formbildung sehr bestimmt erfassen. So hat sich heute in der Entwicklungsphysiologie die Scheidung und Verknüpfung von Materialfeld und Verwirklichungsfeld geradezu als Ariadnefaden durch die komplizierten Gestaltungsvorgänge erwiesen. Die Entwicklung eines Amphibienorganismus aus einem befruchteten Ei zeigt ein gar merkwürdiges Wechselspiel von Teilen, die formend und gestaltend wirken, und solchen Teilen, denen das Vermögen zu einer bestimmten Differenzierung erst mitgeteilt oder induziert werden muß. Bei Amphibienembryonen konnte Spemann Zellbezirke als Träger der gestaltenden Kräfte erweisen, die auf die morphologische Ausbildung in ihrer Umgebung einen bemerkenswerten Einfluß nehmen. Er nennt sie Organisatoren. Die immer feinere Analyse der Keimesentwicklung zeigte dann, daß die ursprünglich aus sich selber zu ihrer Gestaltung unfähigen Teile, die wir Materialfelder nennen, immer die Verwirklichungsfelder, die Organisatoren, schon voraussetzen, so daß die alte Formulierung: jedes Lebendige aus einem anderen Lebendigen jetzt auch — wenigstens einmal für die Amphibienentwicklung — dahin ergänzt werden muß: jede Überführung aus der möglichen in die wirkliche Form durch ein in Eigenkraft stehendes Verwirklichungsfeld der Form, oder, wie die Scholastik sagt, durch einen formgestaltenden Akt. Die relative Überordnung dieses Verwirklichungsfeldes über das zu gestaltende Material ergibt sich besonders schön durch den Vergleich mit einer Melodie. Eine Melodie enthält als sinnliches Material die in der Zeit aufeinanderfolgenden Töne. Wir konstatieren nun aber leicht, daß die gehörte Melodie von den Tönen relativ unabhängig ist, denn es genügt das Vernehmen von wenigen Tönen, um das ganze Melodienbild in uns wachzurufen, d. h. die in uns schlummernden Bestimmungsbereitschaften hierzu zu aktivieren. Noch mehr wird diese Eigentümlichkeit ersichtlich in der Stelle aus einem Briefe von Mozart über das Werden und Wachsen eines Kunstwerks. „Da wird es", schreibt er, „immer größer, und ich breite es immer weiter und heller aus, und das Ding wird im Kopfe fast fertig, wenn es auch lang ist, so daß ich's hernach mit einem Blick gleichsam wie ein schönes Bild oder einen hübschen Menschen im Geist übersehe, und es auch gar nicht nacheinander, wie es hernach kommen muß, in der Einbildung höre, sondern wie gleich alles zusammen." Man sieht, wie tief schon Karl Ernst v. Baer den die Form aus dem Material herausführenden Verwirklichungsprozeß des Organismus charakterisiert hat, wenn er ihn als eine „Gestaltungsmelodie" bezeichnete. Dieser Vergleich leitet uns zugleich zu den wesensverschiedenen Melodienstrukturen bei den verschiedenen Individualentwicklungen hin. Die verschiedene Struktur zeigt sich schon darin, daß die Zeitpunkte des Hervortretens der einander entsprechenden Organe oft erhebliche Unterschiede zeigen. So treten bei der Kaulquappe des Frosches die Hintergliedmaßen zuerst auf, während bei den Larven der nahe verwandten Tritonen die Vordergliedmaßen zuerst auftreten. Beim Menschen dagegen erscheinen alle vier Gliedmaßen gleichzeitig. Das Einsetzen der Organisationszentren scheint im wachsenden Keim zu verschiedenen Zeitpunkten zu erfolgen, die äußerlich sich ähnlich sehenden Entwicklungsstadien verschiedener Organismen sind also funktionell in keiner Weise gleichwertig. Das Blastulastadium eines Frosches oder eines Fisches oder eines Menschen deswegen gleichwertig zu setzen, weil sie äußerlich sich ähnlich sehen, wäre genau so, als wollte man Zucker, Saccharin und Bleisalze für identisch erklären, weil sie äußerlich sich gleichen (ohne aber ihr chemisches Reaktionsverhalten festzustellen).

Wenn wir bisher zur Verdeutlichung der vitalen Wirklichkeitsbestimmung psychische Analogien aus dem Aufbau der Wahrnehmungswelt benutzt haben, so besagt doch der analogische Charakter dieser Verdeutlichung, daß der Begriff der Verwirklichung in beiden Fällen nicht eindeutig (univok) gebraucht wird. Beim Erkenntnisakt als einem auf einen Inhalt gerichteten Akt, ist nämlich das Wesentliche, daß er in seinem Abschluß ein Anderes als das Andere hat, ohne es dabei in seinem Bestande zu verletzen. Beim organischen Assimilationsakt ist dies nicht der Fall. Leider ist selbst Kant dem Fehler eines eindeutig aufgefaßten Verwirklichungsbegriffes nicht entgangen. „Es ist unmöglich, sagt er, das, was außerhalb unseres Geistes und unabhängig von ihm ist, zu erkennen, weil die Tätigkeit des Erkennens wie jede Tätigkeit das verändert, was sie berührt." Hier wird aber die gewöhnliche physische Tätigkeit vitaler Reaktion mit der metaphysischen Tätigkeit, welche der dem Erkenntnisstreben entsprechenden (idealen-intentionalen) Beziehung zum Einwirkenden zugrunde liegt, einfach in gröbster Weise vermengt und dadurch das Wesen des Erkenntnisaktes von Grund aus gefälscht. Das Wesen der Ideenbildung (Ideogenese) (und auch schon der sinnlichen Wahrnehmung) besteht ja nicht, wie das der vitalen Formbildung (Morphogenese) in der Tendenz, etwas Anderes dem Subjekt zu verähnlichen und dadurch dieses Andere physisch zu verändern, sondern gerade darin, das Andere als das Andere in sich selber in idealer Weise existent zu machen. Die Ideenbildung ist also, ontologisch betrachtet, eine wesenshöhere Stufe der Selbstbewegung wie die vitale Bewegung (so sehr auch auf der Stufe des niederen, sinnlichen Erkennens, soweit dies psychologisch als Vorgang betrachtet wird, Analogien zu den vitalen Verinnerlichungsprozessen vorliegen). Dem Erkennen kommt die Selbstbewegung im höchsten Sinne (in eminenter Weise) zu, insofern das Erkennen, wie Gredt sagt, „in einem immateriellen, gegenständlichen Besitz besteht, durch den das Erkenntnissubjekt, eine Form, einen Akt in vollkommener Weise, d. h. objektiv besitzt. Das Erkenntnissubjekt wird durch diese Form nicht passiv vervollkommnet, es verhält sich nicht leidendlich, da es nicht passiv, materiell besitzt, sondern es besitzt als Akt, in aktueller Weise einen Akt und bewegt dadurch sich selbst in einer Weise, die keinerlei Unvollkommenheit in sich einschließt. Diese Selbstbewegung ist reine Vollkommenheit, die auch Gott als solche zukommt. Dem geschöpflichen Erkennen aber ist immer etwas Leidendliches beigemischt, insofern dieses Erkennen ohne eigentliche Bewegung, ohne Übergang aus der Möglichkeit in die Wirklichkeit nicht stattfinden kann" (10).

Und hier, beim Problem dieses Überganges, setzt, was das menschliche Erkennen betrifft, die tiefe Lehre des hl. Thomas **vom tätigen Verstande (intellectus agens)** ein. Dieser Übergang muß nämlich einerseits die enge Sachverbundenheit des Idealen und des empirisch Wirklichen in seinem Wesen zum Ausdruck bringen, anderseits darf die Abhängigkeit der Erkenntnis von den bildhaften Stoffquellen nicht eine derartige sein, daß durch sie objektive Geltungen überhaupt relativiert werden, und, wie Ernst Markus den Empiristen gegenüber ironisch bemerkt, alle Denkresultate auf gleicher Stufe rangieren würden, wie die Verschiedenheit des Geschmacks von Rheinwein und Burgunder. Um beide Einseitigkeiten, den Rationalismus und den Empirismus, zu vermeiden, sieht Thomas im Anschluß an Aristoteles die Vernunftanlage in einem passiven Vermögen — dem möglichen Verstande —, den eine von ihm unterschiedene, einerseits von den Dingen (dem Phantasma) kommende, und anderseits eine von einem angeborenen Vernunftlicht: dem tätigen Verstande (intellectus agens) komende Einwirkung zur Tätigkeit des Verstehens bestimmt. Durch Vereinigung des tätigen Vernunftlichtes mit dem vorgehaltenen Bilde wird, wie aus einem durch eine höhere Kraft weit über sein Vermögen erhobenen Instrumente, das aus ihm herausgeführt, was in einer dem geistigen Erkenntnisstreben entsprechenden (also nicht vitalen, sondern idealen-intentionalen) Weise eben nur das Vernunftlicht aus ihm herausführen kann: das Abstrakte des Wesens. Durch dieses wird nun der mögliche Verstand (der intellectus possibilis) zum tatsächlichen Erkennen bestimmt. Nur durch vitale Analogien kann man diesen geistigen Bestimmungsprozeß dem Verständnis etwas näher bringen, und zwar auch nur wieder dadurch, daß man das Unterscheidende zugleich scharf herausstellt. Man kann sagen, daß der Same (= Sperma) des Sinnesbildes durch seine Hineinversetzung in das tätige Vernunftlicht in ähnlicher Weise ein dem geistigen Erkenntnisstreben entsprechendes zeugerisches Vermögen gewinnt, wie ein Ferment durch Hineinversetzung in das Verwirklichungsfeld des Organisators ein der Formgestaltung entsprechendes Vermögen gewinnt. Es tritt zu den übrigen Stoffen in eine aktive gestaltschöpferische Beziehung und dabei wird in physischer Weise sein individuelles Fürsichsein ebenso aufgehoben wie im Abstraktionsprozeß in geistiger (dem Erkenntnisstreben entsprechender) Weise die materiellen Bedingungen des Gegenstandes in Raum und Zeit, das Hier und Jetzt, abgestreift werden. Das Resultat des gesamten geistigen Erkenntnisprozesses wird Conceptus (Begriff = Empfängnis) genannt, insofern das erkennende Subjekt das Objekt des Erkennens als Erkanntes, also seinem idealen Sein nach ins Dasein setzt, nachdem es die befruchtende Einwirkung des Objektes empfangend in sich aufgenommen hat. Man mag diese Interpretation ablehnen, aber man wird dann keine andere an die Stelle setzen können, die die enge Sachverbundenheit des Idealen mit dem empirisch Wirklichen ebenso sichert wie seine Erhebung zu den zeitlos geltenden Wesensbestimmtheiten in der begrifflichen Abstraktion.

Die Veranlagung des geistigen Erkenntnisvermögens, die bildhaften Stoffquellen nach den zeitlos geltenden Ordnungsformen so zu verarbeiten, daß ihm an der Hand der Stoffquellen die Allgemeinheit und Notwendigkeit der Grundbedingungen unseres Wissens sofort aufleuchtet, nennt die Scholastik den habitus principiorum. Die Formen dann in Urteilen zu objektivieren, welche in ihrer Gültigkeit und Notwendigkeit von der Sinneserkenntnis nicht abhängen, und so als Erkenntnisprinzipien für das wissenschaftliche Erkennen der durch die Sinneserkenntnis gebotenen Objekte dienen können, nennt sie den habitus principiorum complexorum. Gleich der thomistischen Erkenntnislehre unterscheidet auch Kant zwischen Erkenntnisformen und Sinneserfahrung. Doch kann das von der Sinneserkenntnis gebotene Material nach ihm streng wissenschaftlich nur insoweit geordnet werden, als es wesentlich durch die Mittel von Raum und Zeit zur Erfassung gebracht, d. h. mathematisch in Funktionsgleichungen typisiert werden kann. Ein solcher Wissenschaftsbegriff hat für ein echtes Verstehen des Qualitativen keinen Raum. Wenn ferner für Kant der Gegenstand, so weit er nicht mehr durch die Mittel von Raum und Zeit, also mathematisch erfaßbar ist, ein der strengen Erkenntnis sich entziehendes Ding an sich (ein Noumenon) ist, so liegt, wie wir später noch sehen werden, dieses Noumenon für Thomas in einer viel tieferen Erkenntnisschicht und ist identisch mit der individuellen Wesenheit. Die heutigen Fragestellungen der Individualbiologie wie der Individualpsychologie hängen mit dieser erkenntnistheoretischen Frage natürlich fundamental zusammen. Wenn nach Kant die Phänomene in Zahlenreihen — Naturkonstanten, Exponenten — übersetzt werden müssen, um letztlich einem mathematisch formulierten Naturgesetz zuzustreben, so ist das nach Thomas zwar auch zulässig, aber solche Gesetzeserkenntnis würde nach ihm nur eine vollkommen unzulängliche (inadäquate) Gegenstandserfassung bedeuten. Bei der möglichst adäquaten Gegenstandserfassung werden die qualitativen Sinnesdaten nicht verlassen, es wird im Gegenteil an Hand derselben gerade das Typische einer Prozeßform abstrahiert und als Leitfaden zur Einordnung der Einzelphänomene benutzt. In solcher Einordnung betätigt sich der Intellekt als ein auf das Urbild gerichteter Intellekt, als intellectus archetypus. Scharf unterscheidet die genuine Scholastik das Urteil als psychischen Akt von dessen Inhalt, also von dem Urteil als Element der Erkenntnis, hält also die Gefahr des Psychologismus fern. In der Logik ist der Unterschied der thomistischen und suarezianischen Schule bedeutsam. Nach Suarez und seiner Schule ist Gegenstand der Logik der Denkakt, sofern er auf Erfassung der Wahrheit gerichtet ist (Denklogik). Nach der thomistischen Schule besteht das Formalobjekt der Logik in den gedanklichen Beziehungen der Gegenstände untereinander, insofern im Denken der Gegenstand erfaßt wird als Subjekt, als Prädikat, als Mittelbegriff, als Gattung, als Art und als unter der Gattung und Art enthaltenes Einzelding (Gegenstandslogik).

Mit der heutigen Phänomenologie hat die thomistische Erkenntnislehre gemeinsam, daß sie sich gleichfalls aufbaut auf ein unmittelbares (wenn gleich abstrahierendes), einfaches (nicht nur und nicht zuerst verknüpfendes) Erfassen, Erschauen, von inhaltlichen Seinsgegebenheiten, von „Qualitäten" im Sinne der phänomenologischen Terminologie. Aber sie war sich bewußt, daß diese einfache Verstandesauffassung (simplex apprehensio) und verkürzte Induktion, besonders wenn es sich um verwickeltere Gegenstände handelt, zu ihrer Bewahrheitung oder Verbürgung der Deckungseinheit ihrer Ergebnisse mit den Ergebnissen einer erst methodisch wissenschaftlichen ausgebauten Erfahrung bedarf. Das bildbedingte (also von den Qualitäten keineswegs absehende) Denken wird dabei nicht nur auf die Kunstgebilde, sondern auch auf die Naturgebilde ausgedehnt. Für den Geisteswissenschaftler, den Kunsthistoriker, Philologen, besteht kein Bedenken, daß er aus der Wahrnehmung seines Objektes — etwa eines Denkmals oder eines Dokumentes — schon einen „Stil" oder einen „Ausdruck" abliest. Aber die brennende Frage von heute (die, wie wir später sehen werden, erst Pleßner und Friedmann wieder mit ganzer Energie aufgeworfen haben), ist die, ob auch von jener uns umgebenden Gegenstandswelt, die wir Natur nennen, eine von der Deutung der Kulturdenkmäler zwar streng zu unterscheidende (und insofern keineswegs anthropomorphe) aber doch bildbedingte (bei Friedmann wesenhaft optisch-bedingte) Erkenntnis möglich ist. Die exakte Naturwissenschaft sah nämlich bewußt vom Qualitätenreichtum dieses Bildgehaltes ab und suchte nur die quantitativ erfaßbaren Beziehungen aus den Sinnesdaten zu ermitteln. Aber diese frontphysikalische abstrakt-kausale Gegenstandsanalyse ist für die Biologie absolut unzureichend. Sie setzt „hinter" die Phänomene etwas ganz anderes als das, was an ihnen erscheint, und macht sich vielfach eines unglaublichen Begriffsrealismus schuldig. Dieser führt dann einerseits in einen gegenstandsfremden Mechanismus und anderseits in einen gegenstandsfremden metaphysischen Vitalismus hinein, wobei letzterer für die Forschung selber gänzlich unfruchtbar ist. Der Mechanismus bringt, soweit er sein Schema rein methodisch zur Ermittelung der Abhängigkeitsbeziehungen quantitativ feststellbarer Größen benützt und nicht metaphysisch verabsolutiert wird, die exakte Forschung kräftig vorwärts. Sobald er aber metaphysisch verabsolutiert und seine Bestimmungen im ursächlichen Bestande des Organismus als das einzig „Wirkliche" gesetzt werden, führt er zur Vernichtung jeder echten biologischen Erkenntnis. Zum gleichen Ergebnis kommt man, wenn man infolge der Unmöglichkeit, aus den mechanischen Bestimmungen das vitale Geschehen abzuleiten, nun zu denselben ein zweites „Wirkliches" äußerlich hinzufügt, das durch seine Tätigkeit ersetzen soll, was das rein physikalische System aus sich selber nicht fertig bringt. Durch solches Verfahren wird nämlich, was den

Verwirklichungsfeldern des Organismus selber ursprünglich zukommt und sich ebenso wenig vom Organismus trennen läßt, wie die Rundung vom Kreis, als ein hinter ihn rückendes X eingeführt. Was man zuerst bewußt durch eine anschauungsfremde Vorstellung eliminiert hat, wird nun, weil sich diese Vorstellung als unzureichend erweist, durch eine erst recht der Anschauung sich entziehende Fiktion wieder eingeschmuggelt. Von einem nachhelfenden Regulieren des an sich rein physikalischen Systems des Körpers durch eine äußerlich hinzukommende Kraft kann aber die Erfahrung niemals etwas aufzeigen und der Organismus ist auch weit davon entfernt, sich in der Erscheinung als ein solches Zwitterwesen zu offenbaren. Gehen wir dagegen schon ursprünglich den Weg rein bildbedingter Analyse, dann erfassen wir auch von vornherein die Verwirklichungsfelder des Organismus selbst in ihrer das Material ins wirkliche Ganze fügenden (totalisierenden und synthetisierenden) Funktion. Das beste Beispiel hiefür war uns schon früher der Aufbau der optischen Wahrnehmungswelt durch das Apperzeptionszentrum, das optisch-sensorische Zentrum und das Auge. Wenn auch natürlich für die Wahrnehmung als Erkenntnis das, „daß etwas hervorgebracht wird", zufällig (akzidentell) ist, so ist doch dieser psychische Prozeß für eine Analogisierung mit der vitalen Formbildung gerade das Wesentliche. Aristoteles war sich dessen durchaus bewußt und trägt keine Bedenken, das seelisch-körperliche Verwirklichungsfeld des Auges mit dem Verwirklichungsfeld des ganzen Organismus in Analogie zu bringen. „Wenn das Auge, sagt er (genauer müßten wir heute sagen: der gesamte optisch-sensorische Apparat), selbständig wäre, dann könnten wir das Sehen (eben den das optische Material ins wirkliche Ganze fügenden Akt) seine Seele (= Form) nennen" (11). Nun ist aber dieser Apparat nicht selbständig, sondern selbständig ist nur der Organismus, dessen Organ er ist. Erst dessen Verwirklichungsfeld als Ganzes, das trotz der Aufspaltung in Unterzentren eine in Eigenkraft stehende bestimmungsmächtige Wirklichkeit bildet, ist nun in Wahrheit seine Wesensform (seine Seele im aristotelischen Sinne). Diese Wesensform rückt nun direkt in den Bereich der konkret-kausalen und typologischen Analyse, insofern die von ihr ausgehende Wirklichkeitsbestimmung ganz schlicht charakterisierbar und durch die normativen biologischen Regeln des vitalen Kreisprozesses verständlich zu machen ist.

Mit der Herausstellung des das Material zum tätigen Ganzen bestimmenden Verwirklichungsfeldes ist aber die vitale Gegenstandsanalyse nur erst unvollständig durchgeführt. Zunächst sind Verwirklichungsfeld und Materialfeld in ihrer realen Verschiedenheit noch tiefer zu begründen. Ein Hinweis auf diese reale Verschiedenheit liegt zunächst darin, daß das Verwirklichungsfeld bei ganz verschiedenem quantitativen Ausmaß des Materialfeldes dem Wesen nach dasselbe bleibt. Wenn man einen Keimling teilt, so kann sich, wie Driesch gezeigt hat, aus der Hälfte der normalen Zellenzahl doch eine ganze, freilich proportional verkleinerte, Larve entwickeln. Bei Moosen hat man es fertiggebracht, das Material der Eizelle oder Samenzelle, also auch deren stoffliche Vererbungsgrundlagen, zu vervielfachen. Der Erfolg war ein größeres Pflänzchen wie normal, mit größeren Zellen, aber es war doch ein wohlproportioniertes Ganzes. Dieses Ganze ist zu vergleichen mit einem Gemälde, das wegen der größeren Menge der zur Verfügung stehenden Farbe etwa noch einmal so groß ausgefertigt wurde. Wenn bei Kreuzung nur auf der einen Seite das Material gesteigert wurde, so waren deren erbliche Eigenschaften wie Farben, die zugleich auch etwas dicker aufgetragen waren wie normal, so daß v. Wettstein von einer Art Massenwirkungsgesetz dieser Grundlagen sprechen konnte. Aus allen diesen Versuchen geht hervor, daß das das Material ins Ganze fügende Verwirklichungsfeld, das die Beziehungen der Teile untereinander ordnet, eben von dem Material selbst, das jeweils das quantitative Ausmaß bedingt, real verschieden ist. Wir können also sagen, daß die Materie nicht nur die Vielheit der Individuen innerhalb einer Art, sondern auch ihre Miniatur- und Riesenformen bedingt, während der Artcharakter selbst im Verwirklichungsfelde (der Form) wurzelt. Eine gute Analogie dafür ist der Gestaltcharakter des Bildes einer Person, der sich gleichbleibt, ob das Bild näher oder entfernter betrachtet wird, das optische Reizmaterial der Netzhaut also mehr oder weniger umfangreich ist. Es ergibt sich auch aus dieser relativen Unabhängigkeit der vitalen Wirklichkeitsbestimmung vom Umfang des Materials die Unrichtigkeit der Auffassung Descartes, der die Wesenheit der Naturkörper, auch der organischen, in die Ausdehnung verlegte. Die Ausdehnung kommt den Körpern vielmehr infolge des potentiellen Bestandteiles ihrer Wesenheit zu, also desjenigen Bestandteiles, durch den z. B. eine Pflanze, die in Wirklichkeit eine, der Möglichkeit nach eine Vielheit ist. Sie ist also nicht die Wesenheit des materiell Seienden, sondern ein ihm wesentlich zukommendes Akzidens.

Wie bei der Vermehrung oder Verminderung des Stoffes die Identität des das Material ins Ganze fügenden Verwirklichungsfeldes gewahrt bleibt, so auch beim Wechsel des Stoffes. Wie eine Melodieauffassung die gleiche bleibt, wenn das Tonmaterial wechselt (d. h. einmal eine Oktave tiefer, das andere Mal eine Oktave höher liegt), so kann auch seinem Verwirklichungsfelde nach der Organismus derselbe bleiben, wenn auch durch das beständige Kommen und Gehen der chemischen Substanzen sein Stoff ständig erneuert wird. Trotz des Stoffwechsels geht die Identität der Person in uns nicht verloren und das Gedächtnis reicht in das frühe Kindesalter zurück.

Wie durch die Materie die begrenzende Bedingung zu den Zwerg- und Riesenformen, so werden durch sie auch, und zwar schon im ersten vitalen Grundbestande (actus primus) des Organismus, die Bedingungen zu all den anderen Zufälligkeiten gesetzt, die sich einer Einordnung in die Normen des Verwirklichungsprozesses (insofern diese ja für uns einsichtig — intelligibel — sein sollen) entziehen. Auf diese Zufälligkeiten im Werden der Organismen hat schon Karl Ernst v. Baer, neuerdings aber besonders Gurwitsch, hingewiesen. In den ersten Embryonalstadien, namentlich in der Furchung, ist eine strenge Regelmäßigkeit des Geschehens nachweisbar und die zeitliche Übereinstimmung gleicher Zustände ist bei verschiedenen Keimen vollkommen. Auch die statistische Behandlung eines späteren Stadiums, z. B. der Gastrula, ergibt eine Regelung der Teilungen, die aber durch ein bedeutendes Maß von Streuung maskiert ist. Bei noch späteren Stadien verteilen sich die indirekten Kernteilungen nach den Regeln des Zufalls. Trotzdem das Verwirklichungsfeld bestimmte Orte für bestimmte Leistungen gleichsam festlegt, ist ein gewisser Spielraum im Verhalten der Zellen gegeben. Die allgemeine Ordnungsregel könnte uns recht wohl einmal verständlich werden aus dem, was am Ende der Entwicklung und demzufolge auch immer eine Stufe weiter vorher erreicht werden soll. Wir hätten dann die allgemeine Ordnungsregel als ein für uns verständliches normatives Gesetz von den material bedingten Zufälligkeiten abgezogen oder abstrahiert. Hier schließt sich der Ring mit der thomistischen Erkenntnislehre. Wenn die bei der Erzeugung eines Wesens verwirklichte Vereinzelung gewissermaßen ein Herabziehen der Idee durch die Form (das Verwirklichungsfeld) in den Stoff ist, so muß man offenbar, wenn man erkennen will, die spezifische in dem Verwirklichungsfeld grundgelegte Ordnung aus der Vereinzelung wieder herausziehen. Auf Grund dieser Beschränkung unserer Erkenntnis auf die Abstraktion ist uns eine strenge Einsicht in die individuelle Wesenheit nicht möglich, wir können nur gleichsam ein mehr oder minder gelungenes „Abziehbild" von ihr herstellen. Es bleibt also für uns im Erkenntnisgegenstand immer ein hyletischer Kern, ein rational unerfaßbarer Rest, ein Ding an sich bestehen. Aber dieses Ding an sich liegt, wie wir schon früher betont haben, für Thomas in einer viel tieferen Erkenntnisschicht als das Kantische Ding an sich.

Die Analyse des lebenden Objektes und seines Verhaltens führt uns so immer auf zwei Faktoren hin, die das vitale Sein in seinem Grundbestande ausmachen: auf die Materie, als das für die Erhebung ins wirkliche Ganze bestimmungsbereite Sein, und auf die Form, als das dabei bestimmungsmächtige Sein. Durch die Formen (Verwirklichungsfelder) gibt es, wie Thomas sagt, der Art nach viele Naturwesen, durch die bestimmungsbereite Materie innerhalb der Art der Zahl nach viele Wesen. Sie ist das letzte Prinzip, vermöge dessen das den Artcharakter begründende Verwirklichungsfeld sich in vielen Individuen, im getrennten Einzelsein derselben, realisiert*). Als Material eines Wirkungsbereiches ist sie notwendig hingeordnet zur Quantität der neu entstehenden Wesen und wird in dieser Hinordnung als materia quantitate signata bezeichnet. Als reine Bestimmungsbereitschaft überhaupt, vermöge dessen derselbe Stoff ganz verschiedenen Wesen, wie Pflanze, Tier und Mensch zum Aufbau dienen kann, heißt die Materie auch erste Materie oder materia prima. In beiderlei Eigenschaft ist die Materie nicht Gegenstand der Physik, sondern der Ontologie.

Ebenso ist das Verwirklichungsfeld, die Form, sofern sie durch unvermittelte Mitteilung ihrer selbst an das stoffliche Substrat zuerst das neue spezifische Sein eines Wesens in seinem Grundbestand, also als erste Wirklichkeit oder actus primus begründet, nicht Gegenstand der Physik. Erst was sich als Folge der metaphysisch grundbestandlichen Zusammensetzung aus Materie und Form darstellt, das sekundäre Materialfeld (materia secunda) und die sekundären Energieakte (des actus secundus) sowie auch die aus der Form fließende Mikrostruktur des Körpers, treten in den Forschungsbereich der Naturwissenschaft. Die sekundären Verwirklichungs- und Materialfelder, die uns in der Organisatorenlehre begegneten, haben dabei ein Analogon auch im Anorganischen. Wir haben in der einfachsten Form des Atoms, im Wasserstoffatom, einen bestimmungsmächtigen Kern (Proton) und eine relativ bestimmungsbereite Schale (Elektron), zu unterscheiden, die beide durch den Fluß elektrischer Kraftlinien miteinander verbunden sind, wobei die Bewegung von den Kernen aus zu den Elektronen geht und als Zugspannung, elektrische Spannung, erscheint. Atome, denen ein Elektron entrissen wurde, zeigen eine gewisse „Ausheilungstendenz". Mit dem Dualismus von Materialfeld und Verwirklichungsfeld hängt auch

*) Da die Form sich aus eigener Natur zur Materie bezieht, geht die numerische Individuation, die aus der Materie stammt, auf die Form über, welche dadurch selbst individuiert wird.

der Dualismus von Raum und Zeit zusammen. Beide sind uns nur Maße für Energieakte und für unsere eigene Möglichkeit, eine gewisse Summe von Energie zu verwerten bzw. zu verausgaben. Aber indem wir von Energieakten reden, drücken wir schon das Nacheinander aus, während das Nebeneinander der (im Materialfeld grundgelegte) Wirkungsbereich der Energie ist, der Raum (12). Nur soweit die Energie als Möglichkeit, Arbeit zu leisten, aufgefaßt wird, und ihr ein Bewegungsäquivalent (mechanische Arbeit) irgendwelcher Art irgendwie zugeordnet werden kann, ist sie in Zahlen ausdrückbar, d. h. meßbar und kann eine Gleichheit der Intensitätsgröße beim Übergang einer Energieform in die andere festgestellt werden. Dieses Gesetz abstrahiert aber vollkommen von der Energie soweit sie „Formenergie" ist. Sie als Formenergie in ihrer gesetzmäßigen Auswirkung durch die Verwirklichungsfelder zu studieren, ist aber heute schon wieder die Aufgabe der Biologie. In bezug auf die strenge Unterscheidung der konkreten und der physikalisch-abstrahierten Bedeutung im Energiebegriff verweise ich auf die ausgezeichneten Ausführungen von Th. Haering in: „Philosophie der Naturwissenschaft" pag. 274 ff.

Wenn das Erste, was vom Stoff bedingt ist, die Individuation ist, kommt aus der Form oder dem Verwirklichungsfeld zuerst die ganz spezifische Disposition oder Struktur des Körpers. Eine solche ist schon bei chemischen Verbindungen nachweisbar. Bestimmte Moleküle zeigen eine völlig regelmäßige oktaëdrische oder tetraëdrische Anordnung von Atomen oder Atomgruppen um ein Zentralatom, obwohl vom mechanistischen Standpunkt aus die wahrscheinliche Verteilung als eine ganz unregelmäßige anzunehmen wäre. Bei den optisch-aktiven Substanzen, die aus ganz bestimmter einseitiger Determination hervorgehen, findet bei längerem Aufbewahren ein freiwilliger Übergang aus dem (vom Zufallsstandpunkt aus) unwahrscheinlicheren aktiven in den wahrscheinlicheren inaktiven Zustand statt, eine Erscheinung, die zu dem Altern und Absterben der Lebewesen eine schwache Analogie bildet. Soweit Kristalle, Atome, Moleküle usw. ein Ganzes sind, lassen sich ihre mikrostrukturellen Verhältnisse mit denen eines Organismus analogisieren. Polar ausgebildete Kristalle von Kandiszucker z. B. sind an dem Pol, mit dem sie festgewachsen sind, leichter auflösbar wie an dem freien Pol. Da nur dieser freie Pol dem Lösungsmittel ausgesetzt ist, kann man seine größere Widerstandsfähigkeit gleichsam als Schutz auffassen. Wie ferner Atome, denen ein Elektron gewaltsam entrissen wurde, eine gewisse „Ausheilungstendenz“ zeigen, so auch in ihrer Formganzheit verletzte Kristalle. Bei Mischkristallen gleicht die eine Komponente die andere sich zur Wahrung eines einheitlichen Kristallgitters an. Kupfervitriol ($CuSO_4$) kristallisiert mit fünf Molekülen Kristallwasser, während Eisenvitriol mit sieben Molekülen kristallisiert. Ein Mischkristall aus beiden gliedert die Kupfervitriolmoleküle so ein, daß sie in das Raumgitter passen, was zur Folge hat, daß auch diese jetzt sieben Moleküle Kristallwasser aufnehmen.

Es erscheint dies fast wie eine der Assimilation analoge Angleichung. Doch gewinnen im Organismus selbst die Teilchen, wenn sie assimiliert sind, einen motus naturalis von ganz neuer Selbständigkeit, was darauf schließen läßt, daß sie auch in ihrer räumlichen Gruppierung, in der Mikrostruktur des Protoplasmas, Besonderheiten zeigen. Sie sind hineinversetzt in die neue Einheit des vitalen Verwirklichungsfeldes, und diese Hineinversetzung findet empirisch ihren Ausdruck: 1. in der spezifischen diesem Verwirklichungsfeld entsprechenden Einverleibung des Stoffes, die artfremdes Eiweiß erst auflöst und in das arteigene Eiweiß überführt und 2. in der, wenn ich so sagen darf, spezifischen Einrhythmisierung der Prozesse, die jedem Teilvorgang seinen besonderen Zeitpunkt vorschreibt. Dieses Aufgenommenwerden in das Spezifische des Verwirklichungsfeldes ist es, was Hedwig Conrad-Martius treffend als „Innerung“ bezeichnet, und wir haben keinen Grund, daran zu zweifeln, daß diese Innerung im Sinne der strengen Thomisten eine vollständige ist, d. h. ein völliges Hineingenommensein in die eigene geformte Wirklichkeit des Organismus bedeutet. Einige Erfahrungen sprechen durchaus für eine solche Annahme und keine dagegen. So *nimmt Difflugienprotoplasma nur im strengen Sinne arteigene Protoplasmastückchen als seiner Innerung entsprechend auf, während es artfremde*, und seien es auch solche von ganz nahe verwandten Difflugien, *ablehnt*. In Nahrungspartikelchen löscht es durch die Assimilation die fremde Spezifität erst aus und die artfremde Struktur wird im strengsten Sinne in die Struktur des Difflugienprotoplasmas übergeführt. Verschieden von unmittelbarer Einschmelzung einerseits und einverleibender Assimilation anderseits ist die Vereinigung der Geschlechtszellen in der Befruchtung. Die Differenzen beider Zellen gleichen sich hier aus, und es entsteht unter der Auslöschung der Spezifität beider eine neue Spezifität, was schon daraus hervorgeht, daß, wenn väterlicher- und mütterlicherseits ein verschiedener Entwicklungsrhythmus bestanden hat (z. B. bei Artbastarden) diese Verschiedenheit in einem neuen einheitlichen Rhythmus aufgehoben ist.

Als besonders vollkommenes Ebenbild der beweglichen Mikrostruktur, wie sie nach der philosophisch verarbeiteten Elektronenlehre in den anorganischen Körpern angenommen wird, ist das *Blut* zu betrachten. Es ist ein aus Zellen und Plasma bestehendes lebendes, zusammenhängendes Ganzes, eine Art Gewebe, durch dessen plasmatische Zwischensubstanz die Zellen nicht nur unter sich, sondern auch mit der lebenden Aderwand zusammenhängen. Der Hauptunterschied, der in der Blutstruktur hinzukommt, ist das bewegliche Gleichgewicht, der Zustand fortwährender Selbstbewegung, durch die in ihm das vitale Verwirklichungsfeld die chemischen Prozesse wie auf unsichtbaren Bahnen leitet, chemische Sendboten abschickt, die nicht nur den Nachrichtendienst zwischen den einzelnen Organen vermitteln und ihre Eigentätigkeit beschleunigen und verlangsamen, sondern auch in den Geschlechtshormonen die sekundären Geschlechtscharaktere von Mann und Weib und die Unterschiede der Gemütsstimmung bestimmen. Neuere Untersuchungen haben gezeigt, daß jedes menschliche Individuum ein Blut von ganz bestimmter Blutgruppenzusammensetzung besitzt und daß die Blutgruppenzugehörigkeit ein Erbgut ist, das dem Mendelgang unterliegt.

Wir müssen überhaupt in der spezifischen Struktur wesentliche und unwesentliche Züge unterscheiden. Unwesentliche Züge sind, wie Woltereck gezeigt hat, durch die im Materialfeld austauschbaren stofflichen Grundlagen der Mendeleigenschaften bedingt. Das Materialfeld ist in dieser Hinsicht mit einem Farbkasten zu vergleichen, in welchem für die mendelnden Eigenschaften Farbsteinchen bereit liegen. Diese können vertauscht und neu kombiniert werden, so daß das Verwirklichungsfeld die individuelle Ausprägung je nach dem zur Verfügung stehenden Material in der verschiedensten Weise nüancieren kann. Aber das Bild behält dabei die wesentlichen Züge. So zeigen die Flügeldecken mancher Coccinelliden außer der höchst variablen (wahrscheinlich mendelnden) Fleckenzeichnung nach Woltereck einen durchaus konstanten Grundplan der Zeichnung, der in einer bei jeder Art bestimmten Quer- oder Längsordnung besteht. Bei der höchst variablen Kiemenschnecke Neritina fluviatilis findet sich hinter dem Zeichnungsgewirr von Längs- und Querstreifen, Rauten und Tropfen usw. eine konstante Grundordnung, die, wie Woltereck sagt, „zur Wesensgesetzlichkeit aller Varianten, also zur Ganzheit der Art zu gehören scheint." Interessant ist ferner die Frage, ob es außer den die feinsten Unterschiede bedingenden Erbfermenten (austauschbaren „Farbsteinchen" im obigen Sinne) noch ganz besondere Individualstoffe gibt, die nicht mehr in dem Farbkasten der Ahnen als gesonderte „Steinchen" nachweisbar wären. Die Untersuchungen über diese Frage gingen aus von der merkwürdigen Erscheinung, daß Blüten nicht von dem Pollenstaub desselben Baumes befruchtet werden können, sondern nur von dem eines anderen Baumes — freilich derselben Art. Der Pollenstaub desselben Baumes keimt auf der Narbe nicht aus, so daß die Samenzellen resp. der Kern nicht zum Ei gelangen kann. Jost nahm zur Erklärung dieser Erscheinung an, daß das Anregungsmittel zur Auskeimung des Pollens immer nur auf den Pollen der fremden Pflanze wirkt, während es für den eigenen Pollen unwirksam bleibt. Die Anregungsmittel wären also in zwei Individuen der gleichen Art verschieden, wären ganz spezifische, nur dem Individuum eigene Individualstoffe. Die Bastardierungsversuche von Correns mit einer weiß und lila blühenden Art des Wiesenschaumkrauts haben jedoch mit Wahrscheinlichkeit ergeben, daß die Individualstoffe doch im obigen Sinne zu feinst differenzierten Nüancen gehören, die im „Erbfarbkasten" grundgelegt sind.

Ist das Insdaseintreten eines neuen Wesens mit der Verwirklichung einer ganz spezifischen Struktur verbunden, so ist das damit verknüpfte Vergehen eines anderen Körpers nicht ohne Auflösung seiner spezifischen Struktur zu denken. Die alte Scholastik konnte sich ein echtes Werden nicht ohne ein „Entwerden" denken. Zunächst ist es hier naheliegend chemische Analogien heranzuziehen. Bei der chemischen Synthese kann nach der genuin-scholastischen Vorstellung aus den zwei Verwirklichungsfeldern der reagierenden Körper nur dann ein neues Verwirklichungsfeld entstehen, wenn erstere der Auflösung verfallen. Man nennt den Auflösungszustand, der als notwendige Durchgangsphase zu dem neuen Verwirklichungsfeld betrachtet wird, die Beraubung oder steresis und denkt sich dieselbe mit einer relativen Strukturzerstörung der reagierenden Substanzen verbunden. Ob tatsächlich eine solche erfolgt und wie die neue Stoffzubereitung jeweils zu verstehen ist, darüber wissen wir heute noch wenig. Immerhin hat sich gezeigt, daß, wenn man in organische Verbindungen gewisse Gruppen einführt, diese ihren Einfluß nicht bloß lokal an ihrer Stelle, sondern durch Festigung oder Lockerung des Gefüges auf das Gesamtmolekül geltend machen. Man glaubt dies eventuell so erklären zu können, daß bei der Entstehung des neuen Moleküls Ladungsverschiebungen innerhalb des gesamten Elektronengefüges eintreten — ähnlich, wie etwa beim Umkristallisieren eines Körpers Atomverschiebungen, die den Übergang von einer Kristallform in die andere vermitteln. Solche Möglichkeiten der Umkristallisierung gibt es bei verschiedenen Körpern. Besonders instruktiv ist das Ammoniumnitrat. Das geschmolzene Salz erstarrt bei ungefähr 160° zu Kristallen des regulären Systems. Etwas unterhalb 125° wandeln sich die regulären Formen in rhomboëdrische Kristalle um; hiermit geht eine Änderung des spezifischen Gewichts und aller übrigen Eigenschaften Hand in Hand. Diese Temperatur ist ein Übergangspunkt und der Temperatur, bei der monokliner Schwefel in rhombischen Schwefel übergeht, vergleichbar. Sinkt die Temperatur etwas unter 83°, so gehen die rhomboëdrischen Kristalle in Kristalle des rhombischen Systems über, die wiederum durch eine Reihe besonderer physikalischer Eigenschaften ausgezeichnet sind. Schließlich findet unterhalb 35° eine vierte Umwandlung in rhombische Nadeln statt, und in dieser Kristallform tritt das Ammoniumnitrat bei gewöhnlicher Temperatur auf. Alle diese Umwandlungen finden bei steigender Temperatur in umgekehrter Richtung statt.

Im Bereich der Lebewesen wird man, wenn man das Problem der Strukturauflösung verfolgt, zunächst daran denken müssen, daß im lebenden Plasma die assimilierten Teilchen, damit sie aus der zerstreut anorganischen in die geeint organische Tätigkeit versetzt werden, auch einer besonderen strukturellen Anordnung bedürfen, die ihnen in einem bloßen Gemisch nicht zukommen kann. Mit dem Kreislauf der Substanzen durch die Lebewesen würden die Teilchen also durch verschiedene organische Systemgruppierungen, durch verschiedene Mikrostrukturen hindurchgehen müssen. Aber man könnte auch an eine Art Umkristallisierung der organischen Formen selber etwa in dem Sinne denken, daß die Korruption des alten Erbgefüges (Genotypus) zur Bildung eines neuen hinüberleitet. Und diese Korruption könnte, da die strukturelle Grundlage des Erbgefüges der Chromosomenkomplex ist, vielleicht auch der direkten Beobachtung zugänglich sein.

Tatsächlich hat nun die neue Chromosomenforschung so etwas wie eine Korruption der Chromosomengarnitur aufgedeckt, und zwar wird dieselbe durch einen morphologisch äußerst interessanten Vorgang, durch die Bildung der sog. Möbiusringe bei der Reifungsteilung, in die Wege geleitet (13). Indem ein männliches oder weibliches Chromosom unter Drehung seines einen Endes um 180° mit seinem Partner an den Enden sich verbindet, entsteht ein gedrehter Ring, ein sog. Möbiusring. Dieser spaltet längs durch und löst sich wieder an den Verklebungsstellen. Wie man sich leicht durch einen Modellversuch überzeugen kann, findet dabei ein Austausch und eine Verlagerung von Chromosomenstücken statt, die im Verlaufe mehrerer Möbiusspaltungen zu einer völligen Dissoziation der Garnitur der homologen Chromosomen führen muß. Besonders instruktiv ist diese Erscheinung bei zu starker Mutation neigenden Formen, wie Oenothera. Bei vielen Arten dieser Gattung sind die Chromosomen oft durch Verklebung zu aus je zwei Chromosomen bestehenden bivalenten Möbiusringen vereinigt, so daß an Stelle der diploiden die haploide Zahl zu beobachten ist. Die Ringe hängen oft in eigentümlicher Weise ineinander, von der man sich durch Modellversuche eine Vorstellung bilden kann. Außerdem kommen Kettenringe aus mehreren hintereinandergeschalteten und miteinander verklebten Chromosomen vor. Denkt man sich, daß, während die Chromosomen sich in gedrehter Ringverbindung befinden, eine Durchspaltung des Ringes stattfindet, so ist damit die Möglichkeit zu einem neuen mannigfaltigen Segmentaustausch gegeben, und zwar nicht nur zwischen homologen Chromosomen, sondern auch zwischen den verschiedenwertigen in der Kette einander benachbarten Chromosomen. Eine derartig hochgradige Auflösung der Erbgarnitur mag zu den Mutationen selber hinüberleiten. Im Sinne der Heidenhainschen Synthesiologie wird man sich die aktiven Grundlagen der Vererbung in den Chromosomen als lebende Einheiten niedrigster Stufe vorstellen müssen, die in ihren Reaktionen der Umstimmung fähig sind, und zwar wahrscheinlich durch wechselseitige fermentative Beeinflussung. Durch die Verlagerung der Chromosomenteilchen würde eine der Atomsynthese analoge neue Synthese im Erbgefüge geschaffen, indem, durch ein gewisses Auflösungsstadium hindurchgehend, der Prozeß in einen neuen, innerlich wieder harmonisch in sich selbst zurückgehenden Verwirklichungsprozeß einlenken könnte.

Die neueren Feststellungen der organischen Chemie, wonach man durch neue Stoffkombinationen eine Auflockerung des Molekülgefüges und eine Aktivierung bestimmter Abbau- oder Aufbautendenzen bewirken kann, rücken Betrachtungen, wie die soeben erwähnte, durchaus aus dem

Gebiet des Unwahrscheinlichen heraus. Die weiterhin durch die chemischen Analogien nahe gelegte Annahme einer gerichteten, orthogenetischen Entwicklung scheint durch die neuen Beobachtungen über künstliche Mutationen ebenfalls an Wahrscheinlichkeit zu gewinnen. Goldschmidt und Jollos haben nämlich zeigen können, daß durch fortgesetzte Einwirkung gleicher abgeänderter Außenweltsbedingungen (Temperatur) Mutationen in stufenweisem Fortschritt erzielt werden konnten, so daß z. B. bei der Taufliege (Drosophila) es möglich war, die Augenfarbe von dunkelrot über eosinrot zu gelb und schließlich zu weiß abzuändern. „Es ist", sagt Jollos, „jetzt experimentell dargetan, daß bei gleichmäßiger, sich auf zahlreiche Generationen erstreckender Einwirkung einer Mutation bewirkenden Veränderung von Umweltfaktoren an Stelle des sonst beobachteten regellosen Auftretens von Mutation ein ‚gerichtetes Mutieren' tritt — ‚gerichtet', nicht als Anpassung in bezug auf die auslösenden Außenbedingungen, sondern in der Aufeinanderfolge sich in ihrer Auswirkung gleichsinnig verstärkender Mutationsschritte." Das Problem der in manchen Fällen zu vermutenden gleichzeitigen „abgestimmten" Veränderungen mehrerer Anlagen oder ganzer Anlagegruppen wird freilich dadurch noch keineswegs gelöst. Aber diese Tendenz zur Ausgeprägtheit der Gestalt als Ganzes erweist sich durch die Ergebnisse der Gestaltpsychologie als eine dem Leben in keiner Weise fremde Tendenz. Sie kann infolgedessen als Analogie zur inneren Erfahrung für die vitalen Verwirklichungsfelder in Anspruch genommen werden. Wir wollen sie noch kurz durch ein Beispiel erläutern. Abb. 9—16, zeigen, daß die Auffassung von Figurganzheiten nicht bei jeder Strichanordnung gleich gut gelingt und daß, wenn man an dem gleichen Strichmaterial von einer Ganzheit zur anderen durch die möglichen Zwischenglieder übergehen will, oft eine Auflockerung des Ganzheitsgefüges nötig ist. Geht man z. B. von Abb. 11 zu Abb. 13 über, indem man die Striche *b* und *c* um 90° nach innen zum Zentrum dreht, so entsteht eine Störung in bezug auf die Ganzheitsfundierung von Abb. 11, die gleichsam ihre Stützpunkte verliert und ihre Ausgeprägtheit stark eingebüßt hat. Erst wenn ich auch die beiden Striche *a* und *d* zum Zentrum hingedreht habe, gelingt die Herausführung einer neuen geschlossenen Figurganzheit. Der Übergang von Abb. 11 zu Abb. 14 führt durch eine Art schöpferischer Indifferenz, wobei das indifferente Moment sich auf die vorhergehende, das gestaltschöpferische Moment sich als Ergänzungstendenz auf die folgende Abbildung beziehen soll. Daß diese Ergänzungstendenz nicht von der begrifflichen Analyse hineingetragen wird, zeigt sich an dem Beispiel der faktischen die Teile ins Ganze fügenden Synthesen bei Figuren, die einem halbseitig erblindeten Auge nur halb geboten werden (z. B. einem Kreis, einer Ellipse, einem Quadrat, einem aus drei Stäbchen erzeugten Stern). Sie werden ganz gesehen.

Man wende gegen eine solche Analogisierung nicht ein, daß sie wissenschaftlich bedeutungslos sei. Denn in der Möglichkeit einer an die Erfahrung sich anschließenden Analogisierung der hypothetischen Umbildungsfaktoren liegt der letzte erfahrungswissenschaftliche Halt der Deszendenztheorie überhaupt. Streng logisch schließt ein vergleichend morphologisch und paläontologisch begründeter Formenzusammenhang noch nicht einen Entwicklungszusammenhang, d. h. eine Wirklichkeitsbestimmung ein, bei der die Glieder dieser Formenreihe nun tatsächlich durch die natürliche Eigenkausalität der vitalen Verwirklichungsfelder auseinander hervorgegangen sind. Man muß eine Wirklichkeitsbestimmung, die solches leisten kann, entweder durch einen tatsächlichen Vorgang oder durch eine Analogie aus der erlebten Wirklichkeit erst wahrscheinlich machen, wenn man nicht unsinnigerweise Erfahrungswissenschaft auf bloße Denkmöglichkeiten gründen will. Durch die gestaltpsychologischen Analogien wird ja aber namentlich auch der automorphe Charakter solcher Umbildungsfolgen in ein neues Licht gesetzt. Wenn man als physiologische Unterlage im Aufbau der psychischen Gestalten annimmt, daß jede Ganglienzelle eine Form, deren Urgestalt gegeben ist, weiter ausbilden kann, so, wie wir „ahnen" können, wie eine Melodie, welche wir teilweise gehört haben, sich weiter fortsetzen wird, so liegt es nahe,

etwas Analoges auch in den „Urzellen" anzunehmen, die den „Formenkreisen", den Arten im weitesten Sinne, zugrunde liegen. Ihre zur Ausgeprägtheit drängende (prägnante) Entfaltungsrichtung und die Unvermischbarkeit solcher Kreise ist dann recht wohl verständlich.

Ohne uns hier im einzelnen auf die Richtigkeit der Formenkreislehre festlegen zu wollen, sei bloß ihr wesentlicher Inhalt kurz angedeutet. Kleinschmidt glaubt auf dem zoologischen Gebiet gezeigt zu haben, wie man durch das so oft verspottete Studium der kleinsten geographischen Abweichung der Form einem ganz neuen Spezifizierungsgesetz auf die Spur kommen kann, durch das man die Realgattung als natürliche Einheit abgrenzen kann. Die Beobachtung zeigt, daß noch so ähnliche Tiere, die denselben geographischen Raum bewohnen, ihrer inneren Natur nach verschieden sein können. So kommen bei uns in Gärten, auf Wiesen und Feldern drei Weißlinge vor: der große Kohlweißling, Pieris brassicae (L.), der kleine Kohlweißling, auch Rübenweißling genannt, Pieris rapae (L.), und der Rübensaatweißling, Pieris napi (L.). Diese drei Weißlinge flattern gemeinsam über derselben oder sitzen nebeneinander auf derselben Blumengruppe ohne die geringste Notiz voneinander zu nehmen. Sie erweisen sich dadurch als Rassen von drei ihrer Natur nach verschiedenen Formenkreisen, die sich nicht miteinander begatten. Dagegen zu demselben Formenkreis, zu dem unser Kohlweißling gehört, zählt auch derjenige der kanarischen Inseln, ferner gehört unser Rübenweißling und derjenige von Japan und schließlich unser Rübensaatweißling und sein Verwandter aus Ostasien derselben Realgattung an. Sie können sich untereinander paaren und sind nur verschiedene, geographisch einander sich ausschließende „Ausgaben" oder „Masken" desselben Wesens. Außer den Rassen, die sich als geographisch (durch Nahrung, Boden, Klima usw.) bedingte Abarten eines und desselben Formenkreises darstellen, gibt es noch Spielarten, die lediglich Variationen einer Rasse sind und sich bei der Züchtung durch den Menschen verstärken können. Auf die Abgrenzung der Formenkreise und Rassen wird zur Zeit eine ungeheuere Präzisionsarbeit verwendet, und in dem Buch von Kleinschmidt finden wir die schönsten Beispiele gesammelt. So unterscheidet dieser gründliche Vogelkenner bei dem großen Edelfalken zwei Formenkreise oder Arten, den Jagdfalken (Falco Hierofalco) und den Wanderfalken (Falco Peregrinus). Von jenem finden wir nicht weniger als 13, bei diesem sogar 17 geographische Rassen, von Grönland bis Madagaskar, durch alle Erdteile und Zonen verbreitet. Ähnlich ist es bei den Haubenlerchen, deren größter Formenkreis sogar in 36 Rassen abändert und bei den Sumpfameisen, von denen eine Art, die Weidenameise (Parus Salicarius) 30 Rassen aufweist. Auch in den von Wasmann mit so vielem Fleiß und so vieler Liebe studierten Mimikryformen bei den Ameisengästen sieht Kleinschmidt schöne Beweise für die Formenkreislehre. Es handelt sich dabei um Insekten, die an der reich gedeckten Tafel der Ameisen Nahrung und in ihren Bauten Unterkommen suchten und in Färbung, Gestalt usw. ein ameisenähnliches Aussehen gewannen.

Nach der Ansicht Wasmanns hat die Bedrohung oder die Verhätschelung durch die Ameisen hier keineswegs neue natürliche Arten geschaffen, sondern nur vorhandene Anlagen zu weiteren Umbildungen veranlaßt, was zur Entstehung neuer systematischer Arten führte. Die schon von Wasmann getroffene Unterscheidung der natürlichen Arten und der systematischen Arten erhält nun gerade durch die Formenkreislehre eine neue Stütze. Schon vorhandene Formenkreise mit altertümlichem Aussehen, wie sie unter Genist und Steinen oder in engen Gängen sich heranbilden, waren in eine Gestalt hineingewachsen, die es ihnen möglich machte, sich in Ameisenbauten einzudrängen. Manche wurden vielleicht von den Ameisen selbst eingeschleppt. Der Aufenthalt im Ameisenpalast beeinflußte die Umbildung weiter. Je nachdem die Einwanderung früh oder spät geschah und je nach der Taktik ihres Verhaltens machten die einen den Werdegang ihrer Wirte mit. Die anderen beschritten einen Weg der Abwehr oder den der Einschmeichelung. Das sind aber Wege, die jedes Tier schädlichen oder freundlichen Naturgewalten gegenüber einschlägt. Der Formenkreis entwickelt sich nach den Richtungen hin, in der sich die Tiere am meisten abzappeln. Auch auf botanischem Gebiete hat sich die Formenkreislehre zum mindesten schon als eine fruchtbare Arbeitshypothese erwiesen. Mönkemeyer schickte Kleinschmidt einen schönen Formenkreis von Ceratodon purpureus. Kleinschmidt selbst bildete früher Formen von Pinus Cembra ab und ein Botaniker schrieb ihm aus Java, daß er bei den Tropenpflanzen die Formenkreislehre bestätigt gefunden habe. Das fundamental Neue bei der Sache aber ist: Je mehr die Forschung fortschreitet, desto mehr zeigt sich, daß bei aller Auseinanderstrahlung in Rassen doch ein Formenkreis nicht in den andern übergeht. Vielmehr entwickeln sich die natürlichen Arten unvermischt parallel zueinander, nach eigenen Spezifizierungsgesetzen, auf selbständigen Wegen. Der Formenkreis, die species naturalis, schließt zusammengehörige tote und lebende Rassen zu einer erdgeschichtlichen Lebenseinheit zusammen, die durch ihr besonderes Spezifizierungsgesetz abzugrenzen wäre. Kleinschmidt nimmt in Übereinstimmung mit Kant an, daß eine Urrasse oder, wie er sie nennt: eine Zentral-Wurzel- oder Keimbahnrasse, solange nacheinander Tochterrassen abstößt, bis sie selbst verbraucht ist und erlischt. Damit ergibt sich nun auch eine wesensgesetzliche Unterscheidung zwischen dem entwicklungsgeschichtlichen Ausbau eines Formenkreises und seiner ersten Entstehung selbst. Der Ausbau vollzieht sich durch die Rassenbildung mit geographischer Ausschließung der Rassen untereinander, während die Bildung eines neuen Formenkreises nur rückgreifend und rückwärts ausholend von einer noch unausgebauten, primitiveren selbständigen Neubildung her beginnen konnte. Diese Entstehung durch Neubildung, die als eine Neu- und Höherspezifizierung gefaßt werden muß, liegt bei der Erstentstehung des Menschen und der jeder anderen natürlichen Art sozusagen auf derselben Linie. Der Mensch ist sui generis, wie auch jede andere Art sui generis ist.

Zur Beurteilung der Formenkreislehre wird man erst dann etwas Entscheidendes sagen können, wenn das Artbildungsproblem durch die Genetik einmal besser aufgehellt ist. Da es meist unmöglich sein wird, den Kreis bis zu seinem Entstehungspunkt genau abzugrenzen, bleibt seine Charakteristik eine unvollständige. Eine vollständige Charakteristik wäre nur möglich, wenn wir das ganze selbständige Weltwerden der Formenkreise gewissermaßen kinematographisch uns vergegenwärtigen könnten, was natürlich unmöglich ist. Immerhin heben sich in dem Weltwerden der organischen Formen bestimmte Spezifizierungsgesetze ab, die uns sein Bild heute viel plastischer sehen lassen wie früher und auch gewisse echte Entwicklungsknoten darin hervortreten lassen. Wie wir später noch sehen werden, hat besonders Dacqués Typenlehre in das Problem der Zwischenformen neues Licht gebracht. Die Natur stellt nach Dacqué in bestimmten Zeiten einen neuen Typus heraus, aber gleichzeitig oder kurz vorher, wo er kommt oder kommen soll, macht sich die Tendenz zu ihm schon in anderen Gruppen als eine Art typovergenter Mimikry bemerkbar, der dieses Neue nicht ursprunghaft zukommt. Es wird so etwas Ähnliches, aber nicht das Gleiche. Und bezeichnend ist, daß es jedesmal ein niederer Typ ist, der das Neue ohne rechtes Gelingen, nur als Nachahmung, vorwegnimmt und daß der nächst höhere Typ in einer solchen Zeit oder kurz nach ihr erst rein und wurzelecht hervortritt. Ein präzises Kriterium für die Abgrenzung eines Typus ist bei der Lückenhaftigkeit des paläontologischen Materials natürlich auch nach Dacqués wertvollen Ergebnissen noch nicht möglich.

Ein wertvoller Fortschritt liegt aber bei Kleinschmidt sowohl wie bei Dacqué darin, daß die anschauungsfremden Vorstellungen über die Art der Umbildung der Organismen durch neue viel bessere ersetzt werden. Die bildbedingte typologische Analyse Dacqués und Kleinschmidts bewegt sich gleichsam zu einer Deckungseinheit hin mit der konkret-kausalen Deutung der realen Umbildungsfaktoren der Entwicklung. In dieser Deutung wird das abstrakt-kausale Werdeschema der Darwinisten, nach welchem es keine bevorzugten Werderichtungen gibt, gleichfalls durch ein besseres an der Gestaltpsychologie orientiertes Schema ersetzt. Die Unterscheidung von Materialfeld und Verwirklichungsfeld erweist sich auch hier als außerordentlich fruchtbar. Gerade die genauere Analyse der Entwicklung zeigt uns heute, daß der oft als Tautologie bezeichnete Satz, wonach das gewordene Wirkliche vorher ein real Mögliches gewesen sein muß, tatsächlich keine Tautologie in sich einschließt. Wenn es nichts real Mögliches gibt, so wird in der aufeinanderfolgenden Reihe des Geschehens das folgende Glied in den vorangehenden Bedingungen entweder schon wirklich oder gar nicht enthalten sein. Im ersten Falle wird überhaupt nichts geschehen und nichts werden. Im zweiten Falle wird das Folgende ohne allen realen Zusammenhang mit dem Vorausgehenden bestehen. In der Wahrscheinlichmachung eines solchen realen Zusammenhanges besteht aber, wie wir später noch ausführlicher sehen werden, gerade eines der wichtigsten Wahrscheinlichkeitsargumente der Deszendenztheorie, und zwar vor allem nach der stofflich-chemischen Seite hin. Wenn bei niedrig stehenden Tierformen Zellulose, bei höheren Formen Chitin, dann dazu Kollagen usw. zur Anwendung kommt, so liegt darin nach Utitz „die Erfüllung oder Berücksichtigung all der durch das betreffende Material gegebenen Bedingungen".

Die Frage der Überführbarkeit der einen Form in die andere setzt auch in rein baugesetzlicher, d. h. in anatomischer und morphologischer Hinsicht die reale Möglichkeit oder Bestimmungsbereitschaft zu neuen Formen in der Wurzelform voraus. Diese Bestimmungsbereitschaft tritt in den meisten paläontologischen Formenreihen in dem mehr allgemeinen Charakter der Primitivformen hervor, der weitere Spezialisierungen zuläßt, sowie darin, daß der Durchgangspunkt zu einer höheren Organisation durch eine Vervielfältigung gleichartiger Körperteile bezeichnet wird, der dann eine Konzentrierung und Vereinheitlichung des gleichartig Vielen zu einer neuen Einheit folgt. Entsprechend der Unterscheidung von bestimmungsbereitem Materialfeld und bestimmendem Verwirklichungsfeld muß ferner, wenn es zu einer wahren Höherstaffelung der Formen kommen soll, also eine Urgestalt in eine neue übergehen soll, entweder eine Erhöhung der inneren Beweglichkeit des Substrates eingeleitet werden, die wir als revolutionären Prozeß dem evolutionären gegenüberstellen müßten. Thomas v. Aquin hält eine solche Wandlung für möglich, jedoch spricht er davon nur bei der embryonalen Stufenfolge der Formen beim Menschen. Hier war es seine Auffassung, daß die Wandlung von einer Form in die andere durch einen strukturellen Auflösungsprozeß hindurchgehen muß. Wörtlich sagt er darüber: „Da die Zeugung und das Entstehen des einen Dinges immer die Korruption des andern ist, so muß man, sowohl was den Menschen als auch was das Tier anbetrifft, sagen, daß, sobald die vollendete Form (das letzte Verwirklichungsfeld) da ist, die andere vergeht. Dies geschieht jedoch so, daß diese vollendetere Form alles jene in sich enthält, was an Vollendung die erste in sich hatte und dazu noch etwas mehr; und so gelangt man durch viele Veränderungen im Stoffe, durch viele Entstehungen und Korruptionen hindurch, zur letzten Wesensform sowohl im Menschen wie im Tiere." Daß Naturkräfte in dieser Art und Weise aus dem Unvollkommenen das Vollkommene herausführen können, widerspricht nach Thomas nicht dem Ursächlichkeitsgrundsatze — sobald man nämlich die dabei in Betracht kommenden Verwirklichungsfelder als **Instrumentalursachen** auffaßt, die in der alles geschöpfliche Sein und Werden tragenden Wirksamkeit Gottes hineinversetzt sind in die Lenkung durch die göttlichen Ideen. „Besteht nämlich", sagt Thomas, „eine Ordnung in diesen Ursachen, so hindert nichts, daß die Kraft der höheren, leitenden Ursache die letzte vollendete Form gibt, während die Kraft der niedrigeren nur bis dahin reicht, daß sie den Stoff vorbereiten; wie z. B. die Kraft des Samens den Stoff vorbereitet und die Kraft der Seele die Wesensform gibt beim Entstehen des Tieres. Offenbar aber ist es, daß die ganze körperliche Natur wirkt als Werkzeug der geistigen und zumal Gottes. Und demgemäß steht dem nichts entgegen, daß die Bildung des Körpers von einer körperlichen Kraft ausgeht, während die vernünftige Seele von Gott allein ist" (Summa theologica I 9. 113, Art. 2).

In dieser perspektivreichen Stelle ist für den Biologen zunächst der erste Teil wichtig, obwohl er für die Individualentwicklung sicher nicht richtig ist. Aber vielleicht läßt er sich sinngemäß auf die phylogenetische Umbildung übertragen, vielleicht gibt es hier ein Werden, das auch mit einem echten „Entwerden" verbunden ist. Die Rückdifferenzierung im Sinne der Wiederherstellung einer schöpferischen Indifferenz, des Materialfeldes, wie sie nach Linsbauer schon in jeder Zellteilung und in allen reproduktiven und regenerativen Prozessen in der Einzelentwicklung eintritt, hätte dann in der Stammesentwicklung ein Analogon. Man braucht aber den Gedanken des „Entwerdens" gar nicht einmal so stark zu unterstreichen. Es könnte auch die bei der menschlichen Stammesentwicklung notwendige innere Beweglichkeit und Bestimmungsbereitschaft des Materialfeldes durch einen zentralen Konservativstamm gewährleistet sein, der in relativer Indifferenz mitten zwischen allen Vereinseitigungen der tierischen Spezialisierung (= Entmenschlichung) hindurchgeht und insofern als immer jung und unausgebaut immer neue Spezialisierungstendenzen entlassen könnte. Er müßte notwendig in der alle Vereinseitigungen vermeidenden menschlichen Form seinen Abschluß finden und als Seitenzweige die Typen der Tiere aus sich hervorgehen lassen. Diese letzte Auffassung ist die Auffassung Dacqués.

Dacqués Theorie stimmt zunächst vollständig mit den Ergebnissen der biologischen Tierpsychologie überein, wonach alle Tiere Umweltspezialisten sind, die in ihre Umgebung nicht nur psychologisch, sondern auch ihrer Organausstattung nach so vollkommen hineinpassen wie die Schnecke in ihr Haus. Die Werkzeuge, die der Mensch künstlich erst anfertigt, sind dem Tier als körpereigene Organe mitgegeben, und zwar spezialisiert als Schutz- und Trutzwerkzeuge für seine ganz besondere Umwelt. Die Biene führt ihre gefürchtete Injektionsspritze als körpereigenes Organ mit sich, und manche Tiere gehen in der umweltrelativen Organspezialisierung so weit, daß sie sogar die Verschlußvorrichtungen ihrer Wohnung am eigenen Leib mit sich herumtragen. Eines der schönsten Beispiele hierfür ist die Kolbenkopfameise (Colobopsis), eine Ameise mit einer derart veränderten Vorderfläche des Kopfes, daß diese äußerst geeignet ist, um die kleine Öffnung zu schließen, welche zum Ameisennest Zugang gibt, das sich in einem hohlen Baumstamm oder in einem ausgehöhlten Gallapfel befindet. Ein Gegenstück hierzu bietet die Spinne Cyclosomia truncata, die ihre Wohnröhren mit dem eigentümlich umgestalteten Hinterleibende verschließt. Bei Schneckenhäuser bewohnenden Einsiedlerkrebsen können die Scherenfüße unter Heranziehung der benachbarten Schreitbeine zur Bildung eines kunstgerechten Verschlußdeckels ihres Wohnraumes verwandt werden. Dieser extremen Umweltspezialisierung gegenüber ist die menschliche Gestalt extrem entspezialisiert, indem die Hand, die jedes Werkzeug ersetzen oder betätigen kann, die Ausschaltung jeder einseitigen Verwerkzeuglichung des Körpers ermöglicht. Die zum Menschen führende Formenlinie mußte also jede Sackgasse einer einschränkend fortschreitenden Umweltspezialisierung vermeiden. Vergleicht man aber Menschen- und Menschenaffenschädel in ihrer embryonalen Form und verfolgt sie dann weiter in ihrer Ausbildung, so tritt eine einschränkend fortschreitende, d. h. „entmenschlichende" Umweltspezialisierung beim Menschenaffenschädel deutlich hervor. Im Jugendzustande bewahrt der Affenschädel größte Menschenähnlichkeit. Dann aber wächst er in die Umweltspezialisierung immer stärker hinein, die steile Stirn wird bei der Weiterentwicklung zum erwachsenen Affen höchst fliehend, der Unterkiefer erfährt mit der Schnauzenbildung eine nachträgliche Verlängerung zur Aufnahme des viel massigeren Gebisses, die Eckzähne treten in den Winkeln stark hervor. Es ist a priori unwahrscheinlich, daß aus einer solchen schon stark vereinseitigten Form durch Rückdifferenzierung oder rückläufigen „Abbau" sich wieder eine menschenähnlichere Form gebildet hat. Apriori wahrscheinlich aber ist es, daß der Mensch, so er aus einer vormenschlichen Form entstanden ist, aus einer solchen seinen Ursprung genommen hat, die noch die völlig offene gestaltliche Potenz zur weiteren Vermenschlichung hatte*).

*) Das Problem ist namentlich im Anschluß an den 1929 gemachten Fund eines chinesischen Schädels (Sinanthropus Pekinensis)

Wir wollen durch solche Erwägungen natürlich der Urgeschichte in keiner Weise vorgreifen und nur zeigen, daß keinerlei empirische Entscheidung grundsätzliche Schwierigkeiten bringen kann. Man wird auch Dacqué gegenüber betonen müssen, daß in seinem hypothetischen Konservativstamm die Vorfahren der heutigen Menschenform wohl als den Menschen grundlegende Formen anzusprechen, nicht aber wohl schon als echte Menschen aufzufassen sind. So wenig der Flötenbauer auch in Wirklichkeit schon der Künstler zu sein braucht, der die Flöte spielt, so wenig brauchen die Formen mit Vermenschlichungstendenz, die gewissermaßen „erwählte", „auserwählte" Formen sind, auch schon aktuell in das höhere Verwirklichungsfeld hineinversetzt sein, von dem Hamlet sagt: „Glaubt mir, es ist viel Musik in dem feinen Mechanismus meines Körpers und eine herrliche Stimme." Die Inkarnation dieses Verwirklichungsfeldes (dieser geistigen Wesensform) war, so sehr die Bereitschaft dazu von unten her in den auserwählten Formen grundgelegt wurde, doch ihrem Wesen nach eine Empfängnis von oben. Nach der Äußerung des hl. Thomas über die Embryonalentwicklung des Menschen können zwar die Naturkräfte über ihr eigenes Vermögen hinaus schöpferisch produzieren, weil sie, wie das der menschlichen Hand geeinte Werkzeug, als Organe der alles geschöpfliche Sein und Werden tragenden Wirksamkeit Gottes aufzufassen sind (14). Ihr Wirken wird so ein „ganz göttliches" und ein „ganz kreatürliches" Wirken zugleich, so daß aus dieser innigsten Verknotung die schöpferische Produktivität der Formen, wie sie der Entwicklungsgedanke einschließt, ganz selbstverständlich sich ergibt. Aber gerade dadurch, daß in der reinen Anschauung des Naturwirkens dessen einerseits alle menschliche Kunst wesentlich über-

---

wieder aktuell geworden. Während H. Weinert, wie schon früher am Pithecanthropus Dubois, beim Pekingmenschen Ähnlichkeiten mit der Kopfbildung der Schimpansenformen feststellen und eine Brücke zu den tierischen Vorfahrenformen schlagen will, findet O. Kleinschmidt hier ein „rein menschliches Wesen", das allerdings in „einigen wenigen Einzelheiten" von dem „Urbilde" des menschlichen Typus, das in der „kindlichen Kopfform" seinen Ausdruck findet, sich entfernt.

ragende Produktivität und Zielsicherheit doch anderseits nur eine Selbständigkeit in der Ausführung, nicht in der Handlung, offenbart, scheint die Natur als „Grenzfall“ ihres Wirkens wohl die Bereitschaft für den Geist, nicht aber diesen selber hervorbringen zu können. „Besteht eine Ordnung in den Ursachen“, sagt Thomas, „so hindert nichts, daß die Kraft der höheren, leitenden Ursache die letzte Form gibt, während die Kraft der niedrigeren (aber auserwählten) Ursachen bis dahin reicht, daß sie den Stoff vorbereiten“ (S. Th. I, 9. 113, Art. 2). Einer so aufgefaßten Entwicklung widersprechen keinerlei Tatsachen, und sie scheint mir dem Wesensschnitt zwischen Natur und Geist vollauf gerecht zu werden*). Hingegen erscheint mir Dacqués weiterer Versuch, die Drachenmythen auf Überlieferungen von Vorfahrenformen des Menschen zurückzuführen, die in der Hoch-Zeit der Saurier lebten, und daraus das Menschsein jener Formen zu dokumentieren, doch recht problematisch. Béla v. Brandenstein bemerkt mit Recht, daß, „wenn jene Vorfahren alltäglich mit den Sauriern in Berührung gekommen wären, sich kein Mythos gebildet hätte; über Gewöhnliches — und alles lang Gewohnte wird gewöhnlich — fabelt man keine Heldentaten größten Stils. Die riesigen Saurier sind zwar schnell ausgestorben, aber zweifellos nicht restlos; einige Familien werden ihr Leben in Zurückgezogenheit bis weit ins Tertiär hinein gefristet haben: daß von diesen wenigen nichts gefunden wurde, ist ja kein Wunder; daher der Mythos“. (Vgl. v. Brandensteins bald erscheinende Philosophische Anthropologie.)

Indem wir im Naturwirken dessen Selbständigkeit in der Ausführung von der Selbständigkeit der Handlung unterscheiden, sind wir bereits bei jener Analyse der natürlichen Tätigkeitsformen angelangt, die zur thomistischen Typo-

*) Wie ungenügend gegenüber dem fundamentalen Schema: „Verwirklichungsfeld als Organ der göttlichen Idee“ — das durch den bloßen Utilitätsstandpunkt verdünnte Kausalschema für das Problem der Menschwerdung ist, hat Josef Roth fein formuliert: „Wer da glaubt, der Menschenaffe sei „durch Strebsamkeit“ zum Menschen hochgekommen, dem antworten wir, daß man „durch Strebsamkeit“ höchstens Materialist werden kann, aber nie ein Mensch.“

logie hinüberleitet. Die Verschiedenheit jener Verwirklichungsfelder, die Thomas als Formen bezeichnet, äußert sich nach ihm anschaulich in der aus ihnen hervorgehenden mitteilsamen Tätigkeit, die eine gewisse Fülle, ein Hervorströmen oder, wie Thomas sagt, eine Emanation bezeichnet, in der das Feld entweder nach außen sich ausbreitet oder in sich selber bleibt und vollendet. Die Stufen des Seins sind also durch die Weise des Hervorgehens, den modus emanationis, zu unterscheiden. Er bezeichnet 1. den Grad, in dem die betreffende Tätigkeit der Abhängigkeit von außen und der stofflichen Vermittlung unterworfen ist und 2. die Reichweite der Verinnerlichung, durch die das betreffende Wesen entweder vital gestaltend oder erkennend und handelnd an Fülle und an Selbständigkeit des Lebens gewinnt.

Thomas gibt nun diesen Stufen eine sehr präzise Fassung (bes. in Contra Gentiles IV; 11). Das pflanzliche Leben hebt zunächst von dem Nicht-Lebendigen sich dadurch ab, daß es der Einwirkung von außen nicht restlos erliegt, sondern den Stoffen gegenüber, mit denen es sich vereinigt, eine gewisse Selbständigkeit bekundet. Modern gesprochen ließe sich dieser Unterschied so charakterisieren: wenn im Leblosen der eine Stoff mit einem anderen Stoff sich verbindet, so wird er selbst von diesem verändert, es entsteht ein neues Drittes. Die Pflanze dagegen besitzt den Stoffen gegenüber, die sie in sich aufnimmt, die Selbständigkeit, daß sie nicht selbst von ihnen verändert wird, sondern umgekehrt, daß sie diese Stoffe sich selber angleicht, in ihre eigene spezifische Substanz hinüberführt und sie so sich verinnerlicht im Vollsinne des Wortes. Zweifellos geht diese Tätigkeit aus der Pflanze selbst hervor und findet auch in der Pflanze — mit dem Auf- und Ausbau ihrer Gestalt — ihren Abschluß. Und doch besteht hier noch die tiefgreifendste Abhängigkeit von außen und von der stofflichen Vermittlung. Die Pflanze muß nicht nur alles, was sie an Lebensunterhalt nötig hat, rein physisch aus der Umwelt sich einverleiben, sondern sie ist auch in allen ihren Lebensleistungen an die physischen, d. h. modern gesprochen, an die chemisch-physikalischen Leistungsfähigkeiten dieser Stoffe gebunden. Sie kann diese Leistungsfähigkeiten auch nicht relativ willkürlich wie ein Chemiker, sondern nur ausführend auswerten, d. h. anknüpfend an bestimmte Dispositionen des Protoplasmas die Prozesse automatisch gleichsam weiterspinnen. Jede Selbstbeeinflussung im Sinne einer handelnden Zurückwendung auf sich selbst fehlt der Pflanze. Sie ist, wie Thomas sagt, nur in der Ausführung selbständig. Zudem findet die höchste Vitalfunktion der Pflanze, die Zeugung, nicht mehr innerhalb der Pflanze ihren Abschluß, sondern in ihr „veräußert" sich, wie Thomas sagt, die Lebenstätigkeit der Pflanze im Dienste der Gattung. Zusammenfassend sagt Thomas selbst über das Leben der Pflanze: „Das aber ist gerade in den Pflanzen ein Zeichen des Lebens, daß sie das, was sie in sich tragen, zu einer bestimmten Form hinführen. Aber dieses Leben der Pflanzen ist noch unvollkommen, weil bei ihnen die Emanation, wenn sie auch von innen heraus stattfindet, doch allmählich sich vom Innern loslöst und schließlich vollständig „veräußert" wird. Der Saft, der zunächst vom Baume ausscheidet, wird zur Blume, dann zur Frucht, die zwar von der Substanz des Baumes verschieden, aber doch mit ihr verbunden ist, bis schließlich die reife Frucht vollständig vom Baume getrennt wird und zufolge der ihr mitgegebenen Samenkraft eine neue Pflanze hervorbringt. Dem aufmerksamen Beobachter, fügt Thomas hinzu, wird es dabei nicht entgehen, daß diese Emanation auch ihren ersten Anfang von außen her nimmt. Denn der innere Saft wird durch die Wurzeln aus der Erde gewonnen, aus der die Pflanze ihre Nahrung zieht."

Die erste Loslösung von der inneren Gebundenheit an den Stoff und damit von der rein physischen Umweltverkettung, wie wir sie bei der Pflanze finden, haben wir in dem nächsthöheren Seinskreis der Tiere zu suchen. Diese Loslösung findet schon beim Beginne der Emanation in der Sinneswahrnehmung seinen Ausdruck. Sie wird Prinzip der Tätigkeit nicht dadurch, daß sie Eigenschaften der Körper rein physisch auch zu ihren Eigenschaften macht, sondern dadurch, daß sie Eigenschaften der Dinge dem Erkenntnisstreben entsprechend, also ohne deren subjektiven Stoff in intentionaler Weise sich verinnerlicht. Da die in der sinnlichen Intuition erfaßten Eigenschaften in ihr nicht wie etwas Körperliches im Körperlichen (also nicht etwa wie die Atomkräfte des Kohlenstoffs in der Pflanze), sondern auf eine gewisse geistige Art sind, so, wie gleichsam der Gegenstand im Gemälde ist, das ihn darstellt, nennt Thomas von Aquin auch das durch die Einbildungskraft bewirkte Schauen ein geistiges. Diese Lebensstufe liegt auch um so viel höher über der der Pflanzen, als ihre Äußerungen sich mehr im Innern vollziehen. Wörtlich sagt hierüber Thomas: „Die der tierischen Stufe eigentümliche Emanation fängt zwar auch bei der Umwelt an, findet aber ihren Abschluß in der Innenwelt. Und je mehr diese Emanation fortschreitet, desto mehr dringt sie in das Innere. Denn das äußere Sinnenbild prägt seine Form den äußeren Sinnen ein, von dort tritt es weiter ein in die Phantasie und schließlich in den Schatz des Gedächtnisses. In einem jeden dieser Emanationsprozesse fallen jedoch Anfangs- und Endpunkt auseinander. Denn keine sinnliche Tätigkeit kann über ihren eigenen Akt reflektieren" (Contra Gentiles IV; 11).

Was zunächst die Abhängigkeit von außen und vom Stoffe und zugleich auch die vitale Selbständigkeit dem Stoffe gegenüber angeht, so haben wir zwischen Pflanze und Tier also folgenden Unterschied: Die Pflanze nimmt von außen den Stoff in sich auf, verbindet sich mit ihm. Im Unbelebten wird ein Körper, der mit einem anderen Körper chemisch sich verbindet, selbst von diesem Körper verändert, und es entsteht ein neuer dritter Körper. Die Pflanze dagegen wird von den Stoffen, mit denen sie sich verbindet, nicht selber verwandelt, sondern sie verwandelt diese in ihre eigene spezifische Substanz. Diese Tätigkeit ist eine physische, und sie kann sich nicht anders vollziehen, als daß die Pflanze dabei das, was sie durch diese Tätigkeit berührt, in seinem physischen Bestande auflöst und verändert. Die Wahrnehmung dagegen hat die Eigentümlichkeit, daß sie das, was wahrgenommen wird, selbst auf eine immaterielle Weise wird, also dasselbe in seinem physischen Bestande nicht mehr verletzt und antastet. Dieser Wesensunterschied zeigt zugleich die völlige Sinnlosigkeit des Materialismus, nach dem alles nur in materiell-bewegungsverändernde Beziehung zueinander treten kann. Denn in der Wahrnehmung treten wir ja in eine aktuelle ideale Korrespondenz zu dem Wahrgenommenen, also in eine Beziehung zu ihm nach der Art des Bildes, zu dem, was es darstellt. Wir betrachten den Gegenstand in dem Erkenntnisbilde.

Aber trotz dieser idealen Korrespondenz ist auch die Wahrnehmung noch gewissen Einschränkungen des Stoffes unterworfen. Sie richtet sich nur auf konkrete, individuelle Eigentümlichkeiten des Wahrgenommenen, nicht aber auf die allgemeine Wesenheit des Gegenstandes, mit der diese Eigentümlichkeiten oft ganz zufällig verbunden sein können. Das Urteilen des Tieres, das von diesen rein sinnfälligen und zufälligen Bestimmungen nicht absehen kann, kann deshalb den Gegenstand nicht auf Grund der allgemeinen ihm konstant zukommenden Wesensbestimmungen indentifizieren, sondern nur auf Grund sinnfällig charakteristischer Schemata. Bei einem Affen kann ein Stock den Funktionswert des Astes gewinnen, den er im Freien gebraucht, um in den Besitz einer Frucht zu gelangen. Ebenso kann er ein gerades Drahtstück dazu benutzen. Sobald aber der Draht gebogen ist, also das sinnfällige Schema sich weitgehend verändert hat, weiß er nichts mehr mit dem Draht anzufangen. Interessant ist auch folgendes Beispiel: Wenn man einem Affen eine Banane halb geschält in die Hand gibt, so flieht er vor ihr. Ganz geschält frißt er sie, und ungeschält schält er sie zuerst und frißt sie dann auch. Es besteht also beim Tier noch eine Verflechtung in die sinnfälligen und zufälligen Bestimmungen seiner Umgebung. Beim Menschen ist das ganz anders. Bleiben wir beim Drahtstück, das zur Erreichung der Frucht dient. Hier erkennt der Mensch direkt die Wesenheit des Drahtstückes als eines beliebig biegbaren Instrumentes und durch unmittelbare Rückwendung auf die Wahrnehmung erkennt er das Drahtstück in seiner konkreten sinnlichen Bestimmtheit. Menschliche Erkenntnis ist also immer Wissen „von“ etwas, „als“ etwas, ist Einreihung eines Bildes in die Bedeutungssphäre durch die reflexe Deckung von Gedanke und Bild (15). Von dieser reflexen Wesenserkenntnis des Einzelnen handelt schon Aristoteles an jener schwierigen, von Thomas näher erklärten Stelle, wo es heißt, „daß die Seele durch ein anderes entweder Getrenntes oder ein solches, das sich verhält, wie die gebogene Linie zu sich selbst, wenn sie gestreckt ist, die Wesenheit der Sache erkenne."

Durch die abstrahierende und reflexe Erkenntnis erklärt sich also, daß der Mensch nicht wie das Tier durch seine Organe belehrt wird, sondern auch umgekehrt seine Organe belehren, ja in bestimmten Fällen sich sogar gegen die Belehrung des Organs verhalten kann. Denn in ihr — der abstrahierenden und reflexen Erkenntnis — vollzieht sich eine innere Scheidung und Verbindung der Sinnes- und der geistigen Abstraktionsfähigkeit, durch die sich der Mensch von einer zwangsläufigen und unmittelbaren Rückbeziehung auf das Sinnes- und Nervenleben, wie sie beim Tier noch vorhanden ist, frei macht. Maßgebend ist ihm nicht mehr bloß der Eindruck des Dinges, sondern das Wesen, das sich in ihm verkörpert und durch dessen Erkenntnis es ihm nun wahrhaft zum Gegenstand, zu einem trotz aller Veränderungen mit sich selbst identischen Objekt wird. Ja, der Mensch kann noch weiter gehen und kann das Wesen des Gegenstandes von seiner konkret gegebenen Einzelexistenz unterscheiden, kann von dieser völlig absehen und sich sozusagen vis-à-vis de rien stellen. Freilich ist dieses Absehenkönnen auch an den normalen Verlauf der phantasmatischen Abstraktion geknüpft. Das sinnliche Absehungsvermögen muß mit dem geistigen gleichsam mitgehen, gleichen Schritt mit ihm halten können. Wo es nicht mehr mitgeht, wie bei manchen Großhirnverletzten, kann man die betreffende Person oft nicht dazu bringen, eine dem Faktum sinnlicher Erkenntnis widersprechende Behauptung auszusagen, also z. B. zu sagen, die Sonne scheint nicht, wenn sie scheint. Wenn aber beim Tier ein solches Absehungsvermögen fehlt und es z. B. nie zu einem Ziele gelangen kann, wo die Wegräumung eines Hindernisses, also das Absehen von einer sinnlich gegebenen Situation die notwendige Vorbedingung dafür ist, da ist ein Mangel echter Abstraktionsfähigkeit überhaupt vorhanden. Beim Großhirnverletzten ist diese der Potenz nach vorhanden, aber der normale Vollzug der Abstraktion ist nicht möglich, weil notwendige Zwischenglieder fehlen. Man darf deshalb keineswegs die Symptome bei Großhirnverletzten als Atavismen deuten, sondern muß sie aus dem Ganzen menschlicher Erkenntnistätigkeit heraus zu verstehen suchen.

Seinen Höhepunkt erreicht das intellektive Leben des Menschen in der Selbstreflexion. Durch sie kann er auch seine eigenen geistigen und körperlichen Akte noch einmal in idealer Weise sich verinnerlichen und so gleichsam in idealer intentionaler Weise noch einmal sich selber werden. Wie die Pflanze in physischer Weise durch die Fortpflanzung noch einmal sich selber wird — freilich unter völliger Veräußerung ihrer selbst —, so kann der Mensch das geistige Bild von sich innerlich hervorbringen, also so, daß diese Hervorbringung nicht außerhalb seiner selbst ihren Abschluß findet. Der modus emanationes der Lebenstätigkeit schreitet also von der Pflanze über das Tier zum Menschen nicht nur an Ausbreitung, Fülle und Selbständigkeit, sondern auch an Immanenz dadurch fort, daß er immer mehr im Organismus selber seinen Abschluß findet. Äußerlich aber findet die Erhebung der einen Stufe über die andere ihren Ausdruck in der Leibesform. Die sich veräußernde Reproduktionskraft der Pflanze findet ihren Ausdruck darin, daß die pflanzliche Form in der Regel eine offene ist, d. h. immer neue Vegetationspunkte und Sprosse, die der Vermehrung dienen können, ansetzt und außerdem, wie Thomas sagt, in der normalen Entwicklung in Blüte und Frucht abschließt (Contra Gentiles IV; 11). Beim Tier schließt sich die Form, das ganze Sinnesleben findet auch im Innern seinen Abschluß, aber es steht noch völlig in der Leibeigenschaft des Individuums und der Gattung. Daher auch die geneigte Stellung des Tieres, gegenüber der die Aufrichtung nicht als seine natürliche Stellung erscheint. Dagegen steht die aufrechte Haltung des Menschen mit der Ausbreitung, Fülle und Selbständigkeit und dem Höchstgrad der Immanenz seines Erkenntnislebens sowie seinem außer dem Begehren rein gegenständlichen Wohlgefallen an den Dingen in innerlich notwendiger Beziehung. „Die Sinne", sagt Thomas, „sind dem Menschen nicht nur deshalb gegeben, daß er sich Speise und Befriedigung des Fortpflanzungstriebes suche, sondern auch, daß er sich ergötze an der Schönheit der sichtbaren Natur. Die Sinne aber haben ihren Platz vorzugsweise im Haupte. Das Tier also schaut auf die Erde, damit es sich Speise suche und die Befriedigung des Fortpflanzungstriebes; der Mensch hat sein Haupt aufgerichtet, damit er durch die Sinne und zumal das Gesicht, das unter den Sinnen der feinste ist und die meisten Unterschiede zwischen den Dingen aufdeckt, frei von allen Seiten her das Sichtbare am Himmel und auf Erden erfassen und aus allem sich die Wahrheit erschließen kann." (S. Th. I, 3. 91, Art. 3.) Die Personbezogenheit der menschlichen Sinnestätigkeit, ihre über die rein biologische Orientierung hinausgehende Hinordnung auf die ästhetische und die Wesenserkenntnis, ist damit deutlich in den Vordergrund gestellt. Auch sieht Thomas das Spezifische menschlicher Leiblichkeit überhaupt in ihrem universalen, nicht für bestimmte biologische Bedürfnisse einseitig spezialisierten Charakter. „Im Menschen", sagt er, „muß alles gleichmäßig der Vernunft dienen; es darf also kein sinnlicher Teil für sich allein durchaus hervorragen, so daß andere darunter litten" (S. Th. I. 91, Art. 3). Dieser universale Charakter menschlicher Gestalt spielt bekanntlich heute bei der Beurteilung der Deszendenzfrage wieder eine ausschlaggebende Rolle.

Mit der Charakterisierung der drei Emanationsstufen des Lebens haben wir drei Durchblickspunkte gewonnen, die uns sowohl im Pflanzenreich wie auch im Tierreich und beim Menschen gewisse weitere Einsichten in die objektive Naturordnung gewähren und das ermöglichen, was wir als einen typologischen Systemaufbau der Natur bezeichnen können. Der Gedanke, daß das Wesen der Pflanze sich in ihrem modus emanationis offenbart, war der erste Ausgangspunkt zu einer mehr natürlichen Gruppierung der Pflanzen bei Caesalpin, der nach Albertus Magnus als der größte Aristoteliker unter den Botanikern gilt. Als organgebundene Tätigkeit ist sowohl die Ernährung wie die Fortpflanzung der Pflanzen einer Modifikation fähig, was eine Modifikation der Organe beider Tätigkeiten zur Folge haben müßte. Da bei der Pflanze die Fortpflanzung den Gipfel ihrer Lebenstätigkeit darstellt, sind nach Caesalpin die Blüten- und Fruchtformen für die höheren Pflanzen das charakteristischste Merkmal für ihre systematische Einordnung, bei den niederen Pflanzen dagegen die vegetativen Organe. Bei den Tieren gipfelt die

Emanation in der Sinnes-, beim Menschen in der Verstandestätigkeit. Letztere hängt wohl von der organgebundenen Sinnestätigkeit ab, ist aber in sich selber ein vom Stoffe uneingeschränkter, organlos freier Akt, durch den der Erkennende in idealer intentionaler Weise gleichsam alles werden kann. Deshalb kann auch von einer Höherbildung derselben, die zu verschiedenen Menschenspezies mit verschieden hoher Gehirnbildung führen würde, nicht mehr die Rede sein. Es gibt nach Caesalpin rein wesensgesetzlich also nur eine Spezies Mensch und die menschliche Leibesform ist ihm die Grenze aller Formen (worauf später auch Schelling einmal hinweist).

Dagegen kann bei der Pflanze und beim Tier das, was der „Idee", d. h. der Weise des Hervorgehens der Lebenstätigkeit (dem modus emanationis) nach gleich ist, doch in der artlichen Ausprägung sehr mannigfaltig sein, wobei aber diese Mannigfaltigkeiten potentiell in der „Idee" als Abwandlungsmöglichkeiten derselben enthalten sind. Auch auf die Organe und ihre Modifikation wurde der Gedanke der Abwandlung des Typus übertragen. Wie wir wissen, hat schon Albertus Magnus die verschiedenen Blattformen der Pflanze als reale Abwandlungen des Anhangsorgans betrachtet, die bedingt sind durch die Läuterung der Stoffe von Knoten zu Knoten. Und selbst in der physikalischen Welt hatte man schon im Mittelalter den Versuch gemacht, Phänomene als Abwandlungen ein und desselben Urphänomens zu deuten. Die Farben sind nach Roger Bacon eine Ableitung des materiell in seiner Reinheit gebrochenen Lichtes, das, wenn es durch das Trübe hindurchstrebt, gelb und gelbrot erscheint, oder aber, wenn ihm die Finsternis eine Grenze setzt und es, das Trübe erhellend als Abglanz zurückkehrt, zum Blau und Violett wird. Die Einreihung der Farbenerscheinungen in dieses einheitliche Ordnungsschema einer Auseinandersetzung von Licht und Finsternis ist bekanntlich auch von Goethe wieder aufgegriffen worden. Sie ist als typologische Ableitung prinzipiell nicht verschieden von der Einreihung der organischen Formen in das Ordnungsschema ihres jeweiligen Emanationskreises.

Im thomistischen Aristotelismus gewinnt so, wie wir sehen, das platonische auf die zeitlosen Wesenstypen gerichtete Denken durchaus seinen Platz. Aber erst durch das aristotelische Element werden seine Grenzen deutlich abgesteckt und wird das Bereich des Undurchforschbaren nicht verengt, sondern erweitert (einem seichten Rationalismus also kräftig vorgebeugt). Mit dem Individuum und der individuellen Wesenheit hat nämlich Aristoteles zuerst das „Ding an sich", das Noumenon, dem Verstande entgegengehalten, das nur approximativ und nicht adäquat erkennbar ist, weil unsere Abstraktionen und abstrahierten Ordnungsregeln gleichsam zu weit sind, um die material bedingten Zufälligkeiten mit zu erfassen. Wir können deshalb auf das Individuum nur gleichsam mit dem Finger zeigen, aber es nicht als Individuum adäquat erkennen. Daher kommt es auch, daß wir die reale konkrete Pflanze nie so beeinflussen können, als ob wir sie selbst wären, d. h. als ob wir ihr inneres Wesen, soweit es vom (konkreten) Wirklichsein in seinem Bestehen und Wirken abhängt, durchschauen würden. Was wir an ihr erkennen, sind immer nur abstrahierte Wesenszüge. Und so sind unsere Begriffe von ihr nur wie Schattenrisse des Wirklichen und ist unsere Macht über sie nur wie ein Schatten von Macht. Mit Hilfe der abstrahierten Wesenszüge können wir z. B. verstehen, daß wir der Pflanze nicht wie dem Tier etwas anlernen können, daß ihr Formwechsel dem Stoffwechsel relativ übergeordnet ist, daß aber zugleich alle Vitalfunktionen der Pflanze innerlich gebunden sind an die werkzeuglichen (chemisch-physikalischen) Ausnützungsmöglichkeiten der stofflichen Verbindungen. Wir können künstlich durch modifizierenden Eingriff in die stofflichen Prozeßverkettungen in ihr den Stoff- und Formwechsel in bestimmte erwünschte Bahnen lenken und der Pflanze, soweit es akzidentelle Merkmale angeht, durch Auslese und Bastardierung nach den allgemeinen Regeln der Genetik ganz bestimmte erwünschte Beschaffenheiten geben. Aber wir können die Pflanze nie so beeinflussen, als ob sie in keiner Weise mehr ein X für uns wäre; unsere Begriffe von ihr bleiben immer unabgeschlossen und noch weiter bestimmbar. Wegen dieser Unabgeschlossenheit hat auch der Typusbegriff der Pflanze zunächst eine mehr begrenzende Funktion. Er ist nicht für beliebige Spezifikationsmöglichkeiten desjenigen Seins, das wir das pflanzliche nennen, aufnahmefähig. Die Differenzen pflanzlichen Seins haben in ihm weder ein wirkliches noch gar kein Sein, sondern ein mögliches Sein, sie sind als ideale Bestimmungsbereitschaften darin enthalten. In dem Typus der Pflanze als einer nur in der Ausführung selbständigen Verhaltungsform des Lebens, die als wesentliche Vitalfunktionen Ernährung, Wachstum und Fortpflanzung zeigt, in diesem Begriff sind sowohl die grüne Pflanze wie auch der Pilz als Spezifikationsmöglichkeiten eingeschlossen — aber doch nicht wie die Wirkung in einer adäquat wirkenden Ursache enthalten. Sie sind in ihr nach der Analogie der passiven Bestimmungsbereitschaft. Diese Einsichten beugen der größten Gefahr aller Typologie vor: der Gefahr, rein begriffsdialektisch vorzugehen und unsere unabgeschlossenen, immer noch weiter bestimmbaren Begriffe zum Maß der Wirklichkeit selber zu machen. Anderseits aber verhelfen sie uns als Wesensbegriffe zu einem gewissen Begreifen der Wirklichkeit. Der Wesensbegriff der Pflanze drückt ja dasjenige aus, was die Eigenschaften und Bestimmungen der Pflanze als zusammengehörig in sich faßt, er gibt den Umriß, die Skizze, das die Hauptzüge enthaltende Bild, und läßt in der Abwandlung dieses Bildes eine gewisse Rangordnung der wichtigeren und der weniger wichtigen Charakterzüge erkennen. Insofern auch das Allgemeine bei Hegel als Rückhalt das Wesentliche hat, das dem begreifenden Denken vorschwebt, ist seine Begriffsdialektik im Aufbau der Natur nicht ohne fruchtbare Anregung für die Typologie, aber auch nicht ohne Gefahr der Grenzüberschreitung. Wir werden später sehen, daß ihre Methode, die durch den Aristotelismus einerseits eingeschränkt und begrenzt wird, doch auch wieder anderseits überaus befruchtend auf den Aristotelismus zurückwirkt. Ja, man kann sagen, daß die thomistische Lehre von den Emanationsstufen erst durch die Naturtheorie eines Hegelianers, nämlich K. Chr. Plancks, aus einer mehr negativen zu einer voll positiven Typologie umgebildet werden kann.

Grundsätzlich ist weiterhin zu betonen, daß das reale Einzelsein der Dinge, die Verbindung von Sein und Wesenheit in ihnen, nicht ausreichend begründet werden kann, wenn wir bei den Dingen selber stehen bleiben. Die Wesensbegriffe, die in der idealen Ordnung eine begründende, d. h. idealbestimmende und zusammenfassende Funktion haben, bezeichnen in der wirklichen Ordnung nur ein Möglichsein. Der Begriff der Pflanze drückt die Möglichkeit aus, innerhalb welcher die chemisch-physikalischen Kräfte des Stoffes in dieses oder jenes nur in der Ausführung selbständige und mit Ernährung, Wachstum und Fortpflanzung begabte System hineinversetzt werden können. Vom Begriff aus ist dieses eine und selbe Wirkliche nur in der Weise des Möglichseins. Daß ihr wirkliches Einzelsein zukommt, das dankt die Pflanze zunächst der Kraft der Zeugung, durch die der Stoff im Mutterindividuum zubereitet und belebt wurde, das Mutterindividuum also sein eigenes Leben ihr mitgeteilt hat. Wäre das Mutterindividuum zerstört worden, so wäre auch die Tochterpflanze nicht. So ist alles uns empirisch bekannte Leben zunächst nur ein Faktum für uns, ein Leben, in dem Dasein und Wesenheit verbunden sind, aber nicht so, als ob das Wesen dieses Lebens die Verbindung notwendig fordere. Trotz der lebensverleihenden Zeugung bleibt also das Einzelsein nicht ausreichend begründet, wenn es nicht zuletzt in einem schöpferischen Urgrund verankert wird, in dem Sein und Wesenheit zusammenfallen, der ideale Gehalt mit dem konkret Wirklichen und Denken und Sein identisch sind. Die Durchdringung der idealen und realen Ordnung in diesem absoluten Urgrund, die an und für sich völlig jenseits aller Anschauung für uns liegt, sucht Thomas wenigstens negativ zu verdeutlichen, indem er darauf hinweist, daß die Pflanze in der realen Ordnung sich selber produziert und sich dabei veräußert, der Mensch in der idealen Ordnung ein Bild von sich hervorbringen kann, ohne sich dabei zu veräußern, so daß das Bild von sich in ihm selbst verbleibt.

Gott umfaßt in demselben unendlichen Lebensakte sich in *idealer* und *realer Weise zugleich*. Die letzte Garantie dafür, daß unsere bildbedingt-typologische Erfassung der Wirklichkeit zeitlos Gültiges zum Gegenstande hat, ist nun darin gegeben, daß die Wesenstypen graduell abgestufte Möglichkeiten der *metexis*, der *Teilnahme* am wesenswirklichen Leben Gottes darstellen. Daß aber etwas, was sowohl so oder anders sein kann, nun in der konkreten *Wirklichkeitsbestimmung* der Dinge wirklich *solche* Bestimmtheit empfängt, ist nicht aus einem dialektischen Entweder-Oder, ist nicht aus einer reinen Idealbestimmung zu begreifen, sondern nur weil und insofern dies in der *ersten* Wirklichkeitsbestimmung durch den göttlichen *Willen* so *prädestiniert* ist*).

Die rein objektive Wahrheit der Molinisten oder das intellektuelle Ansichsein Hegels bleiben also inhaltsleer, im Verhältnis zum Wirklichen bloße Möglichkeit, wenn von der prädestinierenden Ursache abgesehen oder dieselbe entfernt wird. Alles Zufällige kann also nur auf Grund des göttlichen Willensbeschlusses bestimmte Wahrheit haben. „Was im

*) Es war auch eine der tiefsten Erkenntnisse *Max Schelers*, daß Dasein nie aus dem Logos der Dinge notwendig folge, sondern dynamisch gesetzt sei. Mit dieser Erkenntnis hat er, wie zuerst *Engert* tiefschürfend gezeigt hat, den transzendentalen Idealismus sowohl wie den kritischen Realismus der induktiven Metaphysik an Tiefblick weit übertroffen. Aber in der Antwort auf die Frage, warum überhaupt etwas existiert und warum es sinnvoll existiert, macht er sich jenes verhängnisvollen Anthropomorphismus schuldig, den er selbst einmal gerügt hat. In einem seiner glänzendsten Essays: „Versuche einer Philosophie des Lebens“, kommt er auf *Bergsons* „sehr fragwürdige psychologistische Mystik“ zu sprechen, für die das psychische Sein und Werden wie ein Tor in das Wesen der Dinge sebst erscheint, in die geheime Werkstätte alles und jeden Werdens überhaupt. Scheler wendet sehr richtig dagegen ein, daß die Natur hier das selbständige und eigenherrliche Sein, das ihr zukommt, verliert, und einen an orientalische Sündenfallskosmogenien gemahnenden Charakter einer „Entspannung der Seele“ gewinnt. Aber wenn er selbst das Dasein der Dinge als wirklich im „*Drang oder Trieb*“ des Urwesens setzt, was tut er dann anders, als für Gott die primitivste Konzeption des Mana, Brahma, *Δαιμόνιον* (von *δαίω* entzünden) akzeptieren und den Dualismus von Wesenheit und Dasein, der einer sinnvollen Lösung harrt, in seiner Rätselhaftigkeit unendlich verstärken.

Augenblicke besteht," sagt Thomas, „das war, ehe es wirkliches Sein besaß, deshalb zukünftig, weil es in seiner Ursache sich befand, auf daß es einmal würde". Lehnen wir diese oberste Wirklichkeitsbestimmung durch die göttliche Prädestination ab, dann kann keine empirische Gesetzesbegründung, weder die statistisch-physikalische noch die bildbedingt-typologische, das Geschehen dem absoluten Zufall entreißen (wenigstens innerhalb bestimmter Grenzen nicht). Und gerade weil ein Sein besteht, welches alle Wirklichkeit in sich enthält und somit jene Wesen, die nur Vermögen für Sein haben, immer mehr an der Wirklichkeit teilnehmen lassen kann, ist fortschreitende Wesensentfaltung im Sinne echter Entwicklung die wahre Spur seines schöpferischen Waltens in der Natur.

Wir würden auf diese obersten Verknüpfungen im idealtypologischen und konkret-kausalen Denken hier nicht näher eingegangen sein, wenn nicht wissenschaftliche Grundeinstellungen damit verbunden wären. Zunächst haben wir gesehen, daß individuelle Gesetzmäßigkeit als strenge Notwendigkeitsverknüpfung der individuellen Wirklichkeitsbestimmung nur durch die thomistische Lösung dieses Problems gesichert ist. Es ergeben sich aber noch andere wichtige Gesichtspunkte aus der thomistischen Auffassung. Ist nämlich alles mögliche letztlich nur durch seine Seinsentsprechung im Absoluten möglich, dann gibt es streng genommen keine reinen Idealwissenschaften, die sich lediglich mit einem Reich des über der Sphäre des Seins schwebenden Geltens zu befassen hätten. Selbst die mathematische Kurve darf dann nicht bloß rein im Sinne ideal-funktionaler Gesetzesbestimmungen betrachtet werden. Denn nach den ontologischen Grundlagen der Ideenlehre „gelten" alle mathematischen Funktionen, weil ihnen wenigstens in Gott eine Realität entspricht. Für die Wissenschaft hat natürlich nur die sekundäre seinsfunktionale Bedingtheit mathematischer Größenordnungen (im Bereich des Kreatürlichen) ein Interesse. Ontologisch spielt hier zunächst die mathematische Darstellung des Stufenproblems eine Rolle, die F. X. Fischer in seiner „Ikonik" diskutiert hat. Der höhere Abstand (etwa bei den Seinsstufen: Mineral, Pflanze, Tier und Mensch) tritt zum niederen nicht durch Addition hinzu, sondern setzt diesen voraus und verwertet ihn als Faktor. Der Abstand zwischen Assimilation und Wahrnehmung ist, wie wir früher gesehen haben, ein relativ unendlicher Abstand. Die Tätigkeit der Assimilation ist eine physische und sie kann sich nicht anders vollziehen, als daß die Pflanze dabei das, was sie durch diese Tätigkeit berührt, in seinem physischen Bestande auflöst und verändert. Die Wahrnehmung dagegen hat die Eigentümlichkeit, daß sie das, was wahrgenommen wird, selbst auf eine immaterielle Weise wird, also dasselbe in seinem physischen Bestande nicht mehr verletzt und antastet. Während ferner im Anorganischen aus der Verbindung zweier Körper ein davon verschiedener dritter entsteht, bildet sich bei der Assimilation eine dem Assimilator gleiche Substanz. Wer hier Vergleichungen anstellen will, darf sich nicht auf die elementare Mathematik beschränken, sondern muß die Mengenlehre heranziehen, deren mathematische Operationen der Abbildbarkeit größeren Spielraum gewähren. Die imaginären Größen bereiten der Seinsbezogenheit keine grundsätzliche Schwierigkeit. *1* und *—1* und *i* und *—i* lassen sich auf dem Achsenkreuz der Ebene veranschaulichen. Für positiv und negativ ist nach Gauß besser die Bezeichnung „direkt" und „invers" zu setzen und für die imaginären Größen „lateral". *1* und *—1* haben *i* und *—i* als geometrisches Mittel. Und umgekehrt haben *i* und *—i* die beiden reellen Größen als solches Mittel. In der Null heben sich *1* und *—1* und *i* und *—i* auf, sie neutralisieren sich in ihr oder die Null entläßt sie aus sich. Eine ontologische Parallele ist die reine Bestimmungsbereitschaft des Materialfeldes als „erster Materie", die ungetrennt Gegensätze in sich schließt, die bei der Wirklichkeitsbestimmung auseinandertreten.

Doch diese allgemein ontologischen Entsprechungen mathematischer Gebilde brauchen hier nicht weiter ausgeführt zu werden, da sie zur Biologie selber in keiner unmittelbaren, fruchtbaren Beziehung stehen. Wichtiger ist die Verbindung von Zahlenmassen mit qualitativen und formalen Bestimmungen, wie sie besonders in der Bionomie eine Rolle spielt. Von besonderem Interesse sind hier z. B. die Spaltungsgesetze der Blätter, die, wie Heidenhain mit viel Geschick gezeigt hat, das Urphänomen sich wiederholender Teilungsfunktionen zum Ausdruck bringen und auf die gabelige (dichotome) Urspaltung sich zurückführen lassen. Das immer höher zusammengesetzte Blatt schließt in dieser Durchgliederung immer neue in ihm integrierte Teile in enkaptischer Ordnung ein. Es ist nun Heidenhain gelungen, Zahlenmassen aus den Blättern zu extrahieren, entsprechend dem Gesetze des Quotienten, und diese Zahlenmassen anschaulich im Raume zu ordnen, so daß man einen Überblick über Struktur, aufsteigende Entwicklung und Schachtelung erhält.

Daß Formen nicht ein bloßes „Leerschema" sind ohne seinsbedingten Logos, zeigt nach Friedmann auch die Tatsache, wonach zwischen einer elementaren noch geometrischen Eigenschaft der Form, dem „Regulären" und dem Finalen eine feste und beständige Beziehung vorhanden ist. Regulärer Form ist Zweckmäßigkeit immanent. Wir brauchen nur an die Kugelform tierischer Eizellen zu erinnern, die bei der Kleinheit des Volumens für die Sauerstoffaufnahme eine sehr zweckmäßige Oberfläche bietet. Die Symmetrie des Blattes bietet wichtige Verwertungsmöglichkeiten für die Herstellung zweckmäßiger Beleuchtung und rücksichtlich aller Einflüsse, die in der Richtung der Vertikalen wirken. Auch die Klappvorrichtung der insektenfangenden Blätter von Aldrovandia vesiculosa wird der Symmetrie verdankt. Was die Anordnung der Blätter an den Stengeln betrifft, so wissen wir, daß das Blattstellungsverhältnis gegen einen irrationalen Grenzwert konvergiert und daß dieser bei den in der Natur am häufigsten verwirklichten Fällen identisch ist mit der Teilung des Kreises nach dem goldenen Schnitt. Diese Anordnung ist auch die günstigste. Der Grund, warum wir an jedem funktionalen Ganzen wenigstens in seiner Hauptdimension eine relative Symmetrie fordern, ist, weil unsymmetrische Bildung den Widerspruch mit sich führen würde, daß ein Ganzes kein Ganzes wäre, d. h. daß das an sich nur ein Ding bildende Ganze in zwei einander fremde und doch zusammengekoppelte Ganze zerrissen würde. Symmetrie in diesem weiteren Sinne regelt also die Beziehungen von Teilen oder Organen zueinander. Bei den Pflanzen ist die radiäre Symmetrie vorherrschend, und zwar die fünfzählige, die in der Kristallographie ganz unmöglich ist. Bei den höheren Pflanzen ist der fünfzählige Wirtel oft eine deutlich zusammengedrängte Spirale. Man kann im Pflanzenreich in der Herausbildung der Formen direkt von einer Symmetrietendenz sprechen; unsymmetrische Formen treten nur vorübergehend auf und werden bald durch symmetrische ersetzt. F. T. Lewis hat zeigen können, daß, wenn eine Bedingung für Symmetrie verlorengegangen ist, die Natur neue Symmetriemöglichkeiten verwirklicht und dabei aus den Überbleibseln der verlorengegangenen Symmetrie ein sehr vollkommenes neues Gleichgewicht erreichen kann. Bei der Familie der Campanulaceen fand er folgende Stufen: 1. unvollkommen symmetrische und daher sehr variable trikarpellate Formen; 2. fünfzählige Typen mit den Karpellen vor den Kelchblättern (C. medium); 3. fünfzählige Formen mit den Karpellen vor den Blumenblättern (Platycodon); 4. sechszählige Formen (Canarina); 5. achtzählige Formen (Michauxia); 6. bisher noch nicht beobachtete Formen vom Typus, 6, 6, 6, 3; 7. Typus 5, 5, 5, 2 (Phyteuma und Jasione); 8. Erreichung der bilateralen Symmetrie, die zu den Lobelioideae und schließlich den Compositae führte. Wir sehen aus dieser Reihe, wie das relativ Asymmetrische Durchgangsphase zu einem neuen Formengleichgewicht ist. Daß bei den Tieren und besonders beim Menschen die bilaterale Symmetrie zwecks Höherstaffelung der inneren Scheidung von Materialfeld und Verwirklichungsfeld und restloser Unterordnung des Materialfeldes als „Leib" noch einmal relativ asymmetrisch werden kann und so den Höhepunkt der Entwicklungsspirale darstellt, werden wir später noch darlegen.

Form und Funktion zeigen aber auch ihre tief teleologischen Beziehungen in der inneren Struktur der Gewebe und Organe. Zu den schönsten Entdeckungen der Gestaltzweckmäßigkeit gehören zweifellos die Ergebnisse der zählenden und messenden Morphologie der Kapillaren, welche Krogh in Zusammenhang mit dem Studium ihrer physiologischen Funktion durchgeführt hat. Ein instruktives Beispiel hierfür ist jenes Kapillarnetz, das, als ein richtiges „rete mirabile“ (Wundernetz), sich bei den Fischen zwischen den Gefäßen der Sauerstoffdrüse in der Schwimmblase und der allgemeinen Blutzirkulation des Körpers befindet. Die Anordnung der Kapillaren ist dabei so, daß der vollkommenste Gegenstrom-Dialysierapparat entsteht, den es gibt. Zwei Flüssigkeitsströme durchfließen in entgegengesetzter Richtung zwei Gruppen paralleler Röhrchen, die so regelmäßig zwischeneinander gefügt sind, daß immer ein Röhrchen, worin Blut nach der einen Richtung fließt, mit Haargefäßen umgeben ist, die Blut nach der entgegengesetzten Richtung führen. Krogh berechnet, daß jeder Kubikzentimeter Blut sich über eine Dialysieroberfläche von 4200 ccm ausbreitet.

Letztlich ist die Struktur und Form des lebenden Körpers immer das Ergebnis einer gestaltlichen Assimilation des Materials durch ein Verwirklichungsfeld: die Form. So kommt es, daß man schon in der Figur die Wesensunterschiede von Kristall und Pflanze angedeutet findet. Die geradlinige, eckige und kantige Kristallform spricht die Herrschaft der Peripherie über das Zentrum und die selbständig äußerliche Beeinflussung der Teilchen bei ihrer Entstehung aus, während die Kugelform schon auf ein beherrschendes Zentrum hinweist. (Siehe später Planck.) Und doch kann auch eine Ölkugel durch die bloß äußerliche Kohäsionswirkung der Teile zustandekommen. Bei der spezifisch organischen Form ist die innere Beziehung der Teile zueinander und zum Ganzen nicht mehr so ohne weiteres durchsichtig. Im Vergleich zur Kugelform des Öltropfens zeigt die Form eines Eies oder eines Lindenblattes eine viel stärkere Selbstbehauptung an (16); es liegt ihr eine viel größere Verwickeltheit der inneren Beziehungen als ein uns noch durchaus „geheimes“ Gesetz zugrunde. (Buytendijk.) Auch das wesentliche in der Lebenstätigkeit selber, nämlich daß sie eine an ihr selbst in sich zurückgehende und nicht durch ein Fremdes in sich zurückgelenkte Tätigkeit darstellt, ergibt sich aus der bildbedingten Interpretation des Formenwechsels. Die reinste Erscheinungsform der an ihr selbst in sich zurückkehrenden Verwirklichung ist der Kreislauf der pflanzlichen Entwicklung von Frucht zu Frucht. Indem nun die Vorstellung der an ihr selbst in sich zurückkehrenden Tätigkeit auf den vitalen Elementarprozeß übertragen wird, ergibt sich der aristotelische Grundsatz, daß das „Genährte" zwar nicht sich selber, aber ein ihm selber Gleiches von Grund auf zusammensetzen kann. Es folgt die Frage: gibt es einfachste Verwirklichungszentren im Organismus (Protomeren), die durch diesen vitalen Elementarprozeß sich selber gleichende Zentren hervorbringen können. Die Erkenntnis solcher hat sich grundlegend erwiesen für die ganze synthetische Morphologie von Heidenhain. Nach dieser synthetischen Morphologie erfolgt die Formbildung auf Grund bestimmter innerer Aufspaltungsgesetze des lebenden Systems, die mit der Urfunktion der aktiven Teilung innig zusammenhängen und in der Entstehung der Formen, z. B. der Blattformen einen großen Reichtum von Entfaltungsmöglichkeiten bedingen.

Ein grundlegendes Problem ist ferner das einer „Rangordnung der Formen" nach ihrer Vollkommenheit. Vollkommen ist nach der klassischen Auffassung jenes Seiende, das das seiner gattungsmäßigen (generischen), artlichen (spezifischen) und individuellen Wesenheit entsprechende Verwirklichungsfeld besitzt. Ernährung, Wachstum und Fortpflanzung, in einer nur in der Ausführung selbständigen Lebensbewegung geeint, bilden die gattungsmäßige Wesenheit der Pflanze. Auf Grund des in dieser Wesenheit gegebenen Gegensatzes einer stofflich-aneignenden und einer produktiv-formgestaltenden Seite ist aber die Pflanze einer immer höheren Geeintheit und Konzentration ihrer Lebensbewegung in immer größerer innerer Unterschiedenheit (oder Distanzierung) ihres Materialfeldes und Verwirklichungsfeldes fähig, so daß, wie wir später bei K. Chr. Planck sehen werden, in den verschiedenen Entwicklungsreihen erst mit der vollen Herausbildung und der vollen Einung des Generationswechsels die volle der gattungsmäßigen Wesenheit entsprechende (aus ihr „herausstaffelbare") Wirklichkeit erreicht ist. Insofern können wir, was die volle Einung und Unterschiedenheit betrifft, in einer Blütenpflanze eine höhere Form sehen, als in einem Moos, obwohl letzteres die Verwirklichungsgrundlage zur Blütenpflanze schon enthalten konnte. Am Leben selbst gemessen, können wir verschiedene Vollkommenheitsstufen unterscheiden, je nachdem das Lebewesen in mehr oder weniger großer Unabhängigkeit von außen oder in der inneren Unterschiedenheit und Verinnerlichung seiner Akte an Fülle, Einheitlichkeit und Selbständigkeit des Lebens gewinnt. Wenn das Auge des Verstandes (der intellectus archetypus) rein unparteiisch schaut, inwieweit die Pflanze, das Tier oder der Mensch das Leben in Fülle, Einheit und Selbständigkeit besitzen, so schaut das Auge des Herzens (der intellectus practicus) „entzückt", die Wirklichkeit des Lebens in seiner Kraft und Einheit, in seiner Mitteilsamkeit und überschwänglichen Fülle, beim Menschen in seiner reinen, aufgerichteten Selbständigkeit und seiner idealen Aufnahmefähigkeit und Tiefe, wird ihm zum „Wert". Es sind, wie Rohner bemerkt, nicht zwei Augen, sondern nur eines — aber in verschiedener Hinordnung und Richtung auf einen entsprechenden Inhalt. Das leicht parteiische Auge muß sich von dem unparteiischen im Vorziehen der Werte und der Hinordnung auf ihre Rangordnung Korrekturen gefallen lassen. Aber gerade deshalb kann auch das „Werten" der Subjektivität und Willkür immer mehr entrückt werden. Die letzte Verankerung seines gegenständlichen Geltens liegt freilich in Gott selbst. Da Gott als die lauterste Wirklichkeit unendlich vollkommen ist, insofern er alles an den Bildern der Wirklichkeit an positiven Wesensgehalten „Herausschaubare" in reiner, konzentrierter, unsagbar eminenter Lebensfülle umschließt, ist er auch unendlich liebenswert oder gut und der letzte Garant nicht nur der zeitlos-ewigen Gültigkeit der Wesensordnung der Dinge, sondern auch der Rangordnung der Werte und unseres Glaubens an den Wert an sich, ohne den nach Plato jeder abgeleitete Wert zum Idol wird. Einer Rangordnung in diesem Sinne entspricht es durchaus, wenn die in den Wesensordnungen der Natur verwirklichten Formen mehr als bloße Zweckmäßigkeit zeigen, ja diese oft umgekehrt aus dem rein demonstrativen Formwert der Symmetrie von selber folgt. So verwirklichen, wie Haeckel in seiner Promorphologie gezeigt hat, die Radiolarien in ihrem Kieselsäuregerüst alle theoretisch möglichen Formen kugeliger Symmetrie, indem sie durchaus stereometrischen Einteilungsprinzipien folgen. Innerer Ausdruck der Lebendigkeit im Rhythmus ist der Schmuck, der aber in der Natur nie zum überflüssigen Schwulst wird, d. h. Gestalt mit Gestalt schmückt (oder, wie Ernst Kropp treffend sagt: „Blümchen auf die Flügel eines Schmetterlings malt"), wie das eine entartete Ornamentik größtenteils zeigt. Ein echt thomistischer Gedanke ist, daß der erste Wert eines Dinges sein in Eigenkraft stehendes Sein ist, und zwar nicht nur, weil es dadurch für sich selbst weitere Werte verwirklichen und die eigenen Wesensanlagen immer konsequenter durchbilden, sondern auch sie mitteilen kann. Über die bloße Blutsverwandtschaft hinaus können dabei Ähnlichkeiten und Übereinstimmungen in der Natur hervortreten, die nicht nur auf gleiche Anpassungen, an äußere Verhältnisse zurückzuführen sind, sondern in der Ordnung des betreffenden Seinskreises sozusagen eine Reindarstellung der generischen Wesenheit zum Ausdruck bringen oder bestimmter darin enthaltener Züge. So bei den Pflanzen in den Weisen des Blühens, beim Tier in den Formen des Ausdruckslebens und den Weisen des Verhaltens, beim Menschen in jener Reinausprägung seines Wesens, die, wenn sie auch den Naturgrund nicht verleugnet, über Rassenunterschiede erhaben ist. Wir werden später auf dieses Problem, welches die Scholastik in dem sog. henologischen Prinzip formuliert hat, noch einmal zurückkommen.

II.

Die erste Reaktion gegen das bildbedingte typologische und konkret-kausale Denken durch das quantitätsbezogene Denken der mathematisierenden Physik. Ihre Folge: das gegenstandsentfremdete Vorbild für die Deutung der Wirklichkeit. Das mechanomorphe (nach dem Vorbild des Mechanischen geformte) Denken und sein Umschlagen in die anthropomorphe (nach dem Vorbild des Menschen geformte) Naturdeutung. Wiederherstellung des reinen bildbedingten Denkens in der Biologie durch Goethe und K. Chr. Planck.

Charakteristisch für die typologische Analyse, wie wir sie bis jetzt durchgeführt haben, ist, daß sie die Phänomene nicht nach Maßgabe rein quantitativer Gesichtspunkte „übersetzt", sondern umgekehrt aus ihrem Bildgehalt ihre „Eigensprache" zu entziffern trachtet. Die Übersetzung zwecks des Messens und der Meßbarmachung ist an und für sich berechtigt, wenn sie als abstrakt-kausales Schema sich ihres rein methodischen Charakters bewußt bleibt. Die analytische Naturwissenschaft wird dieses Verfahren nicht nur nicht entbehren können, sondern es ist die Methode, die sie vorläufig noch allein zu wahrhaft exakter, d. h. von mathematischer Rationalität getragener Erkenntnis innerhalb der quantitativen Ordnung des Naturwirklichen führt. Begriffsrealistisch wird die abstrakt-kausale Methode erst, wenn sie ihre methodischen Zurechtlegungen über rein summenhaft aufeinander einwirkende Wirklichkeitselemente verabsolutiert und darin den Vollbestand der Wirklichkeit zu erfassen glaubt. Denn nun wird sie zu einer halbseitig nach dem Vorbild des Mechanischen geformten Naturauffassung (zu einem Mechanomorphismus), und es ist der Fluch ihrer Gegenstandsentfremdung, daß dieser Mechanomorphismus nun einen ebenso gegenstandsfremden Anthropomorphismus (eine nach dem Vorbild des Menschen geformte Naturauffassung) aus sich gebiert. Es ist nämlich eine interessante Feststellung, daß das nicht mehr an der Vollanschauung der Natur sich entwickelnde Denken, wenn es mit dem Übersetzen ins „Mechanische" nicht auszukommen vermag, in einen zweiten verhängnisvollen Begriffsrealismus verfällt; es deutet die Natur nach Begriffen aus, die der inneren Selbstanschauung entnommen sind und sein Bild von der Natur wird so mechanomorph und anthropomorph zugleich. Dieses merkwürdig künstliche Zwitterbild der Schöpfung tritt uns in der Monadologie von Leibniz entgegen. Auf einsamen Wegen im Leipziger Rosental — wo auch der ehrwürdige Fechner seine spekulativen Spaziergänge machte — dachte Leibniz schon als Fünfzehnjähriger eindringlich darüber nach, ob er sich für Aristoteles oder die neueren Mechanisten entscheiden solle. Seine Ergebnisse führten ihn zu einer grundlegenden Revision: „Ich war", schreibt er, „schon tief in das Gebiet der Scholastik eingedrungen, als die Mathematik und die neueren Autoren mich schon in früher Jugend davon abzogen. Die schöne Manier derselben, die Natur auf mechanische Weise zu erklären, entzückte mich, und mit Recht verachtete ich die Methode derer, die nur Formen oder Vermögen dazu benutzen, von denen man nichts lernt." Um nun den verschiedenartigsten Naturvorgängen in ihrer Wirksamkeit, d. h. in der von ihnen geleisteten Arbeit ein gemeinsames Maß zu geben, führt er zunächst den Begriff der abgeleiteten Kraft ein. Er bezeichnet einen Einzelzustand des Geschehens, sofern er einen andern im voraus einschließt. Faßt man nun die Gesamtheit einer solchen Entwicklungsreihe ins Auge, so haben wir den Begriff der ursprünglichen Kraft oder der Monade, eines unteilbaren, seelenartigen Atoms, in dem jenes streng individuelle Entwicklungsgesetz sich entfaltet. Die Monaden als psychische Atome haben schon auf der niedersten Stufe wenigstens unbewußte Vorstellungen, und zwar immer mit Rücksicht auf den Gesichtspunkt, der ihnen zukommt, den Platz, den sie im Weltganzen einnehmen. Sie haben eine Art von Parallelismus der Perzeption und des Willens, der Tätigkeit und der Bewegung, so daß alle, ohne einander irgend etwas mitzuteilen, in vollkommener Konformität und unaussprechlicher Harmonie sich bewegen. Dabei gehen in dieser durchgängig psychischen Wirklichkeit, wo schon im Unbelebten den Monaden unbewußte Vorstellungen zugeschrieben werden, alle Wesensgegensätze völlig fließend ineinander über. Diese merkwürdige Konstruktion, die im Grunde nur dazu ersonnen ist, um das Zugeständnis zu vermeiden, daß von Körpern ausgehende Kräfte jemals in geistige Bewegungen verwandelt werden können, zeigt das Doppelgesicht jeder künftigen neuzeitlichen Naturdeutung: ihren nach dem Vorbild des Mechanischen und nach dem Vorbild des Menschlichen geformten Charakter. Der anthropomorphe Charakter tritt dabei besonders deutlich hervor und spiegelt sich in den späteren Naturanschauungen wieder. So, wenn Lotze den Substanzbegriff nur als Subjektsbegriff nach der Analogie der unmittelbaren inneren Erfahrung gelten läßt, Schopenhauer das Ding an sich in der Natur im Willen gefunden zu haben glaubt oder Hegel im logischen Prozeß den wahren Gehalt der Natur erblickt. Und erst recht wird dem Gefühlsdenken der Romantiker die Welt oft fast direkt zu einem „Makranthropos", zum lebenden Wesen, das atmet, das eine rechte und linke Seite hat, das wandert, liebt und haßt und zwischen Hunger und Sättigung wechselt. Zu welch naturfremden und doch hochinteressanten Konstruktionen der Anthropomorphismus in der von der mechanistischen Naturwissenschaft stark beherrschten „Barockscholastik" führte, darüber hat neuerdings Eschweiler eingehend berichtet.

Dem Verlassen des bildhaft durch den Gegenstand selbst bedingten und konkret-kausalen Denkens lag selbstverständlich zunächst keinerlei Absicht einer solchen Naturverstümmelung zugrunde, sondern es ergab sich aus den neuen methodischen Fragestellungen der jung aufblühenden exakten Naturwissenschaft selber. Caesalpin war der letzte Biologe an der Schwelle der neuen Zeit, der den Aristotelismus noch mit Größe vertrat. Aber schon sein Schüler Joachim Jungius wendet sich in dem Bestreben, die Naturerscheinungen mathematisch zu bewältigen, der atomistischen Betrachtungsweise zu. In Form von streng logisch formulierten Lehrsätzen trägt er ein System der theoretischen Botanik vor. Er unterscheidet hypostatische und synhypostatische Teile der Naturkörper. Synhypostatisch sind Teile, die nur miteinander verbunden bestehen können und die deshalb, wenn das Ganze zugrunde geht, entweder gleichfalls zugrunde gehen oder eines anderen Ganzen Teil in derselben Weise werden. Jungius meint hiermit die Anschauung der Aristoteliker, wonach der Körper beim Werden eines neuen Körpers als ein Ganzes zerstört wird, die Materie aber nicht bestehen kann, ohne instantan eine neue Form anzunehmen. Beide Prinzipien (Materie und Form) sind also synhypostatische Teile. Nach Jungius sind aber nächster Gegenstand der Naturforschung die hypostatischen Teile, die auch außerhalb des Dinges, dessen Teile sie waren, in gleicher Weise weiter bestehen können und durch deren Entmischung und Zusammenmischung möglicherweise alle Verwandlungen zustande kommen. Die Aristoteliker sind nach Jungius so sehr in der actu-potentialen Transmutation*) und ihren synhypostatischen Prinzipien (Materie und Form) befangen, daß sie der Hypothese der Verwandlung durch Entmischung und Zusammenmischung hypostatischer Teile ganz zu vergessen scheinen. Und so nimmt, wie der Jungius-Forscher Adolf Meyer sagt, „Jungius die antike Tradition da wieder auf, wo es für die Moderne allein möglich ist, nämlich bei Demokrit, der bezeichnenderweise so ungriechisch war, daß er keinen ebenbürtigen Nachfolger in der Antike gefunden hat."

Klarer noch als bei den Biologen tritt bei den Astronomen und Physikern die Wandlung antiker Vorstellungen unter dem Einfluß rein methodischer Forschungsbedürfnisse hervor. Besonders schön läßt sich diese Wandlung bei Kepler ver-

*) Was unter diesem Ausdruck von Jungius selber zu verstehen ist, dürfte aus dem 1. Teil dieses Buches verständlich sein, weshalb wir von weiteren Erläuterungen hier absehen.

folgen. In seinem Erstlingswerk, dem „Mysterium cosmographicum“, spricht Kepler noch von den führenden Intelligenzen der Gestirne, die den Umschwung derselben leiten und erhalten. Die Erwägung indes, daß die Kraft, die über die Planetenbewegung herrscht, als Größe bestimmbar ist, sofern sie sich proportional dem Abstand vom Bewegungsmittelpunkt ändert, führt ihn dazu, sie rein als physisches Sein zu denken, ihr lediglich physische Merkmale zuzuordnen. Wo immer wir eine Erscheinung quantitativ zu fixieren und in zahlenmäßiger Abhängigkeit von anderen Erscheinungen zu begreifen vermögen, erweisen sich, wie man glaubte, jene Formen und Potenzen der Scholastik, die sich nicht messen und berechnend kontrollieren lassen, von selbst als überflüssig. Der bildbedingte, konkret-kausale Formbegriff wird ersetzt durch den auf abstrakt-kausaler Grundlage gebildeten Funktionsbegriff. Die neue Betrachtungsweise wird von Descartes am radikalsten durchgeführt und gewinnt dadurch kräftigen Einfluß auf die weitere Entwicklung. Indem Descartes das Wesen des Naturkörpers in die Ausdehnung setzt, hat er damit die volle und unbedingte Herrschaft des mathematischen Denkens über die konkrete Wirklichkeit proklamiert. Diese Auffassung kennt das Leben unter keiner anderen Form als der des reinen Selbstbewußtseins und Denkens. Alles andere Leben löst sich für Descartes in Mechanik auf. Die Tiere sind ihm nur Reflexautomaten. Wie wenig fruchtbar für eine tiefere Gegenstandserfassung in der Biologie die neue Methode war, zeigt, daß im 17. Jahrhundert die biologische Wissenschaft sich zu einer wahren Epigonenwissenschaft entwickelte. „Man fühlte“, schreibt Rádl, „sich der Pflicht überhoben, die Vergangenheit verstehen zu lernen; alles was hinter Harvey lag, war vergessen oder mißverstanden, denn die ‚moderne Wissenschaft‘ mit ihren epochalen Entdeckungen der Fliegenmaden, die aus Eiern entstehen, und der in der Samenflüssigkeit des Menschen schwimmenden, mit Kopf, Füßen und sogar mit einer Art Kleid versehenen Spermatozoen, die Betonung der mathematischen Exaktheit, die Herrschaft der mathematisch und mechanistisch begründet sein sollenden Medizin, der Iatromathematik, Iatrophysik, Iatrochemie, erlaubte es den neuen Berühmtheiten nicht, sich um die unaufgeklärte griechische Wissenschaft, um das dunkle Mittelalter oder um die Renaissance zu kümmern. Diese Entomologen-Biologie des 17. Jahrhunderts, die auf ihre Exaktheit ungemein stolz war, aber um keinen einzigen Gedanken die Wissenschaft vom Leben zu bereichern vermocht hatte . . ., lebte ruhig bis gegen Ende des 18. Jahrhunderts weiter; gegen Ende des 17. Jahrhunderts raffte sie sich zu einem regeren Leben auf, weniger dadurch, daß sie die Minderwertigkeit der Insektenforschung und des planlosen Mikroskopierens eingesehen hätte, als vielmehr dadurch, daß sie höhere Gesichtspunkte zu schätzen lernte. Unter den Epigenetikern greift C. Fr. Wolff die Idee der Metamorphose wieder auf und für die französischen Morphologen wird die Biologie wieder eine in klaren Begriffen zu konstruierende Erfahrung oder ein auf die Höhe der Logik erhobenes Bewußtsein der Erlebnisse. Zwischen Cuvier und Geoffroy entspinnt sich der Disput über die Einheit des Bauplanes der Organismen, ob sie als Einheit der Struktur oder als Identität der konstitutiven Teile zu deuten sei."

In Deutschland aber war es zu dieser Zeit das große Verdienst von Goethe, die Biologie wieder zur ideellen Höhe einer voll an der reinen Erscheinungsform sich orientierenden Typologie geführt zu haben. Goethe warnt vor einem verkürzten und vorzeitigen Transzendieren der Begriffe, und zwar zunächst der Begriffe der mechanischen Naturwissenschaft selber. „Die Phänomene," schreibt er kräftig, müssen ein für allemal aus der düsteren, empirisch-mechanisch-dogmatischen Marterkammer vor die Jury des gemeinen Menschenverstandes gebracht werden." In gleicher Weise wendet sich aber Goethe auch gegen die naturfremden Spekulationen idealistischer Philosophen. „Man kann es", sagt er, „den Idealisten alter und neuer Zeit nicht verargen, wenn sie so lebhaft auf die Beherzigung des Einen dringen, woher alles entspringt und worauf alles wieder zurückzuführen wäre. Denn freilich ist das belebende und ordnende Prinzip in der Erscheinung dergestalt bedrängt, daß es sich kaum zu retten weiß. Allein wir verkürzen uns an der anderen Seite wieder, wenn wir das Formende und die höhere Form in eine vor unseren äußeren und inneren Sinnen verschwindende Einheit zurückdrängen." Zu solcher Entfernung von der Anschauung, die immer das Zeichen vorurteilsbestimmter Konstruktion ist, kommt es bei Goethe nie. Er unterscheidet klar und deutlich das Typische in den lebendigen Verhaltungskreisen. Pflanze, Tier und Mensch sind ihm, trotz äußerlicher Vermittlungen, auseinander unableitbare Urphänomene des Lebens und ebenso wehrt er sich dagegen, von den Prozeßformen der mineralischen Kristallisation zu der lebendigen Formbildung wie zu einer rein graduellen Steigerung fortzuschreiten. Aber auch innerhalb der Stufen des Naturwirklichen selber ist für Goethe die natürliche Art kein bloßes Scheinding. Am deutlichsten hat er indirekt dieser Überzeugung Ausdruck verliehen, als er die diesbezüglichen Ausführungen seines Freundes Ernst Meyer nicht nur in seinen Werken abdrucken ließ, sondern auch als Zeugnis reiner Sinn- und Geistesgemeinschaft bezeichnet hat. Die betreffende Stelle lautet: „Jedes besondere Naturwesen beschreibt außer dem großen Kreislauf alles Lebens, an dem es teil hat, noch eine engere, ihm eigentümliche Bahn und das Charakteristische derselben, welches sich aller Abweichungen ungeachtet in einem Umlaufe wie in dem andern durch die fortgesetzte Reihe der Geschlechter ausspricht, dies beharrlich Wiederkehrende im Wechsel der Erscheinungen bezeichnet die Art. Aus innigster Überzeugung behaupte ich fest: gleicher Art ist, was gleichen Stammes ist. Es ist unmöglich, daß eine Art aus der andern hervorgehe; denn nichts unterbricht den Zusammenhang des nacheinander Folgenden in der Natur; gesondert besteht allein das ursprünglich nebeneinander Gestellte ... Wer aber sie (nämlich die Abweichungen, die in einzelnen oder auch mehreren Umläufen des Lebens vorkommen und die man Varietäten, Abarten nennt) für Arten nimmt, darf das Schwankende des ihnen willkürlich zugeschriebenen Charakters nicht der Natur beimessen oder gar daraus auf ein Schwanken der Art überhaupt schließen ... Sollte aber wirklich in einer formenreichen Gattung durchaus keine Grenze, welche die Natur selbst achtet, zu finden sein, was hindert uns dann, sie als eine einzige Art, alle ihre Formen als ebensoviele Abarten zu behandeln? So lange der Beweis fehlt, der schwerlich je zu führen, daß überhaupt in der Natur keine Art bestehe, sondern daß jede, auch die entfernteste Form durch Mittelglieder aus der anderen hervorgehen könne, so lange muß man uns jenes Verfahren schon gelten lassen.“ In Übereinstimmung mit dieser Auffassung und wohl auch überzeugt, daß die Stufen des Seins und der Natur ihre relativ in ihnen selbst gegründete Selbständigkeit und Wesensgesetzlichkeit haben, unterscheidet Goethe auch an anderer Stelle sehr klar die naturimmanente Entwicklung von der transzendenten Schöpfung. In dem Versuch einer allgemeinen Vergleichungslehre schreibt er: „Wir treten weder der Urkraft der Natur noch der Weisheit und Kraft des Schöpfers zu nahe, wenn wir annehmen, daß jene mittelbar zu Werke gehe, dieser unmittelbar am Anfang der Dinge zu Werke gegangen sei.“ Trotz solcher Anklänge an die Lehre von keimhaft grundgelegten Verwirklichungsfeldern in der Schöpfung wäre es unzulässig, Goethe in die direkte Linie des platonischen Aristotelismus zu stellen. Was er über das Verhältnis von Idee und Wirklichkeit sagt, neigt mitunter stark zu einem reinen Platonismus. „Wenn der Knabe“, sagt er, „zu begreifen anfängt, daß einem sichtbaren Punkt ein unsichtbarer vorhergehen müsse, daß der nächste Weg zwischen zwei Punkten schon als Linie gedacht werde, ehe sie mit dem Bleistift aufs Papier gezogen wird, so fühlt er einen gewissen Stolz, ein Behagen. Und nicht mit Unrecht; denn ihm ist die Quelle alles Denkens aufgeschlossen, Idee und Verwirklichtes, potentia und actu, ist ihm klar geworden; der Philosoph entdeckt ihm nichts Neues, dem Geometer war von seiner Seite der Grund alles Denkens aufgegangen.“ Hier wird entschieden die Idee als dem Wesen der Erkenntniskraft immanent angesehen, sie quillt uns aus ursprünglicher, schöpferischer Mitgift. Der Sinn dieser platonischen Grundanschauung tritt noch klarer aus dem folgenden Vers (zahme Xenien) hervor:

„Im eignen Auge schaue mit Lust,
Was Plato von Anbeginn gewußt.
Denn das ist der Natur Gehalt,
Daß außen gilt, was innen galt.“

Trotzdem weist Goethe immer wieder streng auf das Bildbedingte der Erkenntnis hin. Der Inhalt des Typusbegriffs kann nach ihm nicht aus der Sinnenwelt als solcher stammen, aber er wird an derselben gewonnen. Die Ähnlichkeits- und Verschiedenheitsauffassung spielt dabei eine große Rolle. Aber da kann man gegen die Idee als angeborene Mitgift wohl sagen, daß der Verstand erst in der Hinwendung auf die vorhergehenden Erwerbungen der Sinnlichkeit die Idee der Ähnlichkeit erwirbt, ohne sie im mindesten vorher besessen zu haben. Er kann sie übrigens auch erwerben durch die Prüfungen seiner eigenen Akte. Wir haben bereits darauf hingewiesen, wie die genuine Scholastik mit ihrer Auffassung vom tätigen Verstande den Ursprung der Ideen sich verständlich machte. Man hat geglaubt, diesen intellectus agens mit dem „originalen Wahrheitsgefühl" Goethes identifizieren und eine fast vollkommene Übereinstimmung zwischen Thomas und Goethe herstellen zu können. Das geht aber sicher zu weit. Goethes Aussprüche über die Verbindung des Konkreten und Abstrakten sind zu unbestimmt gehalten, um eine solche Übereinstimmung feststellen zu können. Goethe sieht in allem Gegebenen die Spiegelung eines Wesenhaften. „Das Besonderste, das sich ereignet," sagt er, „tritt immer als Bild und Gleichnis des Allgemeinen auf, das Allgemeine und Besondere fällt zusammen; das Besondere ist das Allgemeine unter verschiedenen Bedingungen erscheinend." Darum sind Empirie und Theorie untrennbar: „Es gibt eine zarte Empirie, die sich mit dem Gegenstande innigst identisch macht und dadurch zur eigentlichen Theorie wird; das Höchste wäre, zu begreifen, daß alles Faktische schon Theorie ist; die Bläue des Himmels offenbart uns das Grundgesetz der Chromatik; man suche nichts hinter den Phänomenen: sie sind die Lehre." Das alles ist sehr schön, aber erkenntnistheoretisch natürlich auch sehr ungenügend formuliert. Der zeugende Anteil der Dinge selbst an der Bildung der Wesensbegriffe und die Spontaneität oder Selbsttätigkeit des Verstandes, der, obwohl empfangend, doch zugleich sein eigener Lehrer ist, tritt aus solchen Formulierungen nicht klar genug heraus.

Das Wesentliche freilich, worauf es von Kant aus gesehen beim Neuaufbau einer typologischen Naturwissenschaft ankommen wird, hat Goethe in die für die Gegenwart geradezu prophetischen Worte gefaßt: „Kant hat die Kritik der reinen Vernunft geschrieben, womit unendlich viel geschehen, aber der Kreis nicht abgeschlossen ist. Jetzt müßte ein Fähiger, ein Bedeutender, die Kritik der Sinne und des Menschenverstandes schreiben, und wir würden, wenn dieses gleich vortrefflich geschehen, in der deutschen Philosophie nicht viel mehr zu wünschen haben.“ Wir werden sehen, daß, was die Kritik der Sinne betrifft, zwei Fähige, Helmuth Pleßner und Herman Friedman, das Werk schon in Angriff genommen haben, und zwar in einem spezifischen Anschluß an Kants Kritizismus.

Doch wenden wir uns zu den konkreten Leistungen des „Naturforschers“ Goethe. Seine Metamorphosenlehre hat, namentlich für die Botanik, die fruchtbarsten Anregungen gebracht. Der pflanzlichen Lebensbewegung eigentümlich ist nach Goethe ein besonderes Bildungsgesetz, das, wenn man es einmal durch Vergleich erschaut hat, erlaubt, alle unendlichen Abwandlungen pflanzlicher Formgestaltung zu verstehen und durch die Anschauung zu beherrschen. „Es mag die Pflanze sprossen, blühen oder Früchte tragen, so sind es doch immer die selbigen Organe, welche in vielfältigen Bestimmungen und unter oft veränderten Gestaltungen die Vorschrift der Natur erfüllen.“ In demjenigen Organ, das wir als Blatt bezeichnen, ist nämlich Goethe der wahre Proteus aufgegangen, der sich in allen pflanzlichen Gestalten verstecken und offenbaren kann, so daß wir auch die Blüte jetzt verstehen können als eine Vereinigung von Blattkreisen, in der bei den Staubblättern und Fruchtblättern die ursprüngliche Blattnatur nur gleichsam maskiert erscheint. Wie die Mannigfaltigkeit der Blumen nur gleichsam die empirischen Brüche des einzigen Phänomens der Blattmodifikation und Blattanordnung darstellt, so suchte Goethe auch die optischen Qualitäten als empirische Brüche eines einzigen Urphänomens zu verstehen. All die bunten optischen Erscheinungen führt er auf das Gegenüber von Hell und Dunkel, das Wechselspiel von Licht und Finsternis zurück. Zur Verifizierung des Erschauten dient ihm sowohl in der Optik als auch in der Metamorphosenlehre das typologische Experiment. Man kann ja die Blattmetamorphose auch künstlich am lebenden Objekt hervorrufen. Wenn wir bei der Schneebeere im Frühjahr die jungen Blütensprosse samt den Laubsprossen entblättern oder als Stecklinge wachsen lassen, dann kommt in der Blütenregion die Proteusnatur des Blattes zum Vorschein, die kleinen Kelchblättchen an den Blütenknospen verlauben, bilden sich laubblattartig aus (Abb. 34—42). In einem solchen Experiment, das ich im Frühjahr 1925 durchgeführt habe, ist das Phänomen der Blattmodifikation gleichsam rein zur Darstellung gebracht. Und auf ähnliche bloße Demonstrationen oder Veranschaulichungen hatte Goethe es abgesehen, als er experimentell die Phänomene des Abbleichens und Abweißens untersuchte, Versuche mit farbigen Gläsern anstellte und prüfte, wie durch Übermaß der Nahrung die Frucht unmöglich zu machen, wie durch Schmälerung sie zu beschleunigen sei. Für Goethe ist auch das Experiment Spiegelung eines Wesenhaften. Das Besonderste, das sich in ihm ereignet, tritt als Bild und Gleichnis des Allgemeinen auf. Die phänomenologische Tierpsychologie unter der Führung Buytendijks hat heute diese Art des Experimentes, das einen Prozeß oder ein Verhalten zur Reindarstellung zu bringen sucht, wieder neu zu Ehren gebracht.

Wie wichtig es ist, das Phänomen der Blütenverlaubung unter diesen Gesichtspunkt zu bringen, ergibt sich, wenn wir uns klarzumachen versuchen, was hier eigentlich konkretkausal vorliegt. Durch die Entblätterung, die die Produktion der Kohlehydrate unterbindet, wird dem Verwirklichungsfeld der Blüten ihr Materialfeld gleichsam entzogen. Infolgedessen knüpft an die nur noch vorhandene Bestimmungsbereitschaft für die Bildung von Blättern deren Verwirklichungsfeld an und bestimmt die embryonalen Kelchblättchen zu Laubblättchen. Was der abnormen Bildung zugrundeliegt, ist also ein durchaus gesetzmäßig fortschreitender Verwirklichungsprozeß, der es erlaubt, Goethes Metamorphosenbegriff (allerdings in etwas anderer Weise, wie er selbst sich dies dachte) auch auf die tierische Entwicklung zu übertragen, wo aus einem indifferenten Bildungsgewebe gleichfalls Organe ungewöhnlicher Art an Stelle der gewöhnlich

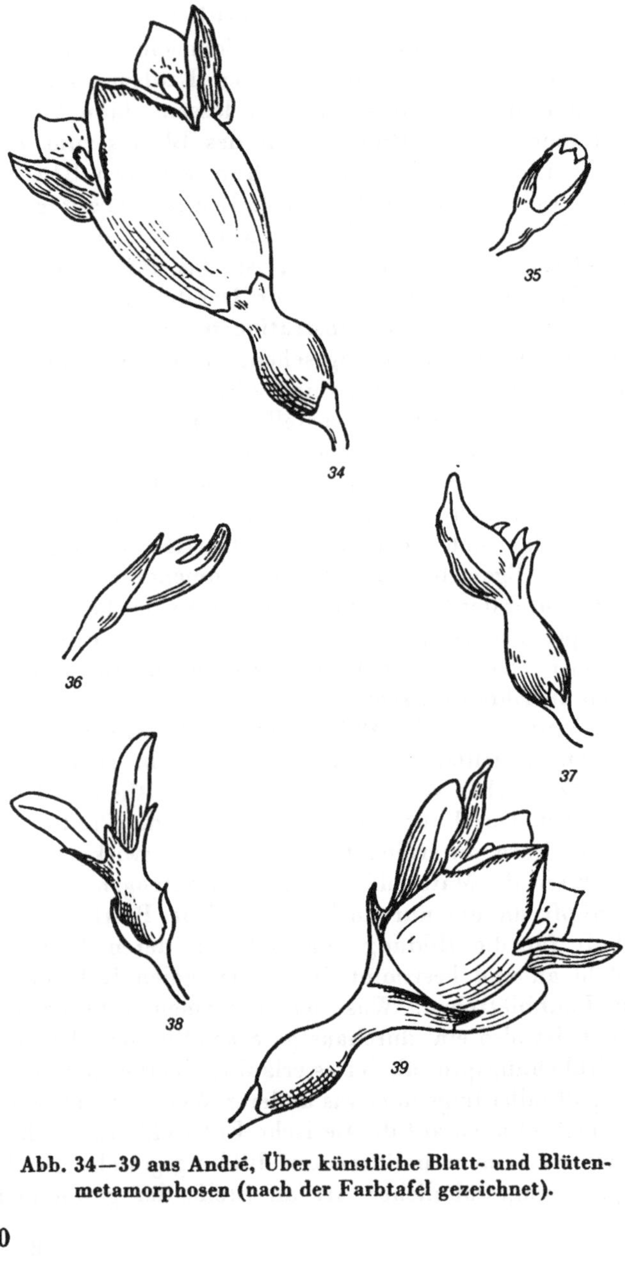

Abb. 34—39 aus André, Über künstliche Blatt- und Blütenmetamorphosen (nach der Farbtafel gezeichnet).

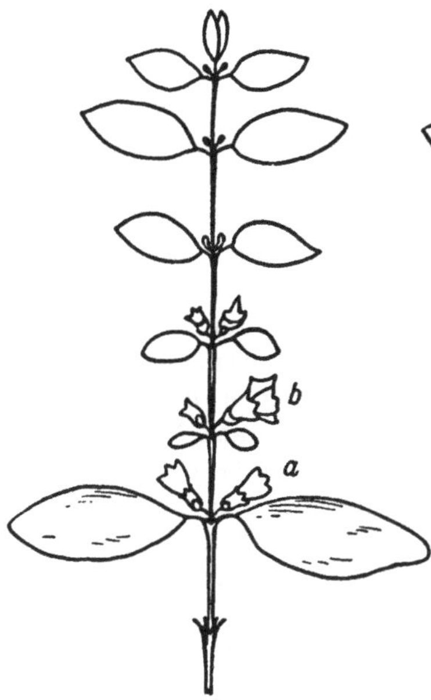

40

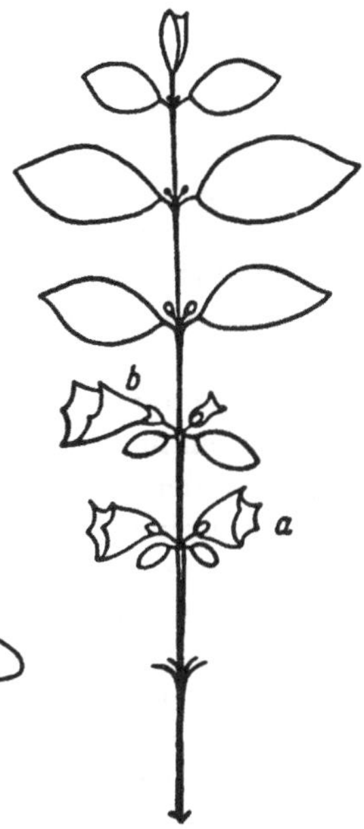

41

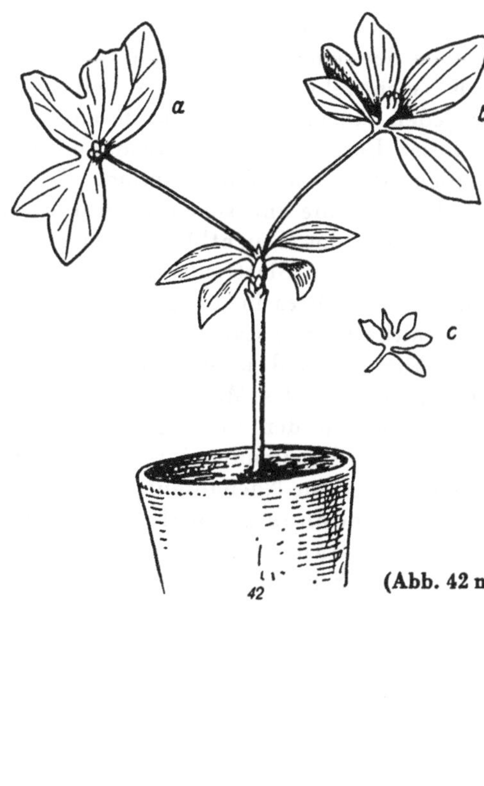

42

(Abb. 42 nach Rothe.)

dort zu findenden auftreten können (z. B. ein Bein an Stelle einer Antenne bei Insekten oder einer Antenne statt eines Stielauges bei einem Krebs.) Auf solche Verknüpfung der entwicklungsphysiologischen Betrachtung mit der vergleichend-morphologischen, die eine gewisse normative Gesetzmäßigkeit ans Licht bringen könnte, hat zuerst Strohl hingewiesen. Sie fände, meint er, einen bereits gut vorbereiteten theoretischen Boden dank der von Lebedinsky im Zusammenhang mit der Annahme einer artgleichen Teilung des embryonalen Zellenmaterials begründeten Vorstellung von der ursprünglich gleichen Bestimmungsbereitschaft im Bauplan gleichzugeteilter (nach Naef: homonomer) Körperteile, wie Wirbel, Krustazeenkörpersegmente usw.

Von weittragendster Bedeutung war dann auch Goethes Begründung der reinen, vergleichenden Morphologie durch die Erkenntnis dessen, was in der grundlegenden Norm des Bauplanes gleich ist und mit dessen Zweckspezifikation nichts zu tun hat: durch die Entdeckung des homologen Organes im Unterschiede zum analogen. Am reinsten hat die streng auf den Homologiebegriff gegründete vergleichende Morphologie der Pflanzen Velenovský durchgeführt. Die von der reinen Morphologie bestimmten Gesetze müssen nach Velenovský allgemeine Geltung haben, „sie müssen für jeden einzelnen Fall gleich entscheidend sein. Es darf in dieser Beziehung keine Ausnahme geben. Es ist z. B. unmöglich, den Staubfaden einmal als Achsen-, ein andermal als Blattgebilde anzusehen, ebenso unzulässig wäre es, das Eichen- oder das Fruchtblatt einmal als Achse, ein andermal als Blatt oder Blattfieder auszulegen“. Auch wir möchten annehmen, daß es in der grundlegenden Norm des Bauplanes gestalthafte Konstanten gibt, die im phylogenetischen Verwirklichungsfeld ursprünglich grundgelegt sind, aber in der Auswertung des Materialfeldes und gemäß den äußeren Umständen zu den mannigfachsten Maskierungen und Modifikationen (Anpassungen) führen, so daß manche Pflanzenorgane die getreue Nachahmung anderer sind, obwohl sie aus einer verschiedenen grundlegenden Richtungskomponente des Bauplanes hervorgegangen sind.

Ein klassisches Schulbeispiel für rein morphologische

Wesensdeutungen ist der Koniferenzapfen. Das weibliche Zäpfchen (z. B. der Tanne) stellt im Blühzustande eine Achse dar, die mit kleinen Fruchtschuppen besetzt ist, welche die geflügelten Samenanlagen tragen. Jede Fruchtschuppe sitzt in der Achsel eines schmalen Deckblattes mit gekrümmter Spitze. Nun entstehen nach der grundlegenden Norm des Bauplanes der Pflanze in den Achseln von Blättern nur Achsengebilde (und nicht wiederum Blätter). Infolgedessen betrachtet Alexander Braun die samentragende Schuppe bei Pinus und Larix als eine kurze mit ihren beiden Fruchtblättern verschmolzene Achse. Der blühende Koniferenzapfen wäre danach nicht als eine einzige Blüte aufzufassen, sondern als ein ganzer Blütenstand. Im Gegensatz zu Alexander Braun faßt Sachs die samentragenden Schuppen als Protuberanzen der Deckblätter selbst auf (also nicht als axilläre Gebilde) und damit wäre der Zapfen seinem Wesen nach eine Einzelblüte. Auf die interessante Diskussion zwischen den Vertretern beider Anschauungen kann hier nicht näher eingegangen werden. Die Einordnung, die ein Gebilde je nach dem Gesichtspunkt, unter dem es betrachtet wird, erfährt, legt Velenovský an der zentralen Plazenta der Primel dar:

„Die zentrale Plazenta des Himmelsschlüssels (Primula) beendet die Blütenachse, indem dieselbe von dem Fruchtblatt vollständig abgesondert ist. Auf der kegeligen Plazenta sitzen Eichen, welche also in keinem Zusammenhange mit den Fruchtblättern sind, welche die Wände des hohlen einfächerigen Fruchtknotens bilden. Die Entwicklungsgeschichte in diesem Falle sagt: Die Plazenta der Himmelsschlüssel ist die Beendigung der Blütenachse und die Eichen sind ihr Erzeugnis, denn gleich im jüngsten Stadium ihrer Entwicklung ist sie von den Fruchtblättern gesondert und erscheint sie als eine deutliche Fortsetzung der Achse. Die Anatomen sagen: Die Plazenta ist eine Verschmelzung der Basen der Fruchtblätter, weil die Gefäßbündel, welche in die Plazenta eindringen, die Äste der Fruchtblättergefäßbündel sind. Der Organograph Goebel sagt: Die Plazenta der Himmelsschlüssel ist eine besondere Blütenneubildung, welche die Eichen trägt und ihre eigenen Gefäßbündel hat, weil dieses Organ auf irgendeine Weise genährt werden muß. Die vergleichende Morphologie (nach der Auffassung Velenovskýs) endlich sagt: Die Plazenta der Himmelsschlüssel ist ein Zusammenfluß der basalen Lappen der Fruchtblätter, welche anscheinend die Blütenachse beenden."

Wenn wir nun weiterhin Goethes Farbenlehre recht verstehen wollen, so dürfen wir nicht in den Fehler der alten

Assoziationspsychologie fallen und glauben, die Deutung der Farbqualitäten sei nur eine mittelbare, durch die sinnlichen Vorstellungsverknüpfungen bedingte, so daß wir etwa das rote Blut heiß wie eine Flamme und das grüne Laub kühl und beruhigend erleben, weil wir das Rot schon in der Verknüpfung mit der Hitze des Feuers und das Grün im kühlen Waldesdickicht erlebt haben. Wie alle aus dem kontingenten Sein abstrahierten Wesenheiten sich nicht an Einzelwirkliches zu knüpfen brauchen, sondern auch unabhängig vom konkreten Einzelsein als objektive Möglichkeiten (genauer: als nachahmungsmögliche Schattenbilder oder Spuren göttlichen Seins und Lebens) dastehen, so auch die Wesenheiten der Farbqualitäten. Diese aus den ontologischen Grundlagen der Ideenlehre folgende Erkenntnis, die aber erst durch Max Schelers Qualitätenlehre aus ihrer Verschüttung und Verdunkelung wieder hervorgezogen wurde, läßt uns nach einer wesensgesetzlichen Ableitung der Farbenskala fragen. Und da war es ja Goethes Auffassung, daß die Farbenskala folgt aus der allgemeinen Möglichkeit einer stufenmäßigen Mischung von Licht und Finsternis. In dieser Weise abstrahieren wir im Grün das Gemeinsame von Gelb und Blau, erfassen die harmonische Mitte zwischen dem Lichthintergrund des Gelb und dem Finsternishintergrund des Blau. Erst auf der Grundlage dieser phänomenologischen Analyse ist es möglich, die sinnliche Qualität als Ausdrucksqualität der sie tragenden Dingwesenheit zu begreifen, so daß ich nun sagen kann: weil die Pflanze in ihrer Bestimmungsbereitschaft lichtgeöffnet wie eine ‚aufblauende' Finsternis und zugleich im Höchstmaß rein und aktiv lichtbezogen (und darum die gelben Strahlen am meisten ausnutzend) ist, kommt ihr als konforme Ausdrucksqualität das Grün zu. Das ist die höchste Perspektive, unter der ich hier die Qualität Grün in ein einsichtiges Ordnungsschema bringen kann. Für den Ökologen und Physiologen liegt das Problem eine Stufe tiefer. Der Ökologe betrachtet das Grün unter dem Gesichtspunkt der möglichst zweckmäßigen Energieauswertung des Sonnenspektrums durch die Pflanze. Die Pflanze ist für ihn grün, weil sie dadurch die vielen roten Strahlen gegen die Dämmerung hin noch ausnützen kann und nicht zu viel Wärme absorbiert, was z. B. der Fall wäre, wenn sie in schwarzer Färbung dem heißen Sonnenlicht ausgesetzt wäre. Die Einpassung des vitalen Energietransformators in sein natürliches Medium ist das Problem des Ökologen. Auch wie in bestimmten Fällen eine chromatische Anpassung an die veränderte Beleuchtung stattfinden kann, ist für ihn von Interesse. Den Physiker schließlich interessieren nur die Bewegungsvorgänge, die mit dem optischen Phänomen verbunden und einer Messung und mathematischen Behandlung zugänglich sind.

Wie die Farbqualitäten, so können auch Form- und Bewegungsqualitäten der perspektivischenErkenntnis zugänglich sein. Dem Ökologen erzählt die Form einer Pflanze etwa von ihrer Heimat, dem Klima derselben und der Natur des Bodens, dem sie entsprossen ist. Er geht rein unter dem Gesichtspunkt der lebenstüchtigen Einpassung an die Deutung der pflanzlichen Form. Aber die ganz unbefangene Anschauung der Form verrät uns — wie Goethe gezeigt hat — viel mehr. Wenn wir einen Apfelbaum mit einem Birnbaum vergleichen, so erkennen wir schon aus der Ferne eigentümliche Unterschiede. Der Birnbaum ist im allgemeinen länglicher, der Apfelbaum rundlicher. Auch die Blätter des Birnbaumes erinnern mehr an die Gestalt einer Birne, als die breit-herzförmigen Blätter des Apfelbaumes. So sind beide in der Form ganz verschieden spezifiziert und wir können nicht sagen, daß das eine Bildungsprinzip den Baum leistungsfähiger mache, also für denselben nützlicher sei als das andere. Ist nun auch dieser reine Bildgehalt einer Interpretation fähig? Tatsächlich hat die von Goethe gemachte Äußerung, die Gestalt eines Baumes stimme mit dem Umriß seines Blattes überein, einen Holländer ermuntert, über den Zusammenhang zwischen Blattnervatur und Sproßverzweigung eingehende Untersuchungen anzustellen, die er in einer interessanten Doktordissertation niedergelegt hat. Es hat sich gezeigt, daß die Blattform nicht nur den biologischen Zwecken entspricht, sondern sich auch dem ganzen Bau und Stil der Pflanze harmonisch einpaßt. Uittien hat uns zwei solcher Urstile pflanzlicher Architektonik aufgedeckt, auf die wir später eingehender zurückkommen werden.

Schon zu Goethes Zeiten selber wies der universale Herder darauf hin, daß auch die Form- und Bewegungsqualitäten der Tiere nicht bloß zweckmäßige Anpassungen, sondern Ausdruck gewisser Urverhaltungsweisen des Lebens darstellen. Wie man durch die bildbedingte Analyse dieses Ausdrucks das ganze Tier gewissermaßen auf eine typische Integrationsformel bringen kann, hat er selbst an mehreren Beispielen gezeigt. Ich will nur eines hier anführen: den Vergleich von Pflanzenfresser und Raubtier. Herder beginnt mit der Charakteristik eines typischen Pflanzenfressers, des Elefanten, um ihm dann den Löwen gegenüberzustellen:

„Was bei anderen, zumal fleischfressenden Tieren der herrschende Teil des Gesichtes zu sein pflegt, der Mund, ist hier unter die hervorragende Stirn, unter den erhöhten Rüssel tief heruntergesetzt und beinahe verborgen. Noch kleiner ist seine Zunge: die Waffen der Verteidigung, die er im Munde trägt, sind von den Werkzeugen der Nahrung unterschieden; zur wilden Freßgier ist er also nicht gebildet. Sein Magen ist einfach und klein, so groß die Eingeweide sein mußten; ihn kann also wahrscheinlich nicht, wie das Raubtier, der wütende Hunger quälen. Friedlich und reinlich liest er die Kräuter, und weil Geruch und Mund voneinander getrennt sind, braucht er dazu mehr Behutsamkeit und Zeit. Zu eben der Behutsamkeit hat ihn die Natur im Trinken und in seinem ganzen schweren Körperbau gebildet, so daß diese ihn eben aus dem Grunde bis zur Begattung begleitet."

„Der Löwe dagegen, welch ein anderer König der Tiere! Auf Muskeln hat es die Natur bei ihm gerichtet; auf Sanftmut und feine Verständigkeit nicht. Sein Gehirn machte sie klein und seine Nerven so schwach, als es dem Verhältnis nach selbst die Nerven der Katze nicht sind; die Muskeln dagegen dick und stark und setzte sie an ihren Knochen in solche Lage, daß aus ihnen zwar nicht die vielfachste und feinste Bewegung, aber desto mehr Kraft entstehen sollte. Ein eigener großer Muskel, der den Hals erhebt; ein Muskel des Vorderfußes, der zum Festhalten dient; ein Fußgelenk dicht an der Klaue: diese groß und krumm, daß ihre Spitze nie stumpf werden kann, weil sie nie die Erde berührt — solche wurden des Löwen Gaben. Sein Magen ist lang und stark gebogen; das Reiben desselben und also sein Hunger muß fürchterlich sein. Klein ist sein Herz, aber zart und weit die Höhlen desselben; viel länger und weiter als beim Menschen. Auch die Wände seines Herzens sind doppelt so dünn, und die Pulsadern doppelt so klein, daß das Blut des Löwen, sobald es aus dem Herzen tritt, schon viermal und in den Zweigen der fünfzehnten Abteilung hundertmal schneller läuft als beim Menschen."

Soweit Herder. Man braucht einer solchen integralen Ausdrucksformel nur die analytische Beschreibungsformel eines Tieres in einem gebräuchlichen zoologischen Lehrbuch entgegenzustellen, um zu sehen, auf was es bei Herder ankommt. Seine Art entspricht durchaus dem Geiste Goethescher Typologie, welche die adaequatio cum re dadurch erreichen will, daß sie die Teile eines Tieres im Zusammenhang zu betrachten, das Äußere als Andeutung des Innern aufzunehmen, und das Ganze in der Anschauung zu beherrschen sucht. Freilich versuchte es Herder ebensowenig wie Goethe auch zu einer Wissenschaft der möglichen Naturtypen aus ihren idealen Grundlegungsverhältnissen heraus fortzuschreiten. Dieser Versuch wurde erst später von einem Hegelianer, von K. Chr. Planck, wie wir noch sehen werden, unternommen.

Verwandt mit den Fragestellungen Goethescher Morphologie ist die Art und Weise, wie Pyrame de Candolle die Gesetze und Ursachen der pflanzlichen Formgestaltung betrachtete. De Candolle war wohl der erste unter den Botanikern, der die rein morphologischen Fundierungsverhältnisse dieser Gestaltung von den physiologischen Anpassungen derselben an die Lebensbedingungen klar unterschied. Besonders suchte er das primär Wichtige in der Symmetrie der Pflanzen, gewisse Zahlen und Formenverhältnisse, auf Abortus, Degeneration und Verwachsungen zurückzuführen und von bloß sekundären Abweichungen zu unterscheiden. Die Mittel, um ursprüngliche aber dann veränderte Symmetrieverhältnisse zu erkennen sind ihm die Abnormitäten und die Analogie oder Induktion. De Candolle steht zu dem Gedanken des Typischen in den morphologischen Fundierungsverhältnissen, insofern dieses zu einer Erschließung des gesetzlichen Zusammenhanges und einer in diesem Zusammenhang liegenden Möglichkeit der Fortbildung der Typen den Schlüssel liefert, keineswegs verständnislos gegenüber.

Eine mehr innerlich-ideelle Weiterbildung fand die Herdersche und Goethesche Naturanschauung durch Carl Gustav Carus, besonders in dessen Werk: „Natur und Idee“ (Wien 1861). Eine gewisse romantisch anthropomorphisierende Art, die ihn von Goethe unterscheidet, mischt sich bei Carus manchmal verdunkelnd in seine Betrachtungen ein. Wo er aber bis zur hellen Gegenständlichkeit vordringt, ist er reich an Einsichten in die Tektonik der Natur. Auch er geht darauf hinaus, der Natur in ihrem Gange, den wir sinnlich wahrnehmen, auch geistig nachzufolgen und in der Mannigfaltigkeit der Phänomene die einfachsten, die Urphänomene zu erkennen und aus diesen kombinatorisch die Vielheit abzuleiten. Dabei verbindet er mit der philosophischen Intuition den Spürsinn des Forschers für die wirklich verifizierbaren Probleme. „Welch eine große Aufgabe, schreibt er, bleibt es zur Zeit noch, die Elementarteile des Tierkörpers sowohl in chemischer als anatomischer Hinsicht zu erkennen, ihre gesetzlichen Verhältnisse zu den irdischen Elementen festzustellen und in reiner gesetzmäßig fortschreitender Konstruktion nachzuweisen, wie und warum diese Elementarteile durch unendliche Modifikationen und Kombinationen endlich die Mannigfaltigkeit des höheren Tierorganismus darbieten, Forschungen, aus denen sich die Notwendigkeit einer gewissen Anzahl von Tierklassen sowohl als von Tierorganen, und die Bedeutung dieser Zahl endlich mit Bestimmtheit ergeben müßten ... Dasselbe mag wohl auch von den Betrachtungen des Pflanzen- und Mineralreichs gelten." Das Zurückgehen auf die Elementarteile, das Carus hier als so wichtig für die weitere synthetische Betrachtung der Formen bezeichnet, ist neuerdings von Heidenhain in seiner Teilkörpertheorie durchgeführt worden. Carus hat überdies, wie neuerdings Adolf Meyer festgestellt hat, auch in der Psychologie Distinktionen gegeben, die alles, was heute unter dem Titel der Gestaltpsychologie die Geister mit Recht so intensiv beschäftigt, fast in den Schatten stellen kann. Auch seine Untersuchungen zur Charakterologie und Symbolik sind heute in aller Munde.

Darüber darf man freilich die Schattenseiten der sog. romantischen Naturphilosophie jener Zeit nicht übersehen, jene Schattenseiten, die auch bei Carus nicht ganz zurücktreten. Die romantische Naturphilosophie wird vielfach auch als Philosophie der Identität bezeichnet, weil sie in allen Erscheinungen eine Offenbarung desselben zugrundeliegenden Wesens sah. „Leben, sagt Carus, ist nichts anderes als Entstehen und Vergehen, Handeln und sich Verwandeln in Folge und gemäß einer göttlichen Idee." Daß bei solchem Absehen der realen Wesensunterschiede der poetischen Metapher und dem schillernden Ineinanderfließen der Begriffe der weiteste Spielraum geboten ist, ist klar. Man höre etwa den folgenden Satz von Steffens: „Das Tier in der Pflanze zieht sich selbst hinein in den unscheinbaren Keim und entsagt der äußeren Offenbarung, um die innere festzuhalten, in scheinbarem Tod das höchste Leben der Gattung ergreifend." Und schließlich verliert sich auch Steffens ganz in zarter Poesie. Die Pflanze ist für ihn die „aufgeschlossene Erde, die Versöhnung des Lebens mit der Masse, der stumme Blick der Liebe, der ewigen nicht zeitlichen Erzeugerin, die die irdische Verhärtung der Stoffe überwand und ewig fortquillt in stets erneuter Zeugung."

Wir wollen nicht weiter auf dieses phantasievolle Rankenwerk, das der Identitätsphilosophie entsprossen ist, eingehen. Wie alle Irrtümer, enthält auch der Identitätsgedanke einen berechtigten Kern, nur müssen wir, um ihn zu erkennen, an Stelle der Wesenseinheit der Natur, die an jeder nüchternen objektiven Eigenartsanalyse zerstiebt, die ideale Einheit des Planes hervorheben. Diese Auffassung von der idealen Einheit des Planes liegt ja schon Goethes Metamorphosenlehre und seiner großartigen Aufstellung des Homologiebegriffes, der ihn zur Entdeckung des Zwischenkieferknochens beim Menschen führte, zugrunde; und den gleichen Hinweis enthält Geoffroys Lehre, daß alle Schädelknochen der Fische auch im Säugetierschädel vorkommen. Was in der typologischen Morphologie jener Zeit Wertvolles steckt, ist zum Teil auch die Fortführung der typologischen Formenanalyse, die von Aristoteles und Gregor von Nyssa über Albertus Magnus und Thomas bis herauf zu Caesalpin und Cuvier führt und die Wechselbeziehungen der einzelnen Körperteile untereinander aus ihren idealen Fundierungsverhältnissen zu verstehen sucht. Erwähnenswert ist hier auch ein Gedanke *Schellings*, den er von *Kiehlmeyer* übernommen hat und der bei den höheren und niederen Organismen ein verschiedenes Maßverhältnis der organischen Grundkräfte und eine Polarität der Fortpflanzungszone mit dem Zentrum der nervösen Funktionen zum Ausdruck bringt. Dieser Gedanke, der übrigens schon bei Thomas von Aquin angedeutet ist, wo er die Aufbaugesetze von Pflanzen-, Tier- und Menschenform behandelt, hat neuerdings *Armin Müller* (1) zu einem interessanten Beitrag über den Descensus der Keimdrüsen in der Wirbeltierreihe angeregt, weshalb er hier kurz skizziert sei.

Nach Kiehlmeyer (in dessen Rede: „Über die Verhältnisse der organischen Kräfte" 1798) treten in der organischen Natur uns drei allgemeinste Grundfunktionen entgegen: die *Irritabilität*, die *Sensibilität* und die *Reproduktion*. Zur Reproduktion im erweiterten Sinne werden nicht nur Wachstum und Fortpflanzung, sondern wird auch die Ernährung als das die lebende Substanz produzierende Vermögen gerechnet. Ein Überblick der Lebensstufen zeige nun, daß zwischen diesen drei Grundkräften ein gewisser Antagonismus bestehe, und zwar derart, daß in ihrer Verteilung auf die verschiedenen Organisationsstufen und Lebensformen die Zunahme der einen Funktion mit der Abnahme der anderen in Wechselwirkung stehe und durch diese aufgehoben werde. Die Pflanze, die sozusagen nur „Gewächs ist", und immerfort sprossen und blühen und sich auch durch Stecklinge und Ausläufer reproduzieren kann, zeigt von Sensibilität noch keine Spur, und die Reizbarkeit (als Grundlage der Bewegungserscheinungen) tritt den Tieren gegenüber zurück. Bei den Tieren, mit welchen die Sensibilität einsetzt, ist das Reproduktionsvermögen (zu dem auch das Regenerationsvermögen gerechnet wird) am stärksten unter den niederen Tieren ausgebildet. Das Regenerationsvermögen bei Polypen, Würmern, Schnecken, Salamandern usw. ist ja allgemein bekannt. Ihre Irritabilität oder Reizbarkeit, welche sich in der Muskelkontraktion äußert, scheint zunächst der Sensibilität proportional zu sein. Doch überdauern die Bewegungserscheinungen das Empfindungsleben um so länger, auf je niedrigerer Stufe die Sensibilität steht, bis sie bei den Pflanzen (beim Herabsinken der Sensibilität auf 0) nur noch reine, und zwar meistens Wachstumsbewegungen darstellen. Umgekehrt sinkt das Überdauern der reinen Bewegungserscheinung immer mehr herab, je mehr die Formen funktionell sich dem Menschen nähern, bei dem die Sensibilität (zu der nach Kielmeyer auch die Vorstellungsfähigkeit und Intelligenz gerechnet werden muß) ihren Höhepunkt erreicht. Es besteht nun kein Zweifel, daß diese Sätze Kiehlmeyers über das Verhältnis von Sensibilität, Irritabilität und Reproduktion auch heute noch einen heuristischen Wert für die Forschung besitzen, insofern sie zur Herausarbeitung gewisser idealer Grundlegungsverhältnisse der Baupläne anleiten. Die Entwicklungshöhe der Pflanze ist zweifellos charakterisierbar durch den mit ihrer reproduktiven Tätigkeit zusammenhängenden Generationswechsel (der, wie wir später sehen werden, gleichsam eine Staffelung der reproduktiven Tätigkeit darstellt) und bei den höheren Pflanzen durch den der Brutpflege analogen Schutz des Samens und die Sorge für die Befruchtung. In Zusammenhang damit ist es interessant, daß bei den niedrigeren Tieren, bei denen das Reproduktionsvermögen noch im Vordergrund steht, die Fortpflanzungsorgane die charakteristischsten, fast allein sicheren Artmerkmale zeigen. Bei den höheren Arten wird jedoch die Entwicklungshöhe durch den Aufbau des Zentralnervensystems charakterisiert. Als immer schärfer und höher sich ausprägendes Integrationsprinzip gewinnt es in der aufsteigenden Tierreihe eine immer entscheidendere Bedeutung, bis es schließlich im Gehirn der Säugetiere zum Brennpunkt der tierischen Organisation wird. Von Anfang an aber steht diesem Prinzip in polarer Entgegensetzung die Fortpflanzungstendenz, der Feind der Individualisierungstendenz entgegen. Während bei den niederen Formen infolge der ungeheueren

Masse der Vermehrung das Individuum fast nur ein Durchgangspunkt in der Kontinuität der Gattung bleibt, empfängt es mit der Ausbildung eines Zentralnervensystems bei den höheren Tieren immer mehr Selbständigkeit. Wenn es nun erlaubt ist, das Äußere der Gestalt nicht nur in finaler, sondern auch in wesensgesetzlicher Entsprechung zum inneren Funktionszusammenhang und zum Antagonismus der organischen Grundkräfte zu betrachten, so gewinnen wir nach Armin Müller folgendes Aufbaugesetz: In dem Maße, wie die bis zu den Tunikaten herauf noch weit verbreitete ungeschlechtliche Fortpflanzung zurücktritt, werden die Generationsorgane zum eigentlichen Repräsentanten des Desintegrationsprinzips. Mit steigender Organisationshöhe wächst die polare Spannung zwischen dem Zentralnervensystem und den Keimdrüsen mit ihrer gewissermaßen negativen Ganzheitsbezogenheit. Die Zunahme dieser inneren Dialektik findet ihren Ausdruck in der räumlichen Entgegensetzung. Steiners Gesetz von der „Wanderung nach dem Kopfende", demzufolge in der aufsteigenden Wirbeltierreihe die zentralste Vertretung von immer mehr nervösen Funktionen hinauf in die Hirnrinde wandert, korrespondiert das Herabwandern der auf Dezentralisation gerichteten Keimdrüse. Eine einzige Ausnahme unter den in psychischem Sinne höheren Tieren bilden die Elefanten, bei denen primär und zeitlebens die Keimdrüsen am Orte ihrer Entstehung, in nächster Nähe der Nieren bleiben.

Die Typologie, die bei Goethe klar und bedeutungsvoll grundgelegt, bei den romantischen Denkern aber allzu spielerisch behandelt worden ist, erhält ihre strenge, reife Vollendung bei Karl Christian Planck. In seiner aufrüttelnden und in vieler Hinsicht prophetischen Schrift: „Wahrheit und Flachheit im Darwinismus" (1872) hat die Hegelsche Naturphilosophie sich selbst übertroffen. Der Platonismus ist in ihr am reinsten durchgeführt und offenbart in dieser exklusiven Art seine Schwächen und Vorzüge zugleich. Worin besteht nun dieser reine Platonismus? Sowohl nach Hegel wie nach Thomas hat die menschliche Vernunft das Allgemeine zum Objekt. Grundverschieden aber ist ihre Stellung zum Individuellen. Nach Thomas ist das Individuelle wenigstens insoweit erkennbar, als es mit allgemeinen Begriffen charakterisierbar ist, die unmittelbar reflex darauf bezogen werden können. Auch soweit das individuelle Sein ein letztlich unerkennbares X für uns ist, bleibt es als Ding an sich in der konkret-kausalen Ordnung bestehen. Nach Thomas ist überhaupt nur die individuelle Wesenheit real, und unser abstrakter Begriff von der Spezies oder Gattung, der sie zugehört, ist unabgeschlossen und immer weiter bestimmbar, ja sogar in der Form der Allgemeinheit nur eine Zutat des abstrahierenden Verstandes. Geradezu umgekehrt ist es bei Hegel. Das Individuelle ist ein Nichtseiendes, ein bildhafter Schein, woran der außer sich geratene Begriff vom Abstrakt-Allgemeinen erst zum Konkret-Allgemeinen fortschreitet und seine ganze zeugerische Aktualität entfaltet. Auch hier spielt also die Anschauung eine Rolle, ja der Geist hat überhaupt keinen anderen als den bildbedingten Inhalt der Natur; an und für sich ist er rein formal, leeres abstraktes Denken, das sich ausschließlich durch das Einsichtige (Intelligible) im Sinnlichen mit Inhalt erfüllt. Aus der dialektischen Metamorphose der Idee die Stufen der Natur als die reinen Erscheinungsformen dieser Metamorphose aufzuzeigen, ist die Aufgabe, die sich Planck gestellt hat. In Ausführung derselben und mit dem ganz stark realistischen Bewußtsein, die Natur vorzüglich aus „dem anderen", ihrem Bildgehalt, zu begreifen (also nie die Anschauung zu überfliegen), entwickelt er seine Wissenschaft von der Natur, die wir hier kurz skizzieren wollen. Man darf sich dabei an das uns heute schwer Verständliche und uns oft dunkel und fremdartig Anmutende bei Planck nicht stoßen, sondern muß versuchen, den sinnvollen Kern darin herauszuschälen. Auch die in die Darstellung eingestreuten metaphysischen Zwischenbemerkungen muß der biologische Leser mit in Kauf nehmen, da man einen Denker wie Planck erst in seiner Totalität würdigen muß, wenn man die fruchtbar-einzelwissenschaftlichen Fragestellungen aus seinen Ausführungen herausholen will. In meiner folgenden Darstellung der Anschauungen Plancks beziehe ich mich außer auf die schon erwähnte Studie noch auf sein Buch „Grundlinien einer Wissenschaft der Natur als Wiederherstellung der reinen Erscheinungsformen, Leipzig 1864, und besonders auf sein reifstes Werk: „Seele und Geist oder Ursprung, Wesen und Tätigkeitsform der psychischen und geistigen Organisation, von den naturwissenschaftlichen Grundlagen aus allgemein faßlich entwickelt." Leipzig 1871.

Planck geht davon aus, daß die Natur in ihren Ganzheitsstufen ein Prinzip der Einheit und innerlichen Zusammenfassung der Teile (Konzentration) mit einem Gegenprinzip: dem der inneren Geschiedenheit und des inneren Geöffnetseins für Beweglichkeit, Beeinflußbarkeit und Variabilität verbindet. Bei den anorganischen Körpern treten beide Prinzipien „bildhaft" sowohl in den physikalischen wie in den chemischen Eigenschaften in Erscheinung. Nur wenn man begriffen hat, daß Planck mit dieser seiner bildbedingten Interpretation in einer wesensanderen Erkenntnisebene sich bewegt, wie die auf Quantitätserfassung gerichtete Physik, wird man seine Ausführungen ihrer eigenen Absicht entsprechend verstehen. Ich bitte die Naturwissenschaftler unter meinen Lesern, dies besonders beachten zu wollen und, wenn es nötig sein sollte, mit einer gewissen geistigen Selbstentäußerung mir zu folgen. Sie wird, wie jede wahre Aufgeschlossenheit des Geistes, sich lohnen.

Planck beginnt nun mit der ursprünglichen Gegebenheit eines noch undifferenzierten und gleichmäßigen Ganzen. In ihm bewirkt als die allgemeinste noch nicht individuelle Form der Intensität: die Schwere oder die Gravitation, eine selbst individualitätslose, rein undifferenzierte, selbstlos innerliche Einheit der Teile. Die Schwere, in ihrer Reinheit gedacht, hat nicht in den Stoffen ihren Grund, die ja einen beschränkenden Gegensatz gegen sie bilden, sondern in der allgemeinen Grundbestimmung alles Natürlichen: im Ausgedehnten. Denn im ausgedehnten Ganzen ist Realität nur eben in einem Auseinander und Zusammen von Teilen zugleich. Dieses Zusammen ist die erste Konzentrierung.

Mit dieser ersten Konzentrierung ist aber jene ursprüngliche und ineinanderwirkende Einheit der Teile noch keineswegs vollständig gedacht. Wie die Realität als ausgedehnte ihrer Natur nach stetig ein intensives Ineinanderwirken der Teile, und zwar der auch voneinander entfernten ist, muß sie auch unmittelbare intensive Einheit der inneren Konzentrierung mit allen äußeren Teilen, d. h. mit der ganzen Peripherie sein. Fassen wir das rein nach Seiten der Wirkung in die Peripherie hinaus, so ist dies Wärmestrahlung. Im Lichte aber wird die innere Konzentrierung ebenso nach der Peripherie abgegrenzt, wie sie durch Hineinscheinen in ihr gegenwärtig ist. Schwere, Wärme und Licht also sind die ursprüngliche, noch ganz undifferenzierte und innerlich universelle Einheit, aus welcher alle stofflich individuelle Besonderung entspringt. Sie kommt folgendermaßen zustande:

Die ursprüngliche Konzentrierung oder Schwere in jener anfänglichen Identität mit Wärme und Licht kann noch nicht ganz und wahrhaft, wie es doch in ihrem Begriffe liegt, sich als innerliche Zusammenfassung verwirklichen, da die expansive Richtung in die Gesamtperipherie hinaus dem entgegensteht. Die konsequente, vollständig innerliche oder ganz nach innen gehende Zusammenfassung kann also nur als partielle Ausscheidung aus dem seiner Natur nach heißen und lichten Zentrum sich verwirklichen, woran sich dann ein anderes, selbständigeres Verhältnis der Stoffteile zur Schwere knüpft. Mit diesem Verhältnis, dem Grund aller planetarisch-individuellen Ausbildung im weitesten Sinne, beginnt nach Planck als innerer Gegensatz gegen die innerlich universelle Einheit die selbständig kalte, dunkle Teilentwicklung, die individuelle Stoffbildung. Die Konzentrierung geht nun konsequent weiter. In der Luft ist von der innerlich unselbständigen Offenheit der Teile noch am meisten enthalten. Von ihren Bestandteilen zeigt der Sauerstoff auch am meisten den unselbständigen, chemischen Offenheitszustand, der zur Bindung und Oxydation drängt. Ungleich selbständiger und nach außen geschlossener ist der Stickstoff, weshalb er leicht den Zerfall der Stickstoffverbindungen begünstigt. Das Wasser schließt im Gegensatz zur Luft schon ein selbständiges innerliches, nach außen hin geschlossenes und gleichgültiges Fürsichsein in sich, bleibt aber durch Wärme leicht auflösbar. Die selbständig innere Konzentrierung drängt zu konsequenterer Selbständigkeit in der Starrheit des Siliziums, dem schärfsten Gegensatze gegen die ursprünglich noch rein offene innere Zusammenfassung. Aber mit Konsequenz geht es weiter. Über das Silizium hinaus löst sich das Spröde und äußerliche Verhältnis der Teile und bildet eine noch innigere Einheit dadurch, daß die Konzentrierung auch in der Veränderung der Lage der Teile zueinander sich erhält, also metallischen Charakter gewinnt, was in der durchgebildeten und edlen Geschmeidigkeit des Goldes den Höhepunkt erreicht. Nun kommt antithetisch wieder ein Umschlagen des Charakters. Die chemische Geschlossenheit des Goldes öffnet sich wieder in der leichten Oxydierbarkeit der Alkalimetalle. Im Kohlenstoff endlich ist die starrste ausgebildetste Eigenform, der Diamant, mit ihrem schroffsten Gegensatz, dem weichen, lockeren Graphit, vereinigt und erreicht die chemische Offenheit als unendliche Verkettungsmöglichkeit der Atome untereinander ihren Höhepunkt.

Ein Ausdruck der inneren Dialektik des Verhaltens der Körper ist nach Planck auch ihre Farbe. Durch die Anziehung werden in dem einzelnen Körper alle Teile unselbständig zum Zentrum zusammengefaßt (eigenzentral). In Wärme und Licht dagegen ist der Körper auf unselbständige Weise mit der umgebenden Peripherie zusammengefaßt, in die er ausstrahlt (fremdzentral). Der heiße Körper strahlt Wärme in die Ferne und der leuchtende „erscheint“ in dem weit entfernten Raum. Während die Gravitation nur auf äußerliche Weise, in Hinsicht auf Lage, Bewegung und Druck, die besonderen Körper mit der Umgebung zusammenfaßt, ist der warme und lichte Körper seiner innerlichen Beschaffenheit nach auf das umgebende Ganze hinausbezogen, also auf innerliche Weise aus seiner selbständigen Besonderheit herausversetzt. Wenn so das rein auf sich bezogene und insofern gegen außen negative dunkle Teildasein durch diese Hinauskehrung „licht“ wird, so entsteht die Farbe. Auf der einen Seite wird nach Planck die dunkle Eigenart in rein positiver Weise nach außen gekehrt, so daß sie ganz glühende und sozusagen warme Beziehung nach außen ist, wie anderseits hierin ganz die Eigenheit, dies an sich selbst dunkle Element, als positiv nach außen gekehrt erscheint. So entsteht das Rot. Kommt die auf sich selbst bezogene, gegen außen negative Natur der Eigenheit, mehr in der Herauskehrung zur Erscheinung, so entsteht das Blau, die kalte Farbe. Das Gelb, die geringste Abschattung des reinen Lichtes, in welchem noch einseitig die rein leuchtende Beziehung sich geltend macht, geht einerseits in das Rot über, in welchem die dunkle Eigenart sich am glühendsten mit dem Lichte geeinigt hat, anderseits geht es durch das Grün in das Blau über, in die volle Hinauskehrung des negativen, auf sich selbst bezogenen Elementes. Darüber hinaus liegt die extremste Herauskehrung der dunklen Eigenheit, die ihrer Natur nach auf die Seite der stärksten Brechung des reinen Lichtes fällt, das Violett.

Verweilen wir hier einen Augenblick, um die Plancksche Darstellung dem modernen Verständnis etwas näher zu bringen, indem wir sie in Beziehung zur Phänomenologie bringen. Hedwig Conrad-Martius hat in der Form subtilster Wesensanalysen Plancks Lehre von den reinen Erscheinungsformen zu der heute möglichen Vollendung gebracht — freilich völlig unabhängig von Planck und ganz im Geiste der von der Planckschen doch wieder sehr verschiedenen modern-phänomenologischen Methode. Wie fruchtbar hier die phänomenologische Analyse die Brücke zur Strukturphysik schlägt, sei nur an einem kurzen Beispiel erwähnt: der Wesenscharakteristik des Flüssigen und des Fließens. „Es muß", sagt Frau Conrad, „eine primäre Neigung da sein, sich als Fülle zu setzen und zu bewahren — wenn auch diese Tendenz und diese Neigung gewissermaßen ohne ‚Kraft' ist . . . Ohne diese Tendenz zur Selbstsetzung und -bewahrung als Fülle wäre die Kontinuität des Selbstabfalls, die die Kontinuität der trotzdem bewahrten Fülle voraussetzt, unmöglich." Dem Ergebnis dieser Wesensanalyse entspricht nun ganz die röntgenologisch festgestellte innere Konstitution des Wassers. Die Tendenz, sich als Fülle zu setzen, äußert sich nach G. W. Stewart darin, daß im flüssigen Wasser die Moleküle sich zu Tausenden in Gruppen vereinigen, die Kontinuität des Selbstabfalls darin, daß diese Gruppen nur begrenzte Existenzdauer haben und keine scharf definierten Grenzen. Frau Conrad konnte, als sie vor mehreren Jahren ihre Realontologie schrieb, von diesen erst vor kurzem veröffentlichten Forschungsergebnissen natürlich noch nichts wissen. An solchen Beispielen wird aber auch klar, wie am Bildgehalt der Wirklichkeit Probleme für die Forschung selber erwachsen können, Probleme der Deckungseinheit des Strukturcharakters mit den phänomenologischen Analysen, welche die reine Erscheinungsform zum Gegenstande haben. Als Gegenbeispiel zum Wasser sei an das leichte Zerstieben des Quecksilbertropfens in lauter Einzelkügelchen erinnert, eine Tendenz, die in der Einatomigkeit des Quecksilbers eine mikrostrukturelle Entsprechung hat.

Es fragt sich nun, ob auch bei den Farbstoffen der qualitative Gehalt der Farbe der inneren Struktur der Farbstoffe irgendwie entspricht. Bei den organischen Farbstoffen spielt bekanntlich der Kohlenstoff eine wichtige Rolle und dieser besitzt an sich schon eine chemische Zwitternatur. Die Festigkeit einer einfachen C—C-Bindung ist nicht unter allen Umständen konstant, sondern schwankt durch ihr dialektisches Verhältnis zu andern Gruppen oder Atomen, die damit verbunden sind, in erheblichen Grenzen um einen normalen Mittelpunkt. Sehr schwach ist die Bindung, wenn man Triphenylmethyl $= (C_6H_5)_3\,C$— verdoppelt, so daß man das Hexaphenyläthan $(C_6H_5)_3C$—⋮—$C(C_6H_5)_3$ erhält. In Lösung zeigt diese Verbindung die durch den senkrecht punktierten Strich angedeutete Dissoziation. Die auftretenden Teile sind elektrisch ungeladen und chemisch sehr reaktionsfähig. Was die Art der Bindung des Kohlenstoffatoms angeht, so hat die von den Chemikern erschlossene Vorstellung, wonach um jedes Kohleatom vier völlig gleichwertige „Valenzrichtungen“ existieren, in der Erforschung der Diamantkristalle mit Röntgenstrahlen eine wunderbare Bestätigung gefunden. Abb. 43 stellt die Valenzrichtungen dar, Abb. 44 die Anordnung der Atome im Kristall. Der Diamant stellt somit in seinem Aufbau die reine Erscheinungsform der inneren Molekularstruktur dar. In den selten, aber doch mitunter zu beobachtenden winzigen Kriställchen des Graphits ist die Gleichwertigkeit der vier Valenzrichtungen verlorengegangen, und man erhält das Bild von Abb. 45. Man denkt hier unmittelbar an den Ringschluß der aromatischen Verbindungen, den schon der Anfänger in der Chemie vom Benzol her kennt. Dieser Ringschluß bedingt durch seine Doppelbindung, daß die Valenzkräfte nicht vollständig ausgenützt werden, so daß das Benzol im Vergleich zu den eigentlichen gesättigten kettenförmigen Kohlenwasserstoffen leichter ganz bestimmten chemischen Einflüssen unterliegt, also z. B. bei Einwirkung konzentrierter Salpetersäure bzw. Schwefelsäure direkt Nitro- und Sulfoverbindungen bildet. Diese größere chemische Lockerheit des Ringes entspricht auch der physikalischen Weichheit und Lockerheit des

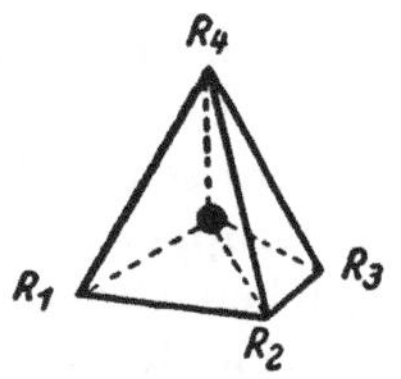

Abb. 43.

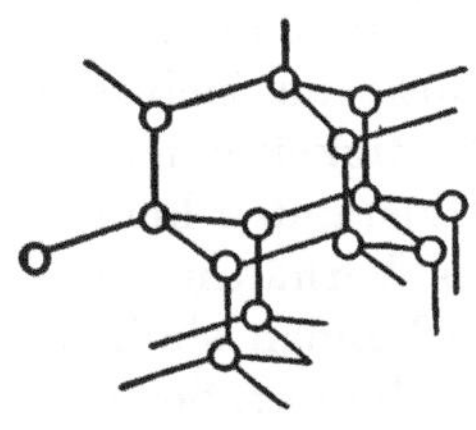

Abb. 44.

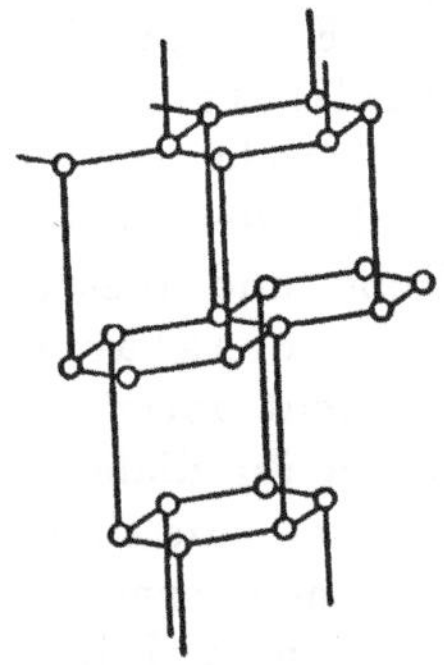

Abb. 45.

Graphits, und wir werden hier unmittelbar auf die neuerdings von Pleßner aufgeworfene Frage geführt, inwieweit phänomenale, strukturelle und chemische Betrachtungsweise nicht einander sich ausschließende, sondern ineinander überführbare Gesichtspunkte enthalten. Das Problem ist freilich für den heutigen Naturforscher ein so ungewöhnliches, daß schon sein Aufwerfen bei manchem ein leises Kopfschütteln erregen dürfte. Indessen hat kein Geringerer als Hermann Lotze (2) schon den Klang als „geborenen Verkündiger der inneren Zustände der Dinge", ihrer Elastizität, Sprödigkeit und Weichheit, bezeichnet und kein Bedenken getragen, aus der Erscheinungs- oder Äußerungsform der Dinge in ihre innere Struktur hinabzuloten. Man wird nun so auch die Frage erörtern dürfen, inwieweit bei den Farbstoffen eine Entsprechung zwischen der Erscheinungsform und der inneren chemischen Struktur besteht. Wenn man im Organismus bestimmungsbereite Materialfelder und bestimmungsmächtige Verwirklichungsfelder unterscheidet, so ist es m. E. ein naheliegender Gedanke einheitlicher Naturerklärung, auch in anorganischen Individuen diesen Dualismus anzunehmen. Die Differenz zwischen elektro-positivem und elektro-negativem Verhalten scheint mir irgendwie mit diesem Dualismus verknüpft zu sein, und es ist wohl nur die Hypostasierung einer mythologischen Fiktion, den Gegensatz von elektro-positiv und elektronegativ absolut zu fassen. Ihm scheint einfach, wie bei der höchst gestaffelten Stufe der physischen Wirklichkeitsbestimmung: der Zeugung und anschließenden Entwicklung, das Gefälle eines eigenmächtig Bestimmenden und eines für die Bestimmung relativ empfänglichen Seins zugrundezuliegen. Für die Organisatorenlehre ist die Annahme eines solchen „Gefälles" ja entscheidend. Aber auch im Atom scheint es zu bestehen. Kern und Elektronen werden durch den Fluß elektrischer Kraftlinien miteinander verbunden, wobei die Bewegung von den bestimmungsmächtigen Kernen aus zu den Elektronen geht und als Zugspannung, elektrische Anziehung, erscheint (wie wir früher schon betont haben).

Bei den organischen Farbstoffen muß naturgemäß für die innere Auseinandersetzung mit dem Licht ein „inneres Geöffnetsein" oder ein „subjektives Empfänglichsein" vorhanden sein, das, wie die Chemie lehrt, zunächst durch den Besitz von Atomgruppen mit mehrfachen Bindungen (also ungesättigt!) bedingt ist. Man nennt diese Gruppen chromophore Gruppen. Um wirklich den Farbstoff aufzubauen müssen entweder in demselben Molekül mehrere Chromophore mehr oder minder dicht neben einanderliegen oder es müssen um die chromophoren Gruppen andere Atomgruppen von möglichst hohem Gewicht dicht herumgelagert sein. Das „Materialfeld" muß also verstärkt werden! Je nach der gesteigerten Erfüllung dieser Bedingungen zeigt folgende Reihe auch eine phänomenal gesteigerte „Versubjektivierung" der Lichtbeziehung bis zu dem Punkt, wo die gewissermaßen maximale Empfänglichkeit mit „Leidenschaft“ hervorbricht, eine Steigerung bis zum Rot:

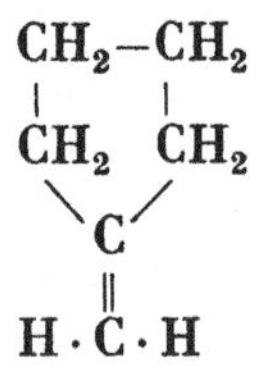
farblos

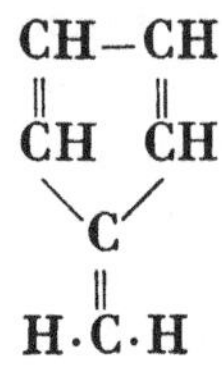
gelb

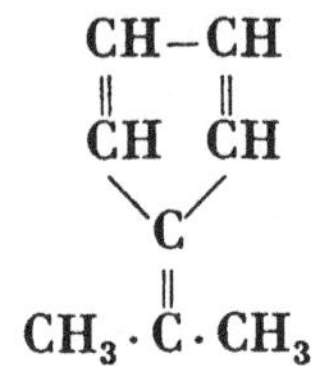
orange

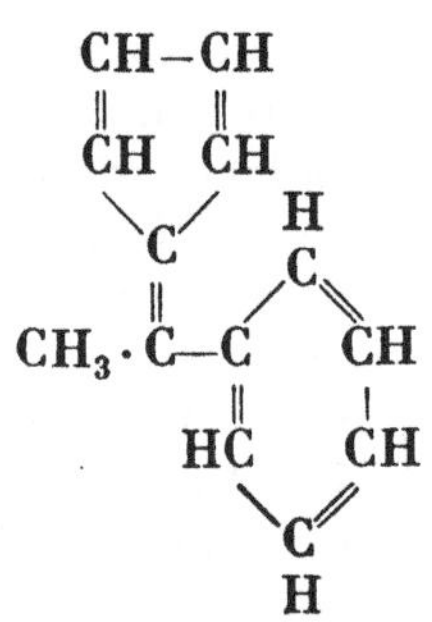
orangerot

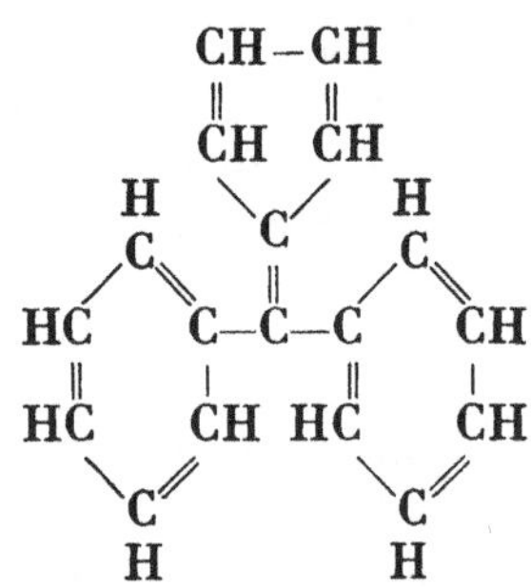
tiefrot.

Um die entsprechungsverbürgende Analyse noch weiter zu verdeutlichen, sei auch ein Beispiel aus der belebten Welt hier angeführt. Planck sucht auch die Charakterfarbe der Pflanze, das Grün, dialektisch zu verstehen. Die leicht durchschaubare empfänglich-bestimmungsmächtige Doppelnatur der vegetabilischen Tätigkeit liefert auch wirklich einen dankbaren Anknüpfungspunkt hierfür. Mit ihrer Reduktionsfähigkeit in bezug auf das Kohlensäuremolekül ist in der Pflanze wahrhaft ein unendlicher Reichtum von Verkettungsmöglichkeiten, ein ganz weites und völliges Offensein für chemische Verwirklichung und chemische Aufstapelung von Lichtenergie gegeben, das eine qualitative Entsprechung nur in dem rein lichtaufgeschlossenen Blau (dem im Licht gleichsam „aufblauenden“ Dunkel) hat. Dieser empfänglichen (aber leidenschaftslos empfänglichen) Seite der vegetabilischen Stoffwechseltätigkeit entspricht anderseits ihre reine eigenkräftige Lichtbeziehung, die in der besonderen Verwertung der dem Blau aktuell entgegenstehenden gelben Strahlen zu bestehen scheint. Wider Erwarten (vom rein physikalischen Standpunkt der Adsorption aus) hat sich diese Beziehung durch die entsprechungsverbürgende Analyse feststellen lassen. Warburg ließ Farbstrahlen von gleicher Energie von einer Grünalge (Chlorella) adsorbieren, und zwar wählte er die Aussaat der Alge im Kulturgefäß so dicht, daß sämtliches Licht adsorbiert wurde. Die bolometrisch gemessene Energie konnte also mit der adsorbierten Energie identisch gesetzt werden. Aus der Menge der zersetzten Kohlensäure und der Gleichung:

$$6\,CO_2 + 6\,H_2O = C_6H_{12}O_6 + 6\,O_2 - 690000\,\text{Kal.}$$

wurde die chemische Energie der gebildeten Kohlehydrate berechnet. Dann wurde berechnet, den wievielten Teil der adsorbierten Strahlungsenergie die chemische Energie ausmacht. Sie betrug im gelben Natriumlicht 70%. Also 70% der Strahlung wurden ausgenützt. Im Rot war die Ausnützung bei gleicher zugeführter Strahlungsenergie nur 59%, im Blau nur 33,8%.

Die Ergebnisse Warburgs sind deshalb zunächst unerwartet, weil sie keine Beziehung der Ausbeute zu den Adsorptionsbändern des Spektrums erkennen lassen und mit der reinen Zweckmäßigkeitsdeutung (der Lehre von der sog. chromatischen Adaption) nicht so ohne weiteres in Einklang stehen. Warburg bringt seine Resultate in Beziehung zur Quantentheorie, nach der gemäß dem photochemischen Äquivalenzgesetz von Einstein eine Abnahme der photochemischen Ausbeute mit abnehmender Wellenlänge besteht. Die Zahl der zerlegten Kohlensäuremoleküle soll proportional sein der Zahl der adsorbierten Quanten, ferner sollen in Rot und Gelb etwa vier Quanten, in Blau etwa fünf Quanten zur Zerlegung eines Kohlensäuremoleküls genügen.

Wir haben hier ein Musterbeispiel perspektivischer und entsprechungsverbürgender Analyse, die von der rein phänomenologischen Wesensanalyse bis zur frontphysikalischen Feststellung reiner Quantitätsbeziehungen herabführt. Wenn wir in der Sinneserkenntnis, wie Gredt wohl mit Recht betont, von den gelben und blaugrünen Farbstoffen des Chlorophylls die beiden gemeinsame Qualität als Grün unmittelbar abstrahieren, so würden wir also in der Weise dieser sinnlichen Abstraktion etwas durchaus Gegenständliches an der Pflanze erfassen, etwas, was der Dialektik ihrer Lebenstätigkeit: ihrem leidenschaftslos geöffneten und ihrem maximal reinen und aktiven Verhältnis zum Licht durchaus entspricht. Es ist nur eine Fortsetzung dieser durch die entsprechungsverbürgende Analyse ermittelten Farbendialektik der Pflanze, wenn die Blütenfarben sich in eine Doppelreihe ordnen lassen: in die xanthische Reihe (weiß, gelb, orange, rot) und in die cyanische Reihe (weiß, lichtblau, blau, violett). Bemerkenswert ist auch die Beobachtung, daß vorzüglich den gelben Blumenkronen die Eigenschaft innewohnt, sich zu öffnen und zu schließen, indem die Hälfte der Pflanzen, denen diese Lebensäußerung zukommt, gelbe Blumen tragen. Über den methodischen Wert solcher entsprechungsverbürgenden Analyse für die Forschung selber können wir heute allerdings kaum schon ein Urteil fällen, da ihre Ausdehnungsmöglichkeit noch nicht abgeschätzt werden kann. Wenn schon Hermann Lotze den sicheren Instinkt hatte, daß unsere Empfindungsweisen mit den äußeren Reizen nicht prinziplos verkettet sind, sondern diese sich als Verkündiger der inneren Zustände der Dinge an uns herandrängen, dann brauchen wir auch als Naturforscher wohl nicht mit allzugroßer Skepsis diesem Problem gegenüberzustehen. Denn Lotze war kein unbesonnener Phantast. Bei Planck wird freilich die Farbendialektik vielfach überspitzt, so, wenn er z. B. im Violett eine extreme Herauskehrung der dunklen Egozentrik findet. In dieser Farbe wird vielmehr das Gemeinsame der Qualität Rot und Blau abstrahiert, wobei in dieser Abstraktion infolge der starken Gegensätzlichkeit beider Farben die starke innere Gebrochenheit des Violett miterfaßt werden muß, eine Indifferenz, die bei den Blütenfarben mit dem säurebasischen Gleichgewicht des Zellsaftes zusammenhängt, also in der chemischen Indifferenz eine Entsprechung hat. Damit ist freilich die Frage, warum eine Pflanze violett blüht, erst unter einem Gesichtspunkt betrachtet. Der Physiologe wird sofort nach den Ursachen der neutralen Reaktion des Zellsaftes fragen, der Ökologe die Beziehung zur Insektenbefruchtung herstellen. Der Morphologe wird schließlich darauf hinweisen, daß bestimmten Gestalttypen der Blüte auch ganz bestimmte Färbungs- und Zeichnungstypen entsprechen. So enthüllt sich das Problem in seiner ganzen Verwickeltheit, und ein Einheitsmaßstab unter einer endgültigen Perspektive ist nicht zu finden. Planck gibt aber in anderer Hinsicht wertvolle Anknüpfungspunkte für entsprechungsverbürgende Analysen. So, wenn er vermutet, daß die allotropischen Zustände der Brenzen (Schwefel, Phosphor usw.) über deren innerlich chemische und die eigene feste Äußerlichkeit übergreifende Einheitsform einmal Licht verbreiten dürften (vgl. das über Graphit und Diamant beim Kohlenstoff Gesagte). Manchmal scheint Planck den Dualismus von Material- und Verwirklichungsfeld fast zu berühren. So wenn er z. B. die eigentümliche Bedeutung des status nascens in einer Art „maximaler Offenheit für die innerlich stetige Zusammenfassung in einer neuen intensiven chemischen Einheitsform" sieht. Was kann das konkret-kausal anders heißen, als: der status nascens ist die Erscheinungsform einer relativen steresis, wie sie auch analog in der maximalen Bestimmungsbereitschaft „verjüngten" embryonalen Gewebes vorliegt. In der Physiologie muß das Problem aufgeworfen werden, was dieser Bestimmungsbereitschaft strukturell, im ganzen physiologischen Zustand und auch in der kolloidalen Beschaffenheit entspricht. Was letztere betrifft, so glaubt man festgestellt zu haben, daß im embryonalen Protoplasma in den Eiweißlösungen der sog. isoelektrische Punkt erreicht ist, wo die Ladung gleich Null wird. Das Verjüngungsproblem in Zusammenhang mit dem Befruchtungsproblem scheint ein für die entsprechungsverbürgende Analyse sehr aussichtsreiches Problem zu sein. Auch nach der Organisatorenlehre ist im befruchteten Ei das Gefälle zwischen „Materialfeld" und „Verwirklichungsfeld" in einer maximalen Reinheit gegeben und das Problem der Erzeugung eines Organisators ist das Problem der Erzeugung eines solchen Gefälles.

Doch wir wollen zunächst rein referierend Plancks Stufenlehre der Natur hier weiter skizzieren. Die Metamorphose der rein anschauungsbedingten Konzentrierungsidee findet nach Planck im Reich des Lebendigen ihre Fortsetzung. Liegt es im Begriffe der Konzentrierung, sich als selbständige, innere Zusammenfassung zu verwirklichen, so entfaltet dieser Begriff erst in besonderer Weise seinen Gehalt im Wesen des Organischen und Geistigen, und zwar nach Planck auch wieder in dialektischer Form. Das Umbildungsstreben, das wir schon im Reich des Anorganischen verfolgt haben, schreitet nun konsequent weiter, indem es als beherrschende Zentrumseinheit auf die schon vorhandenen individuellen Stoffe der Erdperipherie einwirkt, so daß sie in einer durchgängigen, sich gegenseitig innerlich bedingenden Wechselwirkung zueinander stehen und jeder Teil in der Unruhe des inneren Prozesses aus seinem individuellen Fürsichsein heraus versetzt wird. Bei den Pflanzen ist nun das so sich bildende Zentrum noch ganz in die Peripherie versenkt oder eine innere Scheidung von Zentrum und Peripherie ist noch nicht vollzogen. Eine tiefere Konzentrierung als die der Pflanze fordert nun notwendig eine Unterordnung des Teillebens unter eine neue innere Einheit des Ganzen, und zwar derart, daß durch die innerliche Abgliederung eines neuen Zentrums, eine innere Scheidung und damit eine Herausversetzung der Teile aus ihrem Fürsichsein auch in dem Sinne herbeigeführt wird, daß der Körper dadurch zum beherrschbaren Leib wird. Dessen viel erregtere Umweltintentionalität findet im Rot des Blutes seinen Ausdruck. (Die hohe Bedeutung des roten Hämoglobins, das mit dem Chlorophyll verwandt ist, aber zu ihm in einem ausgesprochen dialektischen Verhältnis steht, liegt darin, daß es den Sauerstoff locker bindet und wieder abgibt, dabei also ausgesprochen der Handlung durch die Energie entbindende Verbrennung dient und nicht der Energieaufstapelung und dem Aufbaudienst, wie das Chlorophyll.) Das neue Zentrum dieser neuen Selbständigkeitsstufe ist schon angedeutet bei den tierischen Einzellern, wird aber anatomisch erst faßbar in der vom vegetativen System innerlich abgegliederten Form des Nervensystems. Direkt auf die Nerven selbst bezogen, ist die unmittelbare Sinnesauffassung und die ihr reflexartig folgende motorische Tätigkeit. Von dieser unmittelbaren Beziehung auf die Nerven selbst schon geschieden ist das Zentrum der sinnlichen Einbildungskraft, die frühere Sinnesauffassungen verbinden kann (also denselben, wie das Verwirklichungsfeld dem Materialfeld gegenübersteht). Doch ihrer ganzen Natur nach bleibt diese Stufe an die Nervenbeziehungen gebunden, da der Einbildungskraft — wenn auch durch sie neu zusammengesetzt — immer Einzelobjekte vorschweben, deren Material ihr von der unmittelbaren Sinnesauffassung geliefert wird. Wenn nun der Mensch schon von den sinnlichen Gegenständen, die ihm nur als einzelne gegeben sind und nur als sinnliche Einzelobjekte seiner Einbildungskraft vorschweben können, sich allgemeine Vorstellungen abstrahiert, die nicht nur für sich nirgends existieren, sondern auch von der Einbildungskraft nicht für sich vorgestellt werden können, so ist dies nur dadurch möglich, daß auch die Phantasie wieder aus ihrem Fürsichsein herausversetzt (aus einem Verwirklichungsfeld Materialfeld) wird und über ihr ein über das sinnliche Teilleben (Nervenleben) erhabenes und von ihm geschiedenes Zentrum sich erhebt, in welchem die innere Unterordnung des Teillebens unter das Ganze sich vollendet. Und mit dieser völlig selbständigen Konzentrierung durch vollendete Unterordnung der Teile unter das Ganze ist zugleich die aller Individualität entgegengesetzte universelle Zentrumsform wieder erreicht. So wie der Anfang in stofflichem, so ist der Geist in psychischem Sinne wieder von aller unmittelbar individuellen (sinnlichen) Teilbestimmtheit frei.

Aus der Idee der inneren Konzentrierung durch ein neues, immer tiefer gelegtes Zentrum und die dadurch herbeigeführte innere Scheidung und steigende Unterordnung der Teile unter das Ganze folgt nun, daß der Darwinismus, der nur die äußeren Anpassungen an der Peripherie des Lebens erklärt, an das Zentralproblem der Entwicklung gar nicht herankommt. Wie schon überhaupt Natur und Ursprung des Organischen als dieser inneren Konzentrierung sich nicht aus einem bloßen Zusammenwirken der äußerlichen Stoffe ableiten läßt, so ist auch innerhalb des Organischen immer wieder

der entscheidende Anstoß zu einer wesentlich neuen Stufe nicht aus der fortschreitenden Anpassung an die äußeren Verhältnisse und aus ihrem Einfluß, sondern aus einem neuen zentralen Akte zu erklären. Mit dem Ursprung der Nerventiere wendet sich die Entwicklung in antithetischer, selbständig zentraler Weise nach innen, allerdings zunächst nur in Form eines eigenen dumpfvegetativen Empfindungslebens, wie die relativ gleichförmige in Gehäuse eingeschlossene „Masse" bei den Weichtieren dies zeigt. Aber mit dem Gegenüber von Zentrum und Peripherie ist die sowohl sensibel wie motorisch nach außen gewendete peripherische Entwicklung nur die konsequente Weiterführung in der Antithese. Bei den Gliederfüßlern, und zwar speziell bei den Insekten, erreicht die nach der Peripherie hinausgewendete Lebensbeziehung einen Höhepunkt, der schon rein anschaulich den instinktiv niedrig stehenden Arten derselben, wie den blumenartigen fast nur wie zum Schmuck prangenden Schmetterlingen etwas eigentümlich Hohles, den instinktiv hoch stehenden, wie den Bienen, Ameisen usw. eine ganz nach außen gekehrte, große Rührigkeit und Kunstfertigkeit verleiht.

Auch alle weitere Entwicklung bewegt sich gemäß dem Grundgegensatze des beherrschenden inneren Zentrums und des Teillebens der Peripherie in dialektischer Weise herüber und hinüber. Beim Ursprung der Wirbeltiere tritt zuerst wieder eine selbständig zentrale und peripherisch noch relativ unausgebildete Form im Fischtypus hervor. Zu der freieren und individuelleren Höherbildung und der damit gegebenen selbständigeren Scheidung zwischen dem Zentrum und der gegliederten Peripherie ist abermals ein schöpferisch zentraler Antrieb erforderlich, dessen Wesensunterschied zu bloßer Anpassung aus der eigentümlichen dem äußeren Lebensgebiete verhältnismäßig widersprechenden und Heterogenes in sich zusammenfassenden Natur der Seedrachen, Flugsaurier usw. erhält. Ergänzend muß hier freilich zu Plancks Ausführungen die vor allem von Dacqué hervorgehobene Tatsache hinzugefügt werden, daß diese Heterogenes in sich einschließenden Formen nicht ohne weiteres zu neuen Typen den Weg bahnen, sondern gleichsam einen höheren Typ nur präludieren können, und so von dem originalen Auftreten eines neuen Typus oft sehr zu unterscheiden sind. So treten in der Steinkohlenzeit original die Riesenbärlappe (Lykopodien) und Riesenschachtelhalme (Kalamiten) hervor, deren Eigentümlichkeiten teilweise von den Pflanzen des Devons vorausgenommen werden aber gleichsam nur als vorwegnehmende Nachahmungen und nicht ursprünglich-wesenhaft. So auch treten im Übergang vom Perm zur Juraformation die Benettiteen auf, welche die echte Blume der Blütenpflanzen präludieren, aber das neue Prinzip der Blumenbildung nicht schöpferisch weiterführen können, sondern es nur auf niederer Stufe schon „andeutend“ vorwegnehmen. Bezeichnend ist, daß es jedesmal ein niederer Typ ist, der solches macht, und daß der nächsthöhere in einer solchen Zeit oder kurz nach ihr rein und typenecht hervortritt. Zur Zeit, da die ersten Amphibien auftreten, verwandeln auch Fische ihre Vorderflossen in Stelzbeine zur Erhebung über das Wasser (vielleicht nur zur Herausstreckung des Kopfes). Der Lungenfisch konnte durch die zur Lunge umgebildeten Schwimmblase atmen. Aber er ist nicht eine typenechte phylogenetische Embryonalform der Amphibien, sondern ein ganz einseitig spezialisierter Seitenzweig der Crossopterygier. Vielleicht stellt auch später bei der Erhebung des Tieres in die Luft der Archäopteryx eine ähnliche, noch nicht durchaus originale Vorwegnahme des Vogeltypus durch das Reptil dar, ähnlich wie die Benettiteenblüte eine Vorwegnahme der originalen Angiospermenblüte. Bei der einen Form des Archäopteryx in Berlin hat ja schon Kleinschmidt nachgewiesen, daß er eine extreme Spezialisierung nach Art des Flugeichhörnchens darstellt, daß ihm also gerade das schöpferische Prinzip zur Höherspezifikation, das relativ unspezialisierten Formen zukommt, fehlt. Nur eine für weitere Spezialisierung völlig offene Form konnte jene freieste periphere Ausbildung ermöglichen, zu der sich der Vogeltypus erhebt. Diese Ausbildung führte bei den Raubvögeln zur schärfsten Ausbildung des Gesichtssinnes und mit der stärksten Beweglichkeit und größten Flughöhe auch zur vollkommensten Ausbildung der Respiration. Nach einer anderen Seite tritt die spezifische Luftbeziehung der Vögel durch die eigentümliche Ausbildung und Tätigkeit des Schallorganes, d. h. der Luftröhre hervor (Singvögel). Ein erneutes Auftreten der überwiegend zentralen Anlagen haben wir dann beim Säugetiertypus. Bei den Huftieren (Pflanzenfressern) und Karnivoren (Fleischfressern), deren Gegensatz im mehr statisch-eigenzentralen Typ des Elefanten und im dynamisch-fremdzentralen Raubtiertyp des Löwen vielleicht am schärfsten hervortritt, finden sich anderseits auch die am schönsten ausgeglichenen Typen, die unter Mitwirkung des Menschen entstanden sind: Pferd und Hund. Schon die reine ungespaltene Hufform wird beim Pferd zum Ausdruck einer geschlosseneren und freier auf sich selbst stehenden Innerlichkeit, im Gegensatz zu der unselbständigeren, mehr am vegetativen haftenden und schwerfälligen Lebensform der noch mit Spaltfüßen versehenen Kuh. Das feurig Edle, das rein nach der Seite des innerlich subjektiven Verhaltens seiner Selbstheit besteht, tritt beim Pferd am stärksten unter allen Tieren hervor. Umgekehrt ist dann unter den Karnivoren bei dem Hunde die objektiv auffassende Seelentätigkeit am vollständigsten entwickelt, womit die anderen Eigenschaften des Hundes, seine Anhänglichkeit, Treue usw. wie sie unter dem Einfluß des Menschen sich herausbildeten, von selbst zusammenhängen. All diesen Typen tritt als letzte ausgleichende Entwicklungsstufe des Tierreichs der Affe gegenüber, bei welchem zu dem hochentwickelten Zentrum auch die vollste und gegliedertste Ausbildung des Peripherielebens hinzukommt. Aber dadurch, daß beim Affen in der verhältnismäßig ausgebildetsten und gegliedertsten Form, die der tierische Leib haben kann, und in der relativ freiesten und universellsten Anlage, doch durchweg in allen Organen, den Freßorganen, Greiforganen usw. die unmittelbare und unfreie Beziehung auf die bloß leiblichen Teilzwecke sich ausprägt, ist er eine Karrikatur des Menschen. Allerdings ist in der noch unfreien Umweltintentionalität des Affen ein großer Überschuß von (über die wesentlichsten subjektiven Bedürfnisse hinausgehender) Neugierde enthalten, durch die er aber nur noch um so mehr in die sinnliche Äußerlichkeit und deren oberflächlichen Wechsel hineingezogen wird (3). Beim Menschen erst kommt es zu einer Scheidung des inneren Zentrums von aller unmittelbaren leiblichen Teilbeziehung (d. h. Rückbeziehung auf das Nervenleben), so daß das Spezifische in der menschlichen Gestaltung die Durchdringung der mannigfaltigen Teile von einer Einheit ist, in der die herabziehende Wesensrichtung auf die bloß leiblichen Teilzwecke fehlt. Dadurch also, daß das geistige Zentrum beim Menschen, so sehr es nach seiner niederen Seite in unmittelbarer Beziehung auf die Peripherie des Nervenlebens bleibt, doch nach seiner höheren Seite durch die unsinnliche Selbstunterscheidung davon innerlich gelöst ist und so als Zentrum wesensmäßig höher liegt, wie das tierische, unterscheidet der Mensch sich vom Tier. „Und eben damit, sagt Planck, „ist in ihm erst auch das eigentümliche Wesen alles Organischen durchgeführt. Denn dadurch unterscheidet sich ja alles Organische, auch schon das bloße Pflanzenleben, daß in ihm die innere Beschaffenheit jedes Teiles durch alle übrigen, durch die bildende und beherrschende Einheit dieses Ganzen, bedingt und bestimmt ist, daß also kein Teil sich abtrennen läßt, ohne daß je nach seiner größeren oder geringeren Bedeutung auch das übrige Ganze, gleich wie er selbst, eine innere Änderung und Störung seines Wesens erleidet. Und je höher und vollkommener dieses Wesen der organischen Einheit durchgeführt ist, desto tiefgreifender und störender wirkt eben damit die Abtrennung des einzelnen Teiles. Das Wesen des Menschen aber besteht ja darin, daß in ihm erst diese bildende und beherrschende Einheit oder Seele des Ganzen, so sehr sie auch nach physisch stofflicher Seite vom Zustand der einzelnen Teile abhängig bleibt, doch in ihrem eigenen Seelenleben nicht mehr, wie das Tier, durch die Teil- und Einzelzustände ihrer Leiblichkeit (d. h. zunächst ihres Nervenlebens) beherrscht und in sie versenkt ist, sondern über die unmittelbare innere Beziehung auf sie zugleich hinausgehoben und geschieden ist, also erst jetzt als reine und geschiedene Einheit ihres Ganzen, als geistigfreies Zentrum ihr leibliches Teilleben ganz sich untergeordnet hat und beherrscht, es zum bloßen dienenden Mittel ihres menschlich universellen Bewußtseins und Zweckes macht. Im Menschen erst ist also jene Beherrschung des Teillebens durch die bildende und bestimmte Einheit des Ganzen vollständig durchgeführt, während diese letztere in allen vorausgehenden Stufen des Organischen noch umgekehrt ganz durch ihre leiblichen Teilzustände bestimmt und beherrscht wird."

Beim Menschen, in welchem das Ziel der Entwicklung die Ausbildung einer rein zentralen, d. h. von der unmittelbaren Rückbeziehung auf das Nervenleben geschiedenen Lebensstufe und eine demgemäße Gestaltung des ganzen Organismus ist, muß schon der erste Keim und von da aus fortschreitend jedes spätere Stadium das bestimmungsmächtige Verwirklichungsfeld zu jener vollsten Scheidung des Zentrums von dem Peripherieleben in sich tragen. Die erste Entstehung einer solchen Niveauerhöhung in der Geschichte des Lebens kann nach Planck nicht eine Fortbildung des Tierischen (d. h. des bloßen Nervenlebens in sich selbst betrachtet) sein und infolgedessen auch nicht auf Anpassung unter dem Einfluß äußerer Faktoren zurückgeführt werden, sondern muß vielmehr als eine schöpferische Aufhebung des tierischen Prinzips bezeichnet werden. Da in dieser Aufhebung nur die letzte innerliche Konsequenz der ganzen dialektischen Höherstaffelung der Formen liegt, wie sie durch ihren Bildgehalt sich bestätigt, sieht Planck in einem schöpferischen zentralen Akt, der sie setzt, etwas durchaus durch die Anschauung Besiegeltes, aus ihr mit voller Konsequenz sich Ergebendes. Einen solchen zentralen schöpferischen Akt nimmt er ja auch für alle übrigen Einheitsformen der Natur, wo sie original hervortreten, an. Es liegt auch ganz in der immanenten Dialektik dieses Schaffens, daß Übergangs- und Vermittelungsglieder dabei auftreten. Man muß nur zu fixieren wissen, wo in der Geschichte des Lebens die jeweils neue innere Höherstaffelung und Zusammenfassung der Teile original hervortritt oder, wenn wir mit Turel so sagen wollen, in einer Art „progressiven Anachronismus" in das Werden der Organismen einbricht. Gerade z. B. bei den Übergängen von den bloßen Nerventieren zu den Wirbeltieren finden wir nach Planck den Punkt, wo in rein zentraler (innerlicher) und vom Peripherieleben abgewandter Weise der Wirbeltiertypus beginnt:

„Vor allem, schreibt Planck, gehört hierher die neueste triumphierend hervorgehobene Entdeckung, daß auch die schon länger her bekannte Übergangsform, das Lanzettfischchen (Amphioxus lanceolatus), keineswegs allein stehe, sondern daß auch wiederum zu ihr eine verwandte und noch niederer stehende Übergangsform sich finde in dem Jugendzustande der Aszidien (oder fest sitzenden Seescheiden) aus der Klasse der Manteltiere. Denn die frei umherschwimmenden Larven dieser Aszidien entwickeln die unzweifelhafte Anlage zum Rückenmark und Rückenstrang, ganz in derselben Weise wie der Amphioxus. Allein wenn wir nun diese Tatsache, die oberflächlich angesehen so sehr für den Darwinismus zu sprechen scheint, genauer betrachten, was ist ihr Inhalt? Jene wichtigsten Organe des Wirbeltierkörpers bilden sich bei jenen Aszidien nicht nur nicht weiter aus, sondern es tritt eine rückschreitende Verwandlung ein, indem die Tiere sich auf dem Meeresboden festsetzen und zu unförmlichen Klumpen auswachsen, in denen man bei äußerer Beobachtung kaum noch ein Tier vermutet. Also hat jene Anlage zum Wirbeltiertypus, die sich im Jugendzustand dieser Tiere zeigt, noch eine rein zentrale rein innerliche Bedeutung, die für die Ausbildung ihres Peripherie- und Gliederlebens, für die eigentümliche Gestaltung ihrer äußeren Lebensbeziehungen, ganz ohne Einfluß bleibt, während doch nach der darwinistischen Erklärungsweise eben von den äußerlichen Lebensbeziehungen aus, durch die Einflüsse der fortbildenden Anpassung, die zunächst im Peripherie- und Gliederleben ihre Wirkungen üben müßte, jene Umbildung erfolgt sein soll! Wir finden also das gerade Gegenteil dessen, was nach den darwinistischen Grundsätzen zu erwarten wäre."

Zu dieser Ausführung Plancks sei folgendes bemerkt: Tatsache ist, daß bei den Tunikaten in einem Falle wenigstens die höhere Organisation sich so weit behauptet, daß die Larve sogar geschlechtsreif wird, also ein eigentliches Imaginalstadium gar nicht zur Ausbildung kommt. Die Besonderheit der Larvenorganisation liegt in der Ausbildung eines Organkomplexes, der nach Art der Chordaten aus der Rückenmarksseite, dem Neuralrohr und axialen Rückenmuskeln besteht. Dieser Organkomplex verschwindet aber bei den Aszidien und Salpen wieder, nur bei den Appendikularien erhält er sich unter Wahrung der embryonalen Organisation überhaupt*). Doch scheinen die natürliche Fortsetzung der embryonalen Organisation erst die Chordaten zu sein, so daß

*) Interessant ist die neueste Entdeckung, daß bei den Aszidien auch die einfachste Hypophyse auftritt, eine Drüse, die ebenso wie bei den Wirbeltieren einen wehenbeschleunigenden Stoff enthält.

die von Planck vertretene Auffassung, daß die Tunikatenlarven einen späteren Zustand antizipieren, als nicht unwahrscheinlich erscheint. Neuerdings hat übrigens auch K. C. Schneider (4) beim Studium der Entstehung der radialen Symmetrie an der bilateralsymmetrischen Echinodermenlarve ähnliche Gedanken entwickelt. Die von Planck vertretene Idee, wonach der vor der peripherischen Anpassung verwirklichte zentrale Grundplan absolut und rein für sich betrachtet die höhere Stufe in der Entwicklung darstellt, läßt es auch verständlich erscheinen, daß (bei tierischen Parasiten z. B.) die peripherische Stufe zu ganz einseitig spezialisierten und peripherisch rückgebildeten Formen fortschreiten kann und nimmt auch der heute von Bolk (5) vertretenen Auffassung, wonach der Mensch durch den fötalen Charakter seiner Form sich vom Affen unterscheiden soll, das Befremdende hinweg*). Was beim Tier die Anlage des nervösen Zentralorgans, das ist bei der Pflanze im Bereich der Blüte der Fruchtknoten, der die Samenanlagen umschließt. Speziell im Bereich der Blüte hat nun die Plancksche Auffassung, daß die Ausgestaltung des Zentrums- also hier des Fruchtknotens — der Peripheriespezialisierung als systematische Konstante übergeordnet ist, in den natürlichen Gruppen sich aufzeigen lassen. Jussieus Idee von einer „Hierarchie der Merkmale" kommt hier wieder zur Geltung. Man darf dieses Prinzip natürlich nur als eine Regel betrachten, die durch das Anpassungsprinzip mancherlei Ausnahmen erleidet. Aber als solche ist sie, wie der Amerikaner Clements gezeigt hat, ein durchaus brauchbarer Leitfaden durch das natürliche System.

Nachdem Planck alle Erscheinungsformen der anorganischen Natur und des Lebens durch die intellektuale Anschauung des Gegensatzes von Zentrum und Peripherie und den Möglichkeiten seiner immer höher konzentrierten schöpferischen Überwindung in einem in sich selbst immer

*) Nach Plancks Auffassung würden die Schädelfunde vom Pekingmenschen und vom Pythecanthropus Dubois in einigen wenigen Einzelheiten affenähnliche Rassenvarianten zeigen, im übrigen aber ganz dem Urbild des menschlichen Typus, das in der kindlichen Kopfform sich ausspricht, einzuordnen sein (wie Kleinschmidt das auch versucht hat).

mehr unterschiedenen Einen dialektisch entwickelt hat, untersucht er auch die Stufen dieser Überwindung in ihrer Ausprägung im Nervensystem. Die unzertrennlich zusammengehörige Einheit des empfindenden und bewegenden Nervenlebens bringt es nach Planck mit sich, daß sie schon innerhalb des Rückenmarks und nicht erst innerhalb des reinen Zentralorganes: des Gehirns, auf eine relative Weise vertreten ist. Diese unterste Vertretung der Einheit des empfindenden und bewegenden Nerventeils hat der graue zentrale Teil des Rückenmarks, der mit seinen sensiblen und motorischen Nervenzellen im Vergleich zu den dazu hinführenden oder davon ausgehenden Nervenfasern schon ein relativ geschiedenes für sich selbst zusammengefaßtes Ganzes bildet. Der empfänglich passiven Seite dieser Einheit entsprechen die hinteren sensiblen Wurzeln des Rückenmarks; durch sie erst kann das relative Zentrum kraft seiner inneren Zusammenfassung mit der Peripherie beherrschend auf diese hinauswirken, was durch die vorderen oder motorischen Nervenwurzeln vermittelt wird. Der organische Gegensatz zwischen der sensiblen und motorischen Lebensseite muß aber auch innerhalb des höheren rein zusammenfassenden Zentralorgans, des Gehirns, zum Ausdruck gelangen und den Gegensatz der vorwiegend zur sinnlichen Perzeption bestimmten Seite und Tätigkeit des Großhirns und anderseits des Kleinhirns als motorischen (die Bewegungen regelnden) Organs bedingen. Da das Gehirn das vom Peripherieleben geschiedene Zentralorgan als solches ist, muß es über die bloße unmittelbare sinnliche Beziehung immer mehr erhoben erscheinen. Es darf also auf der höheren Stufe nicht mehr in einer äußerlichen und einseitigen Weise in die beiden Körperhälften hineingezogen sein, derart, daß z. B. beide Gehirnseiten nur auf diejenige Körperseite bezogen wären, mit welcher sie örtlich und vegetativ zusammenhängen. Eine vollständigere Durchführung der gemeinsamen Lebenseinheit muß vielmehr durch die Kreuzung der Nervenbahnen erst ermöglicht werden. Beim Menschen muß die Gliederung der sinnlichen Gehirnbeziehungen derart sein, daß infolge des radikal in sich selbst unterschiedenen Einen die bloße unmittelbare Peripheriebeziehung völlig aufgehoben ist. Da die ganze übrige Organisation des Affen von den Zwecken des bloßen Nervenlebens (oder Teillebens) beherrscht erscheint, ist auch in der Organisationsstufe seines Gehirns ein wesentlicher Unterschied zumMenschenhirne anzunehmen. Ihn zu kennzeichnen ist natürlich nicht leicht. Aber die ganzen Ausführungen Plancks regen zu Fragen an, die eine gestaltpsychologisch orientierte Gehirnforschung recht wohl zur erfolgreichen Beantwortung führen könnten. Die Frage, wie in den sinnlichen Gehirnbeziehungen beim Menschen die unmittelbare und darum unfreie Beziehung des Zentrums zur Peripherie aufgehoben wird, spielt in der Wahrnehmungslehre eine große Rolle. Die Figur-Hintergrundbildung bei den Wahrnehmungen des Menschen steht durchaus auch im Dienste der Unterscheidung des Wesentlichen und Unwesentlichen (in gehaltlich-begrifflicher Beziehung) und im Dienste der Erfassung des „Dinges" als des dem Subjekt voll „gegenüberstehenden" Objektes. Die völlige Distanzierung zum Gegenstand, die darin durchgeführt ist, tritt z. B. in der Weise hervor, daß der normale Mensch einen schlecht gezeichneten Kreis als Kreis und nicht als etwas anderes bezeichnet, und daß er einen Draht auch dann zum Heranholen eines Gegenstandes benützt, wenn derselbe gebogen ist. Er biegt ihn dann zuerst gerade. Affen benutzen einen gebogenen Draht nicht in dieser Weise als Stock und erkennen eine nur halb geschälte Banane nicht mehr als Banane. Die Peripheriebeziehung ist noch eine unmittelbare im konkreten Eindruck verhaftete. Sobald beim Menschen das Stirnhirn verletzt ist, kann ein ähnliches Verhalten eintreten. Wie wir schon erwähnt haben, nennt bei einer besonderen Form der Stirnhirnverletzung der Kranke einen schlecht gezeichneten nicht vollkommen in sich selbst geschlossenen, sondern an einem Punkt über die Peripherie hinausragenden Kreis nicht einen Kreis, sondern er sagt: „Das ist vom Schornsteinfeger das Ding." Infolge des Versagens der phantasmatischen Abstraktion ist auch die begriffliche nicht möglich. Es liegt in derselben Linie des Versagens des Absehungsvermögens, wenn der Kranke nicht dazu zu bringen ist zu sagen: die Sonne scheint nicht, wenn sie wirklich scheint. Dieselbe Unmöglichkeit des sinnlichen Absehungsvermögens haben wir auch bei Affen, die nicht zu einem Ziele gelangen können, wenn das Absehen von einem Hindernis und dann die Wegräumung des Hindernisses die unerläßliche Bedingung dafür ist. Da die phantasmatische Abstraktion ihre Grundlage in der Gehirntätigkeit haben muß (wie ihre Störung bei Stirnhirnverletzten zeigt), muß also in dieser Hinsicht eine wesentliche Differenz zwischen Menschen- und Affenhirn bestehen. Die Phantasie ist beim Menschen aus ihrem „Fürsichsein" herausversetzt und gewinnt in der Ausscheidung, Kombination oder Abrundung von Vorstellungen den Charakter eines vom neuen Zentrum geschiedenen „Materialfeldes".

Die Gliederung der sinnlichen Gehirnbeziehungen im Menschen steht aber auch spezifisch im Dienste der Dingsynthese, d. h. ist auf Gegen-überstellung des Gegenstandes in seiner Totalität gerichtet und damit auf Aufhebung der bloß unmittelbaren Peripheriebeziehung des subjektiven Eindrucks, in welchem Objekt und Subjekt noch verschmolzen sind. Schon in der optischen Gestaltwahrnehmung tritt die Tendenz zur Dingsynthese hervor. Verbindet man die in der folgenden Figur

nebeneinandergezeichneten H durch Querstriche oben und unten, so erhält man eine Reihe von dinghaft gegliederten nebeneinandergereihten Klötzchen:

Eine Vereinheitlichung verschiedenartiger Sinneseindrücke findet auch durch die Zeitsynthese statt. „Die optischen Eindrücke werden nicht nur zu Dingen aufgebaut, sondern diese Dinge müssen auch unmittelbar mit Erfahrungen verbunden werden, die in keiner direkten Beziehung zu dem gegenwärtigen sinnlichen Eindrucke zu stehen brauchen. Der Aufbauprozeß aber schafft auch hier etwas Ganzes, Einheitliches. Der Apfel, dem wir aus Erfahrung seine Schmackhaftigkeit ansehen, trägt diese Schmackhaftigkeit nicht als Attribut, als etwas Hinzugefügtes, sondern er ist in unserm Erleben schmackhaft und gibt dies unserem Auge unmittelbar zu erkennen, obwohl dieses mit der Schmackhaftigkeit selbst nichts zu schaffen hat.“ (Jordan.)

Für den Menschen, der die Eigenschaften eines Körpers als Akzidentien auf dem ihm dinghaft gegenüberstehenden Substanzkern vereinigt sieht, muß auch in höchster Vollendung die Fähigkeit gegeben sein, Tast- und Gesichtsempfindungen ohne Schwierigkeit ein und demselben Dinge zuzuordnen. Tatsächlich ist, wie Petersen (6) gezeigt hat, der Mensch das einzige Wesen, dem der aufrechte Gang zusammen mit der Einrichtung der Vordergliedmaßen es erlaubt, das von diesen Ertastete in das Koordinatensystem des Gesichtsfeldes einzutragen, ohne daß dabei dieses selber bewegt wird, weil der Kopf nicht beteiligt ist an dem, was die Hände ausführen. Er vermag Tastraum, Werkraum und Gesichtsraum leicht und glatt zur Deckung zu bringen und deshalb die durch Sehen, Tasten und Bearbeitung ermittelten Eigenschaften auf ein und demselben Substanzkern zu vereinigen.

Wie in der Beziehung zu den Dingen, so ist beim Menschen auch in bezug auf seinen eigenen Leib die einseitig sinnliche Teilbeziehung und Verhaftung im Peripherieleben aufgehoben. Vermag er doch seinen Leib in der vollkommenen Objektivierung seines Leibes zu belehren und zu beherrschen. In unserem Sehfeld vermögen wir gewisse Ausschnitte unmittelbar in Bewegung zu setzen, und zwar in beliebiger Richtung und Schnelligkeit, während uns das bei anderen Elementen nur mittelbar, nämlich vermittels jener ersten Ausschnitte gelingt. Damit erweisen sich jene ersten Ausschnitte aus dem Sehfeld als unserem Ich zugehörig, als Teile unseres Leibes, während die anderen als vom Subjekt verschiedene und geschiedene Dinge erscheinen. Wir machen ferner die Beobachtung, daß, wenn wir eine beliebige Stelle des Sehleibes sichtbar berühren, wir eine Berührungsempfindung erhalten, eine Doppelempfindung, wenn Berührendes und Berührtes Teile unseres Leibes sind, eine einseitige Berührungsempfindung, wenn wir ein Ding (ein Nicht-Ich) unseren Sehleib berühren sehen. Da wir auch die Art der Berührung, ob leichte Berührung oder Druck, Rauheit oder Glätte, sowohl taktil wie durch das Sehen kontrollieren können, können wir Sehleib und Empfindungsleib immer mehr zur Koinzidenz bringen und feststellen, daß sie jedenfalls eine weitgehende Seinsidentität besitzen. Das Raumbild, das durch die Eindrücke taktiler, kinästhetischer und optischer Art und wohl auch durch die virtuellen Bewegungen der Phantasie jeder von sich selbst gewinnt — das sog. „Körperschema", wie es Schilder nennt — ist wesensverschieden von dem des Tieres, denn es ist streng ich- und personbezogen und besteht in der vollkommen in sich selbst unterschiedenen Einheit, durch die der Mensch sich selbst sich gegenüberstellen kann. Es dient dem Bedürfnis der Persönlichkeit, den ihr zugehörigen Leib zwischen den Dingen zu bewegen, dieselben von den verschiedensten Seiten zu betrachten, um so durch weitgehendste Orientierung in einer dinglich gegliederten Welt den universellen Spielplan des Handelns zu gewinnen, sich überall zurechtzufinden und sich jeder Lebenslage anzupassen.

Diese universal-dingwelt-relative Einstellung fordert auch eine im Vergleich zum Tier unverhältnismäßig erweiterte und vervollständigte Phantasietätigkeit des Menschen und damit eine mächtige Steigerung der Energieversorgung des Gehirns. Sie ist im Vergleich zum Affenhirn unverhältnismäßig groß. Auch die Rechtshändigkeit ist ein typisch menschliches Kennzeichen. Unsere rechte Körperseite wird von der linken Gehirnhälfte bedient, in der auch die Zentren für Sprechen, Schreiben und Lesen (wenn wir von Zentren überhaupt in dem heute noch zulässigen Sinne reden wollen) normalerweise lokalisiert sind. Unser Hirn zeigt also eine Asymmetrie. Die linke Hälfte ist stärker entwickelt und damit hängt wahrscheinlich auch die Rechtshändigkeit zusammen. Die Asymmetrie und die Rechtshändigkeit fehlt den Affen. Dagegen ist sie schon beim Neandertalschädel am Ausguß nachweisbar. Man darf in dieser Asymmetrie die Bestätigung der Auffassung von Planck sehen, daß beim Menschen nicht mehr wie beim Tier jede der Gehirnhälften noch unmittelbar in die Gesamtheit des Nervenlebens hineingezogen ist, sondern durch die vollendete Durchführung des Überkreuzungsprinzips bis zur Asymmetrie aus dieser peripherischen Gesamtbezogenheit bereits herausgetreten ist und so die letzte wesentliche Scheidung zur höchsten inneren Zusammenfassung und Beherrschung zur Durchführung bringt. Durch die Apraxielehre Liepmanns konnte einwandfrei die Herauslösung der Gehirnhälften aus der unmittelbaren peripherischen Totalbeziehung und die funktionelle Überwertigkeit der linken Hälfte über die rechte erwiesen werden. Die linke Hemisphäre übt aber auch eine gewisse Herrschaft über die Bewegungen der von der rechten Hemisphäre innervierten linken Hand aus. „Namentlich die spontane Erweckung von Bewegungserinnerungen, der Entwurf komplexer Bewegungen, ihre Ausführung nach einem inneren räumlich zeitlichen Plane, das Nachmachen von Bewegungen und die Präzision der Ausführungen sind vorwiegend Leistungen der linken Hirnhalbkugel — auch wenn die linke Hand in Tätigkeit tritt.“ Auf die neuesten Forschungsergebnisse über dieses wichtige Problem einzugehen, ist hier nicht am Platz, da wir nur auf die prinzipielle Verbindung des Problems mit den Planckschen Ideen hinweisen wollten.

Um die merkwürdige Funktion des Gehirns und überhaupt des Zentralnervensystems zu verstehen, geht Planck von den inneren Verhältnissen einer chemischen Verbindung aus, die nach ihm ein maximal unselbständiges Offensein der Teile gegeneinander einschließt, d. h., modern gesprochen, im eminentesten Sinne eine physische Gestalt repräsentiert, bei der die Eigenschaften vom Ganzen und nicht von gegeneinander abgeschlossenen Einzelteilen her bestimmt wird. Für das Pflanzenleben kommt nach Planck eine so tiefgreifende unselbständige Zusammenfassung der Teile noch nicht in Betracht, da die Einheit der Pflanze nur erst darin besteht, daß jeder Teil nach Seiten seiner stofflichen Eigentümlichkeit zugleich unter dem bedingenden und relativ sein Fürsichsein aufhebenden Einfluß des Ganzen steht. Dagegen muß nach Planck jene spezifische unmittelbare Einheit der Teile, die wir die psychische nennen, und welche als Empfindung und Selbstbewegung in den Nerven und Zentralorganen vorhanden ist, auf einem viel engeren und unselbständigeren Verhältnis der Teile und auf einem mehr innerlichen Vorgang beruhen, der sich in einfacherer oder komplizierterer Weise über das ganze Nervensystem hin erstreckt. Dadurch schlägt Planck die Brücke zur modernen an der Gestaltspsychologie sich orientierenden Gehirnphysiologie. Nach dieser liegt (gemäß der Auffassung ihres führenden Forschers: Goldstein) die Bedeutung einer einzelnen Stelle des Gehirns nur darin, daß sie in einem jeweiligen Gesamtvorgang den normalen Ablauf des ihr entsprechenden Moments garantiert. Bei Schädigung der Teile kann der Gesamtvorgang in bestimmter Weise an Momenten einbüßen, aber doch wieder eine, wenn auch verarmte, systemartig aufgebaute funktionelle Ganzheit darstellen. Ja, unter Umständen kann beim Abbau der Funktion die Gesamtfunktion dadurch sich wieder herstellen, daß andere Teile den Verlust kompensieren. Der Gesichtspunkt des in sich selbst unterschiedenen Einen, d.h. der gegenseitigen inneren Offenheit und stetig inneren Einheit und Zusammenfassung der Gehirnteile, den Planck so unterstreicht, wird durch die neue Gehirnforschung durchaus bestätigt. Nach Weizsäcker muß man sich vorstellen, daß im Gehirn dieselbe Substanz von ganz verschiedenen „Erregungsbildern" ergriffen werden kann. Nur so wird es verständlich, daß eine so große Mannigfaltigkeit von „Bewegungsbildern" zustandekommen kann. In der Erforschung der Regulationen, die man früher durch eine Hierarchie von Befehlsstellen und in engem Zusammenhang mit der Zentrenlehre sich verständlich zu machen suchte, spielt also heute das Formproblem eine große Rolle. Es gilt, wie Weizsäcker sagt, die Umwandlung einer Formensprache in die andere, gleichsam die Sprachübersetzung im Organismus zu suchen. Die elektrischen Messungen, über die besonders Stein und Achelis an Tieren und Menschen berichten, zeigen den Funktionswandel deutlich an.

Auch in seinem Verhältnis zur äußeren Einwirkung ist der Nervenzustand nach Planck ein innerlich offener, kein gegen die Einwirkung mechanisch äußerlicher, so daß eben damit die spezifische Natur des Einwirkenden in ihm offenbar werden kann. Das Innewerden einer räumlich objektiven Erscheinung ist daher zunächst nur leidendlich-empfänglicher oder organisch innerlicher Art. (Die Empfindung als die intensive und extensive Sinnesauffassung darf aber nicht mit dem sinnlichen Bewußtsein gleichgesetzt werden, dem die Erinnerung und die Einbildungskraft angehören, die am Inhalt früherer Sinnesauffassungen nur gleichsam das Material ihrer Betätigung haben.) Nach diesem rein das Wesen beschreibenden Begriff der Empfindung, wie ihn Planck hat, kann also nicht mehr von einer subjektiv psychischen Reaktion auf einen äußerlichen Reiz die Rede sein, sondern der psychische Vorgang ist in unzertrennlicher Weise eins mit dem leiblich-räumlichen. In der Auffassung des Lichtes erreicht dabei der Sinn nach Planck die spezifische Objektivität, so daß er gar nicht mehr bloß (wie die übrigen Sinne) die unmittelbare Einwirkung auf ihn selbst, „sondern in derselben zugleich das entfernte hereinscheinende Objekt selbst auffaßt". Es ist erstaunlich, wie nahe hier Planck dem Wesen des echten Erkenntnisaktes kommt. Das Sehen ist ihm eine Aufnahme von fremden Bestimmtheiten, die es als fremde besitzt, d. h. gegenständlich, als ihm gegenüberstehend, von ihm verschieden. Während bei der auf das Licht reagierenden Pflanze aus der Einwirkung des Lichtes auf das Protoplasma Reizstoffe entstehen, die eine Lichtwachstumsreaktion zur Folge haben, während also hier aus der Einwirkung des einen auf das andere ein Drittes von beiden Verschiedenes entsteht, so wird beim Sehen ganz im Gegensatz hierzu nicht etwas Drittes produziert, sondern eine Bestimmtheit als solche einfach ins Bewußtsein aufgenommen. Daß man, was sich in der schlichten Wesensanalyse des Sehaktes aufzeigen läßt: das Haben einer qualitativen Bestimmtheit als ihm gegenständlich gegebene Bestimmtheit — solange verkannt hat, beruht darauf, daß man ihn a priori immer nach einem entarteten Bild, nämlich nach Analogie des sich veräußernden ein Drittes hervorbringenden körperlichen Werdens sich zurechtlegte. Der ganze sogenannte kritische Realismus leidet daran, daß er an Stelle der dem Erkenntnisstreben entsprechenden (ideal-intentionalen) Beziehung ein äußerlich-wirkursächliches Verhältnis zwischen Objekt und Subjekt als allein wesentlich bei der Sinneswahrnehmung setzt. Daß eine solche schon von Grund aus gefälschte Theorie der Erkenntnis nicht für eine Biologie als Versuch der Wiederherstellung der reinen Erscheinungsformen der lebendigen Natur taugt, ist selbstverständlich.

Das Grundgesetz der Scheidung mit der Konsequenz einer immer höheren inneren Zusammenfassung und restlosen Unterordnung der Teile unter das Ganze ist aber bei der menschlichen Gehirnorganisation, wie Planck sagt, letztlich und restlos erst darin durchgeführt, daß „die Tätigkeit des geistigen Zentrums auf sich selbst zurückzublicken und in sich zurückzugehen vermag" — also nicht mehr zu den bildhaften Stoffquellen niedergezogen bleibt und hiervon beherrscht wird, sondern sie frei einem überempirischen Bedeutungszusammenhang einzuordnen vermag. Hierzu ist aber zwischen Materialfeld und Verwirklichungsfeld eine ganz besondere Proportion erforderlich — ein universales inneres „Offensein" in der Weise des Erkennens und ein universales Bestimmen in der Weise des Erkennens. „Was die Urmaterie (als reine Bestimmungsbereitschaft) für das körperliche Sein ist," so sagt an vielen Stellen Thomas, „das ist das menschliche Vernunftvermögen für das Erkennen." Nicht also, wie Planck meint, dadurch, daß schon der Anfang der Natur- und Erdentwicklung in der noch rein beherrschenden und innerlich universellen Einheit der Teile besteht, ist am Schlusse der ganzen Entwicklung eine universale über das Teil- und Einzelleben erhabene geistige Bewußtseinsform möglich, sondern dadurch, daß der mögliche Verstand (intellectus possibilis) in der Sphäre des Erkennens ein in analoger Weise universalbestimmungsbereites Vermögen ist, wie die Materie für die Verwirklichungsfelder in der Sphäre der Natur. Es ist merkwürdig, daß Planck, der in der realen Assimilation das Moment der Aussichherausversetzung der anorganischen Faktoren und die Freimachung einer höheren Wirkungsform in ihnen so scharf gesehen hat, nicht auch die Herausversetzung eines geistigen Zeugungsvermögens aus dem Sinnesbild (unter dem Einfluß des tätigen Vernunftlichtes) erkannt hat. Gerade die erschütternde Tatsache, daß Störungen im sinnlichen Erkenntnisleben von tiefgehendem Einfluß auf das geistige Erkenntnisleben sind, diese Tatsache, die das zeitlos Gültige aller begrifflichen und begreifenden Erkenntnis zu bedrohen scheint, kann nur von hier aus (als Korrelationsstörung) begriffen werden, ohne daß man das Wesen der Erkenntnis dabei zu fälschen braucht.

Auch bei Planck ist das Denken rein für sich nur erst subjektive Empfänglichkeit, die aus sich selbst noch keinen realen Inhalt erzeugen kann; es ist hierin sozusagen noch einseitig weiblich. Erst durch die ergänzende selbsttätig kritische sozusagen männliche Erkenntnis, daß die Denkform für sich noch diese einseitig subjektive Einheit ist, und daß Objektivität und Wirklichkeit erst im vollen Gegenteil jener subjektiven reinen Einheit, im stetigen reinen Unterschied, wahrhaft gedacht wird, ergibt sich nach Planck das allen Inhalt erzeugende Prinzip. Er geht davon aus, daß in dem bloßen Denkbegriff des Wirklichen das Wirkliche als reine unterschiedslose Einheit gedacht werde, während das ursprünglich Wirkliche, das Wirkliche an sich selbst, nicht diese reine Einheit, das inhaltslose Nichts sein kann, sondern in sich selbst reiner Unterschied, Zeit und Raum, insofern also Inhalt sein muß, reiner Gegensatz gegen die bloße Gedankeneinheit. Insofern betrachtet er die Grundfrage der Wissenschaft, warum die ersten Konstituenten jener reinen Erscheinungsformen, die eine Erklärung der wesentlichen Entwicklungsstufen der Natur erst ermöglichen, nämlich A u s d e h n u n g und z e i t l i c h e s S e i n, notwendig sind, gelöst. Aber in dieser Deduktion ist der bloße Denkbegriff des Wirklichen als reiner unterschiedsloser Einheit ganz willkürlich als ein vorgegebener Begriff gesetzt, der als Negation des wahren Wesensmomentes des Wirklichen, wonach es als ein Wirkendes oder Wirkungsfähiges oder wenigstens als Anlage für ein zu Wirkendes erfaßt wird, i n s i c h s e l b e r v ö l l i g g e g e n s t a n d s l o s erscheinen muß. Die Einheit aber, von der Planck spricht, ist in Wahrheit die erste transzendentale Beziehung des Seins zu sich selber, derzufolge ein Seiendes wirklich (aktuell) nur dieses Eine und nur der Möglichkeit nach eine Vielheit sein kann. Das Maß seiner einheitlichen Zusammenfassung im Verwirklichungsfelde aber ist identisch mit dem Planckschen Begriff der inneren Konzentration, welcher ein ebenso aus der Wirklichkeit abstrahierter ist, wie der thomistische Begriff der Emanationsstufe, der sich aus dem Grad der Immanenz (der Tiefe des In-sich-selbst-Zurückkehrens) der Lebenstätigkeit bestimmt. Seine Bedeutung liegt genau wie bei diesem in seiner stufenmäßigen Unterschiedenheit, in seiner analogischen Anwendung. Ja, man kann die Charakteristik der Emanationsstufen bei Thomas durch den Planckschen Begriff der immer mehr in sich selbst unterschiedenen und immer höher in sich selbst zusammengefaßten Einheitsstufen des Lebens noch in mancher Hinsicht verfeinern und vertiefen. In fortgesetzter Staffelung scheidet sich dann über dem zum relativen Materialfeld gewordenen Verwirklichungsfeld immer ein neues Verwirklichungsfeld ab. Bei der Pflanze ist Materialfeld des Formwechsels der Stoffwechsel, beim Tier ist Materialfeld der Handlung der schon geformte Leib, bei der Phantasie das sie nährende Empfindungsleben, beim Intellekt die ihn nährende Phantasie usw. Auch die im Grunde dialektische Auffassung, daß im Werden des Kosmos eine Wesenheit immer eine andere relativ gegensätzliche fordert und die Erfüllung z. B. der Idee des Lebens von der niederen Stufe zur höheren dadurch hinleitet, daß sie als immer noch ungenügende einseitige und partielle Erfüllung im schöpferischen Ausgleich der Gegensätze und in der Entfaltung der Wesensanlagen erkannt wird, die quasi immer über sich hinausweist, gewinnt dann von den ontologischen Grundlagen der thomistischen Ideenlehre aus gesehen, einen tiefen Sinn.

Bei Aufweisung solcher fruchtbaren Perspektiven muß man mit Planck auch Hegel wieder neu zu würdigen verstehen. Daß beide von der Naturwissenschaft ihrer Zeit abgelehnt wurden, war bei dem damaligen Siegesrausch des gänzlich undialektischen, d. h. durch die Problematik des Seins vollkommen unerschütterten Materialismus durchaus zu verstehen. Aber wie entfernt von dem Tiefsinn beiderDenker auch die sog. neuscholastische Philosophie war, dafür ist das Urteil eines für sie repräsentativen Denkers wie Jakob Balmes sehr bezeichnend. Balmes schreibt in seinen „Briefen an einen Zweifler" über Hegels Metamorphosenlehre: „Die Zweige," sagt Hegel, „die Blätter, die Blüten, die Frucht einer und derselben Pflanze, entstehen alle für sich, während die innere Idee die Aufeinanderfolge bestimmt." „Wissen Sie mir zu sagen," fragt Balmes, „was es bedeute, daß die Zweige, Blätter, Blüten, Früchte für sich entstehen, oder was der Sinn einer inneren Idee sei, auf die Pflanzen angewendet?" Wir glauben, daß Planck die beste Interpretation dafür gegeben hat. Was bei Thomas in der Weise des Hervorgehens der nur ausführend selbständigen Selbstbewegung als Idee des pflanzlichen Seins zusammengefaßt wird, das erfährt bei Planck eine dialektische Staffelung aus seinen Wesensbestandteilen heraus. Bei der Pflanze ist die unterste Vitalfunktion die Ernährung. Sie stellt die empfänglich-aneignende Seite der vegetabilischen Tätigkeit dar, der die hervorbringende und schaffende Beziehung nach außen, das fortpflanzende Vermögen gegenübersteht. Auf der niedersten Stufe haben wir Fortpflanzung nur durch innere Teilung, wodurch die Pflanzenzelle, nachdem sie eine bestimmte Größe erreicht hat, in sich selbst in zwei Tochterzellen zerfällt. So ist schon das Wachstum der Pflanze im Unterschied von der Ernährung ein Schaffen von neuem durch innere Teilung — eine Vorstellung, die, wie wir später sehen, erst von Heidenhain bis in ihre letzten Konsequenzen verfolgt und zur Grundlage der synthetischen Morphologie gemacht worden ist. Die entgegengesetzten Seiten der vegetabilischen Tätigkeit: die stofflich aneignende und die produktiv gestaltende sind zunächst noch ungeschieden beisammen. Insofern aber die Bildung der der Vermehrung dienenden Zellen, der Sporen, schon auf organischem Substrat sich vollzieht, ist sie von der unmittelbar aneignenden Tätigkeit in bezug auf das anorganische Substrat schon frei und ebenso erhebt sich jetzt ihre produzierende Funktion, indem sie nicht mehr Teilvermehrung ist, sondern ein neues selbsttätig organisierendes Element setzt, auf eine höhere Stufe. Aber erst durch die vollkommene Scheidung des ernährenden Substrats in der Endospermbildung und durch die relative Trennung des mehr empfänglich-passivenMaterialfeldes (im Ei) und des mehr selbsttätig-erregenden Verwirklichungsfeldes (im generativen männlichen Kern), kommt auch die höchste Synthesis im Fortpflanzungsakt, dem rein produzierenden Akt, der zugleich zur Verjüngung führt, zustande. Indem die höhere Pflanze im Wachstum und Generationswechsel alle diese Stufen durchläuft, erst die Fortpflanzung durch innere Teilung (Zellbildung), dann die Bildung der Makro- und Mikrospore (Embryosack und Pollenkorn) und schließlich die Bildung der Sexualzellen und des Endosperms, wird der ganze dialektische Prozeß bis zur Vollendung in ihr durchgeführt. Die relativ immer höhere Scheidung von Material- und Verwirklichungsfeld und die relativ immer höhere Wirklichkeitsbestimmung in der Zusammenfassung beider, ist bei dieser Metamorphose jedenfalls völlig einleuchtend, welche Zurechtlegungen man sich auch im einzelnen darüber machen mag.

Was Langbehn einmal als letztes Ziel der Metamorphosenlehre bezeichnet hat: „die innere Einheit der einzelnen organischen Entwicklung gerade in der und durch die Verschiedenheit ihrer betreffenden zeitlichen Entwicklungsphasen nachzuweisen", das ist hier von Planck schon geleistet worden. Und wenn Langbehn als das Wesen des Lebens das „Eine in sich selbst Unterschiedene" bezeichnet, so hat Planck am vegetativen Leben gezeigt, wie die eine in die empfänglich aneignende und produktiv formgestaltende Seite geschiedene Lebenstätigkeit mit dem Fortschritt des Generationswechsels sozusagen in immer gesteigerter Weise ein in sich selbst unterschiedenes Eines wird, bis sie im befruchteten Ei das Verwirklichungsfeld und volle Materialfeld (in reiner Bestimmungsbereitschaft) zu einer neuen Pflanze hervorgebracht hat. Jene eigentümliche Selbstbewegung und Unruhe, die sich schon bei den Spermatozoiden der Moose und Farne abspielt, ist nach Planck die reine Erscheinungsform dafür, daß die spezifisch tätige und organisierende Lebenseinheit, die den aktiven Grund eines neuen organischen Lebens in sich schließt, als Höhepunkt vegetabilischen Lebens nun in besonderer Weise als unruhiger und bewegender innerer Prozeß sich kundtut. Mit einer Tierwerdung der Pflanze, wie man früher meinte, hat das nicht das geringste zu tun. Diese Spermatozoiden sind ebensowenig Tiere wie die tierischen Samenfäden, sondern nur höchst aktive, höchst bewegliche Organe oder Instrumente des Fortpflanzungsaktes selber. Sie zeigen deshalb keine handlungsartige Versuchsbewegungen, sondern nur eine in der Ausführung selbständige allerdings sehr fein abgestimmte Chemotaxis, durch die sie (durch Äpfelsäure, Zucker usw. angelockt) zum Ziele finden. Wenn dagegen eine Amöbe eine Pseudopodienbewegung, die beim ersten Male nicht zum Ziele führt, weil ihr die lebende Beute entschlüpft ist, noch einmal, und zwar in etwas modifizierter Form, ausführt, so erscheint ihr Protoplasmakörper gleichsam schon innerlich herausversetzt aus einem bloß in der Ausführung selbständigen Fürsichsein und quasi hineinversetzt in ein in der Handlung selbständiges Tätigsein, das von den phototaktischen oder chemotaktischen Bewegungen pflanzlicher Mikroorganismen, und seien es auch die rhythmisch koordinierten Bewegungen von Volvoxkugeln, wesensverschieden ist. Es ist eine neue Selbständigkeit gegenüber dem äußeren erregenden Objekt darin, das dem taktischen Verhalten: der Phototaxis oder Chemotaxis und auch dem taktischen Stimmungswechsel fehlt.

Eine dialektische Staffelung mit der Konsequenz einer immer höheren Synthese wird von Planck auch bis in den Stoffwechsel der Pflanze hinein verfolgt. In der Assimilation der Blätter spielt nach Planck der Kohlenstoff, d. h. das chemisch unselbständigste, für immer neue Aneinanderkettungen geöffnete Element eine Rolle. Der Stickstoff aber ist gegenüber dem Kohlenstoff das relativ selbständige mehr geschlossene Element, das in der höheren Region des Stoffwechsels, in der Spaltung und Synthese der Eiweißstoffe wichtig ist und deshalb mit diesen in den Blüten, wo die höchste Vitalsynthese, die Neuzeugung sich abspielt, so reichlich vorhanden ist. In dieser Planckschen Deduktion ist zum mindesten richtig, daß der Stickstoff vermöge seiner relativ chemischen Geschlossenheit geeignet ist, Kohlenstoffverbindungen in Form der Aminosäuren locker aneinander zu binden und so ein stark regulationsfähiges System im Keimplasma zu fundieren. Näheres über diese ganze Dialektik zwischen Kohlenstoff und Stickstoff und den anderen lebenswichtigen Elementen in der Pflanze können wir erst im Schlußteil dieses Buches bringen, wo wir gerade diesen Gesichtspunkt eingehender berücksichtigen werden. Jedenfalls liegt im Fortschritt des Stoffwechsels und seinen Metamorphosen eine ähnliche innere Konsequenz wie im Fortschritt des Formwechsels. Heute ist die Stoffwechselphysiologie ganz auf die Erforschung der antagonistischen Wirkung der stofflichen Faktoren und der durch sie bedingten Gleichgewichtsregulierung gerichtet. Die Verknüpfung von Stoff- und Formwechsel wird gleichfalls das antagonistische Moment mehr berücksichtigen müssen, wenn sie tiefer als bisher in die Beziehungen beider eindringen will.

Schließlich kann man auch Schlaf- und Wachzustände unter dem dialektischen Gesichtspunkte Plancks betrachten. Wie die vegetabilische Tätigkeit in die stofflich-energetisch-aneignende und die produktiv-formgestaltende sich spaltet, so die animalische Lebenstätigkeit in eine regenerierende, energieaufstapelnde und in eine in der Handlung produktiv sich betätigende also energieverzehrende. Heß hat die Dialektik zwischen beiden in der Selbstregulation des vegetativen Nervensystems verfolgt (7). Man kann nach Heß im vegetativen System eine doppelte Regulationsrichtung unterscheiden: eine nach dem Ziel animaler Energieentfaltung gehende ergotrope Richtung und eine nach dem Ziel der Entwicklung, Erhaltung und Wiederherstellung der Gewebselemente gehende histotrope Richtung. Mit gewissen Vorbehalten darf der Sympathicus als der Arbeitsnerv, der Parasympathicus als der Wiederherstellungsnerv des Körpers aufgefaßt werden. Der Sympathicus erweitert die Pupille, beschleunigt die Herztätigkeit, erweitert die Luftröhren zum Einziehen des Sauerstoffs und mobilisiert durch Erregung der Nebenniere die Zuckervorräte aus der Leber als Energiequellen in die Muskeln, lauter Funktionen, die mit der Energieentfaltung der Handlung zusammenhängen und die der Parasympathicus hemmt. Umgekehrt aber fördert dieser durch Speichelfluß die Nahrungsaufnahme und durch Zufluß von Blut in die Bauchorgane die Bewegung des Darms und die Tätigkeit der Verdauungsdrüsen. Der Herzschlag wird durch ihn verlangsamt, um den Stoffverbrauch herabzusetzen, und zur Einschränkung der Sauerstoffzufuhr werden die Luftröhren verengt. Um die durch die Dissimilation angehäuften Schlacken auszuscheiden, regt er die Nierentätigkeit an und in der Leber fördert er den Aufbau von Glykogen als Energiereserve für neue Arbeitsleistung. Mit der animalen und vegetativen Funktionsrichtung hängt dann sinngesetzlich zusammen der Schlaf, der eine Ausschaltung der animalen Leistungen zwecks Entlastung des vegetativen Apparates ist. Dieser führt zur Einleitung des Schlafes Abschlußvorgänge herbei, unter denen die Verengung der Pupille durch den Parasympathicus (histotrope Regulation) genannt sei.

Es ist übrigens interessant, daß Planck neben dem bisher betonten Stufenprinzip der inneren Scheidung und erhöhten einheitlichen Zusammenfassung auch das Kontinuitätsprinzip nicht außer acht läßt. So nimmt er eine allmähliche Herausbildung der Sexualität im Pflanzenreiche an, weil diese nur vorhandene Seiten der vegetabilischen Tätigkeit voll und rein herausführt und somit nicht etwas wesentlich Neues setzt. Dieses Kontinuitätsprinzip ist durch die neue Forschung bestätigt worden. Tatsächlich gibt es in den Sexualitätsverhältnissen Übergänge, die mit dem durch Orange vermittelten Übergang von Gelb in Rot oder mit dem durch Grün vermittelten Übergang von Gelb in Blau verglichen werden können. Es gehört zu den interessantesten Entdeckungen der modernen Biologie, daß an der Wurzel der sexuellen Differenzierung im Organismenreich noch eine relative oder pluripolare Sexualität möglich ist. Auf botanischem Gebiet hat sie zuerst Kniep bei den Pilzen nachgewiesen.

Kniep ging von dem direkten Nachweis der Mendelspaltung aus, die der geschlechtlichen Differenzierung der Sporidien beim Antherenbrand (Ustilago violacea) zugrunde liegt. Die Brandsporen dieses Pilzes keimen nach der Ruhezeit zu einem kurzen Schlauch, dem Promycel, aus, der sich durch drei Querwände teilt und die sog. Basidie darstellt. Diese bringt einkernige Basidiosporen, die sog. Sporidien, hervor, die sich durch Sprossung vermehren. Es hat sich nun ergeben, daß die Abkömmlinge eines Sporidiums niemals, auch nicht unter den günstigsten Bedingungen, miteinander kopulieren. Mischt man dagegen die Abkömmlinge der verschiedenen (aber doch von derselben Brandspore stammenden) Sporidien, so treten in 50% der Fälle Kopulationen auf. Es gibt also zwei Sorten von Sporidien, nennen wir sie +- und —-Sporidien. Nur + und —, nicht aber + und + und — und — kopulieren; daher gibt es nach der Wahrscheinlichkeitsrechnung und Erfahrung 50% Kopulationen. Da nun die Sporidien von derselben Spore stammen, muß die Differenzierung ihres Geschlechts bei der Keimung der (Brand-)Spore stattfinden, die mit Reduktionsteilung und Anlagespaltung verknüpft ist. Das Geschlecht ist hier an eine Anlage: + etwa an A und — etwa an a gebunden. Unter den haploiden Sporidien haben also 50% A und 50% a. Da unter den vier Kombinationsmöglichkeiten: 1. $A + A$, 2. $A + a$, 3. $a + A$, 4. $a + a$, nur die zweite und dritte in Kraft tritt, haben wir 50% Kopulationen.

Das Geschlecht kann bei den Basidienpilzen aber auch an zwei Faktoren geknüpft sein. Bei Aleurodiscus polygonius trägt jeder Sporenständer vier Basidiosporen. Aus den Sporen entstehen Mycelien (im Substrat wachsende Fadengeflechte), die, wenn sie geschlechtlich unterschieden sind, miteinander in eigenartiger Weise, durch sog. Schnallenbildung, verschmelzen. Kniep gelang es nun, bei diesem Pilz in genialer Weise die Faktorenanalyse durchzuführen. Die Vierergruppen konnte er isolieren, indem er die Basidiosporen unter langsamer Drehung des Fruchtkörpers auf eine Gelatineschicht fallen ließ. Die Sporen liegen dann meist schön regelmäßig in Gruppen von je vier beisammen. Dann werden die Gruppen mit einem feinen Platinhohlzylinder ausgestochen. Wir haben jetzt die einfachen Erbmosaike, die Haplonten, die aus dem Doppelmosaik des diploiden Kerns (des Diplonten) durch Reduktionsteilung entstanden sind, frei in der Hand und können durch willkürliche Kombinationen ihre Faktorenanalyse durchführen. Bei den Blütenpflanzen ist solche willkürliche Kombination nicht möglich, da die Haplonten so schwer faßbar sind. Die Kombinationsversuche ergaben folgendes:

a) Bei der Kombination gab jedes Mycel des einen Paares mit jedem Mycel des anderen Paares derselben Vierergruppe Schnallen (d. h. es verschmolz mit ihm).

b) Geht man von zwei verschiedenen Vierergruppen desselben Fruchtkörpers aus, so ist zunächst der gleiche Fall wie bei a) möglich. Beide Gruppen sind dann miteinander identisch. Es ist aber auch möglich, daß zwei verschiedene Vierergruppen desselben Fruchtkörpers überhaupt nicht miteinander reagieren. Die Faktorenanalyse erklärt uns den Fall, wenn wir der Geschlechtsbestimmung zwei Faktoren: $A\,B$ und ab zugrunde legen und annehmen, daß nur solche Haplonten sich kombinieren, die in bezug auf zwei Faktoren verschieden sind.

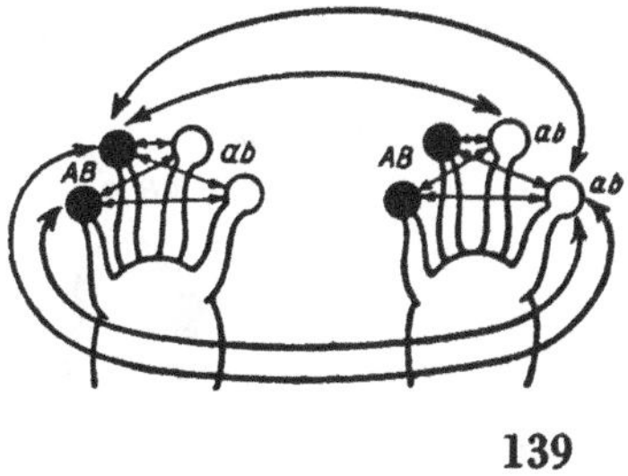

Dem Fall a entspricht:

Der Fall *b*, daß zwei verschiedene Vierergruppen desselben Fruchtkörpers überhaupt nicht miteinander kopulieren, da sie nur in einem, nicht in zwei Faktoren verschieden sind, stellt sich folgendermaßen dar:

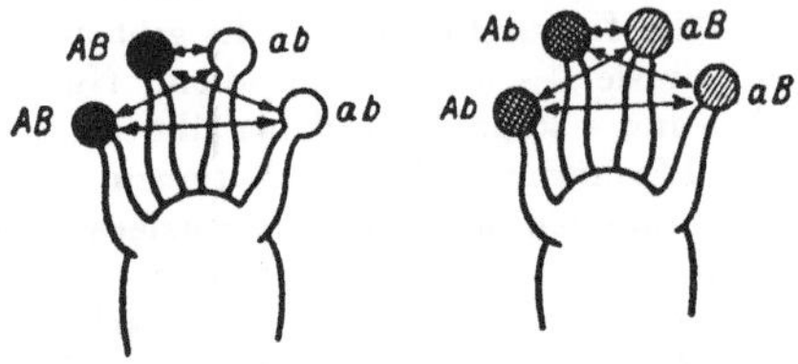

Wir können ferner entscheiden, ob in jeder Basidie zwei oder vier Geschlechtstypen entstehen.

1. Entstehen zwei, dann ist jede Basidiospore mit zwei anderen Basidiosporen kombinierbar.

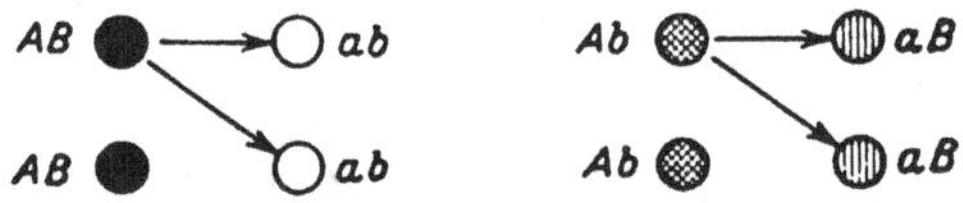

2. Entstehen vier, dann ist jede Spore nur mit einer Basidiospore kombinierbar.

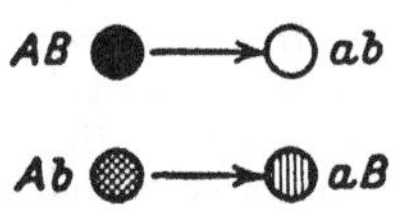

Nach Kniep ist nur der erste Fall verwirklicht. Daraus folgt das Schema der Reduktionsteilung:

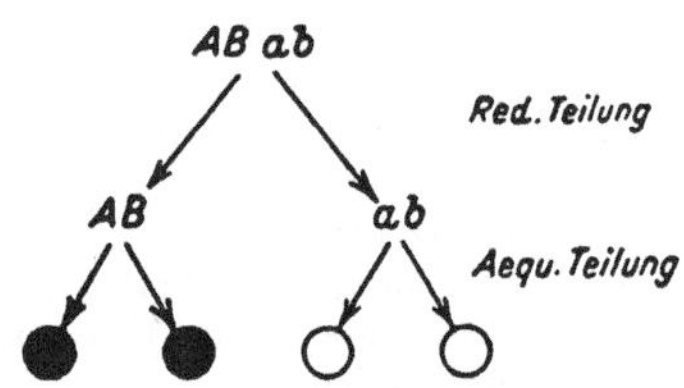

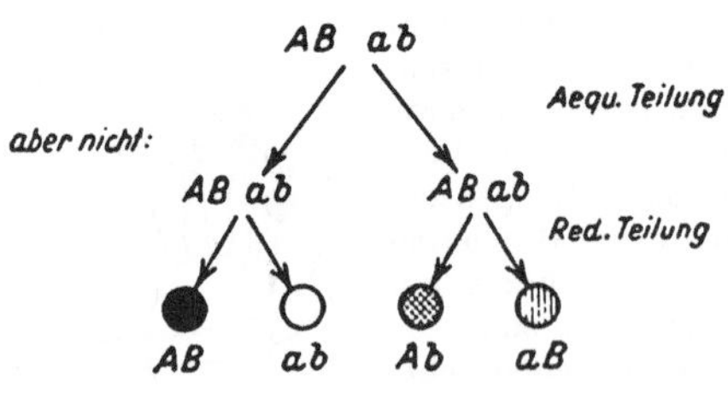

d. h. die Reduktionsteilung erfolgt auf der ersten, die Äquationsteilung auf der zweiten Teilungsstufe des Diplonten. Nur die Reduktionsteilung spaltet das Doppelmosaik der Erbanlagen in zwei einfache Mosaike auf, bei der Äquationsteilung bleibt die jedesmal gegebene Erbsubstanz vollständig.

c) Kombiniert man Haplonten von Fruchtkörpern miteinander, die verschiedener Herkunft sind, so zeigt sich in allen bisher untersuchten Fällen vollständige Fruchtbarkeit, d. h. sämtliche Haplonten des einen Fruchtkörpers reagieren mit sämtlichen Haplonten des anderen Fruchtkörpers. Nennen wir also die Geschlechtsfaktoren des einen Fruchtkörpers *AB ab*, so müssen die des anderen davon verschieden sein, und wir können sie etwa mit *A'B' a'b'* bezeichnen. Bei einem anderen Pilz: Schizophyllum, verfügte Kniep über Haplonten von zwölf Fruchtkörpern verschiedener Herkunft, die alle miteinander vollständig fruchtbar sind. Nennen wir einen P_1 = Diplonten von Schizophyllum *AB ab*, den anderen *A'B'a'b'*, so spaltet jeder Diplont (allerdings in verschiedenen Basidien) vier Haplonten ab:

P_1 — Diplont *E* $\quad$ P_1 — Diplont *W*

AB ab Ab aB $\quad$ *A'B' a'b' A'b' a'B'*

Haplonten (P_1 — Gametophyten).

Wir greifen einen F_1-Sporophyten heraus: *A B'aB*. Es müssen bei ihm, wenn die Aufspaltung nach dem Mendelschen Gesetz erfolgt, die vier F_1-Gametophyten: *A'B'*, *aB*, *A'B*, *aB'* auftreten.

Kreuzt man die vier F_1-Gametophyten mit den P_1-Gametophyten der Fruchtkörper *E* und *W*, so ergibt sich folgendes Reaktionsbild:

		A'B'	*aB*	*A'B*	*aB'*
E	*AB*	+	−	−	+
	ab	+	−	+	−
	Ab	+	+	+	+
	aB	+	−	−	−
W	*A'B'*	−	+	−	−
	a'b'	+	+	+	+
	A'b'	−	+	−	+
	a'B'	−	+	+	−

Damit stimmen auch die Versuche überein.

Nicht alle Fälle sind so einfach wie dieser, bei dem durch regelrechte Spaltung aus dem F_1-Sporophyten vier F_1-Gametophyten hervorgehen. Ein Bastardfruchtkörper *Y* aus dem Haplonten des Fruchtkörpers *E* und

W hat die Formel *A'B'aB*. *W* und *E* spalteten regelmäßig auf, dagegen traten unter den F_1-Gametophyten von *Y* mehr als vier Typen auf. Zunächst die vier zu erwartenden *A'b'*, *aB*, *A'B* und *ab'*, dann aber noch drei weitere, die im Vergleich zu diesen eine erhöhte Fruchtbarkeit zeigten. Die erhöhte Fertilität ist offenbar bedingt durch ein geringes Mutieren einzelner Faktoren, was durch den Index $_1$ des Faktorensymbols ausgedrückt wird. *A'B*, das mit *A'b'* nicht reagierte, weil nur ein Faktor verschieden ist, reagiert jetzt, weil es zu $A_1'B$ geworden ist usw. Das Gesamtreaktionsbild ist folgendes:

		A'b'				aB						A'B		ab'				$A_1'B$	a_1B	$A'B_1$
		4	5	12	14	8	9	11	18	19	20	1	2	13	15	16	17	6	7	10
A'b'	4	–	–	–	–	+	+	+	+	+	+	–	–	–	–	–	–	+	+	–
	5	–	–	–	–	+	+	+	+	+	+	–	–	–	–	–	–	+	+	–
	12	–	–	–	–	+	+	+	+	+	+	–	–	–	–	–	–	+	+	–
	14	–	–	–	–	–	–	–	–	–	–	–	–	–	–	–	–	+	+	–
aB	8	+	+	+	+	–	–	–	–	–	–	–	–	–	–	–	–	–	–	+
	9	+	+	+	+	–	–	–	–	–	–	–	–	–	–	–	–	–	–	+
	11	+	+	+	+	–	–	–	–	–	–	–	–	–	–	–	–	–	–	+
	18	+	+	+	+	–	–	–	–	–	–	–	–	–	–	–	–	–	–	+
	19	+	+	+	+	–	–	–	–	–	–	–	–	–	–	–	–	–	–	+
	20	+	+	+	+	–	–	–	–	–	–	–	–	–	–	–	–	–	–	+
A'B	1	–	–	–	–	–	–	–	–	–	–	–	–	+	+	+	+	–	–	–
	2	–	–	–	–	–	–	–	–	–	–	–	–	+	+	+	+	–	–	–
ab'	13	–	–	–	–	–	–	–	–	–	–	+	+	–	–	–	–	+	+	+
	15	–	–	–	–	–	–	–	–	–	–	+	+	–	–	–	–	+	+	+
	16	–	–	–	–	–	–	–	–	–	–	+	+	–	–	–	–	+	+	+
	17	–	–	–	–	–	–	–	–	–	–	+	+	–	–	–	–	+	+	+
A'_1B	6	+	+	+	+	–	–	–	–	–	–	–	–	+	+	+	+	–	–	+
a_1B	7	+	+	+	+	–	–	–	–	–	–	–	–	+	+	+	+	–	–	+
$A'B_1$	10	–	–	–	–	+	+	+	+	+	+	–	–	+	+	+	+	+	+	–

Diese Ergebnisse der Untersuchungen Knieps sind von weittragender Bedeutung, da sie auf eine puripolare Sexualität hindeuten. Neuerdings ist das Problem durch Max Hartmann an Ectocarpus siliculosus, einer Braunalge, untersucht worden. Die Pflanze ist zweihäusig, d. h. das eine Pflänzchen bildet weibliche, das andere männliche Gameten. Die weiblichen Gameten verlieren früher ihre Beweglichkeit und setzen sich mit der Schleppgeißel auf der Unterlage fest. Die männlichen Gameten umschwärmen dann den festsitzenden weiblichen Gameten wie ein Ei. Ist die Verschmelzung eines männlichen Gameten mit dem weiblichen Gameten eingetreten, so verlassen die übrigen männlichen Zellen die befruchtete Zygote. Bei den Kopulationsversuchen Hartmanns zeigte sich nun, daß manche Kombinationen geschlechtlich sehr stark reagieren, d. h. reichliche Befruchtungsgruppen und Zygoten in kürzester Zeit bilden, während andere Kombinationen eine schwächere Reaktion zeigten. Es gibt starke und schwache weibliche und starke und schwache männliche Gameten. Diese können nun aber auch, wie Hartmann gezeigt hat, unter sich positiv reagieren, also etwa ein schwaches Männchen kann einem starken Männchen gegenüber als Weibchen fungieren. Wie die Verschiebung nach der mehr potentiellen empfänglichen weiblichen oder der mehr aktuell männlichen Komponente zustande kommt, ob sie erblich festgelegt oder durch Außenfaktoren bedingt ist, das läßt sich heute noch nicht mit Sicherheit sagen.

Knieps und Hartmanns Entdeckungen zeigen, wie schon betont, daß in der Natur neben dem Stufenprinzip (Pflanze, Tier und Mensch) ein wunderbares Kontinuitätsprinzip waltet. Das Stufenprinzip stellt fest, daß z. B. von einem Assimilationsakt zu einem Wahrnehmungsakt keine fließende Vermittlung führen kann, da beim Assimilationsakt das Aufgenommene in seinem physischen Sein verändert wird, während beim Wahrnehmungsakt, soweit er in seinem Wesen als Erkenntnisakt und nicht psychologisch als Vorgang betrachtet wird, das Aufgenommene als das andere unangetastet stehenbleibt. In ihm ist eine im Vergleich zum Assimilationsakt wesentlich neue Stufe der Lebensbetätigung gegeben. Die Staffelung aber, die der Herausbildung der Sexualität bei der Pflanze zugrunde liegt, bildet zwei Wesensanlagen, die der pflanzlichen Lebensbetätigung schon ursprünglich zugrunde liegen, nur konsequent weiter durch. Sie ist mit einer Scheidung von Orange in Gelb und Rot zu vergleichen: als gesteigerte Scheidung und Zusammenfassung ursprünglich noch relativ ungeschiedener Bestandteile der pflanzlichen Lebensbetätigung.

Wie in der auf das Kontinuitätsprinzip gegründeten Sexualitätslehre, so liegt auch in seiner Stufenlehre Plancks Bedeutung darin, daß er mehr wie jeder andere Denker seiner Zeit auf den für uns heute wieder so wichtigen Zusammenhang von Wesen und Erscheinung hingewiesen hat und durch anschauliche Orientierung die Analogien und Wesensdifferenzen aufzuzeigen suchte, die die Stufen der Natur uns darbieten (8). Er wendet sich damit auch gegen die

Flachheit der nominalistischen Begriffsbildung, der gegenüber schon Hegel auf die hohe Denkauffassung der alten Wesensmetaphysik hinwies. „Die älteren Metaphysiker", sagt Hegel, „hatten einen höheren Begriff von dem Denken, als in der neueren Zeit gang und gäbe geworden ist. Jene legten nämlich zugrunde, daß das, was durchs Denken von und an den Dingen erkannt werde, das allein an ihnen wahrhaft Wahre sei, somit nicht sie in ihrer Unmittelbarkeit, sondern sie erst in die Form des Denkens erhoben, als gedachte. Diese Metaphysik hielt somit dafür, daß das Denken und die Bestimmungen des Denkens nicht ein den Gegenständen Fremdes, sondern vielmehr deren Wesen sei, oder daß die Dinge und das Denken derselben — wie auch unsere Sprache eine Verwandtschaft derselben ausdrückt — an und für sich übereinstimmen, daß das Denken in seinen immanenten Bestimmungen und die wahrhafte Natur der Dinge ein und derselbe Inhalt sei." Wenn dabei nach Planck das Denken auch scheinbar autonom fortschreitet, an der Anschauung nur als dem gleichsam sich selbst äußerlich gewordenen Denken sich entwickelt, gewissermaßen das verhüllte Denken in ihr durch die eigene Begriffsdialektik auszumitteln versucht, so dürfte das eben eine Täuschung sein. Faktisch hebt er das Einsichtige im Sinnlichen immer nur durch Abstraktion heraus, sonst wären ja der Erkenntnis vom Objekt her überhaupt keine Schranken gesetzt. Wie sehr Planck bei aller Metamorphose der Begriffe die Objekte selbst zu Rate zog, zeigen seine zahlreichen naturwissenschaftlichen Einzelkenntnisse. Wie mir seine Tochter, Fräulein Mathilde Planck, schrieb, hatte er ein sehr nahes persönliches Verhältnis zur Natur, wie überhaupt bei ihm nichts rein theoretisch war. Auf großen und kleinen Gängen, die er mit seinen Kindern machte, haben sie ihn viel nach den Namen der Pflanzen und Steine gefragt und immer eine Antwort erhalten. Mit dem Hammer in der Hand hat er selbst Gesteinskunde getrieben. Seine jährliche Erholung war eine größere Gebirgswanderung, von deren Naturerlebnissen er nachher ganz beglückt erzählen konnte. Bezeichnend für Plancks Aufschwung und Erhebung am Objektiven ist auch seine Liebe zur Mozartschen Musik. Aber zugleich wird an ihm auch deutlich, wie der Naturverstand der

Deutschen eine besondere, vom Gemüt genährte Tendenz in sich trägt, die das Problem der bildbedingten Erkenntnis recht eigentlich zu seinem Problem gemacht hat. Wir werden später sehen, daß die bildbedingte Naturinterpretation, die von Goethe über Carus, Planck und Lotze führt, heute durch den Deutschbalten Hermann Friedmann und durch Helmuth Pleßner in der schon von Goethe geforderten „Kritik der Sinne" zu einer streng wissenschaftlichen Angelegenheit geworden ist. Und es ist eine schöne Fügung, daß ein Verwandter des Philosophen K. Chr. Planck, der Physiker Max Planck, heute der Vermittler geworden ist, von dem aus Hermann Friedmann in der Atomphysik die Brücke schlagen konnte von der Haptik als auf den Tastsinn aufbauender, zur Optik als auf das Bild aufbauender Interpretation der Wirklichkeit*).

*) Diese Hingebung an den Gehalt, an das Objektive, die mittelalterlich und platonisch ist, wird auch in der österreichischen Schule, wie neuerdings Eibl gezeigt hat, typisch vertreten. Die Wurzeln der deutschen phänomenologischen Schule liegen bei zwei österreichischen Denkern, bei Bolzano und Brentano, die zudem auch feine Kenner der Scholastik waren.

III.

Die zweite Reaktion gegen das bildbedingte typologische Erkennen durch die neuere positivistische Biologie. Überwindungsversuche dieser Reaktion im kritischen Vitalismus Drieschs. Abweisung des sachfremden Vorbildes der „Maschine“ für die Deutung der Lebenserscheinungen und Erneuerung ihrer gegenstandsbedingten Eigenartsanalyse durch die Naturphänomenologie (bes. Max Schelers). Die bildbedingte typologische Analyse in der Tierpsychologie (Buytendijk). Neuer erkenntniskritischer Grundlegungsversuch der bildbedingten Naturerkenntnis durch Helmuth Pleßners „Kritik der Sinne“. Ansätze bei Pleßner zur konkret-kausalen Fragestellung (kritische Ontologie). Die Erweiterung des auf den Tastsinn gegründeten in das auf den Gesichtsinn gegründete Erkenntnisfeld durch Hermann Friedmann. Optisch-bildhaft bedingte Erkenntnis in der Atomphysik und in der biologischen Feldtheorie. Nicolai Hartmanns Realismus.

Ein Denkstein in der Geschichte des biologischen Denkens ist Plancks naturphilosophisches Lebenswerk deshalb, weil er das Problem der perspektivischen Gegenstandserkenntnis zum ersten Male wieder groß gesehen hat. Sein Bestreben ist, in der Naturerkenntnis das sinnliche Vermögen in die reichste Berührung mit der Gegenstandswelt zu setzen, seine Empfänglichkeit aufs höchste zu steigern und zugleich bei dieser vollanschaulichen Erfassung der Gegenstände sie in eine überempirische Bedeutungssphäre einzuordnen, welche mit den reinen Erscheinungsformen der Natur selber in einer umfassenden Dekkungseinheit steht. Im Naturerkennen wird so eine innere Scheidung und erneute höhere Zusammenfassung durchgeführt, in der das abstrakt-kausale Erkennen durch das bildbedingte antithetisch ergänzt wird. Für eine solche Ausweitung der Erkenntnis war die Naturforschung seiner Zeit aber noch nicht reif. In ihr war der antithesenlose, selbstgenügsame Empirismus vollständig herrschend und durch ihn waren alle Gesamtübersichten über das Sein vollständig abgeblendet worden. Vorbereitet wurde die empiristische Richtung in der Biologie vor allem durch J. St. Mill. Mit ihm setzt die Auflösung der alten Typologie und idealistischen Morphologie ein, die im Darwinismus vollendet wird.

Wie fern dem Empirismus Mills die Unterscheidung zwischen psychischem Akt und dessen Inhalt (als Element der Erkenntnis) und überhaupt das Verständnis für den organischen Charakter des Innenlebens liegt, zeigt seine Zurückführung der Erkenntnisakte auf eine Art „psychische Chemie". Nicht minder flach ist dann die Wissenschaftslehre, die auf dieser „Assoziationsphilosophie" aufbaut. Mill setzt an Stelle des die Formenspezifikation erhellenden Typusbegriffes, dem kein Objektives in der Natur zugrunde liegen soll, die entleerte Definition. „Wir setzen", sagt Mill, „die Spezies Ranunculus acris nicht aus allen Blumen zusammen, welche einen hinreichenden Grad von Genauigkeit mit einer Muster-Butterblume haben, sondern aus denjenigen, welche gewisse Charaktere besitzen, die als Merkmale gewählt wurden, durch welche wir die Möglichkeit einer Verwandtschaft erkennen, und die Aufzählung dieser Charaktere ist die Definition der Spezies." In der Tat ist Mill durch diese ganze Erklärung der Klassifikation zu dem Standpunkt Linnés zurückgekehrt, den er nur in der Hinsicht zu verbessern glaubte, daß er ein natürliches System annahm. Aber die Definitionen der Spezies, Gattungen und Familien sind völlig leere Hülsen in diesem System und das So-oder-Anderssein einer Spezies bleibt ein rein zufälliges, ohne theoretische Erleuchtung. Der Geist Goethescher Morphologie ist völlig verlassen. Goethesche Morphologie geht auf die Erfassung der Homologien, der Wesenskonstanten der

Formen. Der diese Konstanten in sich fassende Typus ist nicht als ein Schema oder Durchschnittsbild zu betrachten, um das die Abweichungen wie Zufallsvarianten sich gruppieren, sondern der Morphologe erfaßt in ihm — wie wir schon früher betont haben — einen normativen Gehalt, der im Prozeß der Formentfaltung eine Begrenzung der Abwandelbarkeit in ganz bestimmter Richtung bedingt, ähnlich wie die musikalischen Variationen uns in ihrer Richtung spezifiziert erscheinen durch das musikalische Thema. Die Ableitung aus bestimmten quantitativen Urphänomenen (z. B. des stofflich-aneignenden und produktiv-formgestaltenden Phänomens in der pflanzlichen Lebenstätigkeit) führt uns weiterhin zu gewissen Höherstaffelungen von Anlagen, die im Urstand enthalten sind und deren Entfaltung uns aus einem Wesensbegriff einsichtig wird, der mit der Millschen Definition nichts mehr gemein hat.

Von Mill zu Darwin ist nur ein Schritt. Hat der anschaulich gewonnene Typusbegriff kein fundamentum in re mehr, und gibt es nur „Definitionen", die ohne theoretische Leuchtkraft für so oder anders geartete Entfaltungsrichtungen sind, dann erscheinen diese wirklich als rein zufällig und der Darwinsche Gedanke einer richtungslosen Formenvariation hat nichts Befremdliches mehr. Man muß übrigens zwischen Darwin und dem extremen Darwinismus unterscheiden. Nach der Annahme des extremen Darwinismus sind alle Entwicklungsschritte in der Natur richtungslos, d. h. es gibt bei den Abänderungen keine Bevorzugung auf ein bestimmtes Ziel hin, das allein dem Begriff der Richtung einen für das Leben verständlichen Sinn gibt; sie gehen auseinander, wie Pfeile, die ohne Ziel nach allen Richtungen auseinanderschwirren. Einige von den zahllosen Abänderungen werden sich als nützlich erweisen und bleiben erhalten, während die schädlichen ausgemerzt werden. Mit Recht bezeichnet v. Uexküll diese extrem-darwinistische Erklärungsmethode als eine Anweisung, wie man durch Steinwürfe ein Haus bauen kann. Darwin selbst war aber doch im Grunde ein viel zu scharfer Beobachter der Natur und nicht so wie die Definitions- und Konstruktionsphilosophen von aller Anschauung verlassen, um diese letzten Konsequenzen im

Ernste mitzumachen. In seinem Werke: „Origin of species" räumt er dem Typusbegriff eine Bedeutung ein, die dem Zufallscharakter aller Formen zu widersprechen scheint. „Wir haben gesehen," schreibt er, „daß die Glieder einer und derselben Klasse unabhängig von ihrer Lebensweise einander im allgemeinen Bauplan ihrer Organisation gleichen. Die Übereinstimmung wird oft mit dem Ausdruck ‚Einheit des Typus' bezeichnet . . . Der ganze Gegenstand wird unter dem Namen Morphologie begriffen. Das ist einer der interessantesten Teile der Naturgeschichte und kann deren wahre Seele genannt werden." Solche Äußerungen Darwins legen nahe, wie ich schon oben betonte: zwischen Darwin und den Darwinisten zu unterscheiden und die radikale Auflösung des Typusbegriffes bzw. die radikale Leugnung seines objektiven Fundamentes mehr den abstrakten Konstruktionen seiner Epigonen zuzuschreiben, als ihm selber. Geradezu unverständlich ist an diesen Konstruktionen, daß dabei auf Analogien aus der anorganischen Natur überhaupt keine Rücksicht genommen wird. Eine chemische Verbindung kann doch auch nicht beliebig abgeändert werden, sondern nur in bestimmten Bahnen. Und so werden auch Organismen nicht beliebig sich verändern können. Es ist noch nie gelungen, ein violettes Maiglöckchen, ein Gras mit Fiederblättchen, einen Hund mit Streifen eines Zebra, ein zinnoberrotes Haushuhn oder einen blauen Kanarienvogel zu züchten. In solchen Erfahrungen kommt die relative Richtigkeit jener Auffassung von der Entwicklung zum Ausdruck, die man als Orthogenesis bezeichnet. Für eine orthogenetische Entwicklung sprechen auch sonst noch zahlreiche Erscheinungen, so eine gewisse Variationslinie in der Zeichnung der Tiere. Wir finden z. B., daß die Entwicklung der Zeichnung bei verschiedenen Tierklassen (bei Weichtieren, Vögeln, Reptilien, Säugetieren und gewissen Insekten) immer in der Weise vor sich geht, daß ein Übergang von der Querstreifung durch die Fleckenbildung zur Längsstreifung und endlich zur einheitlichen Zeichnung erfolgte. Eine vorgeschriebene Bahn zeigt die Entwicklung der Suturlinie und Form der Ammonitenschalen. Die Entwicklung kann die einmal eingeschlagene Richtung unaufhaltsam weiter verfolgen und selbst dann nicht zum Stillstand kommen, wenn die natürliche Zuchtwahl sie ausmerzen müßte. So bei der Aufrollung des Stoßzahnes beim Hirscheber und beim Mammut, die diesen Tieren direkt schädlich war. In dieser exzessiven, selbst dem Körper schädlichen Entwicklung von bestimmten Körperteilen tritt eine Art biologischer Trägheit im Festhalten der einmal eingeschlagenen Richtung hervor. Auch bei den Pflanzen kann man mit Recht darauf hinweisen, daß bei der Organbildung ein Faktor in Betracht kommt, der in der Beschaffenheit der Pflanze selbst liegt, in ihrer inneren Konstitution, die eine Entwicklung in bestimmter Richtung hin bedingt. Dafür spricht schon, daß bei sehr vielen Anpassungen innerhalb einer und derselben Familie die verschiedensten Abstufungen vorkommen, so daß bei der einen Pflanze noch mehr Anlage ist, was bei der anderen in gesteigerter Form hervortritt. Die Ausbildung der Orchideenblüte scheint ein rein formgesetzlich bedingter Exzeß zu sein, innerhalb dessen höchst komplizierte und nicht einmal sehr sicher funktionierende Befruchtungseinrichtungen entstanden sind, während das gemeine Unkraut Senecio vulgaris auf ganz einfache Weise einen massenhaften Samenansatz erreicht. *Es ist interessant, daß Darwin selbst rein in den allgemeinen Wachstumsgesetzen der Organismen begründete Eigentümlichkeiten erkannte, die nur gelegentlich „ausgenützt" werden.* „Man sagte," bemerkt er, „daß die nackte Haut am Kopfe des Geiers eine unmittelbare Anbequemung des oft in faulen Kadavern mit dem Kopfe wühlenden Tieres sei. Aber auch die Kopfhaut des ganz säuberlich fressenden Welschhahns ist nackt, was gegen die angeführte Deutung spricht. Die Nähte an den Schädeln junger Säugetiere sind als eine passende Einrichtung zur Erleichterung der Geburt dargestellt worden, und ohne Zweifel begünstigen sie dieselbe oder sind gar unentbehrlich. Da aber solche Nähte auch an den Schädeln junger Vögel und Reptilien vorkommen, welche nur aus einem zerbrochenen Ei zu schlüpfen nötig haben, so dürfen wir schließen, daß diese Bildungsweise von den *Gesetzen des Wachstums* herrühre und den höheren Wirbeltieren dann nur gelegentlich auf jene Weise nütze."

Wir wollen nicht weiter auf die Kritik des Darwinismus

(die, wie wir sehen, nicht immer eine Kritik Darwins ist) an der Hand der Erfahrung eingehen, sondern vor allem auf die prinzipiellen Mängel aufmerksam machen, die ihn (wenigstens in der Form des „entarteten“ Darwinismus) als *blinden Empirismus* kennzeichnen. Mit Recht hebt *Driesch* hervor, die darwinistische Systematik biete *keine rationale Einsicht* in die Welt der organischen Formen. Alle Systematik, die das Prädikat rationell verdienen soll, muß auf einen Begriff gegründet sein, mit dessen Hilfe die Gesamtheit der spezifischen Verschiedenheiten verständlich wird. Chemie und Physik besitzen Systeme, die sich diesem idealen Typus nähern. Der Typus der einwertigen gesättigten Alkohole ist z. B. gegeben durch die Formel $C_n H_{2n+1} OH$; in dieser Formel besitzen wir nicht nur einen Ausdruck für das Gesetz der Zusammensetzung, dem alle möglichen Alkohole folgen, sondern wir besitzen in der Formel auch, da wir empirisch das Gesetz der quantitativen Beziehung zwischen *n* und dem Grade verschiedener physikalischer Eigenschaften kennen, eine allgemeine Einsicht in die Gesamtheit aller Eigenschaften, welche irgendein primärer Alkohol, der in Zukunft hergestellt oder entdeckt werden wird, besitzen muß. Für den Genusbegriff in der biologischen Systematik trifft das nicht zu. Die Spezies werden hier charakterisiert durch Hinzufügung charakteristischer Merkmale, *nicht durch inhärente Entwicklung gleichsam latenter Eigentümlichkeiten*, die im Genusbegriff enthalten wären. *Das ist bloße Klassifikation, Katalogisierung.*

Nicht viel höher als der Wert solcher Katalogisierung steht der Wert reiner Stammesgeschichte ohne eine wirkliche, wenn auch nur hypothetische Kenntnis der Faktoren, welche bei der Umbildung in Betracht kommen: Ohne eine Kenntnis des Gesetzes der Umbildung läßt die bloße Deszendenztheorie das Problem der Systematik dort stehen, wo sie es gefunden hat, bei bloßer *Katalogisierung* (Driesch).

Sowohl der Darwinismus wie der Lamarckismus sehen die stammesgeschichtlichen Umbildungen der Pflanzen und Tiere als „zufällig“ an. Zufällig zweckmäßige Variationen (Adaptionen) haben sich nach dem Darwinismus passiv durch Selektion erhalten. Nach dem Lamarckismus werden sie nach ihrer Entstehung als einem Bedürfnis entsprechend beurteilt oder empfunden und aktiv festgehalten „aufgestapelt“. In beiden Fällen ist ihre erste Entstehung aber zufällig. In tief eindringender Kritik zeigt Driesch die Unhaltbarkeit beider Theorien. Vor allem versagen beide bei der Erklärung der Entstehung solcher Organe, die sich erst dann als zweckmäßig erweisen, wenn sie stammesgeschichtlich bereits vollkommen ausgebildet worden sind — wie z. B. die Vogelflügel oder der Giftapparat der Giftschlange. Die erste stammesgeschichtliche Anlage eines solchen Organs würde weder einen Vorteil im Kampf ums Dasein bedeuten, noch ein unmittelbares Bedürfnis wirklich befriedigen. Dazu kommt: nach dem Darwinismus sowohl wie nach dem Lamarckismus sind unendlich viele Formen möglich, und es gibt kein Gesetz der Form. Die Formen sind formae accidentales im Sinne der alten Logiker. Deswegen kann es für sie gar keine rationelle Systematik geben.

Wie ist es nun möglich, aus diesem blinden Empirismus wieder herauszukommen? Die eine Möglichkeit besteht darin, an der Biologie nur das als Wissenschaft gelten zu lassen, was die Data der Sinnesqualitäten, die sog. Phänomene, in Zahlenreihen — Naturkonstanten, Exponenten — übersetzt und in letzter Hinsicht in die mathematische Rationalität der Funktionsformeln bringt — und dann löst sich die Biologie als Wissenschaft in die Biochemie oder Biophysik auf. Beide Wissenschaften haben sicher eine ganz große Bedeutung und, da sie in ihren Methoden erst in der Gegenwart einigermaßen exakt werden, auch eine ganz große Zukunft vor sich. Auch entsprechen sie am reinsten dem Ideal einer exakten Naturwissenschaft. Trotzdem muß man aber sagen, daß das, was ein Biochemiker oder Biophysiker an quantitativ ausdrückbaren Bezügen am Organismus erfaßt, im Hinblick auf den Organismus selber mitunter ebenso zufällige, d. h. unter weitere biologische Gesichtspunkte nicht einordnungsfähige Fakta sind, wie die Fünfzahl der Staubgefäße in der Linnéschen Gruppe der Pentandria. Ich behaupte, wie gesagt, zufällig nur in bezug auf weitere Nichteinreihungsmöglichkeit in spezifisch biologische Ordnungseinsichten. Hier kann der Physiologe grundsätzlich auf der Stufe des Staubfädchenzählers stehen bleiben — nur mit dem Unterschied, daß die von ihm erfaßten Bezüge wenigstens in der Ebene der Physik und Chemie der mathematischen Ordnungseinsicht unterworfen sind, während der Staubfädchenzähler nur Fakta feststellt. Dieses Verfahren sieht dann aber bewußt von spezifisch biologischen Ordnungseinsichten ab und der Biologie kann dann der Wert einer selbständigen Wissenschaft nicht mehr zugesprochen werden. Selbständig wäre sie höchstens in der Ausklügelung der besonderen Methoden, den chemisch-physikalischen Prozessen im Organismus möglichst exakt beizukommen. Man kann nun aber auch weitergehen und kann fragen, was denn nun eigentlich einen vitalen Prozeß seinem Wesen nach aufbaut, was ihn typisch von einem avitalen Prozeß unterscheidet. Dieses unterscheidende Merkmal müßte auch dem primitivsten aller vitalen Prozesse zukommen, ein Urphänomen bezeichnen, aus dem sich weitere Phänomene verstehen oder ableiten lassen. Wir werden später sehen, daß ein solcher Gedankengang der ganzen synthetischen Morphologie von Heidenhain zugrundeliegt und die rationale Einordnung einer unübersehbaren Fülle von Einzelphänomenen ermöglicht. Damit hat sich die objektiv bildbedingte Herauslösung des Wesentlichen aus den vitalen Erscheinungen für die Biologie im eminenten Sinne als wissenschaftsaufbauend (d. h. als Ordnungseinsichten begründend) erwiesen.

Diese bildbedingte Analyse, welche die Wesenscharaktere der Lebensprozesse zu ermitteln und darauf neue Einsichten zu gründen suchte, kam aber zunächst nicht zur Anwendung. Man versuchte vielmehr, die nach einem sachentfremdeten Vorbild durchgeführten Deutungsversuche des Lebendigen zuerst dadurch zu entwurzeln, daß man rein negativ die von diesem Vorbild bestimmte „Maschinentheorie des Lebens" zu „widerlegen" sich bemühte. Das war die Methode des kritischen Vitalismus von Hans Driesch.

Die grundlegenden und theoretisch bedeutsamsten Untersuchungen zur Widerlegung der Maschinentheorie wurden von Driesch an den ersten Entwicklungsstadien des Seeigels (Echinus) durchgeführt. Wir wollen sie der Wichtigkeit wegen kurz skizzieren.

Nach der Befruchtung des Seeigeleies durch den Samenfaden erfolgt dessen Furchung oder Segmentation. Durch fortgesetzte Teilung des Kernes und des Protoplasmas bilden sich die sog. Furchungszellen, die immer kleiner werden und sich schließlich zu einer Hohlkugel, der sog. Blastula, anordnen. Die Blastula schwimmt mit Hilfe von Wimpern frei umher. Nach einiger Zeit treten an einem bestimmten Bezirk Zellen in den Hohlraum. Sie stellen das Mesenchym dar, das Gewebe, von dem aus die Skelettbildung erfolgt. Es bilden sich ein Hohlrohr, der Urdarm, der Darm, der Mund und alles mögliche andere, bis schließlich die typische Seeigellarve, der sog. Pluteus, fertig ist. Driesch untersuchte nun, wie eine Blastula sich verhält, wenn man sie, und zwar in beliebigen Richtungen mit einer feinen Schere teilt. Es zeigte sich dann folgendes: an den Bruchstücken legten sich zunächst die Wundränder zusammen und verwuchsen. Dann rundete sich das Schnittstück zu einer kleineren kugeligen Blastula ab, die sich normal weiter entwickelte und schließlich eine vollkommene, wenngleich kleine Seeigellarve (Pluteus) lieferte. Es zeigte sich, daß selbst eine Viertelblastula noch fähig ist, einen Pluteus zu bilden, daß man also der normalen Blastula $^3/_4$ ihrer Gesamtzahl an Zellen entnehmen kann und sie trotzdem eine ganze Pluteuslarve herzustellen vermag.

Driesch nennt ein zu solcher Leistung befähigtes System ein „harmonisch-äquipotentielles System". Sein Sachverhalt ist kurz folgender: n embryonale Zellen leisten zusammen in harmonischer Arbeit die Restitution. Aber auch n-a Zellen können es, wenn nur nicht a gar zu groß ist, wobei a gleich $^3/_4$ n die erlaubte Grenze zu sein scheint.

Was muß nun an der Anordnung eines mechanischen Systems verwirklicht sein, auf daß es ein harmonisches sei?

Das Werden eines Organismus stellte man sich früher vor wie das Auseinandertreten eines ineinandergeschobenen dreidimensionalen Mosaikbildes. Alle später zur Entfaltung kommenden Anlagen des Organismus dachte man sich in materiellen Bestandteilen des Eies präformiert. Die Entwicklung war ein allmähliches Sichtbarwerden der „extensiven", d. h. räumlich-materiellen Mannigfaltigkeit des Eies. Jeder

Fortschritt in der Entwicklung bedeutet ein weiteres Auseinandertreten dieser Mannigfaltigkeit, bis schließlich der ganze Organismus, das ganze Mosaikbild, fertig ist. Diese Mosaiktheorie ist nach den Versuchen von Driesch nicht mehr haltbar. Nach der ihr zugrundeliegenden Vorstellung ist es nicht mehr ausdenkbar, wie aus einer Viertelblastula ein ganzer verkleinerter Organismus hervorgehen soll. Wenn man aus einem zusammengeschobenen und dann zum Teil auseinandergerückten Mosaik ein Stück wegnimmt, kann nicht mehr das ganze Mosaik entstehen.

In seinen „Logischen Studien über Entwicklung" (I und II) hat Driesch nun die Frage der harmonischen Differenzierung nach Art analytisch-mechanischer Aufgaben behandelt. Die Problemstellung ist folgende: Gegeben ist ein aus einer endlichen Anzahl von Letztdingen (Atomen) bestehendes System. Bekannt ist sein Zustand A zur Zeit A_1 (das Blastulastadium) und sein Endzustand B zur Zeit A_2 (das Pluteusstadium).

Die Anordnung von Punkten im Raum wird in der Mathematik durch die Abstände bestimmt, die sie von drei festen, aufeinander senkrecht stehenden Ebenen besitzen. Diese Abstände nennen wir Raumkoordinaten. Die Anordnung der Letztdinge in Zustand A und B sei in einem System von Raumkoordinaten dargestellt.

In Zustand A haben die Letztdinge die Raumkoordinaten

$$X_1^1\, Y_1^1 Z_1^1,\ X_1^2\, Y_1^2 Z_1^2,\ X_1^3\, Y_1^3 Z_1^3 \ldots X_1^n\, Y_1^n Z_1^n$$

In Zustand B haben die Letztdinge die Raumkoordinaten

$$X_2^1\, Y_2^1 Z_2^1,\ X_2^2\, Y_2^2 Z_2^2,\ X_2^3\, Y_2^3 Z_3^3 \ldots X_2^n\, Y_2^n Z_2^n$$

„Kann Zustand B als mechanisch aus Zustand A hervorgegangen gedacht werden, wenn er als typisch derselbe auch dann entsteht, wenn dem Zustand A beliebige Elemente (bis zu $^3/_4$ der ursprünglichen Menge) genommen worden sind? (Experimentalfall im Gegensatz zum Normalfall; Tatsache der harmonischen Äquipotentialität)."

Der Einfachheit halber legt Driesch dem Worte „mechanisch" die Ansicht zugrunde, daß es sich um ein dynamisches System vom Newtonschen Typus handle. In einem solchen hängt die Bewegung eines beliebig betrachteten Elementes nur ab: von seinen eigenen Koordinaten, von den ersten Differenzialquotienten dieser Koordinaten nach der Zeit („Geschwindigkeit") und von den Koordinaten aller anderen Elemente. Denn die zweiten Differentialquotienten der Koordinaten nach der Zeit („Beschleunigung") sind hier Funktionen der Kooridnaten selbst.

„Ein relativ einfaches System dieser Art ist das Sonnensystem. Für ein solches System gelten bekanntlich auch die Keplerschen Gesetze in ihrer allgemeinsten Bedeutung."

Es ist nun klar, daß jedes System dieser Art, kurz gesagt, ein Keplersystem überhaupt bleibt, man mag ihm nehmen, was man will. Aber ein harmonisch-äquipotentielles System soll eben nicht nur ein Keplersystem überhaupt bleiben, nach beliebigen Störungen durch Materialentnahme, sondern es soll zu der proportional „typischen" Endverteilung der Gruppen (Gewebe und Organe) führen, ganz gleichgültig, was für Störungen an ihn durch Fortnahme von Material gesetzt worden sind.

Daß das Sonnensystem ein harmonisch-äquipotentielles System und nicht nur ein „Keplersystem überhaupt" wäre, würde also heißen: Gesetzt, man habe dem Urnebel (den wir hypothetisch mit Laplace und Kant setzen wollen), ganz beliebige Teile entnommen, so wäre doch dieses unser Sonnensystem mit seinen ganz bestimmten Planeten, Monden und Planetoiden in jeweils proportional „richtiger" Lage herausgekommen.

Beim tatsächlich gegebenen organischen harmonisch äquipotentiellen System handelt es sich aber noch um viel mehr, und zwar um so viel mehr, um wie viel die Mannigfaltigkeit der Typik eines Organismus die Typik der Lage der groben siderischen Massen übertrifft. Auf diese Typik müßte das System nach jeder ganz beliebigen Störung in der von uns genau analysierten Weise eingestellt bleiben.

Das Eingestelltgewesensein auf eine ganz bestimmte Endkonstellation und das Eingestelltbleiben auf relativ ganz dieselbe Endkonstellation (der Gruppenverteilung nach), wenn auch ganz beliebige Teile des ursprünglich eingestellt

Gewesenen genommen sind — das ist es, worauf alles hinausläuft.

Der Mathematiker wird zu dieser Fragestellung sagen können wie folgt:

Die dargestellte Charakteristik eines harmonisch äquipotentiellen Systems und seiner Ausgestaltung bedeutet grundsätzlich nichts anderes, als daß für die Bewegungen der Elemente eines solchen Systems eine ungeheure Menge von Bedingungsgleichungen besteht, denn jede beliebige Elementenkombination — bis zu einer gewissen Minimalzahl von Elementen hinunter — soll ja das proportional „Richtige" liefern.

Das Problem sei, wird er sagen, als „mechanisches" klar, obschon praktisch unbehandelbar.

Auch sei es unwahrscheinlich, daß das mechanisch Denkbare empirisch verwirklicht sei — aber doch nur unwahrscheinlich.

Den Schluß von der Unwahrscheinlichkeit zur Unmöglichkeit des Mechanismus — meint Driesch — können wir aber dennoch tun, wenn wir noch anderes in Betracht ziehen und das System in seine stammesgeschichtliche Entstehung zurückverfolgen.

„Das nicht nur schematisch ersonnene, sondern empirisch wirkliche, also das nicht nur ein logisches, sondern ein biologisches Gebilde darstellende harmonisch-äquipotentielle System steht inmitten des Mediums mit seinen unübersehbaren ‚zufälligen' Konstellationen, wird aber in weitem Ausmaße nicht von ihnen angefochten. Ja, es ist experimentell erhärtet, daß alle möglichen Beeinflussungen des Druckes, des Zuges, der Temperaturschwankung usw. die ‚normale' Ausgestaltung eines harmonischen Systems nicht beeinträchtigen, ganz abgesehen davon, daß ihm der Stoffwechsel nichts antut."

Roux versucht nun diese harmonische Einstellung aus selektiv erworbener mechanischer Selbstregulation begreiflich zu machen. Nach seiner Annahme müßte nicht nur gegen die Entnahmevariationen, sondern auch gegen sämtliche Deformationsvariationen des Systems Regulationsmechanismen vorgebildet sein. Diese Regulationsmechanismen müßten zufällig und allmählich ausgebildet und im Kampf ums Dasein ausgelesen worden sein. Den wesentlichen Grund dafür, daß so etwas nicht möglich ist, daß also das Restitutionsvermögen nicht „gezüchtet" gedacht werden kann, sieht Driesch in seinem Charakter als „allgemeines" Vermögen. Im Gegensatz zur Kontraktion und Nervenleitung etwa, die immer „dasselbe" Vermögen darstellen und deshalb nur eine Art von „Apparat" im Sinne der Maschinentheorie fordern würden, erfordert jede besondere Form der Restitution auch einen jeweils besonderen Apparat, und zwar immer einen ebenso spezifischen und ungeheuer zusammengesetzten Apparat, wie es dem höchst spezifischen und ungeheuer zusammengesetzten Prozeß der Restitution in jedem Falle entspricht. Daß solche Apparaturenproduktion wiederum auf maschinellem Wege stattgefunden habe, ist so unwahrscheinlich, daß nach Driesch praktisch von einer Unmöglichkeit gesprochen werden kann.

Das wesentliche Verdienst von Drieschs kritischem Vitalismus müssen wir darin sehen, daß er das Unzureichende in dem abstrakt-kausalen Erklärungsversuche der Maschinentheorie bis in die Wurzeln hinein aufzudecken versuchte und dadurch von selbst den Weg zu einer mehr konkretkausalen Analyse ebnete. Diese hat den Ablauf des Verwirklichungsprozesses der Formen zunächst auf vitale, maschinell nicht weiter auflösbare Urphänomene zurückzuführen und nach der Zuordnung der Verwirklichungsfelder zu den Materialfeldern näher zu charakterisieren. Auf das Urphänomen der vitalen Formbestimmung führt Driesch durch die folgende Analyse hin: Während bei einem harmonisch-gleichvermögenden System (z. B. beim Seeigelkeim) von einer Gesamtheit von Zellen trotz Verlagerung oder Materialentnahme die organisatorische Leistung (Herstellung der normalen Larve) ausgeht, kann bei einem zusammengesetzt-gleichvermögenden (komplex-äquipotentiellen) System jedes einzelne Element zusammengesetzt organisatorische Akte, eventuell sogar die Herstellung des ganzen Organismus leisten. An isolierten Blättern der wohlbekannten Begonie kann ohne weiteres eine vollständige Pflanze mit allen ihren Teilen aus jeder einzelnen Zelle der Epidermis (wenigstens den Adern entlang) entstehen. Der klarste Typus eines zusammengesetzt-gleichvermögenden Systems ist natürlich der Eierstock. Die Genese der zusammengesetzt gleichvermögenden Systeme aber bildet nach Driesch den Ausgangspunkt für die zweite grundsätzliche Abweisung der Maschinentheorie im Bereich der organischen Formbildung. Das Ei, aus dem durch fortgesetzte Zellteilung das zusammengesetzt gleichvermögende System hervorgeht, müßte eine Maschine sein, die sich fortgesetzt teilt und dennoch ganz und dieselbe bleibt (zum mindesten was die Zellteilungen in der sog. Keimbahn betrifft). Das widerstreitet gleichfalls dem Maschinenbegriff. Mit der Fähigkeit und Tendenz des lebenden Plasmas ein ihm selber gleichendes System zu produzieren und diesem wohl schon von Anfang an in der „Intimstruktur" Faktoren mitzuteilen, die für die Herausbildung der „Richtungsorganisation" des neuen Organismus verantwortlich sind, vielleicht, indem sie eine Abstufung der physiologischen Aktivität in der Richtung der Eiachsen bewirken, ist aber nun das eigentliche, entwicklungsphysiologische Urphänomen gekennzeichnet. In Zusammenhang mit diesem Urphänomen ist alles weitere der konkret-kausalen Analyse zugänglich. So kann man mit Schleip die Auffassung teilen, daß ein Organisator organisiert, weil er physiologisch aktiver ist als andere Keimgebiete. Das Problem der Formbestimmung ist also immer zuerst das Problem der Herstellung eines Gefälles zwischen einem Materialfeld und einem Verwirklichungsfeld. Schleip konnte nämlich mit Penners zeigen, daß im Anurenei nach dem Schultzeschen Umdrehungsversuch an jeder beliebigen Stelle ein Organisator erzeugt werden kann, wenn nur ein Gefälle zwischen weißem und dunklem Dotter zustandekommt. „Im normalen Ei wird Randzonenmaterial aus nicht näher bekannten Gründen in größter Quantität auf die dorsale Seite lokalisiert. Das zwischen weißem Dotter und Randzonenmaterial bestehende Gefälle ist da, wo letzteres am stärksten angesammelt ist, am größten und wirkt sich daher zuerst an dieser Stelle aus. Es verursacht eine gewisse Differenzierung der dorsalen Randzonenregion, die dadurch zum Organisationszentrum wird" (1). Die ganze weitere Ontogenese läßt sich in eine Kette von Erregungsvorgängen auflösen, indem jede abhängig entstandene Differenzierung während ihrer weiteren Ausbildung ihrerseits in anderen Teilen eine neue Differenzierung auslöst. Je nachdem die Erregungsvorgänge durch die Organisatoren früher oder später einsetzen, unterscheidet man „Mosaikeier" und „Regulationseier". Bei Mosaikeiern entwickeln sich die künstlich getrennten ersten Furchungszellen zu Halbembryonen, offenbar, weil infolge der sehr früh einsetzenden Determinierung der Regulation Schranken entgegengesetzt werden. Daß diese aber nicht immer unüberwindlich sind, zeigen die Versuche von F. H. Morgan und anderen an Froschkeimen, bei welchen aus den getrennten Furchungszellen sowohl Halb- wie Ganzembryonen sich entwickeln konnten, und zwar letztere dann, wenn durch mechanische Erschütterung die schon gebildete Struktur zerstört wurde. Die Regulationseier, bei denen die Furchungszellen schon von vornherein bei der Trennung Ganzembryonen bilden können, sind die harmonisch-gleichvermögenden Systeme Drieschs. Auf den Gegensatz von Mosaik- und Regulationseiern sowie auf die spezielle Ausbildung der Richtungsorganisation lassen sich nach Schleip vier entwicklungsphysiologische Typen für das ganze Tierreich gründen: der Hydrozoen-, Ctenophoren-, Protostomier- und Deuterostomiertypus.

Wenn, wie wir sahen, Drieschs Verdienst darin besteht, das sachfremde Vorbild der Maschinentheorie für die Deutung der Lebenserscheinungen abgewiesen zu haben, so besteht die neue über Driesch nun hinausgehende Aufgabe darin, das positiv Eigenartige in der vitalen Wirklichkeitsbestimmung immer schärfer herauszustellen. Das geschah in engster Anlehnung an Drieschs Analyse der harmonisch gleichvermögenden Systeme zunächst durch Gurwitsch in seiner biologischen Feldtheorie, auf die wir am Schlusse dieses Kapitels noch zurückkommen werden. Mit dieser vorsichtigen, aus der Wissenschaft selbst hervorgehenden Überführung des theoretischen in den praktischen Vitalismus ging aber eine viel heftigere Reaktion gegen die Gegenstandsentfremdung der mechanistischen Biologie in der Philosophie parallel. Man kann sagen, daß das in sachfremden Abstraktionen sich bewegende Denken der mechanistischen Biologie geradezu erblindet war für die einfachsten Wesenszüge der lebendigen Wirklichkeit. Weil man nicht mehr im Typischen das die Hauptzüge enthaltende sachgetreue Bild erfaßte, erschienen alle Eigenschaften und Bestimmungen der Dinge als zufällig zusammengeratene, nicht mehr als zusammengehörige. Demgegenüber tat sich nun dem einblickenden, begreifenden Denken ein ungeahntes Neuland auf durch die sog. phänomenologische Analyse. Sie ist ein schlichtes, bildbedingtes Aufzeigen dessen, was an Wesensgehalt in einem Erkenntnisgegenstand vorgefunden wird, gehöre dieser der inneren oder auch der äußeren Erfahrung, der unbelebten oder der belebten Natur an. Das Gegebene wird hier also nicht erst übersetzt oder nach sachfremden Denkbildern umgedeutet, sondern einfach schlicht charakterisiert. So kommen wir statt zu einer künstlich umgeformten oder inadäquaten zu einer dem Gegenstand möglichst entsprechenden, möglichst adäquaten Auffassung, einer Ganzheitsauffassung, die alle willkürlichen Konstruktionen zu berichtigen geeignet ist. Eine gewisse Gefahr der Phänomenologie besteht freilich darin, daß sie mit dem Scheinwerfer der Wesenserhellung die Phänomene nur partiell ableuchten, daß sie also doch auch wieder relativ willkürlich vorgehen kann und deshalb ihre Wesensbegriffe immer berichtigungsfähig oder neu präzisierungs- und vertiefungsfähig bleiben. Diese Gefahr bringt aber kein grundsätzliches Bedenken gegen die Fruchtbarkeit der phänomenologischen Methode als solche. Eine falsch gestellte Wesensdiagnose wird dann ebenso wie eine falsche Arbeitshypothese immer wieder von dem ungenügend erhellten Objekte selbst her eine Berichtigung erfahren.

In der phänomenologischen Analyse der Lebenserscheinungen trat vor allem Max Scheler hervor, in seinen schriftlichen und persönlichen Äußerungen außerordentlich lichtspendend und befruchtend (2). Grundlegend ist bei ihm die vergleichende Wesensanalyse der vitalen und der avitalen Bewegung. In einer gewissen Übereinstimmung mit der thomistischen Auffassung, wonach die Lebenstätigkeit weder psychisch durch die Seele ($= A$), noch physisch durch den Leib ($= B$) verursacht wird, sondern aus der substantiellen Vereinigung beider ($= C$) hervorgeht, stellt auch nach Scheler die Lebensbewegung zunächst ein psychophysisch-indifferentes Phänomen dar. Das zeigt die unmittelbare Identifizierung der Bewegung, die ich ausführe und in der Ausführung erlebe, mit derselben Bewegung, die ich dabei in der äußeren Wahrnehmung erfasse. Dabei erleben wir die Ortsveränderung als die Folge einer Aktivität und Tendenz, die aber nicht unmittelbar als ein seelisches Streben erfaßt wird. Wir erfassen ja auch an anderen Lebewesen Bewegungen als durch eine Tendenz bedingte, für die wir weder ein seelisches Korrelat annehmen noch auch angeben könnten. Bei avitalen Bewegungen ist nun nach Scheler ein künstliches Vorzeichen der Richtung möglich, und zwar nicht nur realiter durch die Technik sondern auch dem Wesen nach in der Auffassung dieser Bewegungen. Da aber, wo die Richtung und Richtungsänderung einer Bewegung uns einfach vor Augen steht, so daß wir dem Bewegten einfach folgen müssen, wie etwa beim Vogel hierhin und dorthin, nicht aber zunächst einen Punkt ins Auge fassen, um zu sehen, ob das Bewegte darin erscheint (wie bei einem abgeschossenen Pfeil), da gerade ist vitale Bewegung gegeben. Sehen wir nun von jeder solchen autonomen Richtung des Bewegten, von irgendeiner bestimmten Tendenz, die ihm einwohnt und die Ortsbewegung leitet, ab, so kommen wir nach Scheler zu dem idealen Fall eines sich selbst überlassenen Körpers, der rein dem Prinzip der Trägheit folgt. „In der Tat", sagt Scheler, „ist das Trägheitsprinzip nichts anderes wie der höchste Ausdruck für die Gesetzmäßigkeit der Welt, in der kein Leben wäre."

Ich möchte hier noch einiges zur Vervollständigung des Vergleiches hinzufügen. Die Scholastik vertieft meines Erachtens den Wesenszug der vitalen Tätigkeit noch dadurch, daß sie dieselbe als eine immanente Tätigkeit bezeichnet, wodurch angegeben wird, daß die durch die Tätigkeit vollzogene Veränderung unmittelbar auf den Organismus selber sich zurückwendet, und zwar nicht durch außerhalb des Organismus liegende Fremdursachen, sondern durch sie selbst. Hegel hat mit großer phänomenologischer Korrektheit die Lebenstätigkeit als „eine an ihr selbst in sich zurückkehrende und nicht durch ein Fremdes in sich zurückgelenkte Tätigkeit" bezeichnet. Dieses Zurückwenden auf sich selbst fehlt typisch der avitalen Bewegung, so daß der bewegte Körper immer nur von außen durch ein Fremdes in der Bewegungsrichtung gelenkt werden kann, was ebenfalls als Wesensausdruck die Trägheit des anorganischen Körpers zur Folge hat.

Leben ist ferner nach Scheler eine Tendenz zur Steigerung ihrer selbst, etwas, dessen Werden auch schon von Hause aus ein „Wachsen" ist und in diesem Wachsen erst Einverleibung eines Materials. Er definiert es als ein „Werden, das nur aufgehen und niedergehen kann, nur wachsen und abnehmen" — niemals aber, wie ein Körper, der dem Satze der Trägheit folgt, sich in gleichförmiger Bewegung „erhalten", sich mit den „Lehnsesselkategorien" des bloßen „Daseins" und der „zweckmäßigen Anpassung" begnügen kann. Der Begriff der Trägheit und das Trägheitsgesetz wurde von Galilei in bewußtem Gegensatz zur vitalen Bewegung als Charakteristikum der toten Bewegung definiert; denn die Alten faßten auch die tote Bewegung nach Analogie der Lebensbewegung. „Wie komisch ist es", sagt Scheler, „wenn Descartes dies vergißt und auch die vitale Bewegung dem Trägheitsgesetz unterordnet und so alle Formen der Bewegungen auf das geometrische Phänomen der Ortsbewegung reduziert."

Mit der phänomenologischen Charakteristik der Lebensbewegung ist auch erst eine richtige Fassung des Reizbegriffes möglich. Scheler wendet sich gegen eine doppelte konstruktive Verfälschung des Reizbegriffes, und zwar erstens gegen diejenige, die den Reizbegriff einführt als Erklärungsmittel für Empfindungen oder auch für das Stattfinden einer Empfindung, und zweitens gegen diejenige, die ihn primär physikalisch und chemisch zu bestimmen versucht. Beide Auffassungen stellen künstliche Vereinfachungen des Reizbegriffes dar, die das eigentlich biologische Moment in ihm gänzlich unterdrücken. Wollen wir die Reize bestimmen, die für eine Art, ein Individuum, in Betracht kommen, so haben wir direkt von den Phänomenen der Außenwelt auszugehen und aus diesen herauszusondern, was an Bewegungen oder Zuständen in ihnen den Organismus und seine Reaktionen beeinflussen bzw. seine zugeordnete Reaktion als eine Einheit genommen bestimmen. Das erste für den Biologen ist also die anschauliche Analyse des Reizvorganges, die phänomenologische Reindarstellung der Lebensreaktion, die darin zum Ausdruck kommt. Für das Wesen einer solchen Reaktion ist es grundlegend, daß sie durch eine Tendenz bedingt und unmittelbare Folge einer inneren Aktivität ist, die die äußeren Ursachen adsorbiert und umformt und so viel mehr als diese selbst die Ursache des Vorganges genannt werden muß. Denn, wenn auch der Reiz gleichsam ein Fremdes ist, durch das die Lebenstätigkeit an ihr selbst in sich zurückgeht, d. h. für den Organismus tätig ist, so liegt die Ursache dieser Zurücklenkung doch wesentlich im Organismus selber und die Reaktion stellt gleichsam eine „Antwort" auf den äußeren Einfluß dar. Für das Wesen des Einflusses selber ist es wiederum grundlegend, daß er den Organismus gleichsam „anspricht".

Das spezifisch biologische Experiment, das im Sinne Schelers den Reiz und die Reizreaktion in ihren Wesensgrundlagen zu erfassen sucht, ist besonders durch Buytendijk ausgearbeitet worden in seiner Methode der Sinnesgleichungen. Wenn mehrere Reize eine bestimmte Reaktion bei einem Organismus zur Folge haben, so kann man versuchen, andere Reizkombinationen herzustellen, welche einen gleichen Effekt bewirken. Wenn man in dieser Weise eine Reihe von Gleichungen aufgestellt hat, zeigt sich, daß in diesen Gleichungen die Reizkombinationen sich nicht wie mathematische Summen verhalten. Die Versuchsanordnung Buytendijks war folgende: auf ein schiefes Stäbchen wurde eine Ameise gesetzt, die darauf hin und her lief und nicht anders herunterkam, als daß sie sich an dem einen Ende herunterfallen ließ. Das tun die Ameisen gewöhnlich an der tiefsten Kante, auch dann, wenn die Neigung eine sehr geringe ist. Legt man irgendwo unter das Stäbchen ein Stückchen schwarzes Papier auf eine weiße Fläche, dann sieht man, daß die Ameisen dafür eine Bevorzugung zeigen. Buytendijk konnte feststellen, daß diese Bevorzugung eines schwarzen Fleckens inmitten eines weißen Feldes abhängt von der Größe dieses schwarzen Fleckens, von dem Abstand, in dem er sich von dem Tier befindet, von der Neigung des Stäbchens usw. Die Abhängigkeit ist nicht immer gleich, sondern hängt selbst wieder von allgemeinen Umständen ab, wie z. B. von der Belichtung, aber auch von dem Speziescharakter der betreffenden Ameise. Setzt man Reiz und Effekt in eine Gleichung, bei der auf der einen Seite derselbe Effekt steht, so zeigt sich, daß verschiedene Reizkombinationen denselben Effekt haben können. Man kann aber auch das Gegenteil beobachten, daß fast gleiche Reizkombinationen einen verschiedenen Effekt haben. Dabei ist interessant, daß die Reize sich nicht gegenseitig ersetzen lassen. Bei horizontaler Lage des Stäbchens lassen sich im Durchschnitt auf beiden Seiten gleich viele Ameisen herunterfallen, bei Neigung des Stäbchens mehrt sich die Prozentzahl auf der geneigten Stelle. Denselben Effekt wie durch eine bestimmte Neigung des Stäbchens kann man durch Summierung gewisser anderer Reize, z. B. von Geruchsstoff und Lichtreiz erhalten. Doch ist in dieser Summe keiner der beiden Reize durch einen etwa in der Wirkung äquivalenten Schwerkraftsreiz, also durch entsprechende Neigung des Stäbchens, zu ersetzen. Es läßt sich das, wie Scheler sagt, nur dadurch erklären, „daß einem lebendigen Wesen Empfindungen als Handlungsreiz nur gegeben sind, sofern sie und in den Grenzen, in denen sie Zeigefunktion für die Dinge seines Gesamtmilieus haben“.

Eine Eidechse, die nur ein leises Rascheln des Strohes bemerkt, hebt beunruhigt den Kopf; dagegen wird sie durch ein Glockenzeichen gar nicht berührt. Wasmann hat gezeigt, daß für das Wahrnehmen der Ameise die Lichtreflexe des Objektes eine ausschlaggebende Rolle spielen können. Nur sofern sie in den Akten des Horchens oder auch Spähens und Spürens die bestimmte Dienstleistung haben, die sie für die leitenden Interessen behandelbar machen, sind dem Tier Qualitäten von Empfindungen gegeben. „Qualitätenkreise bei verschiedenen Arten“, sagt Scheler, „sind für diese gegeben, soweit sie ein Alphabet darstellen, dadurch die gleichsam lebendigen Worte der Milieudinge darstellbar werden.“ Nur als solche treten sie figurhaft oder komplex-qualitativ aus einem relativ neutralen Hintergrund heraus.

Wenn man Schelers Auffassung von der Figur-Hintergrundbildung auf den Menschen überträgt, dann scheint sie zu besagen, daß die Gestaltauffassung nun stark unter den Gesichtspunkt der Unterscheidung des Wesentlichen und Unwesentlichen treten muß. Tatsächlich hat Goldstein bei Stirnhirnverletzten eine starke Einbuße dieses Unterscheidungsvermögens festgestellt, die man leicht auf eine Beeinträchtigung der phantasmatischen Abstraktion zurückführen kann. In zahlreichen Fällen scheint die Gestaltwahrnehmung direkt zur Erfassung der der Gestalt zugrundeliegenden Gestaltungstendenzen hinzuleiten. Die Gestalt einer Blüte etwa, die wir an der Pflanze finden, ist nicht so fest geschlossen wie eine Kugelform, sie ist aber auch nicht aufs äußerste gelöst, sondern zeigt eine mittlere Innigkeit des Gefüges. Diese mittlere Innigkeit des Gefüges der Blüte wird gelockert und die Gestalt geht in eine Ungestalt oder Mißgestalt über, wenn Teile der Blüte genommen werden oder z. B., wie bei Vergrünungen der Blüte, abnorme Lage und Vergrößerung erfahren. Man spricht hier sowohl morphologisch von einer Ungestalt wie biologisch von einer Mißbildung, und das deutet schon darauf hin, daß die Gestalt nicht etwas rein Subjektives, sondern ein anschaulich (nur in der Weise des sinnlichen Erkennens) erfaßtes Erzeugnis objektiv zugrundeliegender, aber nicht explicite erkannter Funktionsbeziehungen ist. Das Abgewogensein in der Bindung und Gliederung in der Blütengestalt wäre also auch objektiv ganzheitlich fundiert. Man könnte an ein Formgleichgewicht denken, das, vom Ganzen beherrscht, durch die Korrelationen der Blütenteile selbst zustandegekommen ist. Und da war es nun sehr interessant zu beobachten, daß künstliche Symmetriestörungen zwar nicht von Blüten, aber von den blumenähnlichen

Blütenkörbchen der Sonnenblume sich aktiv wieder ausgleichen. Ebenso Symmetriestörungen bei zusammengesetzten Blättern. Die anschaulichen Merkmale der Form leiten so gleichsam zu dem hin, was der Verstand erst auf höherer Ebene erkennt: nämlich zu einer dynamischen Theorie der Formbildung, nach der gleichsam ein solches Spannungsverhältnis der Teile untereinander besteht, daß sie sich in ein festes Formverhältnis zueinander setzen. Man hat infolgedessen auch davon gesprochen, daß von Hause aus unsere Wahrnehmungswelt eine „angenäherte Rationalität" besitze. Aber nur reflex und sekundär kann das geistige Auge entdecken, daß Anschauungen ohne Begriffe durchaus nicht völlig blind sind. Was wir in der Anschauung in der Weise der sinnlichen Erkenntnis haben, die Geschlossenheit oder Lockerung des Figurgefüges, das erkennen wir im Ganzheitsbegriff (etwa der Blüte) in der Weise des tatsächlichen Begreifens. Sehr richtig sagt deshalb Otto Willmann: „Die Anschauung, durch welche wir die Sinnendinge erkennen, ist nur insofern blind, als sie für sich allein das Wesen und die (in ihm begründete) Zusammengehörigkeit der Dinge oder Eigenschaften nicht erkennt, aber es wirkt in ihr lichtspendend das potentiell in ihr liegende Denken vor, und anderseits ist der Begriff, welcher Über- und Einblick in den sinnlichen Erkenntnisstoff gibt, nicht leer, sondern trägt potentiell die Struktur dieses Stoffes in sich." Wie in der Erkenntnisbewegung ein Fortschreiten von den bildhaften Stoffquellen zu den zeitlos gültigen Wesensbestimmtheiten in der Weise möglich ist, daß weder die innigste Sachverbundenheit noch der zeitlos gültige Charakter der Erkenntnis gefährdet wird, dieses fundamentalste Problem der bildbedingten Erkenntnis, hat Scheler freilich in keiner Weise gelöst. Die phänomenologische Lehre von den vorgegebenen Ideen umgeht vielmehr dieses Problem. Aber in der Lehre vom intellectus agens haben wir bereits denjenigen Lösungsversuch kennengelernt, der am meisten befriedigen dürfte. Ein Kriterium für die Richtigkeit der bildbedingten Gegenstandsanalyse kann aber offenbar nur in der reflexen Deckungseinheit der entsprechungsverbürgenden Analysenergebnisse gefunden werden.

Durch die entsprechungsverbürgenden Analysen wird die Erkenntnis dann zu einer in sich selbst unterschiedenen Einheit, in der die unter verschiedenen Gesichtspunkten gewonnenen Ergebnisse vom Wesensbegriff aus noch einmal erneut zusammengefaßt und durchleuchtet werden.

Die perspektivische Erkenntnis, zu der die phänomenologische Analyse hinleitet, trägt in sich auch den Keim zu einer ganz neuen experimentellen Fragestellung. Sie sucht im Experiment die Teilfunktion immer in ihrer Einordnung in das Gesamtverhalten zur Anschauung zu bringen. Um zu verstehen, wie das gemeint ist, muß man sich noch einmal den Wesensunterschied von Pflanze und Tier, das nur in der Ausführung selbständige Verhalten der Pflanze und das in der Handlung selbständige Verhalten des Tieres, vergegenwärtigen. Man kann sagen, der Pflanze fehlt in ihrer Wesensverfassung ganz die innere Möglichkeit der Handlung. Wir wissen zwar, daß dem Formwechsel der Pflanze der Stoffwechsel völlig eingeordnet ist. Die Form der Pflanze selbst aber ist nicht wieder einer höheren Lebensbetätigung des Individuums als ein dienendes Materialfeld (als Leib) zurückgegeben, sondern schließt mit der Blütenbildung im Dienst der Gattung ab. Anders beim Tier. Hier ist die Formbildung zugleich Leibesbildung, d. h. die ausgebildete Form ist nun als wirklicher Leib selbst wieder ein in Dienst genommenes Materialfeld, weshalb nun auch ein aktives Zurückwenden auf sie, eine höhere Beherrschung ihrer selbst durch das Verwirklichungsfeld der Handlung möglich ist. Diese neue Herausversetzung der Teile aus ihrem Fürsichsein für eine höhere Beherrschung ihrer selbst ist gegeben durch die Rückmeldung der einstrahlenden Reize an ein Zentrum: das sog. Merknetz, wovon aus die Handlungstätigkeit auf das für sie geöffnete Wirknetz ausstrahlt. Treffend sagt Scheler: „Daß die Pflanze nicht den Spielraum der spontanen Ortsbewegung des Tieres hat, daß sie keine spezifische Empfindung, keinen spezifischen Trieb, keine Assoziation, keinen bedingten Reflex und kein eigentliches Macht- und Nervensystem besitzt, ist ein Ganzes von Mängeln, das aus ihrer Seins-Struktur heraus vollständig klar und eindeutig zu begreifen ist. Man kann zeigen: Hätte die Pflanze nur eines von diesen Dingen, müßte sie auch das andere und alle anderen haben. Da es keine Empfindung ohne Triebimpuls und ohne Mitanfang einer motorischen Aktion gibt, muß da, wo das Machtsystem (aktiver Beutefang, spontane Geschlechtswahl) fehlt, auch ein System von Empfindungen fehlen. Die wesenhafte Richtung des Lebens, die das Wort ‚pflanzlich', ‚vegetativ' bezeichnet, ist ein ganz nach außen gerichteter Drang." Im Gegensatz dazu ist mit der Handlung des Tieres eine neue aktive Stellungnahme zu den Dingen gegeben, deren primitivster Wesensbestandteil ein gewisses aktives Zurückwenden des Organismus auf seine Leiblichkeit ist. Besonders anschaulich tritt dieses Phänomen bei folgendem Versuch hervor: bringt man die tierische Seeanemone Cerianthus auf ein Netz von Drahtgaze, dann dringt der Fußpunkt durch eine der Maschen durch; kehrt man nun das Netz um, dann dringt der Fuß durch eine andere Öffnung nahe dabei. So kann man das Tier zwingen, sich durch das Netz zu flechten, wie es auch eine Pflanzenwurzel tun würde. Aber nach kurzer Zeit macht das Tier durch die umgekehrten Bewegungen sich aus dem Netzwerk wieder frei. So etwas vermag eine Pflanzenwurzel nicht. Ihr fehlt das — wenn auch noch unfreie — „Sich-selbst-in-der Gewalt-haben", wie es in der aktiven tierischen Vollzugsbewegung hervortritt. Der introspektiven Betrachtung ist dieser besondere Aktivitätscharakter unmittelbar gegeben, so z. B. wenn ich gewaltsam — wenn auch noch unfrei — den Fuß zurückziehe, auf den mir jemand tritt. (H. Conrad-Martius.)

Ganz eindeutig tritt freilich die höhere Stufe von Selbständigkeit, die wir Handlung nennen, erst bei der fortschreitend (progressiv) sich verbessernden Versuchsbewegung hervor, die auch den pflanzlichen Reizbewegungen völlig fehlt. Die Pflanze zeigt physiologisch nicht einmal jene assoziative Regulation, wie sie in den bedingten Reflexen Pawlows uns entgegentritt. Das ist nicht verwunderlich, da sie ja, wie Aristoteles sagt, keine „Mitte" hat, kein Zentrum, an das die tropistischen Reize zurückgemeldet werden können. Derjenige Teil der Pflanze, der unter dem Einfluß des tropistischen Reizes steht, reagiert immer unmittelbar ab. Das schließt jedoch nicht aus, daß die Teile der Pflanze, in ihrem tropistischen Verhalten „umgestimmt“ werden können. Ausläufer von der Gauklerblume (Mimulus Tilingii), die über den Topf hinaus unter dem Einfluß der Schwerkraft nach unten wachsen, wenden sich, wie ich gezeigt habe, nach oben, wenn man die Pflanze unter Wasser setzt. Bei zu starker Beleuchtung können sich positiv phototropische Organe oder positiv phototaktische pflanzliche Schwärmzellen vom Lichte abwenden. Sehr zu unterscheiden von diesem Milieuwechsel, der in Tropismus und Taxis und deren Umstimmung besteht und bloß die reine Abreagierungsform einer nur in der Ausführung selbständigen Tätigkeit darstellt, ist aber der aktive, fortschreitend sich verbessernde Milieuwechsel der Tiere.

Besonders interessant sind die Versuche, die in dieser Hinsicht Buytendijks Schüler Blees mit Daphnien durchgeführt hat. Sie seien hier kurz nach der Darstellung von Buytendijk skizziert:

Bringen wir Daphnien in einen Glasbehälter, so kann man feststellen, daß sich ein Teil dieser Krebs'chen auf der erhellten Seite ansammelt, andere sich davon abwenden und daß eine Anzahl sich in der einen und anderen Richtung bewegt. Führen wir in das Wasser ein wenig Säure oder Alkohol ein (etwa 2%), so werden alle Daphnien augenblicklich positiv phototaktisch und wenden sich dem Licht zu. Daß aber das ganze Verhalten der Daphnien kein nur rein auf Stimmung und Umstimmung beruhendes, d. h. nur in der Ausführung selbständiges Gebaren wie bei der Pflanze ist, sondern schon selbständiges Handeln, hat Blees durch folgende Versuchsanordnung dargetan:

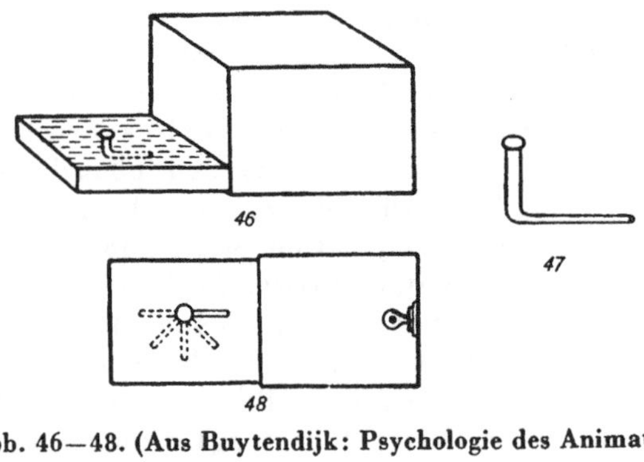

46 47 48

Abb. 46—48. (Aus Buytendijk: Psychologie des Animaux.)

Die kleinen Wände eines Zinktroges (Abb. 46) von der Größe 15:20 cm, sind aus Glas. Gegen eine der kurzen Wände befindet sich eine Platte aus Mattglas, die die Öffnung einer Blechtrommel verschließt, in welcher eine elektrische Lampe von 32 Kerzen brennt. Der kleine Trog ist mit Wasser gefüllt bis zu einer Höhe von 5 cm. Man bringt darin ein feines rechtwinkelig gebogenes Glasröhrchen unter, dessen horizontaler Teil eine Länge von 10 cm hat und in zwei gleiche Teile graduiert ist und dessen nach oben stehender Teil einen kleinen Tubus darstellt, der mit einem Draht vertikal gehalten wird. Die Versuche werden in einer Dunkelkammer angestellt.

Zuerst wurde der horizontale Teil senkrecht zur beleuchteten Fläche orientiert und in den Tubus mit einer Pipette eine Daphnie eingeführt. Man notierte die Zeit, die notwendig war, bis der horizontale Teil durchschwommen war und am Anfang des Versuchs zählte man auch die Stöße, die das Tier gegen die Wände des kleinen Tubus ausführte. Sobald eine Daphnie den Tubus verlassen hatte, ließ man ihr die notwendige Zeit, um sich durch den horizontalen Teil zum Licht zu bewegen; dann wurde sie wieder in ihr numeriertes Glasschälchen eingeführt.

Hierauf wurde der vertikale Tubus gedreht um 45°. (Abb. 48.)

In mehreren Versuchen stießen die Tierchen an die Wände; sie verließen indes den Tubus in einer relativ kurzen Zeit. Schon nach dem zweiten Versuch hatte sich die Zahl der Stöße so vermindert und die notwendige Zeit so verkürzt, daß diese Beobachtungen nicht weiter verfolgt wurden. Man kann die Tierchen auch in einen Zustand bringen, in dem die natürliche Notwendigkeit der Bewegung sie die Stöße gegen die Wand des Tubus öfters wiederholen lassen. Das ist dann der Fall, wenn der horizontale Teil parallel zur beleuchteten Seite orientiert wird, also senkrecht zu den einfallenden Lichtstrahlen.

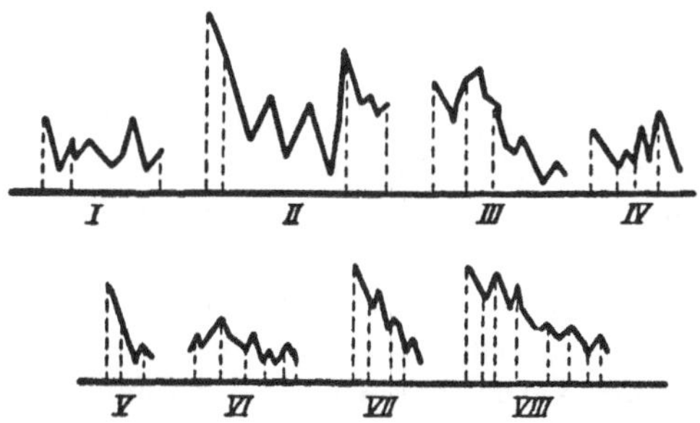

Abb. 49. (Aus Buytendijk: Psychologie des Animaux.)

Die Kurven (Abb. 49) I und II geben die graphischen Darstellungen der Zahl der Stöße in den aufeinanderfolgenden Beobachtungen. Die punktierten Linien zeigen die ersten Versuche in jeder neuen Tageszeit der Beobachtung.

Die täglich fortschreitende Gewohnheitsbildung: das Passieren des Tubus durch Schwimmen mit stets weniger Stößen ist deutlich sichtbar.

In den folgenden Versuchsreihen ist der kleine Tubus vom Licht abgelenkt unter einem Winkel von 45°. Dieselben Tiere, welche verwendet worden waren in der vorhergehenden Lage, wurden auch bei diesen Beobachtungen benützt. Neue Daphnien schienen in der Tat nicht imstande zu sein, aus solchen Tuben herauszuschwimmen; sie behaupteten sich in der dem Licht ausgesetzten Knickstelle zwischen dem vertikalen und horizontalen Teil des Glasröhrchens.

Bei den Daphnien aber, welche schon verwendet worden waren, hatte sich eine allgemeine Gewohnheit herausgebildet, zeitweise im Verlauf des Durchschwimmens des Röhrchens die Tendenz zur positiv phototaktischen Bewegung zu besiegen. Diese Gewohnheitsbildung wurde in den weiteren Versuchen verstärkt.

Die Kurven III und IV geben die Darstellung dieser Beobachtungen.

Speziell in der Kurve III scheint eine mehrere Tage durchdauernde Gewohnheitsbildung vorzuliegen. Halten wir dabei fest, daß die Tiere, nachdem sie das von der Lichtquelle um 45° abgekehrte Röhrchen verlassen haben, sich wieder direkt zum Licht hinwenden. Sie haben also nur gelernt, zeitweise ihre positive Phototaxis zu überwinden.

Schließlich schritt man mit diesen Tieren zu Versuchen fort, in welcher der Tubus in direkt entgegengesetzter Richtung zum Licht gedreht worden war.

Die Kurve V gibt davon die Darstellung.

So kann man gleichfalls die Daphnien in dem vertikalen Tubus abwärts schwimmen lernen, und zwar mit einer möglichst reduzierten Zahl von Stößen in einem Minimum von Zeit. Die Darstellungen davon sind in den Kurven VI, VII und VIII gegeben.

Aus den Versuchen von Blees geht hervor, daß die scheinbar positiv oder negativ phototaktischen Reaktionen von Daphnien Grenzfälle des Verhaltens dieser Tiere darstellen, das wesentlich höher steht, als die alte Reflextheorie dies annahm. Die in sich selbst unterschiedene Einheit des tierischen Organismus, durch die sein Lokomotionsapparat rezeptiv an ihn selbst, an ein beherrschendes Zentrum in ihm zurückgegeben ist, ermöglicht ihm nun auch eine wesenshöhere Stufe des Verhaltens wie bei der Pflanze. Die Lichtreaktion ist jetzt nicht mehr ein Abreagieren je nach Stimmung, sondern sie ist als Variable zu betrachten, die in einem fortschreitend sich verbessernden Handlungsprozeß in ihrem Sosein geformt wird. Es tritt in ihr zugleich das empfängliche Zurückgegebensein des Leibes als Materialfeld an ein neues Verwirklichungsfeld der Bewegung deutlich hervor.

Ein gutes Beispiel hierfür ist auch ein Versuch von Yerkes und Huggins mit einem Flußkrebs: Cambarus affinis. Dieser Krebs läuft, wenn er auf dem Trockenen, aber in der Nähe des Wassers sich befindet, dem Wasser zu, zeigt also eine deutliche Hydrotaxis. Man setzte derartige Krebse in einen einfachen Labyrinthkasten, wie ihn im Grundriß Abb. 50 zeigt. Vom Vorraum *T* läßt in der Mitte eine Öffnung den

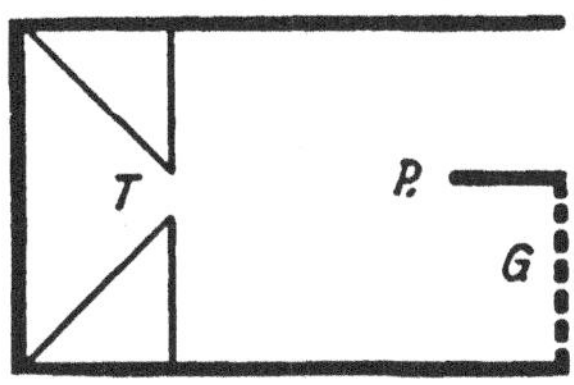

Abb. 50 (nach Yerkes).

Gang zur anderen Seite zu, die rechts oder links den Zutritt zum Wasser gestattet, je nachdem die Glasplatte *G* eingeschoben wird. Nehmen wir an, rechts sei offen. Bei Beginn der Versuche läuft dann ungefähr die Hälfte der Krebse direkt mehr rechts und gelangt ins Wasser, die andere Hälfte mehr links und stößt gegen die Glasplatte an. Bei ständiger Wiederholung des Versuchs wird die Zahl der Tiere, die den

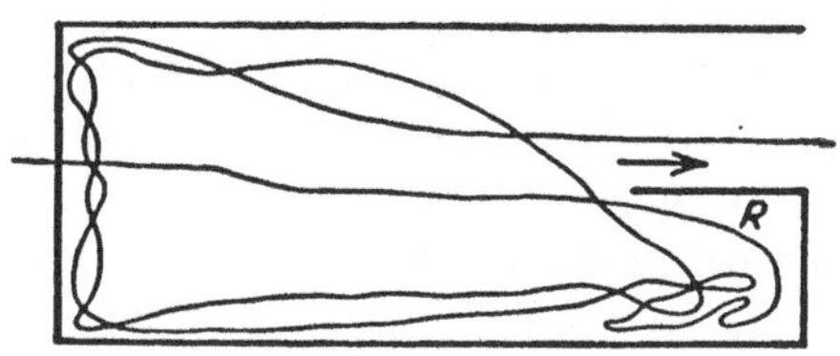

Abb. 51 (nach Yerkes und Huggins).

richtigen Weg finden, immer größer, bis fast alle dem Ausgang rechts unmittelbar zueilen. Jetzt wird rechts die Glasplatte eingeschoben, also links geöffnet. Eines der Tiere, das gewohnt war, rechts das Wasser zu erreichen, geht nun wieder denselben Weg, stößt an die Glasplatte an, wendet sich, wie Abb. 51 zeigt, rechts umbiegend zurück und macht schließlich bei seinen Probierbewegungen einen Schritt weiter nach links, wodurch es das Wasser erreicht. Die Erreichung des Zieles bewirkt nun, daß, wenn man das Tier unmittelbar darauf wieder in den Vorraum bringt, es direkt links läuft und in gerader Linie das Wasser erreicht. Der Linksgang als bestimmte, allen Schritten gemeinsame Beziehung, welche nicht als Summe von Einzelfaktoren, sondern als Ganzes wirkt, tritt hier in feste Verbindung mit dem Drang zum Wasser, und die zuerst angewöhnte Tendenz nach rechts ist plötzlich wie ausgelöscht. Ohne ein völlig empfängliches (d. h. bestimmungsbereites) Zurückgegebensein des peripheriebezogenen Nervenlebens an ein aus der restlosen Peripherieversenkung schon ausgeschiedenes, also der Peripherie gegenüber schon bestimmungsmächtiges Zentrum, m. a. W. ohne Erfahrungsparallelen aus der Gestaltpsychologie und ihrem Felddualismus, kann dieses konkrete Verhalten nicht verdeutlicht werden.

Besonders wichtig wird der Felddualismus für die perspektivische Analyse des tierischen Verhaltens, wenn er mit dem Felddualismus des Menschen verglichen wird. Die innere Unterschiedenheit der menschlichen Erkenntnis in konkret-bildhafte und begrifflich-abstrakte ermöglicht die Zurückwendung der Erkenntnis vom abstrakten Einen zu einem in sich selbst qualitativ unterschiedenen Einen (wie es im konkreten Bildgehalt vorliegt). Wegen des Fehlens dieser reflexen Deckungseinheit von begrifflicher und konkretbildhafter Objekterfassung reagiert das Tier stets auf den Eindruck (nicht auf ein als mit sich selbst identisch erkanntes Ding) und wird in diesem Verhalten rein vom Triebleben aus bestimmt. Franz Xaver Fischer berichtet hier eine interessante Beobachtung, die das besonders schön bestätigt. Eine Katze warf voriges Jahr ein Junges von weißer Farbe, das nun längst erwachsen ist und selbständig auf Beute ausgeht. Heuer brachte sie ein Junges von ganz gleicher Farbe, das ihr aber nun genommen und verschenkt wurde. Nun spielt sie mit der vorjährigen und bringt ihr die Mäuse, während sie die nämliche vor einem halben Jahr weggejagt hatte. Sie hält also diese für das der Hilfe bedürftige Junge, sie kennt das Tier selbst nicht, sondern folgt einfach einem Naturtrieb, für den sie ein geeignetes Objekt findet. Das Tier vermag also keine Wesenheit zu erfassen, sondern nur Beziehungen zu sich selbst, seine Empfindungen gehen vermittels der Ganzheit des Organismus ohne weiteres in die entsprechenden Handlungen über. Und so ist es wieder eine Aufgabe der perspektivischen Verhaltungsanalyse des typologischen Experimentes, diese Besonderheit zur Reindarstellung zu bringen und die dominierenden Eindrücke in den sinnlichen Erfahrungsquellen des Tieres zu bestimmen. Die Erfahrungen, die Buytendijk gemeinsam mit Révesz bei Affen gesammelt hat, ergaben, daß der Affe ähnlich wie das Huhn in hohem Grade visuell veranlagt ist. Der Affe benimmt sich in seiner Umgebung vortrefflich, so lange er sich auf optische Beobachtungen stützen kann. Sobald er aber gezwungen ist, sich auf Beobachtungen des Tastsinnes, Geschmack- und Geruchsinnes zu stützen, verliert sein Lernvermögen an Sicherheit. Bei aus Gips und Papier angefertigten künstlichen Apfelsinen brachten weder der Mangel des Geschmackes noch taktile Eindrücke die Affen dazu, sich von der wahren Beschaffenheit des Modells Rechenschaft abzulegen. Wurde am Modell auf der einen Seite ein Loch erzeugt, so zogen zwei Paviane beim Anblick desselben ihre Hände zurück. Drehte man die Apfelsine wieder um, so wurden die Hände augenblicklich wieder vorgestreckt. Diese Beobachtung zeigte die Stärke und Unwiderstehlichkeit, in der diese Tiere von ihren optischen Eindrücken abhängen, was auch im Lernen hervortritt. Selbst wenn ein Mandrill den schlechten Geschmack und die Härte einer künstlichen Apfelsinenschale wahrgenommen hat, prüft er sie immer wieder von neuem mit dem Auge. Analoge Erfahrungen können auch bei Kindern niedrigen Alters gemacht werden, so lange also die reflexe Deckung von abstrakt-begrifflicher und konkret-bildhafter Erkenntnis noch nicht entwickelt ist. Daß aber bei etwas älteren Kindern schon ein Wesensunterschied, der in der Abstraktion wurzelt, hervortritt, zeigt folgender interessante Versuch von Révesz. In seiner Versuchsreihe mußte das Versuchsindividuum aus einer Reihe von Schächtelchen dasjenige auswählen, worin sich die Nahrung befindet. Nun wird die Nahrung (Apfel, Schokolade) in den darauffolgenden Versuchen einer Serie jedesmal in das rechts folgende der Schächtelchen gelegt. Die Versuchsperson oder das Versuchstier konnte also allein gut wählen, wenn sie das Schächtelchen nahm, das auf dasjenige folgt, das beim vorigen Male genommen wurde. Eine solche Wahl auf das Begreifen des Prinzips der Aufeinanderfolge sieht man bei jungen Kindern schon nach wenigen Erfahrungen (3—5) auftreten, bei den Affen ist auch nach Hunderten von Versuchen keine Spur von „Begriff" vorhanden.

Nach Buytendijk ist alles typisch Tierische erklärbar aus psychischen Gesetzen + Lebensmilieu-Durchlebung, während alles spezifisch Menschliche begreiflich wird aus bestimmten psychischen Gesetzen + Subjekt-Objekt-Scheidung. „Das Tier", sagt er, „ist eingeschlossen in sich selbst, isoliert von der wahren Wirklichkeit, es lebt sowohl körperlich wie psychisch reaktiv in seinem Lebensmilieu; durch Affekte mit dieser Umwelt verbunden, strebt es nicht nach dem Objektiven, nach Erkenntnis und Wahrheit, Schönheit und Sittlichkeit, sondern wird getrieben nach dem Ziel seines Bestehens, der Selbsterhaltung und Erhaltung der Art." Anders der Mensch. „Der Freudeschrei eines Wiegenkindes, das voll Bewunderung die Bewegung seiner Fingerchen verfolgt, ist eine Freude, die in einem Subjekt geweckt wird, insofern es durch die Kraft der liebenden Bewunderung sucht, die Dinge außer sich kennen zu lernen, sich gibt, sich verliert in die reiche Wirklichkeit. Dies ist die fundamentale Verschiedenheit zwischen Kinderspiel und Tierspiel, zwischen Wißbegierde und tierischer Neugierde." Letztere, die bei den Tieren oft als ein Beginn oder Vorläufer der menschlichen Liebe zur Erkenntnis angesehen wird, ist nach Buytendijks tierpsychologischen Erfahrungen total hiervon verschieden. Die sog. Neugierde derTiere ist biologisch determiniert und kommt auch bei niederen Tieren (Ameisen) vor. In einer gewissen Übereinstimmung mit Max Scheler sieht Buytendijk in der Liebe die eigentlich objektivierende Kraft im Menschen. „Ein Apfel ist Nahrung, auch wenn kein Mensch da ist, der die Frucht ißt oder selbst sieht. Diese Tatsache zu kennen, ist allein dem Menschen gegeben durch die Kraft der Liebe." Hier müssen wir wohl unterscheiden. Ohne Zweifel ist die innere Unterschiedenheit der bildhaft-konkreten und der

Wesenserkenntnis der innere Grund dafür, daß diese sich zum Bild zurückwenden und den Wesensgehalt in ihm aufleuchten lassen kann, daß überhaupt auch das Ding einem objektiven Sinnzusammenhang eingeordnet werden kann. Dieser schauende Intellekt, der intellectus archetypus, ist aber nicht ein zweites Auge, das zum „wertenden“ Intellekt, dem Auge des Herzens, hinzukommt, sondern beide sind nur ein Auge, aber in verschiedener Hinordnung und Richtung auf einen entsprechenden Inhalt. Da das Auge des Herzens gleichsam in der empfänglichen und hinneigenden Auffassungsform eines Objektiven besteht, so können wir die Liebe als ein Akzidenz des schauenden Intellektes bezeichnen. Sie ist zugleich der actus primus, der in Eigenkraft stehende Ausgangspunkt des Wollens.

Die alte mechanistische Tierpsychologie war von solcher typologischer Analyse des Verhaltens der Tiere weit entfernt. So sehr ihre elementalistischen Konstruktionen die Betrachtung der besprochenen Erscheinungen „als ob“ sie Reflexe und Bahnen, Niederschläge in Zentren, elektrische Ströme in Fasern usw. wären, die auf Quantitätserfassung gerichtete Analyse gefördert haben, so sehr haben sie die Wesensanalyse beeinträchtigt. Letztlich liegt allen mechanistischen Fiktionen der Biologie die Durchführung des Kantschen Naturbegriffs zugrunde und sie werden eine Ergänzung und antithetische Erweiterung (ihres in ihrer Ebene ja richtigen Gesichtspunktes) durch die bildbedingte Analyse erst dann in einer ausgedehnten Weise erfahren, wenn zur inneren Überwindung dieses Naturbegriffs auch von streng erkenntniskritischer Seite vorgearbeitet wird, eventuell sogar aus dem Kantschen Kritizismus selbst heraus. In dieser Weise hat Helmuth Pleßner das Problem der bildbedingten Erkenntnis angefaßt — zuerst in seinem Buch „Die Einheit der Sinne“ (bei F. Cohen in Bonn 1923) und dann neuerdings in seinem Aufsatz „Das Problem der Natur in der gegenwärtigen Philosophie“ (in „Die Naturwissenschaften“, 18. Jahrgang, Heft 42).

Eine ganz neue Fragestellung wird hier auf einmal in die kritische Philosophie hineingeworfen (3). Sie führt zu Gedankengängen, die bis zur Selbstauflösung des Kritizismus und von da aus zu einer neuen positiven Philosophie der Natur führen. Einer solchen stand der Alt-Kritizismus Kants und der Neu-Kritizismus der Kantianer aller Richtungen (Marburger, Heidelberger Schule) im Wege, aber auch alle sonstigen Richtungen der Gegenwart, die an dem kritischen Verfahren als dem einzig möglichen festhalten. Dieses kritische Verfahren sucht die Maßstäbe des Fühlens, Wollens, Denkens und Glaubens herauszustellen und kann daher bei selbst weitester Fassung des Verfahrens nur in eine Kulturphilosophie einmünden. Wie Kant die Erkenntnisfähigkeit des Menschen aus seinen naturwissenschaftlich-mathematischen Leistungen, d. h. aus den idealen Grenzen dieser Leistungen analytisch-regressiv die Grenzen des Erkennens festlegen wollte, so suchen seine modernen Fortbildner noch die kulturwissenschaftlich-historischen Leistungen hinzuzunehmen, um einen umfassenderen Blick in die theoretischen Fähigkeiten zu gewinnen. Dem Aufbau der Natur in den Naturwissenschaften steht der Aufbau der historischen Welt in den Geisteswissenschaften zur Seite. Ob die philosophische Kritik dabei die Wertmaßstäbe nur aus einer Analyse der Wissenschaften oder zum Teil auch aus einer unmittelbaren Analyse der Werte selbst gewinnt, fällt hierbei nicht ins Gewicht. Tatsache ist, daß durch diese Methode der Philosophie kein unmittelbarer Zugang zur konkreten Natur gewonnen wird. Die unmittelbare Umwelt bleibt unverständlich. Im Grunde liegen hier nur letzte Konsequenzen des Cartesianismus vor, der mit seiner Einteilung in res extensa und res cogitans die moderne Trennung in eine physikalisch-mathematisch zu erforschende Naturwelt und eine Subjektswelt, die sich als Kultur manifestiert, vorgebildet hat. Wohl gibt es auch heute philosophische Methoden: die phänomenologisch-ontologische und die romantisch-spekulative, welche die Natur verstehend und deutend zu erforschen suchen. Aber die kritische Methode bestreitet ihren Erkenntniswert. Wenn im Panhistorismus Spenglers die Natur selbst zur abhängig Variablen des geschichtlichen Prozesses gemacht wird und die Philosophie bis zur skeptischen Weltauflösung vordringt, so spricht sich damit die Kulturverabsolutierung der Kritizisten letzten Endes ihr Urteil.

Eine wirkliche Überwindung dieser Philosophie ist nach Pleßner nur möglich, wenn es gelingt, die kritische Philosophie mit ihren eigenen Waffen zu schlagen. Dies versucht er dadurch zu erreichen, daß er in der kritischen Philosophie eine Lücke aufweist, welche diese selbst als Lücke anerkennen muß und die auszufüllen sie bisher nicht imstande war. Die Fragestellung, die an diese Lücke heranführt, ist naheliegend und Pleßners Einfall so verblüffend einfach wie die Lösung beim Ei des Kolumbus. Wenn alle Erkenntnis aus stofflichen und geistigen Komponenten besteht und wenn weiterhin alle Naturerkenntnis ihren Stoff durch die Sinne erhält und in Raum und Zeit ordnet, so ist die Frage zu erheben: Wodurch bekommt die Kulturwissenschaft ihren Stoff und wie ordnet sie ihn? Und wenn wir auch hier antworten müssen: durch die Sinne, so wird doch sofort klar, daß hier die Verarbeitung des Materials in anderen Ordnungsformen als denen der Natur erfolgen muß. Ist nicht die „Anschauung", welche ein Kunsthistoriker, ein Philologe von ihrem Material — einem Monument oder Dokument — haben, wesensmäßig anders geartet als die Anschauung von einem Stein oder einer Pflanze? Lesen sie nicht in der Wahrnehmung schon einen „Stil", einen „Ausdruck" an ihren Objekten ab? Und ist diese elementare Auffassungsweise nicht geradezu konstitutiv für die Scheidung der Kulturdenkmäler von der Natur? Kant hat dieses Problem für die naturwissenschaftliche Erkenntnis in seiner transzendentalen Ästhetik, der Lehre von Raum und Zeit als Anschauungsformen, zu lösen versucht. Wenn nun die moderne Philosophie neben der Kritik der naturwissenschaftlichen Vernunft eine Kritik der kulturwissenschaftlichen Vernunft als ihre Ergänzung unternehmen will, so hat sie auch die Pflicht, gewissermaßen das kulturwissenschaftskritische Gegenstück zur transzendentalen Ästhetik zu liefern. Eine universal gedachte Verstandes- und Vernunftkritik braucht eine ebenso universale Kritik der Stoffquellen der Erfahrung, d. h. der Sinne, eine Notwendigkeit, die, wie wir früher schon gesehen, Goethe zuerst angedeutet und die nun Pleßner klar zum Bewußtsein gebracht hat*).

*) Als Historiker versuchte zuerst Herman Hefele in seiner Theorie der historischen Erkenntnis von der „Kritik der Sinne" auszugehen und so die Geschichte überhaupt erst auf das Niveau einer tiefern er-

Als kritische Methode muß die Kritik der Sinne nach der Möglichkeit gewisser kultureller Leistungen fragen. Als Kritik der Sinne fragt sie jedoch in folgender Richtung: warum sind bestimmte Leistungen gerade an diesen Sinn und nicht an einen andern gebunden? Hier geben die Kulturtatsache der Musik und die Kulturtatsache der Geometrie dem Nachdenken ein besonderes Problem auf.

In der Musik erscheint der sinnvolle, geistige Gehalt an Töne, d. h. an Gehörsempfindungen gebunden. Die Töne ahmen nichts nach (wenigstens spielt die Imitation nie die ausschlaggebende Rolle für das musikalische Genußverständnis), sondern in ihrer Verknüpfung treten sie als unmittelbare Träger und Leiber von sinnvollen Zusammenhängen auf. Warum? Weil die erlebte akustische Materie (Akkorde, Klänge, Töne) von Natur aus konform ist der Elementarstruktur des Geistes, seiner elementarsten Ordnungsweise von Spannung und Lösung, welche zwar jeder geistigen Ordnungsform zugehört, ihren allgemeinsten Wesenszug darstellt, aber sozusagen auch selbständig vorkommt als Typus künstlerischer Sinnhaftigkeit, die wir weder bestimmt zu denken vermögen wie die bezeichnenden Bedeutungen einer Sprache, noch gar zu identifizieren vermögen wie die echten Begriffe einer Wissenschaft. Diese Akkordanz (Strukturverwandtschaft) zwischen dem Ton und seinen Möglichkeiten und der einfachen thematischen Sinngebung (die nichts „bedeutet" noch „begreift") in der Ordnungsform von Spannung und Lösung, diese Affinität zwischen der Sinnesqualität des Akustischen und der Geistesqualität einfachster Ordnung macht die Musik möglich. Neben dieser formalen, für die Sinnhaftigkeit und Verständlichkeit der Musik verantwortlichen Seite der Akkordanz kommt die materiale, für den Gefühlswert der Musik verantwortliche Seite in Betracht. Als Schall ist der Ton, der Klang voluminös, d. h. schwellungsfähig, was dem Licht wesensmäßig fehlt. Der Ton seinerseits sondert sich aus der bloßen Schallhaftigkeit durch seinen Lagewert nach oben und unten, was wiederum den Farben wesensmäßig

kenntnistheoretischen Selbstbesinnung zu erheben. Hefele war darum auch einer der ersten, der die fundamentale Bedeutung von Pleßners Buch, mit dem viele überhaupt nichts anzufangen wußten, erkannte.

fehlt. Schwellfähigkeit und Lagewert stellen ihrerseits jene Momente der akustischen Materie dar, durch welche die Akkordanz zur Leibeshaltung, zu den Grundmöglichkeiten des Ausdruckslebens gegeben ist. Denn das Ausdrucksleben kann sich nur in der Höhen- und Tiefen- und in der Expansiv-Impansiv-Richtung entwickeln. Da das Ausdrucksleben in seiner jeweiligen Entfaltung einen psychischen Habitus bezeichnet (etwa Tändeln, Schwermütigsein, Hochfahrend usw.), so „rühren" die Töne kraft ihrer Voluminosität und ihres Lagewertes durch ihre darin gewährleistete Zügigkeit und Schmiegsamkeit an die Seele. Die Doppelrichtung der Akkordanz der akustischen Materie zur spezifischen Geistesform (Sinngebung) und zur spezifischen Leibeshaltung (Ausdruckshaltung) stützt die Konkordanz (Übereinstimmung; Entsprechung) zwischen Sinngebung und Leibeshaltung, zwischen Geist und Leib in der Einheit der Person, in diesem Falle zwischen thematischer Sinngebung und Ausdruckshaltung, welche aber auch für sich durch die Gemeinsamkeit ihrer Ordnungsformen nachgewiesen werden kann. Es sei hier nebenbei erwähnt, wie rein schon Thomas v. Aquin die Konkordanz der geistigen Gefühle zur Leibeshaltung gesehen hat. Thomas spricht z. B. beim Schamgefühl von einer Quasi-Kontraktion der Seele, der in der Leibeshaltung die Ergießung des Blutes in die äußersten Gefäße (die Schamröte) entspricht.

In der Geometrie, einem Verfahren, das mit Linien unmittelbar wissenschaftlichen Sinn verknüpft, erscheint der sinnvolle Gehalt zwar nicht an Gesichtsempfindungen, also nicht an die optische Materie gebunden, wohl aber an die Sehform. Diese spezifische Voraussetzung zum Haben von Gesichtseindrücken läßt sich als strahlige Beziehung auf ein Gegebenes näher fassen. Die Gebundenheit der Geometrie an die Sehform soll nun nicht etwa bedeuten, daß jede Geometrie anschaulich verständlich sein müßte, sondern nur erklären, warum jede Geometrie mittels Linienkombinationen optisch verbildlicht werden kann. Daß es für normal Sehende eine durch ihre Vollanschaulichkeit ausgezeichnete euklidische Geometrie gibt, läßt sich nur durch die Akkordanz von Sehform und Linienstrahl erklären. Aber auch hier geht die Akkordanz nicht nur in der einen Richtung zur spezifischen Sinngebung, der konstruktiv-schematischen, sondern noch in der andern zur spezifischen Leibeshaltung der Handlung. Sehen als „ein Fernes in den Blick fassen" und das auf Zielvorstellungen sinngemäß gegründete und gerichtete Handeln sind strukturell affin, akkordant. Auch diese Akkordanz stützt die Konkordanz zwischen schematischer Sinngebung in Begriffen und Handlung.

Der philosophische Ertrag, den Pleßner aus dieser von ihm begründeten „Ästhesiologie des Geistes" heraushebt, ist ein so überaus reicher, daß er hier nur andeutungsweise festgestellt werden kann. In den Vordergrund gerückt wurde bisher das kulturphilosophische Ergebnis des Buches, vor allem die Kritik des Expressionismus aus der Wesensunvertauschbarkeit von Auge und Ohr und damit zusammenhängend die Grundlegung einer Philosophie der Musik (gewissermaßen die Theorie des musikalischen Verstehens, ihre aller Musikästhetik vorausgehende, bisher nirgends vorhandene Erkenntnistheorie). Fast noch wichtiger erscheint mir indessen die naturphilosophische Seite des Werkes. Die Sinnlichkeit des Menschen stellt ja nach Pleßner eine harmonische Einheit dar: die sinnlichen Qualitäten sind relativ auf die Einheit der Person als Leib und Seele und zweitens relativ auf den Geist. In erster Bedeutung sind sie als Verhältnisweisen von Leib und Seele subjektiv-apriorische Voraussetzungen der Erfahrung, in zweiter Bedeutung objektiv-apriorische Voraussetzungen (Wesenskonstanten) einer erscheinenden Natur. Die Kritik der Sinne schafft also zugleich — und dies ist der entscheidende methodische Gedankengang des Buches — mit an dem Fundament einer Philosophie der Natur.

Nach Pleßners Auffassung haben die Dinge die sinnlichen Qualitäten, soweit sie erscheinen, d. h. einem Subjekt überhaupt objiziert, entgegengeworfen sind. Die Sinnesmodalitäten sind Modalitäten dieser Entgegenstellung, dieser Objektivität. Daß aber die Dinge so erscheinen, wie sie erscheinen, nicht bloß optisch, sondern rot von dieser Nuance, nicht bloß schallend, sondern in dieser Tonhöhe, von diesem Klangcharakter, das liegt in ihnen begründet, in ihren Eigenschaften, die sie real und nicht nur objektiv besitzen, also gleichgültig, ob sie erscheinen oder nicht. Auf die Frage: „Ist das

Blatt da draußen grün, auch wenn kein Auge es sieht?" würde Pleßner antworten: „Nein und ja". Nein, denn grün ist eine Tönung der Lichthaftigkeit. Ohne Lichthaftigkeit keine qualitativ eingeschränkte Tönung. Lichthaftigkeit aber ist nicht Inhalt der Wahrnehmung, sondern ein Modus der Wahrnehmung, eine Bedingung der Möglichkeit der Wahrnehmung. Ja, denn daraus folgt wohl die allgemeine Möglichkeit der Farbenskala, wie sie Goethe bewiesen hat (als stufenmäßige Mischungen von Licht und Finsternis) — und insofern sind sogar die Farben a priori! —, aber es folgt nicht daraus, daß gerade dieses Blatt dieses Grün und jenes Blatt jenes Grün besitzt. Die „Grünheit" ist nicht im Subjekte fundiert, nicht in seinem nervus opticus, der Retina oder im Okzipitalhirn, auch nicht in dem geistig-leiblichen Persontypus, sondern in dem Subjekt und Objekt allererst verbindenden Verhältnis der Objizierung, dagegen das hic et nunc „Grünsein" in der Struktur des Dinges grundgelegt. So ist das Qualitätenproblem ein typisches Grenzproblem. In der Qualität steckt das Empfindbare der realen Dingstruktur und die Verhältnisweise von Objekt und Subjekt. Beide sind streng einander eingepaßt, so daß wir in der Wahrnehmung an den realen Eigenschaften der Dinge unmittelbar teilnehmen, nicht nur abbildend, wie gewisse Neuscholastiker im Gegensatz zur genuinen Scholastik dies darstellen. Auch nähert sich Pleßner der Ansicht Alberts des Großen, wenn er diese Teilnahme auf die Oberflächenstrukturen der Dinge bezieht, die das über sie ausgeschüttete Licht sichten und modifizieren.

Mit dieser Lehre vom Realkontakt zwischen Subjekt und Objekt in der Wahrnehmung sucht also Pleßner den Motiven des Realismus und des Idealismus in einer Weise gerecht zu werden, welche die dem Bewußtseinsbegriff anhaftenden unauflöslichen Schwierigkeiten vollkommen vermeidet. Die sinnlichen Qualitäten bilden nicht den Vorhang vor an sich unfaßbaren Dingen oder die bloß subjektiv bedingte Ansicht einer Realität, über die der Physiker mit mechanischen und elektromagnetischen Symbolen die einzig wahre Auskunft erteilte, sondern sind Arten der Objizierung, der Gegenständlichkeit des physisch Realen vom Realen aus. Psychologisch erlebnismäßige, physiologische und physikalische Wirklichkeitsansichten bezeichnen nicht mehr ineinander unüberführbare Gesichtspunkte, sondern Schichten der Realität. Ihre ideale Grenzsphäre und Oberflächenschicht ist ihr Antlitz und ihr Erscheinen in den Modis der Sinne: das Reale verhält sich objektiv zum Subjekt in den Weisen sinnlicher Erscheinung seiner Eigenschaften. Die Welt der Erscheinung korrespondiert der leiblich-geistigen Person des Menschen. Kein Glied in dieser Relation des Bewußtseinskosmos ist früher als das andere. Reales und Ideales, Objektives und Subjektives wachsen einander zu. Das tiefsinnige Wortspiel Claudels: „Connaissance est co-naissance" hat seine wissenschaftliche Begründung gefunden. Wie wichtig diese Auffassung bei der objektiven Deutung der „Zeitgestalten" für die biologische Erkenntnis wird, werden wir ganz am Schlusse dieses Buches zeigen.

Pleßner ist überzeugt, daß er durch seine Methode es ermöglicht hat, auch die Naturphilosophie des Mittelalters (Lichtmetaphysik, Farbensymbolik der Mystik) und der Romantik auf ihre sachlichen Probleme interpretativ zu untersuchen. Dabei stellt er gerade durch die volle innere Scheidung der naturwissenschaftlichen und naturphilosophischen Erkenntnis ihre volle innere Einheit und durch nichts beengte Wechselbeziehung wieder her. Aus dem Wesen menschlicher Erkenntnis selbst heraus, in der Sinnesleben und Denken, wie vitale und rational-normative Funktionen, korrelativ zusammengeschlossen sind, wird zunächst die Veränderung im Erkenntnisziel der mathematisierenden Physik beleuchtet: die Auflösung des klassischen Verhältnisses von Begriff und Anschauung, insofern die Denkmodelle und mathematischen Hilfsmittel heute teilweise der Möglichkeit einer Veranschaulichung in der Blickbahn der Sinne völlig entzogen sind. Wir stehen nun vor der Alternative, die doch wirklich bestehende bildhafte Seite der Wirklichkeit entweder nur der biologischen Analyse zu überlassen oder die bildbedingte Analyse vom rein naturwissenschaftlichen Erkenntnisideal überhaupt grundsätzlich zu scheiden und sie einer von der gesamten Naturwissenschaft unabhängigen Naturtheoretik zu übertragen. Pleßner bekennt sich zu der vollen inneren Scheidung, da die

Einschränkung auf die Biologie eine willkürliche Eingrenzung wäre. Damit wahrt er einerseits der Naturwissenschaft die Reinheit des Exaktheitsideals und erlöst anderseits die Naturphilosophie aus der zu unmittelbaren peripherischen Problemverkettung mit den Einzelwissenschaften, die ihren Gesichtskreis selbst einzelwissenschaftlich verengt hat. So stellt er zwischen beiden die Einheit in aller Unterschiedenheit, ihre fruchtbare innere Wechselbeziehung, die besonders in der Biologie heute im Vordergrunde steht, wieder her.

Besteht also eine Anschaulichkeit des Wirklichen und verlangt sie nach Interpretation, so muß die Naturphilosophie ihre willkürliche Beengung als an die Ergebnisse der Physik anknüpfende reine Naturwissenschaftsphilosophie (gleich induktive Metaphysik) aufgeben und eine Physik und Biologie universal übergreifende und von ihnen unabhängige Theorie der Natur nach ihrem Bildgehalt versuchen — ähnlich wie dies Planck in seiner Lehre von den reinen Erscheinungsformen versucht hat — aber auf einer höheren kritisch geläuterten Ebene. „Dieser Theorie", sagt Pleßner, „wäre es vorbehalten, darüber zu entscheiden, welchen Anteil die Subjektseite und welchen Anteil die Objektseite am Bildgehalt der Natur besitzt." Und wie schon Thomas im Erkenntnisakt die ideale und reale Sphäre in eins verknüpfte, indem er in diesem Akt eine Lebensbewegung sieht, eine Analogie zur Zeugung, bei der die Einbildungskraft im Dienste des tätigen Verstandes die Rolle der bewirkenden Werkzeugursache spielt, so sieht auch Pleßner (allerdings in nicht ganz unmißverständlicher Weise) in der „Relativierung" des empirischen und überempirischen Standortes unserer Erkenntnis auf die Größe: „Leben" den Einheitsmaßstab, „der den Ansprüchen des einen auf Veränderlichkeit, des anderen auf Unveränderlichkeit und Zeitlosigkeit gleichmäßig genügt."

Damit hat Pleßner alle künstlich verengenden Zwangslagen der Erkenntnis mit einem Schlage überwunden und den vollen Zugang zur Natur erschlossen. Wenn er die bildhafte Interpretation als weder zur Sache der Physik noch der Biologie gehörige Angelegenheit, sondern der beide übergreifenden Naturtheoretik betrachtet, so mag diese scharfe Trennung der Ebenen mit Recht unterstrichen werden. Methodisch wird aber dann die Biologie, sobald sie ihre Ganzheitsfragen aufwirft, diese naturtheoretische Erkenntnisebene erst recht nicht verlassen können. Es ist klar, daß Pleßner durch die volle Ausscheidung der naturtheoretischen Erkenntnisebene auch Stellung zu den zentralen Fragen der Ontologie gewinnt. Das Kontingenzproblem tritt durch die oben entwickelten Ergebnisse seiner Kritik der Sinne klar heraus. Das Sosein der Dinge bestimmt sich sinngesetzlich aus der co-naissance der Glieder der Objizierung. Aber weder zum Plan und Stil des Weltbaues selbst noch zu der daraus folgenden Zusammenstimmung aller seiner Teile gehört wesensmäßig die individuelle Verwirklichung. Hier stößt Pleßner zur tiefsten Einsicht der thomistischen Ontologie vor: In der Kreatur unterscheiden sich Wesenheit („essentia“) und Sein („esse“), weil das „esse“ nicht schon in der Wesenheit gegeben ist, sondern als konkret verursachtes („causatum“) erst hinzutritt. Ganz selbstverständlich findet auch Pleßner von der bildbedingten zur konkret-kausalen Analyse und spricht den für die Ontologie fundamentalen Satz aus: Es gilt wieder das Sein des Möglichseins zu erkennen.“ (In „Die Stufen des Organischen und die Sphäre des Menschen“, Walter de Gruyter 1928.) Damit behebt er die tiefste Schwierigkeit, die das Problem des Werdens besonders der Biologie bereitet hat. Wie wir schon früher sagten: wenn es nichts real Mögliches gibt, so wird in der aufeinanderfolgenden Reihe des Geschehens das folgende Glied in den vorangehenden Bedingungen entweder schon in Wirklichkeit oder gar nicht enthalten sein. Im ersten Falle wird überhaupt nichts geschehen und nichts werden oder zum wenigsten alles extrem präformiert sein. Im zweiten Falle wird das Folgende ohne allen Zusammenhang mit dem Vorausgehenden bestehen. Vor allem aber wird durch die Unterscheidung einer im Materialfeld gegebenen Bestimmungsbereitschaft und eines bestimmungsmächtigen Verwirklichungsfeldes eine gleichwertige Gliederung alles Seienden vermieden, ein ungeheurer Fortschritt gegenüber dem alten abstraktkausalen Denken, das um der exakt-naturgesetzlichen Vereinfachung willen 1. nur eine Wechselwirkung zwischen gegeneinander abgeschlossenen Teilen annahm und ein unselbständig offenes Materialfeld, in dem das Fürsichsein der Teile durch Assimilation aufgehoben wird, leugnete, 2. sogar die Beziehung zwischen erkennendem Subjekt und erkanntem Objekt in ein bloß wirkursächliches Verhältnis beider auflöste, und damit das Wesen des Erkenntnisaktes von Grund aus fälschte. Was die Wirklichkeitsbestimmung angeht, so ist freilich noch folgendes zu beachten. Wir können zwar das biologische Sinngesetz z. B. eines Assimilationsprozesses feststellen, aber rätselhaft bleibt er uns doch immer als individuelle Verwirklichung, soweit er nämlich vom (konkreten) Wirklichsein in seinem Verlauf abhängt. Denn die individuelle Wesenheit, die in diesem Wirklichsein verwirklicht ist, ist für uns ein Noumenon. In diesem Sinne ist es richtig, wenn Goethe sagt: „Der Begriff vom Entstehen ist uns ganz und gar versagt."

Durch Pleßner ist eine wesentliche Höherstaffelung von Plancks philosophischem Lebenswerk angebahnt, die dessen noch einseitigen Platonismus antithetisch zu befruchten und in eine neue Synthese umzuformen geeignet ist. Dadurch wird, was in der alten aristotelisch-platonischen Synthese noch nicht durch eine tiefere Scheidung der Gesichtspunkte für verschiedene Erkenntnisfelder gesondert war, nun klar der Scheidung und Differenzierung unterworfen. Wie nach Planck bei den Lebensstufen durch eine immer neue Scheidung die Zentren dem Substrat gegenübertreten und wie bei dieser Scheidung die endgültige Beherrschung und Zusammenfassung des Substrates am vollkommensten durchgeführt ist, wo die meisten Stufen innerer Scheidung in innerer Zusammenfassung vorhanden sind und in gegenseitiger Offenheit von einem tiefst liegenden universalen Zentrum aus umfaßt werden, so gilt es heute auch in der Wissenschaft, das Prinzip der Scheidung der Erkenntnisebenen mit dem der gegenseitigen Offenheit und zentralen Beleuchtung durch den Wesensbegriff zu verknüpfen. Daß für einen möglichst kritischen und sauberen Standpunkt die Trennung der Gesichtspunkte und Erkenntnisebenen besonders wichtig ist, ist selbstverständlich.

Aber diese Trennung darf die innere gegenseitige Offenheit nicht beeinträchtigen, sondern muß im Gegenteil eine neuere und umfassendere Synthese dadurch begünstigen, daß sie zugleich jeden teilhaften Standpunkt kritisch auflockert und seine Begriffsrealismen als illusorisch erweist, um so die ganze Vorurteilslosigkeit gegenüber dem Sein und seinen verschiedenen Tiefenschichten zu gewinnen.

Neben Pleßner und unabhängig von ihm ist es vor allem Hermann Friedmann, der aus der kritisch-idealistischen Fragestellung selbst heraus durch deren innere Ergänzung den Weg zum Gegenstande neu zu bahnen versuchte. In seinem Werk: „Die Welt der Formen“ (München 1930) ist auch bei ihm eine „Kritik der Sinne“, und zwar die Kritik der Raumanschauung, tiefster Ansatzpunkt zu einer wahrhaft genialen Umformung des wissenschaftlichen Bewußtseins. Die Raumanschauung kommt nach Friedmann durch das Zusammenwirken zweier Sinnesauffassungen: des Gesichtssinnes und des Tast- und Muskelsinnes, zustande. Beim „Messen“ und beim Aufbau der Linien aus Punkten, der Figuren aus Linien usw. spielt die letztere Sinnesauffassung die ausschlaggebende Rolle. Alles Messen mit einem Zirkel z. B. ist nur eine Verfeinerung dessen, was man primitiv auch mit den Fingerspitzen ausführt. Bei einer neuen Art der geometrischen Betrachtung, die der Mathematiker Reye in seiner „Geometrie der Lage“ durchgeführt hat, werden die geometrischen Figuren, wie beispielsweise Kreise, Ellipsen usw., als reine „projektive“ Erzeugnisse von Strahlenbüscheln, Geraden, Ebenen behandelt und sind nicht zuerst die Elemente: Punkt, Linie usw. gegeben, sondern die von der optischen Anschauung aufgefaßten „Ganzheiten“, die Gestalten. Die Elemente müssen erst durch Abstraktion daraus herausgelöst werden. Die von der Gestalt absehende Auflösung der Gegenstände in ein bloßes Nebeneinander gleichberechtigter Elemente führt zu einer Gesamtheit von Sinnesdaten und logischen Verknüpfungen derselben, für die als letztes Wirklichkeitskriterium der Tastsinn angesehen wird. Auf diese rein „haptische“ Gegenstandsauffassung ist Kants Raum-Zeitlehre begrenzt. Sie muß deshalb vervollständigt werden. Während in einem dem haptischen

Erkenntnisgebiet zugehörigen Koordinatensystem „oben“ und „unten“ und „vorn“ und „hinten“ völlig gleichberechtigt erscheinen, ist das in einem dem optischen Gebiet zugehörigen nicht der Fall. Die Hinzunahme des optischen Gebietes ist aber schon für die physikalische Erkenntnis grundlegend. Ein dem haptischen Gebiet zugehöriger Begriff ist der der indifferenten neutralen Zufallswahrscheinlichkeit. Ihm entspricht das Axiom der klassischen Wahrscheinlichkeitslehre, daß positive und negative Fehler gleich wahrscheinlich sind. Damit ist aber das Gesetz des geometrischen Mittels nicht vereinbar. Friedmann geht von folgendem einfachen Beispiel aus:

„Es werden uns zwei Wägungsresultate p_1 und p_2 zur Ausgleichung dargereicht. Wir zögern nicht, das „natürliche“ arithmetische Mittel zu benutzen und geben als das wahrscheinlich richtige Resultat $\frac{1}{2}(p_1 + p_2)$ an. Nun wird uns mitgeteilt, daß wir uns getäuscht haben. Der Körper war nämlich das eine Mal auf der rechten, das andere Mal auf der linken Schale der Wage gewogen worden, wobei zuerst die eine, dann die andere Gewichtszahl sich ergeben hatte. Es ist aber klar, daß, wenn das Gewicht des Körpers x, die Länge des rechten Wagenbalkens R, die des linken L, das Gegengewicht zur linken Schale p_r, das zur rechten p_l ist, die Beziehungen gelten: $x L = p_r R$ und $x R = p_l L$, woraus sich durch Multiplikation der Gleichungen der Wert $x = \sqrt{p_r p_l}$ ergibt. Es hätte also das geometrische Mittel benutzt werden müssen.“

Das Gesetz der Mittelwertsbildung mußte also entsprechend den instrumentalen Bedingungen, der symmetrisch-korrelativen Anordnung transformiert werden. Durch die Erfassung einer über die rein haptische Kausalität hinausgehende Verknüpfung der Erscheinungen mußte mit der indifferenten, neutralen Zufallswahrscheinlichkeit des arithmetischen Mittels gebrochen werden. Und in dieser Erfassung der symmetrisch-korrelativen Anordnung wird die baugesetzliche „tektonische“ Beurteilung des Gegenstandes der mechanistischen entgegengestellt. Letztere führt in der gänzlichen Verflüchtigung des qualitativen Elements auch zu der mit der Quantentheorie unvereinbaren Wahrscheinlichkeitsaussage, „daß ein Punkt in einem gegebenen Raumelement liegt, unabhängig von der Lage und Gestalt dieses Elements und einfach proportional seinem Volumen“.

Die Gesetze der Haptik helfen also erst dann die Gegenstandsauffassung vervollständigen, wenn sie irgendwie in die optisch ermittelten Gesetze der Tektonik aufgenommen werden. Nimmermehr aber lassen sich die Gesetze der Tektonik auf reine Haptik, die auf den reinen, qualitätslosen und völlig neutralen Größenbegriff aufbaut, reduzieren. „Vom neutralen Standpunkte des arithmetischen Mittelwertsgesetzes aus müßte in den mit dem geometrischen Gesetz gewonnenen Ergebnissen das Walten einer systematischen Fehlerquelle behauptet werden; mit demselben Recht könnte man die vom Grunde des undifferenzierten organischen Lebens sich abhebende höhere morphologische Bildung als den Ausdruck eines systematischen Naturirrtums betrachten."

Indem so Friedmann zeigt, daß die tiefste Entscheidung über die Art des Ausgleichsgesetzes „in einer gleichsam metaphysischen Naturbedingung ruht, zu der man a priori Stellung zu nehmen hat", bahnt er sich den Weg zu seiner „Formenlehre", zu seinem „morphologischen Idealismus". Die „reine Größe", die „reine Bewegung", sind nach ihm bloße Grenzbegriffe. Das eigentliche Reale ist die Welt der „Formen", welche zugleich die der Werte und Normen ist. So erneuert er in der Biologie die Typologie in einem spezifisch platonischen Sinne.

Dies wird noch besonders deutlich beim Problem der Kausalität. Für die rein platonische Auffassung löst sich die Kausalität auf in die Idealbestimmung des Gesetzes. In der Kantischen Stellungnahme erscheinen die Glieder in der ursächlichen Analyse als die Glieder einer Ordnungsreihe, bei der aber, da diese Reihe haptischer Natur ist, die Notwendigkeit des Verbundenseins der Glieder nie a priori eingesehen werden kann. Zuletzt finden wir auf dem Grunde unserer Aussagen ein Verhältnis mehrerer Konstanten, von denen wir nicht sagen können, weshalb sie so und nicht anders sind. Friedmann sucht nun die Kantische Stellungnahme dahin zu ergänzen, daß er die Glieder der Kausalaussage optisch in einem Ganzen zu verbinden sucht, in dem die räumliche und zeitliche Zusammengehörigkeit der Glieder einsichtig wird oder als „begründet" erscheint. Zugleich sollen „mögliche" Fälle der Verwirklichung aus dem Allgemeinen entwickelbar werden, was ja die spezifische Aufgabe aller Typologie ist.

Es besteht nun kein Zweifel, daß schon in der statistischen

Gesetzeserfassung der Physik eine solche Grenzüberschreitung nötig ist. Wir haben schon früher erwähnt, daß die heutige Physik die Vorstellungen der alten mechanistischen Korpuskularphysik verlassen hat und Feldphysik geworden ist. Sie setzt Elektronen und Wellen miteinander in Beziehung und erweist es als unmöglich, vom Elektron das einfache Bild eines kleinsten Dinges, eines starr mit sich selbst identisch bleibenden „Wirklichkeitsklötzchens" (welcher Begriff typisch im Tastsinn grundgelegt ist) beizubehalten. Ferner aber zeigt sie, daß im Gebiete atomistischer Größenordnungen einer objektiven Beobachtung der Elektronen und ihrer momentanen Gestaltung von unserer Seite grundsätzlich eine Schranke gesetzt ist, und zwar schon durch die Wechselwirkung unseres Beobachtungsinstrumentes mit dem Atom, mit der stets eine Veränderung des Prozesses verbunden ist. Was wir also hier zu erkennen vermögen, ist nur durch eine gewisse „Rekonstruktion" erkennbar, und es sind nur Grade von Wahrscheinlichkeit erreichbar. Wie wir mittels der Gleichung einer Ellipse durch kontinuierliche Variation der beiden Variablen die Kurve in beliebiger Vollständigkeit zu rekonstruieren vermögen oder auch ohne erschöpfende Vollständigkeit die Gestalt der Kurven in Umriß gewinnen können, so gelingt es durch einen besonderen mathematischen Apparat (die sog. Fourier-Funktionen), Wellen und Partikel als Phänomene der Gestaltung aufzufassen und die Bewegungsgleichungen auf bestimmte darin enthaltene Gestaltmomente, etwa besondere Eigenschwingungen, abzutasten. Mit dem neuen mathematischen Apparat, der in vieldimensionalen Räumen sich bewegt, gelingt es auch, die Unstetigkeiten Planckscher Quantelung (die mit der räumlich-zeitlichen Stetigkeit und Kausalität der alten Theorie nicht zu erfassen war), in den Formen der alten Stetigkeitsprinzipien sich abbilden zu lassen. Durch die Feststellung der Eigenschwingungen, die nicht nur dem Atome eignet, sondern auch dem Kristall und die auch bei der vollen (homöopolaren) chemischen Bindung zweier verschiedenartiger Atome eintritt (insofern hier eine symmetrische Schwingung der Valenzelektronen hergestellt wird), kommt etwas morphologisch Qualitatives, ja fast Individuelles, schon in die anorganischen Naturvorgänge hinein und werden dieselben den organischen genähert. Der wichtigste Gesichtspunkt ist dann weiterhin, daß in den Wellenbahnen, die im Atom den Kern umgeben, die Bestimmung der Wellenlänge aus dem Konstruktiven erfolgt und nur solche Wellenbahnen als möglich erkannt werden, bei denen Wellenlänge und Kreislänge in einem solchen Verhältnis zueinander stehen, daß bereits für einen einzigen Umlauf sich der Anfang mit dem Ende des Wellenzuges deckt. Erst im Vollsinne aber baut sich über dem imperativen haptischen ein optisch-morphologisch normativer Gesetzesbegriff auf in der biologischen Welt. In Anlehnung an Platons Anamnesislehre entdecken wir nicht erst nach Friedmann die Formkonstanten, die organischen Typen, die optischen Gesetze des Organischen in der Natur, sondern finden sie in ihr bestätigt, entdecken sie nur gleichsam wieder. Hier tut sich jene Grenzüberschreitung des Friedmannschen Platonismus vor uns auf, die das Ideenproblem und das Problem des Ursprungs der Ideen nicht in seiner ganzen Tiefe und Schwierigkeit ermißt. Sie wird wohl dem zeitlos Gültigen, dem „Ewigen" in den „morphologischen Ideen" nicht aber dem Wesen menschlicher Erkenntnis und ihrer engen Sachverbundenheit gerecht.

Entsprechend seinem Platonismus tritt bei Friedmann eben nicht deutlich genug hervor, daß die Idealbestimmung durch die Normen nur von einem konkret-kausalen Vorgang abgezogen werden kann, dem die Realbestimmung eines Materialfeldes durch ein Verwirklichungsfeld zugrundeliegt. Nur die materiale Seite dieser Wirklichkeitsbestimmung tritt bei Friedmann deutlich heraus. Sie besteht darin, daß im harmonisch-gleichvermögenden System aus jedem Teil jedes werden kann. Aber auf den Dualismus zwischen dem gestaltlich in verschiedener Weise „assimilierbaren" Material und dem Verwirklichungsfeld geht er näher nicht ein. Und doch drängt gerade bei ihm die noch vorhandene Spaltung zwischen der haptischen und optischen Betrachtungsweise zu einer Synthese in der biologischen Feldtheorie, welcher Bestimmungen wie Materialfeld und Verwirklichungsfeld ebenso wesentlich zugrundeliegen, wie Bestimmungen aus dem optisch Konstruktiven.

Der Dualismus von Materialfeld und Verwirklichungsfeld zeigt sich besonders schön bei den Regenerationsversuchen von Weiß. Regenerationsblastem, wenn es noch jung verpflanzt wird, setzt die Bedingungen zu einem actu-potentialen Gefälle, das eine ortsmäßige Determination bewirkt. Wenn es also etwa vom Schwanz auf einen Armstumpf verpflanzt wird, so entwickelt es sich unter dem Einfluß des „Armfeldes" zu einem Arm. War es dagegen schon älter und deshalb vom Schwanzfeld schon determiniert, so entwickelt es sich herkunftsgemäß zu einem Schwänzchen. Bezeichnend für den Dualismus von Material und Organisationsfeld ist das Versuchsergebnis, daß, wenn ein Stumpf (z. B. Unterschenkel) gespalten und die eine Hälfte entfernt wurde, der Stumpf also bloß die Hälfte des Querschnitts bot, sich doch auf ihm eine ganze Extremität entwickelte. Wie ein Bild dasselbe bleibt, wenn es näher oder entfernter betrachtet wird, das Ausmaß der Netzhautreizung also verschieden ist, so bleibt hier die Gestalt dieselbe, wenn sie auch weniger Material wie normal sich assimiliert. Die Wirkungskreise tragen eben den Charakter von relativ über dem Material stehenden und relativ unabhängig von dessen Quantum sich auswirkenden „Gestaltassimilatoren", gegenüber denen das noch „ungeformte" Material ebensowenig präformierte Mechanismen enthält, wie die Stoffe, die im Aufbau des Protoplasmas assimiliert werden, präformierte Mechanismen zur Protoplasmabildung enthalten. In der fortschreitenden Determination zerfällt, von den Urorganisatoren ausgehend, das Organisationsfeld in Unterwirkungskreise, diese spalten wieder in neue Unterwirkungskreise auf usf.

Das Feldproblem bietet aber auch eine optisch-konstruktive Seite dar, die nach Gurwitsch in der Darstellung der räumlichen Verhältnisse vitaler Abläufe besteht. So ist die Paraboloidoberfläche eines fertigen Blütenkorbes der Kamille (Matricaria chamomilla) nicht schon bei dem jungen Körbchen gegeben, sondern bildet den Abschluß einer komplizierten Entwicklungsbahn im Zusammenwirken zweier nur locker einander zugeordneten Wachstumsprozesse (nämlich des Wachstums des gemeinsamen Blütenpolsters und der Einzelblütchen), deren „Richtfeld" die Parabelschale ist. Ferner wird bei der Embryonalentwicklung der Hutpilze den im übrigen unregelmäßig durcheinanderwachsenden Hyphen „gewissermaßen eine Art dynamischer Barriere für das Spitzenwachstum“ gesetzt. Das Feld regelt die Konfiguration des Hutes. So versucht Gurwitsch auf dem Gebiete der Formbildung die Beziehungen des Ganzen zu seinen Elementen auf eine relativ einfache und übersichtliche geometrische Form zu bringen, in der Entwicklungsphysiologie also die haptische in die optische Betrachtungsweise zu erweitern. Dabei setzt sich im Gurwitsch'schen Begriff des Eigenfeldes immer mehr die von Friedmann vertretene Auffassung durch, daß alle auf den Organismus wirkenden Reize in gewisser Hinsicht Formreize sind, so daß nur das an ihm geschieht, was auf Grund seiner Formbestimmtheit an ihm geschehen kann und ihm alles nur Gelegenheit zur Selbstentfaltung wird (zu dem zu werden, was er ist). In der Darstellung der räumlichen Verhältnisse der Entwicklungsbahnen geht Gurwitsch zu der dem Gesichtssinn entsprechenden Metrik und Tektonik über, die von der Aneinanderfügung zur Anordnung fortschreitet, vom Aggregat zum System. Der feinsinnige Interpret der Friedmannschen Optik: Friedrich Kuntze, hat nicht unrecht, wenn er meint, daß auf der Entwicklung der Kultur dieser Fähigkeit des Auges die Biologie beruht (wir möchten lieber sagen: die Biologie als einer gegenüber der haptischen Physik selbständigen Wissenschaft). Daß die Physik selbst schon aus der rein haptischen zur Formenmetrik übergegangen ist, haben wir schon betont.

An das Feldproblem, soweit es die biologischen Gestaltungsprozesse betrifft, läßt sich noch ein höheres Feldproblem, das des alleloskopischen Führungsfeldes, anschließen. Unter Alleloskopie bezeichnet Friedmann die Beziehungen der sehenden Lebewesen zu ihrer Umwelt und zu anderen sehenden Wesen. Sie ist sozusagen die „Gravitation in der Welt der Formen“, jedoch nicht, wie die Gravitation für den Physiker, ein „imperatives Gesetz“, sondern eine Notwendigkeit aus idealen Normen heraus, die das Individuum zu seinem „natürlichen Ort“ zurückfinden, die es „heimkehren“ läßt. Sehr interessant sind hier Friedmanns Ausführungen über die „Heimkehrfähigkeit“ der Insekten, die an die sog.

Lichtkompaßtheorie Santschis anknüpfen. Ameisen können sich nach dem Licht orientieren, und zwar um so besser, als die umgebenden Gegenstände und kräftigen Lichter, z. B. die Sonne, sich nur in einzelnen Facetten abbilden. Wenn also bei den Ameisen auf dem Hinweg zu ihrem Futterplatz die Sonne in einigen der vordersten Facetten des rechten Auges sich abbildet, dann hat die Ameise auf dem Rückweg nur dafür zu sorgen, daß auf den hintersten Facetten des linken Auges stets das Sonnenbild bewahrt bleibt. Dieses Festhalten des Bildes in den hintersten Facetten des linken Auges gnügt zur Orientierung auf dem Rückweg.

Den exakten Beweis der Lichtkompaßtheorie bei Lasius niger hat Brun erbracht. Wie Abb. 52 darstellt, läuft die Ameise von dem Nest ab bis auf einen bestimmten Punkt x und wird dort von 3 bis 5 Uhr unter einem Schächtelchen verwahrt. Während dieser Zeit ist der Sonnenstand, wie die Abbildung zeigt, verändert und deshalb kehrt die um 5 Uhr freigelassene Ameise genau mit einem Winkel von 30° nach ihrem Nest zurück.

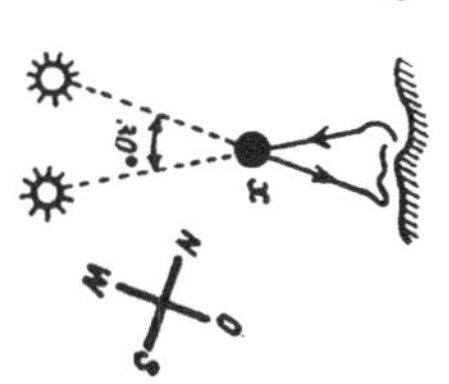

Abb. 52.

Doch mögen diese Andeutungen am Ende dieses Kapitels, das nur den neuen Zugang zur Natur von der prinzipiellen Seite zeigen wollte, genügen. Im wesentlichen wurzelt diese neue Erkenntnishaltung in einem der wichtigsten Grundsätze der alten Scholastik, welcher lautet: „Alle Akte unseres Erkennens und Liebens sind ihrem Wesen nach Intentionen, d. h. Hinordnungen oder Richtungen auf einen entsprechenden Inhalt.“ Auf diesen Grundsatz zurückkommend, hat auch Nicolai Hartmann die Erkenntnis als ein „Erfassen von etwas von der Erkenntnis Unabhängigem“ neu zu begründen versucht. Er betrachtet das Erkennen in Zusammenhang mit all den übrigen Verhaltungsweisen: Ertragen, Erleiden, Wollen, Handeln usw. und stellt fest, daß es eben nur einer unter vielen Akten, die „über sich hinaus“ auf ein Transzendentes weisen, d. h. genauer gesprochen, ein „emotional-transzendenter“ Akt sei. Er entwickelt eine Stufenreihe der Drastik des Wirklichkeitserlebens in „Betroffensein“, „Vorbetroffensein“, „Rückbetroffensein“, entsprechend den Erlebnissen, daß dem Subjekt etwas „widerfährt“ oder daß es (wie in Sorge, Bereitschaft, Hoffnung, Neugier) die Gewißheit hat: „es wird etwas kommen“ oder daß das Subjekt (wie in Wollen, Arbeit, Gesinnung usw.) durch aktive Akte auf ein wirkliches Objekt gerichtet ist, dessen Wirklichkeit es aber erst herbeiführt. Diese Stufenreihe ist aber streng zu unterscheiden von der subjektiv-menschlichen „Gewichtigkeit“ der Gegebenheitsweisen: Sache—Person—Situation. Dadurch nun, daß die emotional-transzendente Gegebenheit mit der der Erkenntnis als die eine Wirklichkeit zusammenfällt, ist der Schluß von den Analysen des konkreten Daseins auf die Wirklichkeitsgegebenheit nach Hartmann bündig, wenn auch selbstverständlich die Vorläufigkeit und Unabgeschlossenheit der phänomenologischen Analysen von vornherein zugestanden wird. Damit ist die in unserm ganzen Buch befolgte ontologische Methode, die schlicht am Gegebenen sich orientiert und durch interpretierende Analyse Einblick in seine Struktur zu gewinnen sucht, wiederum in neuer Weise gesichert. Durch das Vordringen Hartmanns zur Wirklichkeit als etwas „In-Eigenkraft-Stehendem“, als Akt im aristotelischen Sinne, ist auch die Gefahrzone der reinen Phänomenologie beseitigt. Dieser war über dem Wesen der Tätigkeiten das „Wirken“ selbst als der reale Mittelpunkt, aus dem sie hervorgehen, fast entschwunden. Scheler ging zwar schon auf die Analyse des Widerstandserlebnisses ein, aber erst Hartmann fand wieder den Vollanschluß zur Wirklichkeit. Diese Wendung in der Phänomenologie ist von grundlegender Bedeutung, denn der ganze wissenschaftliche Idealismus der Neuzeit, der bei Kant, Fichte usw. zuletzt zum systematischen Zweifel an der Wirklichkeit der Erkenntnisgegenstände führte, ist die psychologische Folge einer Geistesrichtung, die nicht das Sein, den Punkt der Wirklichkeit in den Dingen, sondern einseitig deren Wesenheit zu erfassen suchte (4).

IV.

Die bildbedingte und konkret-kausale Analyse in ihrer fruchtbaren Anwendung auf die heutige biologische Erkenntnis mit besonderer Berücksichtigung der Botanik.

Nachdem wir im vorhergehenden — im Kern und Grundriß wenigstens — die Entwicklung und Verwicklung der Probleme des bildbedingten und konkret-kausalen Denkens behandelt haben, können wir nunmehr an die Aufgabe herangehen, auf dem Gebiete der modernen Biologie selber (und speziell der Botanik) seine Bedeutung näher zu skizzieren. Erst auf dem problemgeschichtlichen Hintergrund läßt sich ja nun auch klar herauslösen, was an eigentlicher Gegenstandsanalyse der Biologie zum Unterschied von der Philosophie zugeteilt ist.

Zunächst muß festgestellt werden, daß es an sich (objektiv-real) ein und derselbe Gegenstand ist, dem die philosophische und die biologische Analyse sich zuwendet. Die Philosophie betrachtet dabei den Gegenstand entweder als schlechthin seiend oder als einer bestimmten Art des Seienden zugehörig und sucht ihn demgemäß entweder aus den an der Analyse des Seienden als solchem oder aus den aus der Analyse der Seinsgattung (des Typus) sich ergebenden Ordnungsbestimmtheiten zu verstehen. Die Analyse des Seienden führt im empirischen Gebiet zu der obersten Seinsdifferenz von Potenz und Akt, wobei die Potenz als bestimmungsempfängliches, der Akt als in Eigenkraft stehendes und darum bestimmungsmächtiges Sein dem unmittelbaren Wesenseinblick sich auftun. In Verbindung mit dem Widerspruchsprinzip, wonach die Potenz nicht zugleich und in gleicher Hinsicht Akt sein kann und nur der Akt das seinem Wesen nach eigenkräftige Sein ist, ergibt sich, daß jede Wirklichkeitsbestimmung als Überführung eines Materialfeldes in die geformte, bestimmte Wirklichkeit hinein nur durch ein schon in sich in Eigenkraft stehendes und darum bestimmungsmächtiges Verwirklichungsfeld möglich ist. Die speziellere Analyse der Wirklichkeitsbestimmung auf dem biologischen (Organisatorenlehre) und psychologischen Gebiet (hier besonders die Analyse des Gestaltaufbaues der Wahrnehmungen aus dem durch die Sinne gelieferten Material) zeigt diesen Dualismus immer wieder auf. Auch erweist die Möglichkeit einer Vervielfältigung und proportionalen Erweiterung oder Zusammenziehung des Organismus (quantitative Erzeugung von Riesenformen bei Vervielfältigung des Keimplasmas oder von proportional verkleinerten Zwergformen bei Spaltung des Keimes) einen ausgesprochenen Dualismus zwischen einem das Material insGanze fügenden Feld und dem Material selbst. Materie (Materialfeld) und Form (Verwirklichungsfeld) erscheinen schließlich als die beiden zu unterst den Seinsbestand des Organismus ausmachenden Bestandteile. Weitere Bestimmungen, die sich aus der ontologischen Analyse des Werdens (als Übergang einer Dingganzheit in eine andere) ergeben, sind die Beraubung (steresis), die die Individuation bedingende materia quantitate signata usw. Eine relative Beraubung ist mit der Embryonalisierung somatischer (schon differenzierter) Gewebeteile verbunden, insofern mit dieser Embryonalisierung (oder auch Verjüngung) eine reine Bestimmungsbereitschaft wieder herbeigeführt wird. Bis zur Herausarbeitung dieser allgemeinen Begriffe und des Ursächlichkeitsgrundsatzes selber geht die ontologische Analyse, die Sein und Werden als solches zum Gegenstande hat.

Insofern durch die Philosophie der Gegenstand nun weiter zu einer bestimmten Gattung oder einem bestimmten Typus zugehörig betrachtet wird, muß sie das Verwirklichungsfeld in ihm (seine Form) nach der Art der Tätigkeit bestimmen, die aus der Wirklichkeitsbestimmung hervorgeht. Sie muß diese Tätigkeit einem umfassenderen Gattungsbegriff des Verhaltens (etwa dem pflanzlichen oder tierischen) unterordnen. Sie muß auch fragen, was denn nun eigentlich einen vitalen Prozeß in seinem Wesensbestande ausmacht, was ihn typisch von einem avitalen unterscheidet. Das alles gehört noch in den Gegenstandsbereich der Philosophie und ihrer allgemeinen bildbedingten Erkenntnis. Soweit die Philosophie hier die Seinsbezirke der Natur als schon spezifizierte Bezirke zum Gegenstande hat, ist sie Kosmologie.

Und schließlich oder vielmehr an erster Stelle hat die Philosophie Ausdehnung und Reichweite solcher Erkenntnis kritisch zu sichern. Das Ideenproblem und das Problem des Ursprungs der Ideen in der menschlichen Erkenntnis kann die Spezialwissenschaft nicht lösen.

Ein großer Irrtum aber wäre es nun, wenn man glauben würde, die Spezialwissenschaft könnte in ihrer Gegenstandssphäre sich nun völlig autonom orientieren, ohne dabei auf eine in ihren Grenzen möglichst ausgedehnte und tiefergehende Gegenstandserfassung zu verzichten. Die aus ihrem Bereich zwar mit vollem Recht ausgeschiedene reine Ontologie entwickelt vielmehr die obersten Gesichtspunkte zum Studium der wahren Wirklichkeitsbestimmung in der biologischen Forschung. Die Biologie hat die Wirklichkeitsbestimmung zwar nicht in ihrer Verwurzelung mit den obersten Seinsdifferenzen und Seinsgesetzen aufzuzeigen, aber sie hat das auf den Dualismus von Materialfeld und Verwirklichungsfeld gegründete Werdeschema als Leitfaden zur Beschreibung der konkret-kausalen Bestimmungsprozesse zu benutzen. Sekundär kann sie dann in deren Verlauf die biologischen Sinn- und Ordnungsgesetze ermitteln und tritt dann in zweiter Hinsicht in eine fruchtbare Beziehung zur Philosophie, und zwar jetzt zur naturphilosophischen Typologie (als Teiles der Kosmologie), insofern diese durch die bildbedingte Analyse die Wesensanlagen im organischen Sein festzustellen hat und dann die innere Konsequenz in der gestaffelten Entfaltung dieser Anlagen.

Wir wollen im folgenden diese Verbindung der konkretkausalen und bildbedingten typologischen Gegenstandsanalyse auf die Grundprobleme der heutigen Biologie (speziell auch der Botanik) einmal praktisch anwenden und ihre wissenschaftsaufbauende Kraft erproben. Grundlegend ist bei dieser Analyse 1. das auf die Unterscheidung von Materialfeld und Verwirklichungsfeld gegründete Werdeschema, 2. die besondere dualistische Wesensverfassung der Pflanze, wie sie in der stofflich und energetisch aneignenden (ernährenden) und der produktiv-formgestaltenden Seite ihrer Lebenstätigkeit hervortritt. Dazu kommt, daß diese Tätigkeit, insofern sie völlig an ihr selbst in sich zurückkehrt, auch reproduzierend wirksam ist. Aus der Wechselbeziehung von Stoff- und Formwechsel und der relativen Überordnung der produktiv formgestaltenden Seite über die stofflich und energetisch zubereitende ergeben sich zunächst wichtige Probleme für die pflanzliche Entwicklungsphysiologie. Weiterhin ergeben sich aus dem Verhältnis von Materialfeld und Verwirklichungsfeld entscheidende Fragestellungen, durch die das Todesproblem und das Verjüngungsproblem erst eine tiefere theoretische Formulierung erhalten. In Zusammenhang damit auch die Sexualität als ein Prinzip der Verjüngung. Von höchster Bedeutung aber wird das auf den Dualismus zwischen Materialfeld und Verwirklichungsfeld gegründete Werdeschema für die typologisch orientierte Stammesgeschichte, welche die Frage der „möglichen und wahrscheinlichen Entwicklungsfolgen" (= Genesen) in der Stammesgeschichte aufwirft. Sie wirft diese Frage auf: 1. in Zusammenhang mit dem Stoffwechsel und seiner Modifizierbarkeit auf Grund seiner chemischen Ausbaufähigkeit und chemischen Dialektik (komplikatorisches Prinzip), 2. in Zusammenhang mit der Frage der Phylogenie als fortschreitend-konsequenter Durchbildung der vegetabilischen Wesensanlagen (Plancks Ableitung der Sexualität und des Generationswechsels aus den Wesensanlagen der Pflanze) sowie der beiden Urphänomene der „Zeugung" und „Zweigung" (Heidenhains synthetische Morphologie der Blattformen). Die Erkenntnis der wesensgesetzlichen Bedingtheit und Wahrscheinlichkeit solcher Entwicklungsfolgen (= Genesen) läßt weiter nach gewissen Stilgesetzen der pflanzlichen Formbildung und Formgruppierung fragen, die der ökologischen Zweckspezifikation übergeordnet sind (Uittiens Verzweigungstypen und Trolls Gestalttypen der Blüte). Unter den möglichen Entwicklungsfolgen (= Genesen) führt besonders der Parallelismus (oder die Typovergenz) zur Frage der Wahrscheinlichkeit einer Entwicklungsgeschichte vom kausalen Gesichtspunkt aus, eine Frage, deren Lösung eine letzte philosophische Unterscheidung der Gesichtspunkte verlangt, um die volle Übereinstimmung des Lösungsversuches mit den reinen Erscheinungsformen des Naturwirkens herzustellen. Schließlich fragt sich dann noch, ob das abstrakt-kausale (mathematisierend-physikalische) und das konkret-kausale (auf den Dualismus von Materialfeld und Verwirklichungsfeld gegründete) Werdeschema sich nicht in einer höheren Ebene exakter Erkenntnis vereinigen lassen (Physiologie auf gestalttheoretischer Grundlage).

A. Probleme der individuellen Formgestaltung der Pflanze: Die Wesenscharaktere der pflanzlichen Lebenstätigkeit, ihr Verhältnis zueinander und die daraus folgenden vitalen Ordnungsregeln. Gesetz des Wachstums in konstanten Proportionen (Heidenhain). Verwirklichungsfelder im Formwechsel (Simon). Die physiologische Einheit der Pflanze (Fitting) und der Säftekreislauf in ihr (Münch). Relative Überordnung der formgestaltenden über die stoffzubereitende Tätigkeit. Formreizbarkeit der Pflanze. Bildhaft-konstruktive Ermittelung des gestaltlichen „Richtfeldes" (Gurwitsch) und ihre Bedeutung für das Studium der normativen Gesetzmäßigkeiten des Wachstums. Gestaltpsychische Analogien zur Prägnanzregel und Bestimmungsbereitschaft in den Blüten- und Sproßmetamorphosen (André und Schuepp). Materialfeld und Verwirklichungsfeld in ihren weiteren gegenseitigen Beziehungen. Verknüpfung der Fragen der Entwicklungsphysiologie mit denen der reinen Morphologie.

Wie schon Planck in aller Schärfe hervorgehoben hat, ist im vitalen Elementarprozeß ein zweifaches Wesensmerkmal zu unterscheiden: seine stofflich und energetisch aneignende (ernährende) und seine produktiv formgestaltende Seite. Das unterscheidende Merkmal, das bei Auswirkung beider Fähigkeiten im Vergleich zu den anorganischen Prozessen in die Augen springt, besteht kurz gesagt darin, daß die vegetabilische Tätigkeit durch eine an ihr selbst in sich zurückgehende und nicht durch ein Fremdes in sich zurückgelenkte Bewegung (Hegel) dasselbe Subjekt, dem sie inhäriert, wieder hervorbringen kann. Der Unterschied tritt zunächst im Vergleich mit dem chemischen Prozeß deutlich hervor. Während die lebende Substanz durch die stoffliche und morphologische Assimilation eine sich selber gleichende Substanz hervorbringen kann, entsteht bei jedem chemischen Prozeß außerhalb des Organismus durch die Verbindung zweier Körper ein davon verschiedener dritter Körper. Das Schema des chemischen Prozesses ist also:

das der vitalen Assimilation:

Ist genügend Material assimiliert, so teilt sich das lebende Teilchen aktiv:

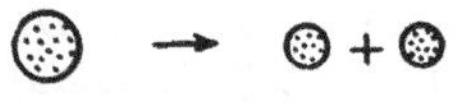

Jedes kann aber dann wieder zu seiner ursprünglichen Größe heranwachsen, um sich aufs neue zu teilen.

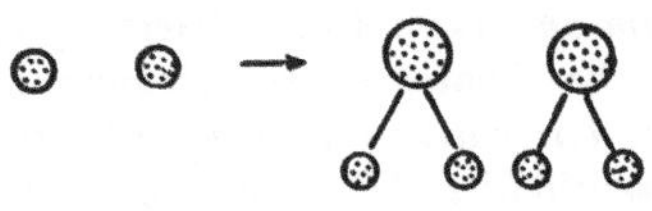

Man könnte gegen diese Unterscheidung zwischen dem chemischen Prozeß und der vitalen Assimilation einwenden, daß es auch nichtvitale Kreisprozesse gibt, z. B. bei der Wirkung von gewissen Enzymen, die unter gewissen Bedingungen aus den Produkten der durch sie bewirkten Spaltung bis zur Herstellung eines bestimmten Gleichgewichtes die Ausgangssubstanz selbst oder ein ihr ähnliches Produkt synthetisch zu reproduzieren vermögen. Aber abgesehen davon, daß dieser Kreisprozeß sich nicht in einem sich selber reproduzierenden Subjekt abspielt, sondern die Zurückführung zur Ausgangssubstanz durch einen ihr fremden Stoff (das Ferment) erfolgt, weist Armin v. Tschermack darauf hin, daß im Organismus auch eine Neubildung von Fermenten selber zustandekommt und daß das Charakteristische nicht wie in der Fermentwirkung außerhalb des Organismus in der Herstellung eines relativ stabilen Gleichgewichtes, sondern umgekehrt eines maximal labilen oder dynamischen Gleichgewichtes heterogener Phasen besteht, also in einer an ihr selbst in sich zurückkehrenden Stoffwechselbewegung von gerade entgegengesetzter Tendenz. Besonders fehlt auch in der Analogie des avitalen Kreisprozesses ein zulänglicher Vergleichspunkt zu der für die lebende Substanz charakteristischen Selbstergänzung und Selbstvermehrung. Mit Recht kann man zwar das sich selbst ergänzende, sich selbst vermehrende Plasma mit Albert Wigand als Fermentorganismus bezeichnen, aber das Charakteristische im Hinzuzeugungsprozeß ist dann das besondere auf Erhaltung des dynamischen Gleichgewichts gerichtete kooperative Wirken der stofflichen Komponenten, das nie in einem künstlichen Modellversuch zu erreichen ist*). Auch ist das im strengen Sinne assimilierte Material nicht wie beim avitalen Kreisprozeß ein dem reproduzierenden Agens äußerlich hinzugefügtes, sondern vital „geinnertes" Produkt. Um das Charakteristische dieser „Innerung" durch eine Erfahrungsanalogie zu verdeut-

*) Die Fermente als Regulationsstoffe sind nur „Mittel" zur selektiven Auswertung der chemischen Prozesse. Wie scharf die Scholastik in ihrem Satz: „Omne agens agit sibi simile" gerade die organismische Tätigkeit von der konkret-kausalen Seite sehen lernt, zeigt die funktionelle und strukturelle Selbstverähnlichung im beeinflußten Material. Interessant ist hier die „biochemische Adaption", durch welche die von Antisera in Pferdeblut gebildeten Proteïne bei Injektion in Hundeblut — wie die Präzipitationsproben zeigen — schnell ununterscheidbar werden von normalen Hundeproteïnen. Nach anderen Proben können diese Proteïne noch nach 3 Monaten etwas von der Spezifität ihres Ursprungs zurückbehalten haben. Auch die sog. „biochemische Bastardierung" von Bakterien durch mehrere Generationen lange Kultur in verdünnten Lösungen von bekannten Proteïnen gehört hierher. (Vgl. Watson, Biological Organisation. The Qu. R. of. Biol. 6. (1931) Auf höherer Ebene der Organisation sind es nach Watson die Spemannschen Organisatoren, welche, wenn sie überpflanzt werden, sich zwar nicht ihrer Umgebung anpassen, sondern ihren eigenen Charakter behaupten und die benachbarten Teile zwingen, ihnen zu folgen. Der von uns aufgestellte Dualimus von Material- und Verwirklichungsfeld kommt gerade bei den hier angedeuteten Erscheinungen im Dualismus des formenden und geformten Teiles zum Ausdruck.

lichen, ist es daher viel mehr naheliegend, den Kreisprozeß heranzuziehen, den Palágyi im Anschluß an die virtuellen Bewegungen der Phantasie darstellt. Palágyi weist, wie wir schon erwähnt haben, darauf hin, daß, wenn wir in eingebildeter Bewegung eine Zitronenschnitte in den Mund führen, eine lebhafte Geschmacksempfindung von Zitronensäure induziert wird. Wir tun dies gewöhnlich, wenn ein anderer die Bewegung uns vormacht. Die Empfindungen induzieren dann eine eingebildete Bewegung, und diese induziert rückläufig wieder Empfindungen, die die Wahrnehmungsgestalt weiter ausbauen*). Höfler wendet die Analogie aus der Gestaltpsychologie auch auf das Entwicklungswachstum an, „Im Phantasiebegabten", sagt er, „schließen sich an ein Vorstellungselement a oder an anschauliche Vorstellungskomplexe a_1 a_2 . . . solche Elemente b_1 b_2 . . . an, daß die a und b schließlich ein anschaulich gestaltetes Vorstellungsganzes produzieren. Ganz ähnlich nimmt im Entwicklungswachstum das „Organisationszentrum" die Umgebung unter seinen Einfluß oder induziert neue Sproßpläne in seiner Umgebung. Es sind das zwar nur Analogien, aber Analogien, die das Wesen der Sache viel besser verdeutlichen als Vergleiche aus dem Avitalen.

Den tiefen Unterschied, der in der Tätigkeit lebender und unbelebter Substanz hervortritt, hat auch die Kristallographie bestätigt. Der Kristall kommt durch eine actio transiens zustande, durch von außen her erfolgenden Einfluß der kristallisierenden Teilchen aufeinander. Eine vom Kristall getrennte winzige Partikel kann in der Mutterlauge zu einem neuen Kristall heranwachsen. Doch gehen auch ohne solche „Keimwirkungen", also quasi durch „generatio aequivoca", aus Mutterlaugen Kristalle hervor, rein durch die äußere Einwirkung der noch nicht strukturverbundenen Teilchen aufeinander. Bei der lebenden Substanz ist das unmöglich. Jedes lebende Protoplasmapartikelchen setzt als seinen Ursprungsherd ein schon vorhandenes Protoplasmapartikelchen mit gleicher (oder ähnlicher) Struktur voraus, es entsteht

*) Neuerdings hat Edm. Jakobsen nachgewiesen, daß eine eingebildete Armbewegung mit Aktionsströmen verbundene neuromuskuläre Vorgänge auslösen kann und zwar an der Stelle, auf die sich die Bewegungseinbildung bezieht.

immer durch „Zeugung“, nicht durch (falsche) „Urzeugung“. Die bei der Zeugung wirksamen Kräfte können also nicht isoliert durch äußere Einwirkung aufeinander das Gezeugte zustandebringen, sondern nur innerlich geeint und zusammengefaßt und auf der Grundlage einer schon spezifischen vitalen Struktur.

Am klarsten unter den Botanikern hat Wiesner diese Verhältnisse gesehen (1). Er weist darauf hin, daß das Wachstum in erster Linie als eine auf Organisationsänderung beruhende Volumzunahme des Organismus und aller seiner

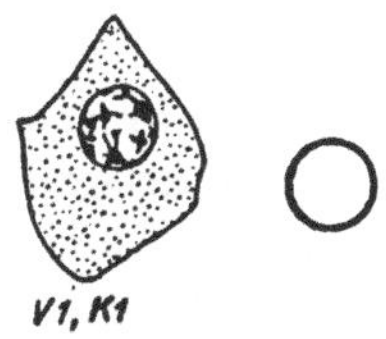

Abb. 53.

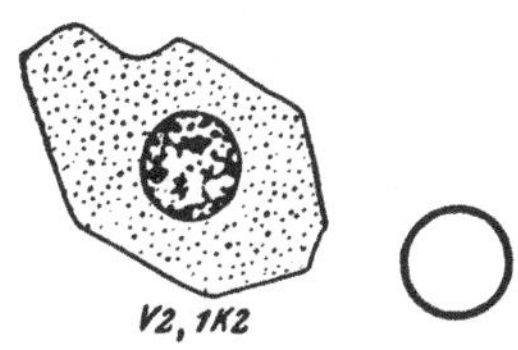

Abb. 54.

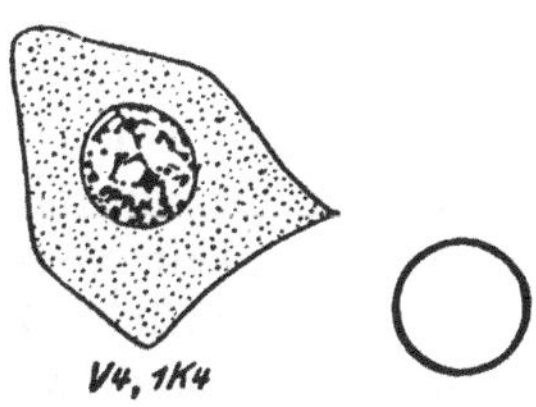

Abb. 55. (Nach W. Jacobj.)

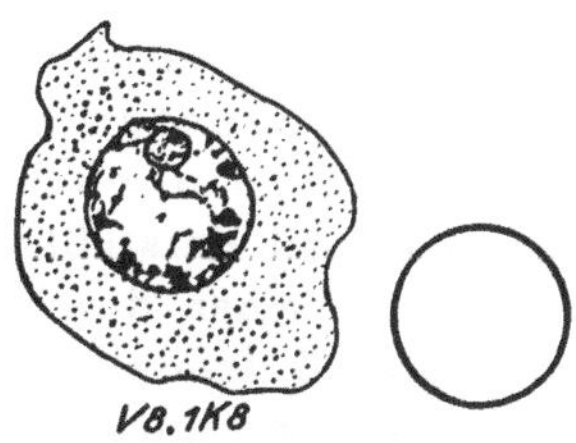

Abb. 56.

lebenden Teile ist und daß dabei jeder neue lebende Elementarteil von einem anderen aktiv erzeugt werde und niemals wie bei einem Kristall sozusagen aus einer toten Mutterlauge spontan sich bildet und hinzutritt. Dieser aggenerative Charakter des organismischen Wachstums in seiner ursprünglichen Gestalt hat neuerdings Heidenhain (2) dazu geführt, das eigentliche Spezifizierungsgesetz desselben gegenüber den Anorganismen in seiner elementaren Fassung zu formulieren. Zellkerne wachsen, wie Heidenhains Assistent W. Jakoby (3) an mehreren Beispielen gezeigt hat, vielfach nach einem Verdoppelungsgesetz, so daß ihre Volumina sich verhalten wie 1:2:4:8 und ihre kreisförmigen Umrisse, wie Abb. 53—56 zeigen. Das läßt sich weder durch Apposition noch Intussuszeption (Wasseraufnahme und Quellung), sondern nur durch innere Teilung, also schließlich durch schrittweise Hinzuzeugung (Aggeneration) neuer Teilchen durch die schon vorhandenen erklären. Ein Kristall ist in seinem Wachstum nie aggenerativ, daher zeigt er auch nie, wie Heidenhain es genannt hat: ein Gesetz des Wachstums in konstanten Proportionen. Jedenfalls könnte man durch eine mikrokinematographische Aufnahme des rhythmischen Wachstums der Kerne und des Kristallwachstums daneben, sozusagen das Urphänomen des echten Wachstums, das durch die Zeugung hindurchgeht, demonstrieren.

Wenn nun aber schon von dem Elementarprozeß des Wachstums gilt, daß die Form nicht wie beim Kristall aus den Bausteinen durch ihr äußeres Aufeinanderwirken herauskristallisiert, sondern ein schon vital geformtes Verwirklichungsfeld, das Protomer, fordert, so liegt das Spezifizierungsgesetz der Entwicklung gegenüber der Formbildung der Anorganismen darin, daß sie in einer räumlich-zeitlich geordneten Auswirkung von Verwirklichungsfeldern noch höherer Ordnung: den „Organisatoren", sich darstellt und daß dabei der formgestaltende Prozeß trotz seiner durchgängigen Abhängigkeit vom Ernährungsprozeß demselben doch in gewisser Hinsicht übergeordnet ist und ihn je nach den Umständen modifizierend beeinflussen kann. Wesentlich bei der Gestaltmetamorphose ist genau wie bei der Stoffmetamorphose die Entstehung eines Gefälles zwischen Materialfeld und Verwirklichungsfeld, des Gegenübertretens eines physiologisch mehr aktiven und eines bestimmungsbereiten Teiles. Im Stoffwechsel kommen solche Gefälle an den gegensatztragenden (dialektischen) Grenzflächen der suspendierten Plasmateilchen vor, wo z. B. das adsorbierte Eisen als Katalysator die Übertragung des Sauerstoffs auf den oxydabel gemachten Chlorophyllfarbstoff zur Peroxydbildung beschleunigt. Dieser Scheidung im Stoffwechsel entspricht im Formwechsel die innere Unterschiedenheit eines Materialbezirkes und eines physiologisch mehr aktiven, bestimmungsmächtigen Bezirkes, des Organisators. Wie im

Stoffwechsel das Gefälle durch die dialektischen Grenzflächen, so kann es durch uns noch unbekannte Ursachen auch im Formwechsel auftreten und z. B. auch schon äußerlich in der Scheidung des weißen und dunklen Dotters gekennzeichnet sein. Immer organisiert der Organisator, weil er physiologisch aktiver ist als andere Keimgebiete.

Bei der Pflanze erinnert an die Wirksamkeit des Verwirklichungsfeldes die Einflußnahme des Zellkernes auf die Zellwandbildung, die besonders schön bei der Schraubenalge Spirogyra zu beobachten ist. Das Protoplasma dieser Alge ist gewöhnlich eng der Wand einer solchen Zelle angepreßt, das Innere der Zelle ist mit Zellsaft gefüllt. Legen wir nun eine solche Zelle in eine mäßig konzentrierte Salz- oder Zuckerlösung, so entzieht dieselbe dem Zellsaft so viel Wasser, bis sie dieselbe Verdünnung erreicht hat wie der Zellsaft selber. Die Folge davon ist, daß das den Zellsaft umschließende Protoplasma sich von der Zellwand ablöst und als kleine Kugel innerhalb der Zelle erscheint. Solange nun eine solche Plasmakugel noch den Zellkern besitzt, kann sie sich mit einer neuen Zellwand umkleiden. Man nimmt an, daß der Kern an das Protoplasma bestimmte Stoffe, die man Fermente nennt, abgibt, und daß dadurch erst das Protoplasma die Fähigkeit gewinnt, eine neue Zellwand durch Abscheidung der nötigen Baustoffe auszubilden. Kernlose Protoplasmaballen, die sich auch künstlich herstellen lassen, können in der Regel keine Zellwand mehr ausbilden. Nur dann, wenn sie mit einem kernhaltigen Stück durch feine Fäden noch zusammenhängen oder wenn sie vom alten Kern aus noch beeinflußt sind, sind sie dazu fähig.

Aber auch in der Entwicklung der Pflanze selber spielen solche Erregungen eine Rolle. Es darf angenommen werden, daß die Tätigkeit des Kambiums zwischen Rinde und Holz, jener embryonalen Zellschicht, die nach innen die Gefäße und Holzfasern, nach außen den Bast bildet, ganz von dem bestimmenden Einfluß der jungen Vegetationsspitzen in den Knospen beherrscht wird, so daß in diesen jungen wachsenden Knospen der Krone gewissermaßen die Verwirklichungsfelder des Stammes sitzen. Durch den klassischen Versuch von Knight, der mit dem

Stil eines Weinrebenblattes einen jungen Sproß zur Verwachsung brachte und zeigte, daß dann dieser Stiel mehr Leitungsbahnen bildete und sich stengelartig erweiterte, ist der entwicklungserregende Einfluß der jungen wachsenden Blätter auf die Kambiumtätigkeit zum mindesten sehr wahrscheinlich geworden. Coster hat ihn neuerdings noch näher zu begründen versucht und nimmt an, daß die Vermittler in der Rinde abwärtswandernde Reizstoffe sind. Noch instruktiver sind die schönen Versuche Simons (4). Werden Blätter von Begonia Rex mit dem unteren Teil des Stieles in Gartenerde gepflanzt und im Warmhaus gepflegt, so treten aus der Basis der Spreite Adventivsprosse hervor und an der basalen Schnittfläche des Blattstieles tritt Wurzelbildung ein. Ebenso bilden sich auch an der Basis des Blattstiels ein bis mehrere Sprosse. Wenn letztere rechtzeitig entfernt werden, so können die oberen Sprosse sich kräftig weiter entwickeln, und es läßt sich ihr Einfluß auf den künstlich in das Verzweigungssystem der Pflanze eingeschalteten Blattstiel studieren. In dem Blattstiel werden zunächst neue Gefäße gebildet; aber sehr bald treten daneben noch Elemente auf, welche bisher gänzlich fehlten, nämlich Holzfasern und Holzparenchym von mannigfaltiger Gestalt mit verholzten Wänden. Nicht alle Blattstielbündel werden metamorphisiert, und es liegt nahe, daß nur solche den neuen Zuwachs bilden, die mit den Adventivsprossen durch Gefäßbündelbrücken in Verbindung stehen. Tatsächlich konnte bei einer Varietät von Begonia Rex, welche gelegentlich am Blattstiel selbst, weit oberhalb seiner Schnittfläche, Adventivsprosse bildet, diese enge Beziehung zwischen Adventivsproßbildung und der vollständigen Metamorphose des Blattstieles zum Stengel klar und einwandfrei aufgezeigt werden. Es ist wahrscheinlich, daß das Kambium der Blattstielbündel zu der neuen andersartigen Zuwachstätigkeit angeregt wird durch Reize (vermutlich stofflicher Natur), welche von den Gefäßbündeln der sich entwickelnden Adventivsprosse ausgehen. Da die Holzbildung in den Blattstielbündeln von der Ansatzstelle der Sprosse aus nur basalwärts, nicht apikalwärts, vordringt, müßten die hypothetischen Reizstoffe ebenfalls basalwärts wandern, was vielleicht durch die polare Struktur des Blattstieles mit bedingt wird.

Wie dominierend auch sonst die entwicklungsregulierende Wirkung des Laubblattes ist, zeigt sein Einfluß sogar auf die Polaritätsverhältnisse. Bei Scrophularia nodosa konnte Dostál die Polarität experimetell umkehren, wenn er die Pflanze an ihrer Spitze vollkommen entblätterte und diesen Teil unter Wasser setzte. Die Spitze metamorphisierte dann die Blütenstandsanlagen zu Knollen.

Mit den Leitungsbahnen zusammen werden von verholzenden Stengeln und Baumstämmen die sehr viel Holzstoff oder Lignin enthalten, Holzfasern gebildet, die gleichsam das Skelett der Pflanze aufbauen und außerdem durch ihren Holzstoff ein starkes Wasserbindungsvermögen besitzen. Besonders engporig und holzstoffreich sind sie in der dunklen Zone jedes Jahresringes. Wie meine Versuche mit der Wandelblüte (Lantana camara) zeigten, kann man bei ihr durch periodische Trockenhaltung beliebig viele solcher stark wasserbindenden Engholzringe künstlich erzeugen. Auch hier steht also die Differenzierung im Einklang mit der Wasserökonomie der Pflanze und somit den Ansprüchen der Pflanze als Ganzes.

Es ist das Verdienst von Fitting, das Verhältnis des Ganzen zu den Teilen in der Pflanze schon vor Jahren richtig erkannt und in seiner Schrift „Die Pflanze als lebendiger Organismus“ (1917) in einer Weise dargestellt zu haben, die stark an gestalttheoretische Betrachtungen erinnert. „Die Zellen“, sagt er, „sind bei der Entwicklung des Körpers die aktiven, die bildenden, die reagierenden Teile, weil ja die lebende Substanz auf sie verteilt ist. Doch arbeiten sie meist in so enger Abhängigkeit voneinander und vom Ganzen, daß sie mit ihresgleichen zu den einheitlichen Leistungen der Organe physiologisch mehr oder weniger vollständig zu verschmelzen scheinen. Die Bedingungen nämlich dafür, welche der in der lebenden Substanz schlummernden Leistungsfähigkeiten geweckt werden, kommen vom Zellverband, vom Ganzen, und zwar von seinem Zustand in jedem Augenblick der Entwicklung ... Das Ganze und der Teil, mag er nun eine Einzelzelle oder eine Zellgruppe sein, wirken eben bei einem vielzelligen Organismus physiologisch immer in einer sehr eigenartigen besonderen Weise aufs allerinnigste zusammen, und zwar so, daß die Zellen meist gar keine physiologische Individualität in dem vielzelligen Organismus besitzen."

Um zu verstehen, wie die den Stofftransport besorgenden Strömungen in der Pflanze gerade so erfolgen können, wie es das Bedürfnis des Formwechsels erfordert und die Erzeugung oder der Vorrat es gestatten, muß man im Auge behalten, daß alle lebenden Zellen einer Pflanze mit wenigen Ausnahmen mittelbar oder unmittelbar durch feine Plasmafäden (Plasmodesmen) in Verbindung stehen, die die Zellwände durchsetzen. Auch diese sind nach Ernst Münch (5) in ihren Häuten als halbdurchlässig zu betrachten, so daß die durch sie verbundenen Protoplasten aller lebenden Zellen zu einem einzigen, durch die Zellwände gefächerten Symplasten zusammentreten, der gegen die leblosen Teile (den Apoplasten), insbesondere die Leitungsbahnen, dicht abgeschlossen erscheint. Der Apoplast ist mit feinen Wasserfäden ganz durchzogen und schließt seinerseits dicht an den Symplasten an. Durch ihre Saugkraft ziehen die Zellen des Symplasten an den Stellen höherer osmotischer Konzentration Wasser an, es steigt der Druck der gespannten Zellwände, bis er ausreicht, den Widerstand der sehr engen Plasmodesmenschläuchlein gegen Auspressen von Lösung mit einer bestimmten Konzentration zu durchbrechen. Durch wechselnde Füllung und Wasserabgabe wird so ein periodisches An- und Abschwellen der Zelle, eine Pulsation hervorgerufen. Es entsteht so im Symplasten von selbst eine Strömung in der Richtung des Konzentrationsgefälles und eine entgegengerichtete tritt in dem Apoplasten auf. Das Konzentrationsgefälle hat also nicht nur eine Diffusion sondern auch eine Strömung der ganzen Lösung zur Folge. Die Stoffe (z. B. der gelöste Zucker) können dabei durch die möglichste Undurchlässigkeit der Plasmahäute zusammengehalten und in die Richtung gelenkt werden, in welcher die undurchlässigen Plasmahäute von dem engen Schlauchsystem der Plasmodesmen durchbrochen sind. Die Ordnung in der Richtung der Saftströme wird natürlich von der Pflanze selbst reguliert und stellt die spezifisch vitale Seite des Saftkreislaufes und der Stoffbewegungen dar. Da Verbrauchszentren stets osmotisch wirksame Substanz vernichten, verlieren sie an Druck und machen so den Nachtransport (z. B. von Zucker) möglich. Die ganze Pflanze könnte man in dieser harmonischen Regulierung der Druckverhältnisse mit einer automatischen Orgel vergleichen, die durch erhöhten oder verminderten Binnendruck in den Pfeifen den Zustrom der Luft reguliert (vgl. auch v. Üxküll, „Lebenslehre", S. 81).

Wie Wiesner gezeigt hat, ist der Saftkreislauf auch für die Gestalt der Sprosse mitbestimmend. Taucht man einen Sproß von Vitis vinifera in umgekehrter Lage unter Wasser, so daß sich der Gipfel im Wasser, die älteren Blätter aber in der Luft befinden, so erschlafft der Gipfel um so früher, je stärker die Blätter transpirieren. Es entsteht ein durch Absaugung erfolgender Rückstrom. Durch solchen Rückstrom kann in der Ausbildung von Laubsprossen vom unteren Teil her die Entwicklung der Terminalknospe verhindert werden; sie vertrocknet dann und später übernimmt eine Axillarknospe die Fortsetzung des Sprosses. So kommt die sympodiale Verzweigung (bei wechselständigen Blättern) zustande. Beim Flieder (mit gegenständigen Blättern) kommen unter Ausschaltung der Terminalknospe zwei kräftige Seitensprosse zustande, so daß falsche Gabelung entsteht. Die Modellierung des Sprosses wird so stark durch die Wasserökonomie bedingt. Der Säftekreislauf kann aber durch komplizierte Bildungen, die an der Pflanze entstehen, oft auch selbst in sehr komplizierter Weise geregelt werden. Solche komplizierte Bildungen sind die Pflanzengallen. Sie ernähren ihre Gäste, die Insektenlarven, reichlich, indem sie ungemein plasmareiche Nährzellen für sie bilden. Es wird auch von der Pflanze ein eigenes Saftzuleitungssystem für die Galle gebildet, im Innern für Luftzufuhr gesorgt und außen für Schutz. In vielen Fällen wird dann, wenn die Larve so weit entwickelt ist, daß sie im Freien weiterleben kann, ein spontan funktionierender Öffnungsmechanismus gebildet. Entwicklungsphysiologisch läßt sich zur Gallbildung etwa folgendes sagen: der Ort, wo die Gallbildung beginnt, wird zu einem Anziehungszentrum im Säftekreislauf der Pflanze. Es werden durch die Reizstoffe des Tieres, die als Aktivatoren wirken, chemische Prozesse geweckt und eingeleitet, die zunächst dazu führen, daß zur Reizstelle von weither Bildungsstoffe geleitet werden. Neben diesen eigentlichen chemischen Reizstoffen, die die Pflanze veranlassen, zu der Reizstelle, die wie ein Aspirationszentrum wirkt, Baustoffe zu führen, müssen hier aber auch in der Pflanze wirksame morphogenetische Reizstoffe entstehen, denn die Pflanze baut für das Tier aus Pflanzengewebe ein Haus, eben die Galle, auf, indem sie in vielen Fällen sogar Nahrungsstoffe für das Tier aufspeichert, die dieses für seine Ernährung aufbraucht. Das wesentliche ist dabei die Ordnung, in der die Ursachen bei der Gallenbildung zusammenwirken, und zwar so, daß der stofflich aneignenden Seite bei dieser vegetabilischen Tätigkeit das produktiv-formgestaltende Verwirklichungsfeld übergeordnet ist, wenn dieses auch gleichsam maximal in die innere Abhängigkeit von seinem Materialfeld versenkt bleibt.

Als klarster Ausdruck der Ganzheitstendenz und einer relativen Überordnung der produktiv-formgestaltenden über die stofflich aneignende Lebenstätigkeit tritt uns eine Art Formreizbarkeit und Symmetrietendenz bei der Pflanze entgegen. So hat schon Kny (6) gezeigt, daß, wenn man bei der Sonnenblume die Blütenstandsknospe in zwei Hälften trennt, jeder Teil sich zu einer vollständigen Kompositenblüte mit einem vollständigen Strahlenkranz ergänzen kann. Der Störungsreiz wurde also mit der doppelten Wiederherstellung einer Formganzheit beantwortet (Abb. 57—59). Das dieser Reaktion zugrundeliegende Verhaltungsvermögen kann man zutreffend als Formreizbarkeit bezeichnen*). Sie tritt auch noch in anderer Weise bei der Pflanze hervor. Stört man die Symmetrie eines unpaarig gefiederten Blattes, indem man frühzeitg das Endblättchen und das eine Fiederblättchen des obersten Paares entfernt, so stellt sich wie Němec (7) gezeigt hat, das andere Blättchen des Paares in die Richtung des Endblättchens ein (Abb. 60—61). Ein ähnliches Verhalten zeigt sich bei der Fichte, wenn bei ihr nach der Köpfung des Hauptstammes sich die Seitenzweige aufrichten. Der in der Mitte gelegene

*) Ich habe in diesem Jahr im Botanischen Garten der Staatlichen Akademie in Braunsberg diese Versuche nachgeprüft und bestätigt gefunden.

57

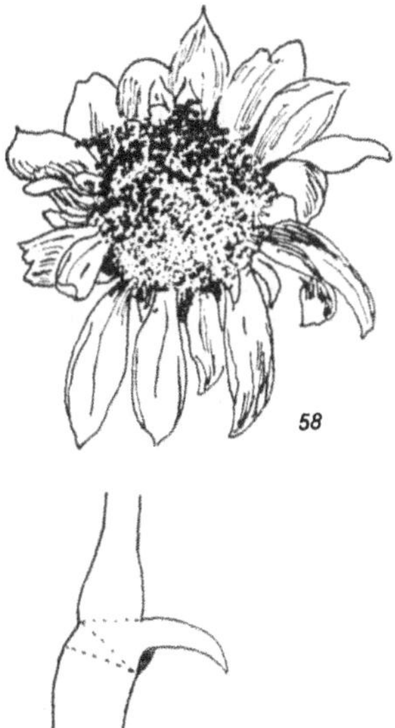

58

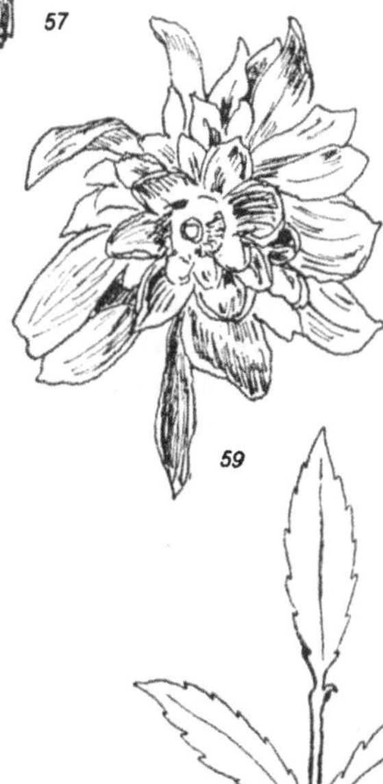

59

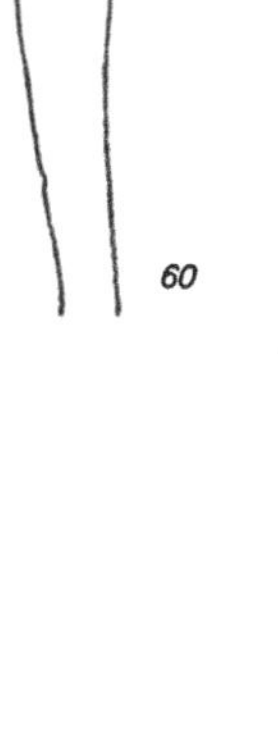

60

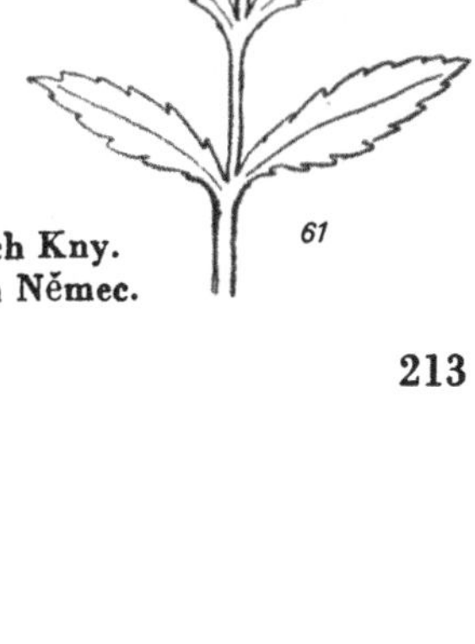

61

Abb. 57—59 gez. nach Kny.
Abb. 60 u. 61 gez. nach Němec.

Haupt- oder Gipfeltrieb der Fichte führt den Stamm senkrecht nach oben fort, während die darunter stehenden Seitentriebe wirtelförmig in den Raum ausstrahlen. Sowohl baulich wie in ihrem Verhalten der Umwelt gegenüber unterscheiden sich beide Sproßarten in mehrfacher Hinsicht. Das Dickenwachstum des Hauptsprosses ist ein gleichmäßiges, und er verzweigt sich in den Speichenrichtungen eines Rades, also radiär. Seine Benadelung erfolgt nach dem Rundpinselschema, und im Verhältnis zur Schwerkraft ist er „abwendig" gestimmt. Er ist negativ geotrop. Die Seitenzweige hingegen sind im Verhältnis zur Schwerkraft schiefwendig oder plagiotrop. Sie zeigen auf der Unterseite ein stärkeres Dickenwachstum als oberseits und ihre Benadelung ist nach dem Plattpinselschema durchgeführt. Wenn aber der Gipfel entfernt oder auch nur abgeknickt wird, so stellt sich nun ein Seitensproß, und zwar meistens nur einer, auf und nimmt alle Eigenschaften und Merkmale eines Hauptsprosses, einschließlich der baulichen Eigentümlichkeiten an. Goebel nimmt an, daß bei der Entgipfelung der am steilsten geneigte Seitenzweig wegen Nahrungsüberschuß am stärksten wächst. Aber warum er sich nun gerade vertikal aufrichtet, geht daraus noch in keiner Weise hervor. Die ganze Eigenart der Reaktion wird viel verständlicher, wenn wir sie in Beziehung bringen mit jener eigentümlichen Formreizbarkeit des Organismus, durch die er auch sonst bei tiefgreifenden Störungen die typische Gestalt wieder herzustellen vermag. Ein interessantes Beispiel hierfür lieferte auf dem zoologischen Gebiet Schaxel, der durch Zentrifugierung von Amphibieneiern eine Entmischung und Sonderung des Dotters herbeiführte. Die Furchung verlief dann bei der ungewöhnlichen Lagerung der Substanzteilchen sehr abnorm, aber schließlich wurden trotzdem Embryonen mit normalem Bau erhalten. Nur hatten sie einen mächtigen Dotterklumpen an der Bauchseite. Es scheint also, daß die Formgestaltung nicht einfach durch die eigenartigen Mischungsverhältnisse der Baustoffe bedingt ist, sondern daß sie ihre besonderen Verwirklichungsfelder hat, die sich der Baustoffe zum aktiven Einbau in die Form ebenso bedienen, wie die Assimilationszentren der Nahrungsteilchen zum Einbau in die organische Substanz.

Eine Theorie, die eine maßgebende Überordnung des Formwechsels gegenüber dem Stoffwechsel nicht sieht, spottet übrigens ihrer selbst und weiß nicht wie. Denn ein geordneter Stoffwechsel setzt eine „geformte" Struktur schon voraus und wird durch Strukturveränderungen des Plasmas reguliert. Ähnlich wie durch die virtuellen Bewegungen der Phantasie (die Bewegungseinbildungen) die von außen angeeigneten Empfindungen erst den Vollbestand der Wahrnehmung geordnet setzen helfen, so daß etwa beim Auflegen der Hand auf einen Becherrand die Tastempfindungen erst dadurch die Vollwahrnehmung des runden Randes bedingen, daß in der Einbildung ein Kreis beschrieben wird (Palágyi), so bedarf die stofflich aneignende, ernährende Seite immer des produktiv-formgestaltenden Verwirklichungsfeldes (und zwar in einem unlösbaren Zusammenhang), um das Resultat der Formbildung setzen zu können. Die Analogie bewahrt uns auch vor der Identifizierung des produktiv-formgestaltenden Verwirklichungsfeldes mit dem „Richtfeld" eines Magneten. In eingebildeter (virtueller) Bewegung kann der Organismus sich intentional (dem Erkenntnisstreben entsprechend) an einen Raumpunkt versetzen, ohne ihn schon wirklich einzunehmen. Dieses spontan zielhafte Hineinversetztsein in etwas, was erst zu erreichen ist, ist in analoger Weise aller vitaler Bewegung eigen, so daß vom Verwirklichungsfeld nicht eine rein äußerliche Bestimmung nach Art eines Magnetfeldes ausgeht, sondern ein die Teile innerlich aus ihrem Fürsichsein heraus versetzender, sie zielhaft ins wirkende Ganze fügender Prozeß.

Das konkrete Wesen einer solchen Wirklichkeitsbestimmung bleibt uns freilich verschlossen, aber wir können bildhaft-konstruktiv die „Richtlinien" ermitteln, nach denen sie erfolgt. Schon die chemischen Umsetzungen im Organismus (bei der Assimilation und Dissimilation) werden wie durch unsichtbare Richtlinien im Organismus geordnet, die auch ihrerseits gesetzmäßig verlaufen. Die Gesamtheit der Richtlinien in ihrem gesetzmäßigen Verlauf kann man mit Gurwitsch als das vitale „Richtfeld" des Organismus bezeichnen und dieses für das Studium der normativen Gesetzmäßigkeiten pflanzlicher Formbildung fruchtbar machen. Als Beispiel sei die Richtfeldanalyse Gurwitschs an dem Blütenkörbchen einer Komposite erwähnt.

„Gegeben sei die Oberfläche eines ausgebildeten Blütenkorbes von Matricaria chamomilla (Kamille). Das Charakteristische für die Blüte dieser Pflanze ist die parabolische Gestalt ihrer Köpfchen, wobei diese bei älteren fertigen Blütenkörbchen in ihrer ganzen Ausdehnung bis zur Basis verwirklicht ist, während jüngere sie wohl an den oberen Abschnitten einhalten, gegen die Basis zu aber immer mehr von der Paraboloidfläche abweichen. Die auffallend regelmäßige Gestalt ist daher nicht primär gegeben, sondern bedeutet den Abschluß einer komplizierten Entwicklungsbahn. Die paraboloide Anordnung wird erreicht durch das Zusammenwirken zweier nur locker koordinierter Prozesse, nämlich durch das Wachstum des gemeinsamen Blütenpolsters und das der Einzelblüten selbst (Abbildung 62). Sofern die Blütenspitzen einer noch jungen Anlage auf der

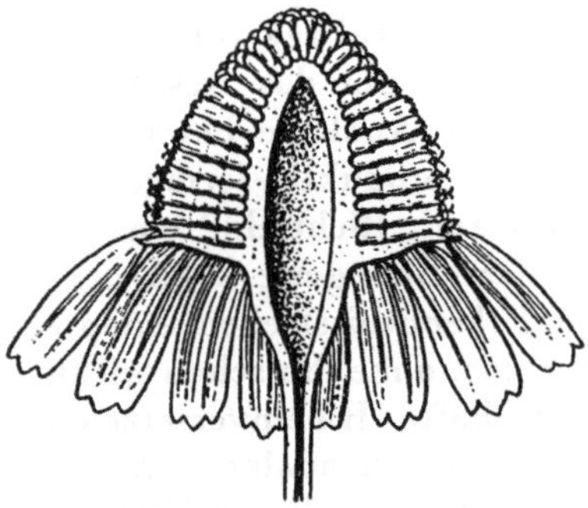

Abb. 62.

Paraboloidoberfläche liegen, könnten sie bei gleichmäßigem Wachstum des ganzen Gebildes bei dessen Vergrößerung einfach gleichmäßig fortwachsen; da das Wachstum des Polsters aber ungleichmäßig, mehr Streckungs- als Längenwachstum ist, müssen die basalen Blüten ihr Längenwachstum entsprechend forcieren, um ihren Anschluß an die Paraboloidschale zu finden. Noch weit komplizierter ist die Sache natürlich für die basalen Abschnitte der Anlage, die ursprünglich noch nicht auf dem Paraboloid gelegen waren. Es besteht also ein als Parabelschale gestalteter, ausgezeichneter Zustand im geometrischen Raume, dem die Blüten zustreben, ein ‚Richtfeld' für dieselben" (8).

Die bildhaft instruktive Ermittlung des Richtfeldes wird für das Studium normativer Gesetzmäßigkeiten in der pflanzlichen Formgestaltung sich noch in mancher Hinsicht fruchtbar erweisen. Auf ein merkwürdiges Wachstumsphänomen im Botanischen Garten der Staatl. Akademie in Braunsberg, das mit dem Problem des Richtfeldes in innigem Zusammenhang steht, machte mich mein verehrter Kollege, Herr Geheimrat Niedenzu, aufmerksam. Es steht dort eine Kastanie, bei der ein Sturm einen kräftigen, am Hauptstamm sitzenden Ast abgeknickt hatte. Da die verletzte einseitige Krone ein unschönes Bild bot, ließ Niedenzu nicht nur den verletzten Astteil, sondern auch den ganzen noch bestehenden Teil der Krone absägen, so daß nur noch der Stumpf vorhanden war. Auf diesem Stumpf entwickelte sich nun aus schlafenden Knospen wieder eine ganz normale dreiarmige Krone, die der an der Rinde noch kenntlichen Schnittfläche wie „aufgegossen" ansitzt (Abb. 63). Niedenzu machte mich auch darauf aufmerksam, daß zahlreiche in Braunsberg wachsenden Linden,

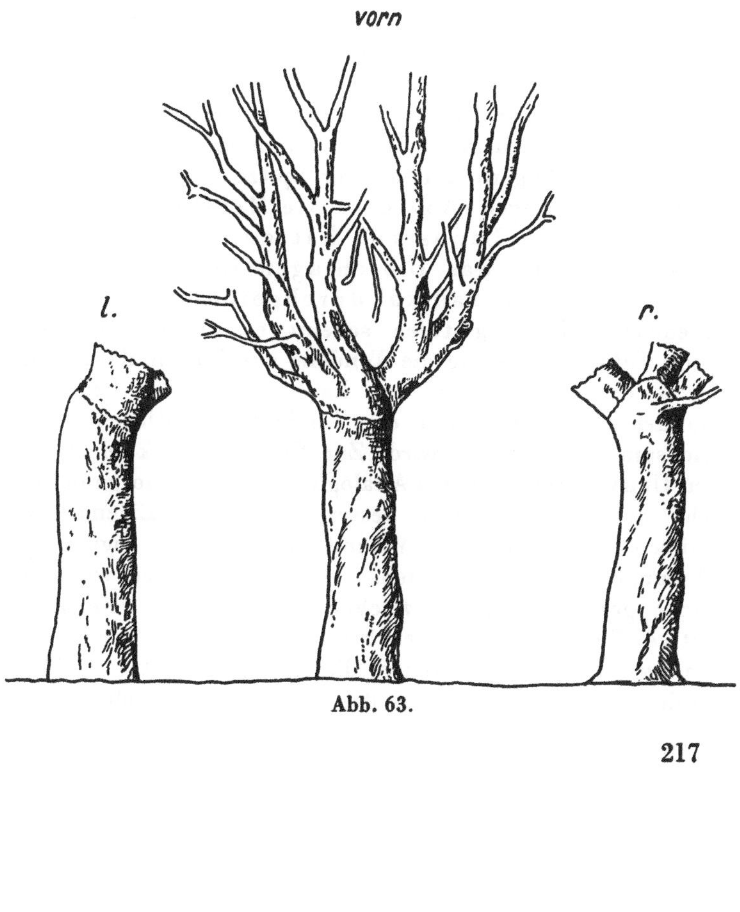

Abb. 63.

die kegelförmig beschnitten wurden, alle wieder in die *normale Kugelform der Krone* hineinwuchsen.

Mit der Formreizbarkeit hängt noch eine andere wesentliche Eigenschaft zusammen, nämlich die *Tendenz zur Ausgeprägtheit bei Umstimmung der Entwicklung.* Bei der höheren Pflanze verläuft der Formwechsel oft in zwei deutlich unterschiedenen Phasen, in der Laubsproß- und Blütenbildung. Dieser Rhythmus ist aber nicht unabänderlich, sondern beeinflußbar und steht dann immer im Dienste der Erhaltung des Ganzen. Meine Versuche mit der Schneebeere (Symphoricarpus racemosus) (9) haben das sehr schön gezeigt. Dadurch, daß die ersten Frühjahrstriebe dieses Strauches entblättert wurden, übernahmen die Blüten Laubblattfunktion. Die Tendenz zum Blühen in den jungen Blütensprößchen schlägt in die Tendenz zur Blattbildung und zur Verlaubung der Blüten um. Diese Verlaubung kann verschiedene Grade erreichen. Die Blütenglöckchen können von dem sich vergrößernden Kelch kragenartig umsäumt sein (Abb. 39 u. 40), oder sie können zugunsten der noch weiter auswachsenden Kelchblätter in der Entfaltung gehemmt erscheinen (Abb. 35 bis 38); schließlich kann das Blütenstielchen sich laubsproßartig verlängern und an der Spitze den mächtig verlaubten Kelch zeigen (Abb. 42). *Die Metamorphose der Blüte in einen Laubsproß hat damit ihren Höhepunkt erreicht, das Umschlagen in der Formbildungstendenz ist radikal durchgeführt.* Bei den verschiedenen Übergangsstufen scheint es, als ob die stofflichen Faktoren, welche die Tendenz zur Blütenbildung und die, welche die Tendenz zur Laubsproßbildung bedingen, einander bedrängten und die Tendenz zur Blütenbildung gleichsam aufgelockert wird. Zur Charakteristik einer solchen Umstimmung reichen Analogien aus dem Anorganischen nicht aus, sondern viel besser kann ihre Eigenart an gewissen gesetzmäßigen Veränderungen von Figurwahrnehmungen erläutert werden. In Abb. 1 haben wir zehn gleiche gerade Striche gezeichnet, die für eine rein quantitative Beschreibung zwei Scharen von je 5 gleich abständigen Parallelen bestehen, die sich senkrecht schneiden. Damit ist aber die Qualität des Ganzen noch nicht erfaßt.

Rein anschaulich erfassen wir sie — und hier zeigt sich auch die Bedeutung der Tastphantasie beim Aufbau der Figurwahrnehmung — als ein Gitternetz von 16 Feldern. Dieses Gitternetz setzt sich aus den vier gleichsinnigen Hakenkreuzen von Abb. 3 als Bestandteilen zusammen. Aber der unmittelbaren Anschauung repräsentiert es sich keineswegs als deren Summe, sondern als besondere Qualität, in der die Hakenkreuze nur als künstlich herausanalysierbare, nicht aber als natürliche Glieder enthalten sind. Auch klare und einfache Figuren, wie die Hakenkreuze Abb. 4 und Abb. 8, sind in der Anschauung nicht heraushebbar. Klare Gliederung in der Form sich kreuzender und verflechtender Zickzackschlingen oder eines flächenhaften Hakenkreuzes mit vier darin verankerten kleinen Haken zeigen Abb. 10 und Abb. 11. Das echte Glied ist im Vergleich zum künstlichen sofort durch Anschauung heraushebbar. Diese echte Gliederung ist Symbol für die Gliederung des Organismus. Sehr interessant sind nun neu auftretende Gestalteigenschaften bei einem stufenweisen Abbau des Ornamentes. Abb. 7 kann zu Abb. 4 abgebaut werden und verändert dabei recht erheblich seinen Gestaltcharakter. Auch beim Abbau biologischer Gestalten treten neue Gestaltcharaktere auf, also neue Ganzheiten, die so in der ursprünglichen Ganzheit nicht enthalten waren. So z. B. bilden bei operativer Entfernung des Großhirns bei Hunden die Funktionen des Rückenmarks ein neues in sich geschlossenes System, das auf die Normalfunktion des Rückenmarks keine Rückschlüsse gestattet. Krüger spricht von einem Prinzip der Erhaltung der Ganzheit, mit dem biologische und psychologische Strukturforschung zu rechnen haben. Man spricht auch von einem mehr oder weniger eindeutigen Gerichtetsein oder der Prägnanz einer Gestalt. Abb. 9—11 zeigen eine Hinneigung der Gestalt von 9 zu 11 während 13 zu 14 tendiert. Mit der Veränderung von 11 zu 13 ist eine starke Auflockerung des Gefüges von 11 und gleichzeitig ein Umschlagen in der Richtung erfolgt. Als biologisches Beispiel für Prägnanz der Gestalten ist der Versuch von Bethe zu erwähnen, der Wasserkäfern ein rechtes und linkes Bein abschnitt und feststellte, daß der gesamte Bewegungstyp des Tieres erhalten blieb, gegebenenfalls unter Umstellung der Zuordnung einzelner Beine zueinander. Das Umschlagen der produktiv-formgestaltenden Tendenz unter Auflockerung der Gestalt, wie es bei dem Verlaubungsversuch bei der Schneebeere vorliegt, läßt sich an Abb. 11 verdeutlichen. Durch Drehung der Striche *b* und *c* in Abb. 12 zum Zentrum hin tritt in der Auffassung zunächst eine starke Lockerung der Gestaltindividualisierung ein, die bei weiterer Drehung der Striche *a* und *b* zum Mittelpunkt hin zu einer neuen Geschlossenheit des Gefüges führt.

Mit der Prägnanzregel hängt zusammen, daß die Tendenz zur Ausgeprägtheit in bestimmter Richtung, sobald sie einmal da ist, der Umstimmung der Gestalt in die andere Richtung gewisse Widerstände entgegensetzen kann, da nicht mehr die reine Bestimmungsbereitschaft des Materialfeldes, also das maximale Gefälle zum Verwirklichungsfeld vorhanden ist. Sehr instruktiv sind in dieser Hinsicht die Knospenuntersuchungen von Schuepp (10). Wie Schuepp bei Knospen vom Ahornbaum gezeigt hat, erfolgt nahezu gleichzeitig mit dem äußerlichen Sichtbarwerden der Blatthöcker am Vegetationspunkt die Bestimmung einer Anlage zur Laubblattanlage oder Schuppenanlage. Infolge des nun eingetretenen Gestaltetseins in bestimmter Richtung ist eine vollständige Umstimmung und Umwandlung in den entgegengesetzten Blattypus nicht mehr möglich. Die Tendenz zur Ausgeprägtheit in der einen Richtung läßt sich nicht restlos in die Tendenz zur Ausgeprägtheit in der anderen Richtung überführen. Die Ausgestaltung zu dem ausgeprägten Endgebilde erfolgt aber ganzheitsbezogen wie eine Gestaltergänzung auf dem psychischen Gebiet. Da sie aber nicht nur morphologischer sondern auch funktioneller Art ist, d. h. im Dienste der Erhaltung und Vollendung des Organismus steht, spricht Schuepp in bezug auf die künstlich bewirkten Blattmetamorphosen von einer „Metamorphose des Arbeitsplanes", und er versteht darunter eine Umstellung der zur Tätigkeit bereiten Verwirklichungsfelder. Dabei erscheint bei der Blütenverlaubung die Umschlagszone mit den noch sehr schwankenden Vergrünungsstadien als deutlicher Antagonismus zwischen zwei Verwirklichungsfeldern und ihrem Kampf um das Material, wie er in psychischen Feldwirkungen bei Gehirndefekten eine deutliche

Parallele hat (11). So lange z. B. Worttaubheit total ist, kann die Gesamtenergie dem für die innere Sprache in Betracht kommenden Apparat zugute kommen. Sobald aber nach einer gewissen Zeit der Patient einzelne Worte soweit zu erfassen vermag, daß er sie nachsprechen kann, leidet das ernährende, mit Energie versorgende Materialfeld der inneren Sprachfähigkeit, wie sich beim Lesen in einer Störung des Leseverständnisses und einer schweren Störung der Wortfindung zeigte. Die nach außen sich wendenden, also die beim Sprachverständnis wirksamen Kräfte haben jetzt ein Übergewicht gegenüber den bei der inneren Sprache wirksamen. Fr. X. Pfeifer hat dieses Gesetz, da es den Kraftaufwand betrifft, das Gesetz des Kraftverbrauches genannt und weist nach, daß „diese Hemmungen ihren Entstehungsgrund auch darin haben, daß die beteiligten Kräfte und Akte in einem und demselben Prinzip wurzeln, wie der hl. Thomas lehrt". (Harmonische Beziehungen zwischen Scholastik und moderner Naturwissenschaft, Augsburg 1881.)

Das Verwirklichungsfeld dürfte in mancher Hinsicht auch mit einem phototropischen Reizfeld, also z. B. mit der Lichtquelle zu vergleichen sein, welche die positiven oder negativen Lichtreaktionen von Mikroorganismen bestimmt. Nur liegt das gestaltliche Verwirklichungsfeld nicht mehr wie die Lichtquelle außerhalb des Organismus, sondern innerhalb desselben, ist also selber ein vitales Erregungszentrum. Wie ferner je nach ihrer „Stimmung" die Mikroorganismen positiv oder negativ auf das Licht reagieren können, so können auch je nach der „Bestimmungsbereitschaft" des Materialfeldes die Formbestimmungen modifiziert werden. Auch hier gibt es „Umstimmungen". Außer meinen bereits erwähnten Verlaubungsmetamorphosen bei der Schneebeerenblüte sind auch die von Klebs beim Dachwurz (Sempervivum) erzeugten Blütenvariationen ein instruktives Beispiel für schlummernde Bestimmungsbereitschaften. Die normale Blüte von Sempervivum besteht ungefähr aus der gleichen Anzahl von Kelch-, Blumen- und Fruchtblättern und aus der doppelten Anzahl von Staubblättern. Einen großen Reichtum von Variationen kann man hervorrufen, wenn man bei einem normal entwickelten Blütenstand noch vor der Entfaltung sämtlicher Blüten die Wickel abschneidet. Diese Amputation löst die Verwirklichung neuer, bis dahin noch unbekannter Bestimmungsbereitschaften aus. Aus den Achseln der normalerweise sterilen Blätter der Achse entwickeln sich kleine Blütenzweige und einzelne Blüten von ganz abweichender Gestaltung. Man kann die erzielten Variationen etwa folgendermaßen gruppieren:

1. Starke Verschiebung des Zahlenverhältnisses in der Blütenformel.
2. Zwischenformen von Staub- und Fruchtblättern.
3. Völliges Verschwinden der Blumenblätter.
4. Umwandlung der Staub- in Blumenblätter.
5. Zwischenformen von Blattrosetten und Blüten.

3., 4. und 5. sind neue, bis dahin noch nicht beobachtete Merkmale.

Von großem Interesse wäre es, zu wissen, ob bei pflanzlichen Abnormitäten, die nur durch solche eigengesetzliche Verschiebungen in den Beziehungen von Materialfeld und Verwirklichungsfeld zustande kommen, an der Stelle eines bestimmt lokalisierten Körperanhanges immer ein (nach den Ergebnissen der vergleichenden Morphologie) homologes Organ ausgebildet wird. Es wäre dann eine Gesetzmäßigkeit festgestellt, die auch wieder umgekehrt zweifelhafte Gebilde durch an ihrer Stelle auftretende, klar definierbare Abnormitäten morphologisch einordnen ließe (wenigstens mit großer Wahrscheinlichkeit). Zwischen reiner Morphologie und Entwicklungsphysiologie wäre dann das tiefste einigende Band gefunden. Velenovský hat dieses Problem klar gesehen und schreibt daher — wie die Vertreter der alten idealistischen Morphologie — dem Studium der Abnormitäten die größte Bedeutung zu.

B. Das Todes- und Verjüngungsproblem. Die Harmonie zwischen der stofflich-energetisch-aneignenden (ernährenden) und der produktiv-formgestaltenden Seite als Voraussetzung der vitalen Kreislaufprozesse. Natürlicher Ausgleich eventueller Harmoniestörungen durch Wiederherstellung des höchstgestaffelten Gefälles zwischen Material- und Verwirklichungsfeld in der reinen (sexuellen) Wiedererzeugung. Jessens Verjüngungstheorie. Die künstliche Verjüngung des Individuums. Das Problem der phyletischen Potenz. Der Dualismus zwischen Materialfeld und Verwirklichungsfeld in seiner Bedeutung für den Hochgang und den Niedergang der Arten (im weitesten Sinne).

Wir sind in dem vorhergehenden Kapitel über die individuelle Formgestaltung von den beiden Wesensbestandteilen der pflanzlichen Lebenstätigkeit: von ihrer stofflich-energetisch-aneignenden und der produktiv-formgestaltenden Seite ausgegangen. Aus der relativen Überordnung des produktiv-formgestaltenden Verwirklichungsfeldes sind uns verschiedene Wesenszüge im individuellen pflanzlichen Formwechsel verständlich geworden: die Formreizbarkeit, die Prägnanzregel usw. Aus der trotzdem tiefgreifenden inneren Abhängigkeit der produktiv-formgestaltenden von der stofflich-energetisch-aneignenden Feldbetätigung wird uns nun umgekehrt dasjenige Phänomen verständlich, mit dem die Lebensgeschichte der Einzelpflanze, die ja wesentlich (wenn auch rhythmisch unterbrochener) Formwechsel ist, abschließt: der Tod.

Wenn der eigentliche Wesenskern des pflanzlichen Lebens darin besteht, daß die im Stoff- und Formwechsel sich vollziehende Bewegung an ihr selbst in sich zurückkehrt und nicht durch ein Fremdes in sich zurückgelenkt wird, so besteht, so lange dieser Kreislauf geschlossen ist und der Organismus also lebt, auch eine vollkommene Proportion zwischen der stofflich-energetisch-aneignenden und der produktiv-formgestaltenden Seite. Dadurch, daß in der Tätigkeit der Wiedererzeugung ein Kreislauf den andern hervorbringt, wohnt dem Leben jene unbegrenzte Fruchtbarkeit inne, die schon Augustinus bewundernd hervorhebt: „In einem Samen“, sagt Augustin, „können je nach seiner Art Staaten um Staaten, Wälder um Wälder, Herden um Herden, Völker um Völker durch Jahrhunderte sich fortpflanzen; so zwar, daß es kein Blättchen und kein Härchen gäbe in einer so ungeheuren

Geschlechterfolge, dessen ratio nicht in jenem ersten und einzigen Samen enthalten gewesen wäre!" (De vera relig. c. 42 n 79). Hegel sieht die Fähigkeit der lebendigen Realität, sich ins Schrankenlose des Raumes und der Zeit zu vermehren, geknüpft an die Selbständigkeit des Lebens, durch die ja in der Tat die lebende Substanz das zu assimilierende Material sich angleichen kann, ohne dadurch selbst (wie bei Vereinigung eines anorganischen Körpers mit einem andern) in einem dritten Körper unterzugehen. Der tiefste Grund aber, daß pflanzliches Sein ohne Ende weiter entwickelt werden kann, liegt in dem Vermögen für das Sein, dessen positive Seite abhängig ist von der Teilnahme an der wirkenden Kraft desjenigen Seins, welches alle Wirklichkeit dem Wesen nach in sich enthält und somit jene Wesen, die nur Vermögen für das Sein haben, ohne Schranken immer mehr an seiner Wirklichkeit teilnehmen lassen kann. Darin liegt, wie wir später sehen werden, auch der tiefste Grund alles aufsteigenden progressiven Werdens in der Geschichte der Organismen.

Den Biologen, der sich innerhalb seiner Wissenschaft mit dem Todesproblem beschäftigt, interessiert aber zunächst seine Formulierung nicht unter diesen höchsten Blickpunkten, sondern nur insoweit als Gesichtspunkte experimentelle Handhaben für ihn bieten. Zunächst fragt es sich: ist die sexuelle reproduzierende Tätigkeit, die das Leben der Art sichert, gleichwertig mit der vegetativen Vermehrung? Die Frage ist im Sinne unserer einleitenden Erörterung zurückzuführen auf die weitere Frage: ist die vollkommene Harmonie zwischen Stoff- und Formwechsel, die die stetige Erneuerung des vitalen Kreislaufes sichert, durch beide Vermehrungsweisen gleich gut gewährleistet? Schon eine einfache Überlegung zeigt uns, daß dies in der Regel nicht der Fall sein wird. Mit der Formverwirklichung im Laufe der individuellen Entwicklung, die aus dem überwiegend bestimmungsbereiten Zustand des befruchteten Eies in den überwiegend durchbestimmten Zustand des ausgebildeten Organismus hinüberleitet, wird die Bestimmungsbereitschaft der Teile immer mehr eingeschränkt und wir müssen daraus schließen, daß auch das ganze für den Formwechsel wichtige Stoffwechselgefüge im Anfang „offener",

d. h. der Regulierung chemischer Prozesse nach der einen oder anderen Richtung zugänglicher ist als später. Auf Grund dieser Offenheit oder jugendlichen Bestimmbarkeit ist es auch verständlich, daß die oft so groß scheinenden individuellen Unterschiede an Hühnerembryonen im Laufe der Entwicklung ausgeglichen werden, so daß neben vollkommenen Hühnern nicht auch zahlreiche Krüppel entstehen (was nach dem Aussehen der Embryonen zu vermuten wäre). Dieser vollkommene regulative Ausgleich erscheint aber schon a priori nicht in dem gleichen Maße möglich, wenn Teile des erwachsenen Organismus selber zur Fortpflanzung verwendet werden, wie dies bei der sog. vegetativen Vermehrung der Pflanzen durch Stecklinge oder auch durch Pfropfen und Okulieren geschieht. Die Zurückversetzung in ein Höchstmaß von Bestimmungsbereitschaft und damit auch Regulationsfähigkeit, wie sie im befruchteten Ei und auch im Vegetationspunkt des pflanzlichen Embryos angenommen werden muß, ist hier nicht gegeben. Der Vegetationspunkt des Embryos ist zwar die Mutter der anderen Vegetationspunkte, aber das, was aus ihm an Vegetationspunkten hervorgeht, bleibt sich im Laufe der individuellen Metamorphose der Pflanze nicht gleich. Es ist nicht gleichgültig, welche „Augen“ eines Rosenstockes zur Propfung verwendet werden. Knospen von sehr langen, nicht Blüten bildenden Zweigen liefern Pflanzen, die zwar rasch wachsen, aber weniger oder keine Blüten bringen, hingegen Knospen von kurzen blütentragenden Zweigen Pflanzen, die reichlich blühen. Eine solche Erhaltung von Sproßeigenschaften auf dem Wege der vegetativen Vermehrung sind eine weit verbreitete Erscheinung. Sie beruhen auf mehr oder weniger irreversiblen Verschiebungen zwischen Materialfeld- und Verwirklichungsfeld. Die Ergebnisse legen nahe, daß die Vegetationspunkte, ebenso wie sie sich verändern können, auch altern können. Diese Frage, ob Vegetationspunkte altern können, wird von der Mehrzahl der Theoretiker verneint, von der Mehrzahl der Praktiker bejaht.

Das Problem wurde 1854 von Jessen in einer preisgekrönten Schrift: „Über die Lebensdauer der Gewächse“ behandelt.

Eine aus einem Samen sich entwickelnde Blütenpflanze gilt nach Jessen als verjüngt und aufgefrischt und kann sich durch Bildung von neuen Samen forterhalten. Anders aber, meint Jessen, steht es mit den Gewächsen, die vegetativ aus Knospen, Stecklingen und Reisern vermehrt werden. Hier erfolge keine Verjüngung, sondern hier handle es sich nur um eine Verlängerung des individuellen Lebens, und da dieses in seiner Lebensdauer beschränkt ist, so müßten auch die davon abstammenden Nachkommen eine begrenzte Lebensdauer besitzen. Nach dieser Ansicht werden alle Pflanzen, die sich von einer aus einem Samen entstandenen Pflanze, z. B. durch Stecklingszucht, ableiten, als ein Individuum aufgefaßt und alle zusammen als „Sorte" bezeichnet. Dieser Gedanke wurde neuerdings von Wilhelm Fließ wieder aufgegriffen. Er weist besonders auf das Phänomen der Wörlitzer Pappel (Populus italica) hin, die vor mehr als 100 Jahren aus der Lombardei nach Wörlitz im Herzogtum Anhalt importiert wurde. Seit einigen Jahren weist diese Pappel Alterserscheinungen auf (sie beginnt von der Spitze her zu verdorren) und die nämliche Erscheinung wird jetzt bei sehr vielen anderen Pyramidenpappeln beobachtet, die nach Fließ wahrscheinlich von jener Stammutter herzuleiten sind. Etwas Analoges hätten wir bei Rosensorten. Die meisten Edelrosen werden durch Aufpfropfen eines Edelreises auf einen Wildling gezüchtet und unter ihnen die schönste, die La-France-Rose. Auch diese Edelrosen, die einmal aus Samen, dann stets durch Pfropfreiser gezüchtet wurden, bilden nach Fließ mit dem Sämling, d. h. der Stammpflanze, zusammen nur einen einzigen großen Rosenbusch und gleiche Jugend und gleiches Alter sei ihr Teil.

Zur Beurteilung dieser Auffassung muß man sagen, daß es zunächst unbegründet erscheint, die 2000 Pappeln einer meilenlangen Allee als ein fortgesetztes Individuum anzusehen. Ein Individuum ist eine zum wirklichen Ganzen gefügte (aktuale) Einheit, und eine ganze Pappelallee ist eine Vielheit von in sich geschlossenen aktualen Einheiten. Wenn bei einem Baum die Vegetationspunkte im Laufe seines Lebens sich etwas zum Nachteil verändern und sich diese Veränderungen auf die Nachkommen übertragen und bei fortgesetzter vegetativer Vermehrung sich summieren, so ist das kein Grund, die ganze Generationsfolge ein Individuum zu nennen. Und was die Rosen angeht, so ist das Aufpfropfen eines Edelreises auf den Wildling eine Transplantation. Würde die Fließsche Theorie zu Recht bestehen, dann könnten nach einer treffenden Bemerkung von Heinz Welten unsere Chirurgen oft in arge Verlegenheit kommen. Denn auch sie vollziehen oft Transplantationen, so z. B. wenn sie einem Verwundeten, dem eine Explosion die Haut des Gesichtes zerriß, dank der Opferwilligkeit eines Freundes aus dessen Haut eine neue Nase formen. Müßte er nicht befürchten, daß dieses Stück Haut, das trotz des guten Einwachsens nie sein eigen sein würde, eines schönen Tages vertrocknen würde, wenn die Lebenszeit des Freundes abgelaufen ist?

Wir können wohl annehmen, daß bei der künstlich (asexuell) vermehrten Pflanze schließlich Symptome des Alterns eintreten, ohne dabei die mystische Vorstellung von der individuellen Einheit der Nachkommenschaft mit der Stammpflanze zugrunde zu legen. Außerdem können außer den inneren auch äußere Ursachen in Betracht kommen. Die bei der künstlichen Vermehrung erzeugte Verwundung könnte, wenn auch nur von ganz geringen schädlichen Folgen begleitet sein, die sich im Laufe einer langen Zeit summieren würden. Wir müssen wohl mit Molisch (12) unterscheiden: zwischen künstlicher ungeschlechtlicher Vermehrung, die mit Schädigungen oder Altersübertragung verknüpft ist, und natürlicher ungeschlechtlicher Vermehrung, wie wir sie bei der Kartoffel, dem Meerrettich, bei Ranunculus Ficaria und bei der Banane finden. Bei der Banane ist trotz der ungeheuer langen Dauer der asexuellen Vermehrung eine Schädigung oder Altersschwäche nicht nachzuweisen. Für die Mehrzahl der Pflanzen scheint aber die sexuelle Fortpflanzung wirklich eine Art Verjüngung oder Auffrischung zu bedeuten, indem sie im Samen ein Höchstmaß der Bestimmungsbereitschaft herbeiführt, somit am besten einen regulativen Ausgleich von Störungen oder Einseitigkeiten ermöglicht. Wir erkennen auch daraus den Tiefsinn des Planckschen Satzes, daß die sexuell produzierende Tätigkeit in der Staffelung der Fortpflanzungsweisen die rein produzierende

Tätigkeit darstellt. Wenn bei vegetativer Vermehrung der Ableger oder Steckling die neue Pflanze als Ganzes wieder herstellt, so ist die produktiv-formgestaltende Seite innerlich unmittelbar verkettet mit dem ganzen stofflich-energetisch aneignenden Apparat, der durch sein Schongeformtsein nicht die reine Bestimmungsbereitschaft in sich trägt. Für das befruchtete Ei und den sich daraus bildenden Embryo ist diese unmittelbare peripherische Verkettung schon aufgehoben, das nährende Substrat ist schon vorgebildet und dadurch die erste Scheidung von der Peripherie schon vollzogen. Im befruchteten Ei selbst ist die Stoffzubereitung in höchster Regulationsbereitschaft, also vermutlich in einem höchsten Gefälle zum Verwirklichungsfeld gegeben.

Sehr zu unterscheiden von der Verjüngung, die der Organismus im Dienste der Art leistet, ist die künstliche Verjüngung im Dienste der Erhaltung des individuellen Lebens. Beide stehen in einem Antagonismus zueinander. Bei der künstlichen Verjüngung des individuellen Lebens haben wir es nicht mit einer durch den Organismus selbst in sich zurückgelenkten Tätigkeit zu tun, sondern die Zurücklenkung erfolgt durch ein Fremdes, den Experimentator. So gelang es Hartmann, die Teilung von Trompetentierchen monatelang dadurch zu verhindern, daß er dem Tier immer ein Stückchen des Körpers abschnitt und es zum Neubau zwang. Während dieser Zeit erhielt er von anderen Tieren der gleichen Abkunft etwa 35 Generationen. Das Tier wurde also, durch Bedrohung seiner individuellen Existenz, die ein starker Anreiz zur gegenwirkenden Regeneration war, 35 Generationen alt. Dasselbe Ziel einer weitgehenden Verlängerung des Lebens läßt sich erreichen, wenn durch entsprechende Ernährung das Verhältnis von Assimilation und Dissimilation in einem völligen dynamischen Gleichgewicht gehalten, also auch das Wachstum ausgeschaltet wird. Große Erfolge erzielte unter diesem Gesichtspunkt Goetsch. Indem er an Hydroidpolypen durch genaue Dosierung der Fütterung einerseits jegliche Knospung unterdrückte, anderseits auch Degenerationen und Depressionen infolge von Hunger zu vermeiden suchte, gelang es ihm,

4 Monate das individuelle Leben zu verlängern. In all diesen Versuchen tritt ein gewisser Antagonismus zwischen Individualerhaltung und Gattungserhaltung hervor, der auch bei den Pflanzen zu beobachten ist. Wie ich bei der Schneebeere gezeigt habe, kann man durch Entblätterung im Frühjahr den Strauch zum erneuten Grünen und zur erhöhten vegetativen Sproßbildung veranlassen und auch dabei wird zunächst die Blütenbildung, d. h. die Fortpflanzungstätigkeit stark unterdrückt; die Blüten verlauben zum Teil und werden so direkt in den Dienst der Erhaltung des Individuums gestellt. Es gelingt aber nicht, den Individualtod eines Strauches oder Baumes gänzlich zu verhindern, vor allem deshalb nicht, weil mit dem zunehmenden Alter die Wasserversorgungsverhältnisse in den obersten Spitzen zu schwierig werden. Es gibt aber auch Pflanzen, wo eine solche Schwierigkeit der Versorgung der obersten Vegetationspunkte nicht besteht. Vor allem ist hier an die Torfmoose oder Sphagnumarten zu denken, die in dichten Rasen die Hochmoore bilden helfen und durch ständiges Spitzenwachstum sich verlängern. Die Spitzen der Sprosse schieben sich in gleichem Maße durch Wachstum vorwärts, wie ihre untersten Abschnitte absterben und werden in dem dichten feuchten Polster dauernd gleichmäßig mit Wasser versorgt. So können diese Sproßspitzen die lebenden Spitzen von Exemplaren sein, die vor Jahrtausenden sich angesiedelt haben. Aber auch hier ist die dauernde Erhaltung des Individuums an einen Partialtod, das Absterben der basalen Teile, geknüpft.

Obwohl bei Bildung der Sexualzellen diesen das Material schon zubereitet sein muß, so daß sie nicht unmittelbar mit der stofflich- und energetisch-aneignenden Tätigkeit der Pflanze verkettet ist, sondern nur mittelbar, insofern diese das stoffliche Fundament für die Blühreife oder das Blühen schon gelegt hat, kann trotzdem der Umfang des zubereiteten Materials zu gering sein, um allen Eizellen gleichwertig zur Versorgung dienen zu können. Da das Plasma ein Fermentorganismus ist, darf man dabei in erster Linie an die Versorgung mit solchen Regulationsstoffen und dann auch sekundär an die Versorgung mit Eiweißstoffen und Kohlehydraten denken. Je nach der hochwertigen oder minderwertigen Stoffversorgung kann man dann von einer verschiedenen phyletischen Potenz der Samen sprechen. Bei einer scheitelwärts (akropetal) fortschreitenden Aufblühfolge wie beim Klappertopf (Alectorolophus) konnte Sperlich feststellen, daß in den zuerst entfalteten unteren Blüten die phyletische Potenz, d. h. die Fähigkeit, Nachkommen hervorzubringen, am hochwertigsten ist. Bei den zuletzt entfalteten Blüten geht aus dem Samen die vierte Generation schon ein. Das nachfolgende Schema gibt eine Übersicht seiner Versuche.

Ausgangsmaterial: Ernte an einem Freilandbestand von Alectorolophus.

Ernte erfolgte am 6. Juni 1912: Gruppe I
„ „ „ 13. „ „ : Gruppe II
„ „ „ 21. „ „ : Gruppe III
„ „ „ 30. „ „ : Gruppe IV

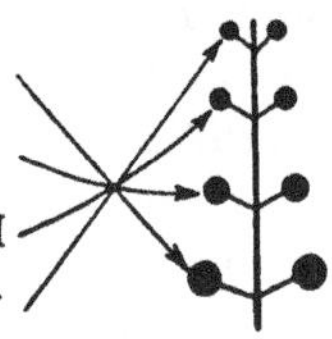

Akropetale Aufblühfolge

F_1 = Generation lieferte

Gruppe I	Gruppe II	Gruppe III	Gruppe IV
33,6 %	55,5 %	20,4 %	25,9 %
Die Samen waren hier dicht gesät, daher die Pflanzen im Konkurrenzkampf benachteiligt.	bei annähernd gleichen Bedingungen		

F_2 = Generation:

Durch Dichtsaat und ungünstige Ernährung gingen bei allen 4 Gruppen die meisten Keimlinge ein. Bei ca. 6 % jeder Gruppe erreichten die Keimlinge die Samenreife. Von diesen Samen zeigte die

F_3 = Generation

folgendes Bild:

Wegen der Dichtsaat fielen die schwächsten Individuen der Ausmerzung anheim, und diese Reduktion war:

bei Gruppe I	Gruppe II	Gruppe III	Gruppe IV
am geringsten	etwas stärker	bedeutend stärker	so stark, daß nur noch 5 Individuen zur Samenreife gelangten (sehr schwächlich)

F_4 = Generation:

Durch Auslese aus den kräftigsten Keimlingen d. 3 Gruppen (gleiche Glieder)

Gruppe I	Gruppe II	Gruppe III	Gruppe IV
kräftige Entwicklung, reiche Samenproduktion		häufiges Eingehen der Pflanzen. Wenig Samen	geht ein

F_5 = Generation:

Gruppe I	Gruppe II	Gruppe III
Frühkeimer	Spätkeimer ↓ stirbt aus	geht ein

Von großer Bedeutung verspricht die Unterscheidung zwischen Materialfeld und Verwirklichungsfeld und des Gefälles zwischen beiden für die Erscheinung des Hochganges und des Niederganges der stammesgeschichtlichen Entwicklung der Arten zu werden. Wir können nämlich in der Formenfolge zugleich auch eine Folge des von ihnen benützten Materials sehen, so z. B. wenn bei niedrigstehenden Tierformen Zellulose, bei höheren Formen Chitin, dann dazu Kollagen zur Anwendung kommt. Das Verhältnis von Materialfeld und Verwirklichungsfeld ist also hier in seiner Tiefe erfaßt, wenn wir in der produktiv formgestaltenden Tätigkeit „die Erfüllung oder Berücksichtigung all der durch das betreffende Material gegebenen Bedingungen in der Form“ (Utitz) sehen. In dem sich verbreiternden und vertiefenden Strom des Stoffwechsels hat das Leben seine Segel frei entfaltet. Auch der Hochgang der Entwicklungsreihen in der gesetzmäßigen Massen- und Größenzunahme der Formen bedeutet eine gesteigerte Ausnützung und Verbreiterung des Materialfeldes. Dieser Hochgang treibt aber, wie Schrammen (13) neuerdings gezeigt hat, der Überstofflichung im Strom der Substanzen unverweigerlich entgegen, so daß das Gefälle zwischen Materialfeld und Verwirklichungsfeld sich immer mehr verringert und das, was vom Stoffwechselabfall (an Hartsubstanzen) zum Ausbau, zur Festigung und zum Schmuck der Formen (z. B. bei den Vogelfedern, in der Geweihbildung usw.) dient, allmählich zur Erstarrung führt und zum Aussterben. „Der letzte, dem Erlöschen der Gruppen und Stammesreihen mehr oder weniger unmittelbar vorhergehende Entwicklungsabschnitt wird erfahrungsgemäß erreicht, sobald die völlige Verfestigung der Innen- und Außenskelette eingetreten ist. Darum hat man, wenn die vermutlich noch zu erwartende Dauer rezenter Verbände zur Beurteilung steht, vor allem auf den derzeitigen Zustand der Skelette und Stützsubstanzen zu blicken. Sodann ist durch Analogieschlüsse, die mit großer Sicherheit aus den Tatsachen der Stammesgeschichte gezogen werden können, zu bestimmen, wie viel Zeit — natürlich gemessen mit den Maßstäben der Entwicklungsforschung und der historischen Geologie — dem Fortbestand der Verbände etwa noch gegeben sein dürfte, die heute der völligen Verstofflichung der Hartteile oder gar schon der Überstofflichung (Ultramineralisierung, Ultrachitinisierung usw.), verfallen sind" (Schrammen).

C. Die mögliche phylogenetische Entfaltung der produktiv formgestaltenden Tätigkeit (im Verwirklichungsfeld) auf derGrundlage der möglichen Komplikation der Stoffzubereitung (im Materialfeld): 1. Der Stoffwechsel unter dem Gesichtspunkt der gegensätzlich lebensdienlichen Eigenschaften der Elemente (chemischer und physikalischer Dialektik). 2. Der mögliche Zusammenhang zwischen phylogenetischer Stoffmetamorphose und Gestaltmetamorphose. (Das komplikatorische Prinzip Rosens.)

Wenn wir im vorhergehenden Kapitel die stofflich zubereitende und die produktiv-formgestaltende Seite in der pflanzlichen Lebenstätigkeit unter dem Gesichtspunkt des vitalen Kreislaufes und der Erhaltung und Erneuerung dieses Kreislaufes betrachtet haben, so kam schon am Schluß ein neuer wichtiger Gesichtspunkt noch hinzu. Es könnte im Materialfeld des Organismus eine Komplikations- oder Modifizierungsfähigkeit seines Chemismus eingeschlossen sein, welche sein produktiv formgestaltendes Verwirklichungsfeld werkzeuglich im Dienste nicht nur der Erhaltung sondern auch der Umbildung der Art auswerten könnte. Durch das formgestaltende Feld selbst könnte der normal vollkommen zu sich selbst zurückkehrende Akt der Zeugung gleichsam eine Drehung, eine Torsion erfahren, es könnte eine innere Revolutionierung in ihm eingeleitet werden, die wir unter dem Bilde der Möbiusringbildung uns früher schon einmal verdeutlicht haben (14). Aber auch ohne solche Revolutionierung könnte auf der Grundlage einer mehr kontinuierlich erfolgenden Stoffmetamorphose (im Sinne allmählicher Komplizierung oder Modifizierung des Chemismus) eine Gestaltmetamorphose sich anbahnen. Wir müssen bedenken, daß das Wesentliche im pflanzlichen Assimilationsprozeß darin besteht, daß die Stoffteilchen aus ihrem individuellen Fürsichsein herausversetzt und in eine neue vitale Bestimmungsbereitschaft und produktiv aufeinander zugeordnete Beeinflussung hineinversetzt werden, die dadurch verständlich wird, daß die Elemente dieses vitalen Chemismus einen ungeheuren Reichtum lebensdienlicher „Talente" der Möglichkeit nach in sich einschließen. Bevor wir auf die Frage einer solchen phylogenetischen Modifizierbarkeit des Stoffwechsels eingehen, müssen wir erst auf diese seine Bedingtheit durch die Eigenschaften der lebenswichtigen Grundstoffe und ihrer Verbindungen zurückkommen. Wir werden hier etwas ausführlicher verweilen, da wir uns hier ganz im Gebiete exakter Erkenntnisse bewegen.

1. Die Dialektik des Stoffwechsels als Auswertung gegensätzlicher im Material gegebener Eigenschaften. Das Wesen der Fermentwirkung in Analogie zur Wirksamkeit des Organisators. Die Wasser-Öl-Ketten-Dialektik. (Beutners Apfelversuch.)

Die Eigenart lebendiger Wesen besteht nach der stofflichen Seite vor allem in der Kompliziertheit ihrer stofflichen Zusammensetzung, ferner darin, daß die stofflich vermittelten Prozesse im höchsten Grade regulationsfähig sind, wie auch in der Eigenschaft, der zur Verfügung stehenden Stoffe, als Baustoffe und Betriebsstoffe (zur Arbeitsleistung) dienen zu können. In bezug auf die Regulationsfähigkeit muß man unterscheiden: 1. daß das stoffliche System in sich betrachtet regulierbar ist und 2. daß von bestimmten Stoffen direkt eine regulierende Wirkung ausgehen kann. Im letzteren Falle haben sie, wie man sagt, Regulationswert und werden neben die Baustoffe und Betriebsstoffe als Regulationsstoffe gestellt.

Als Regulationsstoffe haben besonders die Enzyme oder Fermente zu gelten. Es sind Stoffe, die durch ihre bloße Anwesenheit eine bestimmte chemische Reaktion zu beschleunigen imstande sind und ganz spezifisch bei besonderen Reaktionsvorgängen wirken. Günstige Lebensbedingungen scheinen die durch Enzyme bewirkten Aufbau- und ungünstige die Abbaureaktionen zu fördern. Der Aufbau von Zucker zu Stärke durch die Proto- oder Leukoplasten scheint, als mit dem aktiven Leben innig zusammenhängend an der Grenze des Lebens zu verschwinden, während dann diejenigen Enzymwirkungen in den Vordergrund treten, die einem Abbau entsprechen. Daher findet man, daß durch langsames Trocknen von Tabakblättern bei Temperaturen, bei denen nicht sogleich Abtötung stattfindet, die reichlich vorhandene Stärke völlig in Zucker verwandelt wird, obwohl Zucker der wasserreichere Körper von beiden ist. Da das Reifen der Früchte biologisch ein Beginn des Absterbens ist, dürfte in diesem Zusammenhang auch die reichliche Trauben- und Fruchtzuckerbildung in denselben aus Rohrzucker verständlich sein. Die dominierende Rolle, welche das Protoplasma bei der Fermenttätigkeit spielt, zeigt schon der Versuch, bei dem man das Protoplasma in Erbsensamen durch Kältewirkung tötet. Die widerstandsfähigeren Enzyme bleiben dabei erhalten und funktionsfähig wie vorher. Da aber das Protoplasma die Fähigkeit der Enzyme nicht mehr leitet, wirken sie nur zerstörend. Im Tode tritt also der Zustand ein, wo das Moment der Entselbständigung der stofflichen Faktoren und ihr Hineingehobensein in den vitalen Kreislauf verloren geht (wo die Stoffe also wieder ihr Fürsichsein gewinnen). Charakteristisch ist im Organismus also nicht, daß ein Stoff in seinem Fürsichsein den anderen wirkursächlich beeinflußt, sondern daß die Stoffe immer so für die gegenseitige Beeinflussung offen sind und die Beeinflussung aktuell so an ihr selbst in sich zurückkehrt, daß wir als Resultat eine konstante Vermeidung des Gleichgewichtes haben, das mit dem Tode eintreten würde.

Ein besonders schönes Beispiel für diese spezifisch biologische Vermeidung eines statischen und Erhaltung eines dynamischen Gleichgewichts ist der Säuregrad des Darmes.

Dieser muß sich normal auf ein P_{H} beschränken, das zwischen 6 und 7 liegt. Tritt überschüssige Salzsäure in den Darm, so wird ein kleiner Teil derselben resorbiert. Bei ihrem Durchtritt durch den Darm löst sie Sekretin. Dieses kommt in den Blutkreislauf und wirkt unter allen Drüsen nur auf das Pankreas ein, dessen alkalische Sekretion es anregt, und zwar solange, als Salzsäure im Duodenum vorhanden ist. Erst wenn die Reaktion den richtigen Grad erreicht hat, hört von selbst die Zufuhr des alkalischen Pankreassaftes auf. In diesem das Gleichgewicht regulierenden Kreislauf steht das Sekretin, wie Jordan bemerkt, mit zwei anderen Faktoren des Organismus in Beziehung, paßt zu ihnen, ehe diese Beziehungen sich durch die kausalen Veränderungen im Versuch oder in der Funktion zu erkennen geben: zur Salzsäure und zur Pankreas. Durch diese Beziehung wird ein harmonisches Zusammenarbeiten des Magensaftes und des Pankreassaftes gewährleistet. Man nennt diese Doppelbeziehung aller Teile des Organismus ihren „Ambozeptorcharakter". Treten fremde Stoffe, die zerstört werden müssen, in den Organismus ein, so sind die Ambozeptoren die Stoffe, die einmal zu den Fremdkörpern, dann aber auch zu den Bestandteilen des Blutplasmas passen und deren Wirkung auf die fremden Elemente vermitteln. Vermutlich wird die physiologische Chemie auch den Gedanken Plancks von einer inneren Dialektik der im Organismus wirksamen Stoffe einmal in voller Präzision herausarbeiten. Einige Hauptzüge lassen sich schon heute herausheben und seien hier in Kürze skizziert.

Derjenige stoffliche Bestandteil des Organismus, der einen Hauptteil der dialektischen Wirksamkeit der Stoffe allererst ermöglicht, ist das Wasser. Es vermag dies durch seine hohe Diëlektrizitätskonstante. Die Folge derselben ist die hohe elektrolytische Dissoziation der im Wasser gelösten Stoffe. Die positiven und negativen Ionen würden sich infolge ihrer elektrostatischen Anziehungskraft zu elektrisch neutralen Molekülen vereinigen, wenn sie nicht durch die Wirkung einer anderen noch unerforschten Kraft daran gehindert würden. Diese Kraft, die Diëlektrizitätskonstante, liegt bei fast allen andern Stoffen zwischen 1 und 8, während sie beim Wasser 80 beträgt. Das Gleichgewicht zwischen beiden Kräften, der elektrostatischen Anziehungskraft der Ionen und der Diëlektrizitätskonstanten bedingt das Gleichgewicht zwischen den Ionen und den noch nicht aufgespaltenen Molekülen. Durch die Aufspaltung gewinnen die Ionen Kräfte, durch welche sie aus ihrem tatenlosen Schlummer (solange sie noch im Molekül vereinigt waren) geweckt und zu einer sehr kräftigen, mannigfachen und für die physiologischen Prozesse überaus fruchtbaren Tätigkeit angeregt werden. Interessant ist, daß die Diëlektrizitätskonstante des Blutserums noch höher ist, als die des Wassers, nämlich 85 beträgt und den Höhepunkt nämlich 90, in der weißen Hirnsubstanz erreicht.

Außer dem Wasser ist der Kohlenstoff das wichtigste Lebenselement. Die organische Chemie belehrt uns, daß der Kohlenstoff vor allen anderen Elementen die Fähigkeit voraus hat, Moleküle zu bilden, in denen sich in beliebiger, fast unbegrenzter Zahl ein Atom mit seinesgleichen (also hier Kohlenstoff mit Kohlenstoff) verbinden kann. Alle diese Verbindungen können wir von einem Grundstoff ableiten: dem Grubengas oder Methan. In den Molekülen des Methans sind 4 Wasserstoffatome an ein Kohlenstoffatom gebunden. Bezeichnen wir das Kohlenstoffatom mit dem Symbol C, das Wasserstoffatom mit dem Symbol H, so ergibt sich für das Methanmolekül folgende Konstitutionsformel:

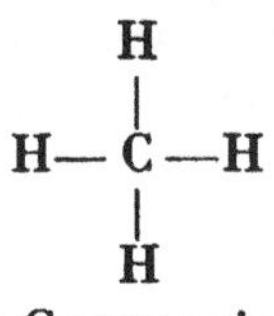

Wir können in dieser Gruppe ein einzelstehendes H-Atom durch ein Chloratom (Cl) ersetzen; dann erhält man Methylchlorid: CH_3Cl. Die Gruppe CH_3 heißt Methylgruppe. Setzen wir nun für das Chloratom eine ihm gleichwertige Methylgruppe, so ketten wir zwei Kohlenwasserstoffe aneinander und haben das Äthan:

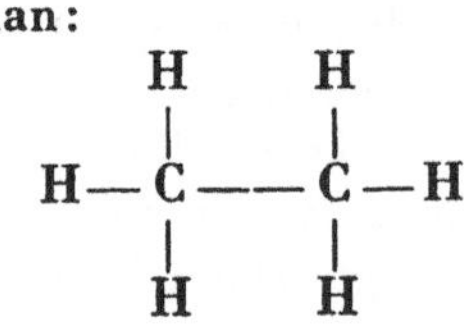

Das Äthan liefert mit Chlor das Äthylchlorid $C_2H_5\,Cl$, in welchem man für das Chlor aufs neue eine Methylgruppe setzen kann. Damit ist die Möglichkeit gegeben immer neue Kohlenwasserstoffe aneinander zu ketten und man erhält so eine (theoretisch unbegrenzte) Reihe von Körpern von der allgemeinen Formel C_nH_{2n+2}. Die Anfangs- und Endglieder einer solchen Kette z. B. des Hexans:

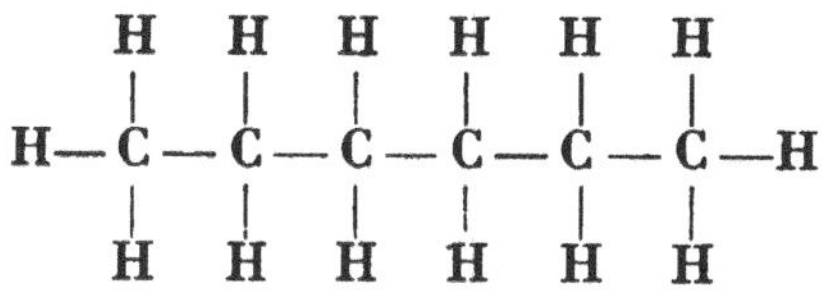

müssen sich von den dazwischenliegenden Kohlenstoffatomen, die nach beiden Seiten an einen Kohlenstoff gebunden sind, unterscheiden. Setzt man an Stelle eines Wasserstoffs die aus einem Wasserstoff und Sauerstoff bestehende Hydroxylgruppe —O—H, so entsteht ein Alkohol. Dieser Alkohol ist verschieden je nachdem die —O—H-Gruppe den Wasserstoff eines endständigen oder eines mittelständigen Kohlenstoffs ersetzt. Im ersten Falle entsteht ein primärer Alkohol z. B.

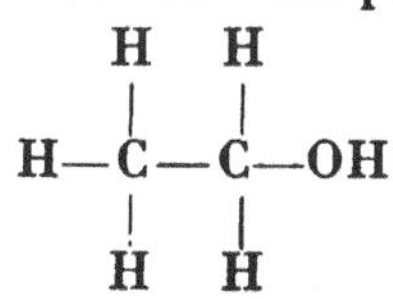

im zweiten Falle ein sekundärer, z. B.

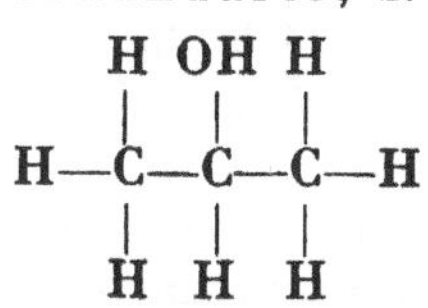

Wird ein primärer Alkohol oxydiert, so entsteht zuerst ein Aldehyd, dann eine Säure, eine sogenannte Fettsäure:

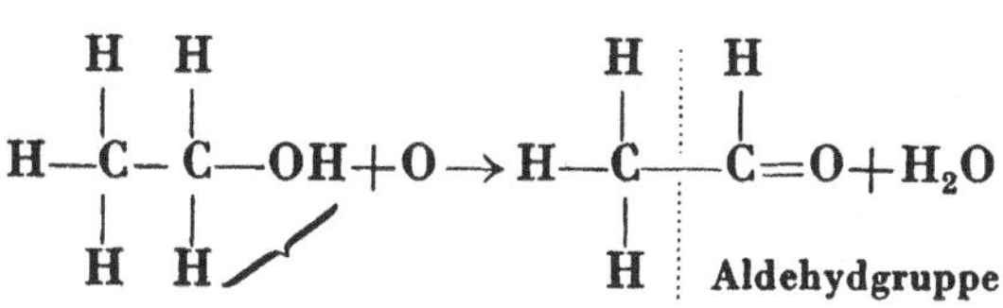

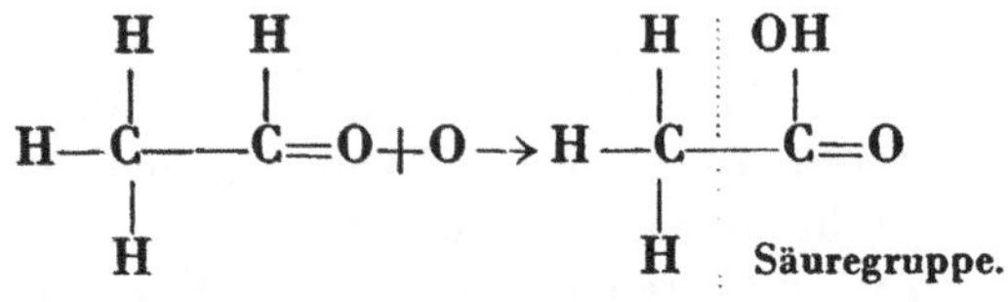

Wird ein sekundärer Alkohol oxydiert, so entsteht ein **Keton**:

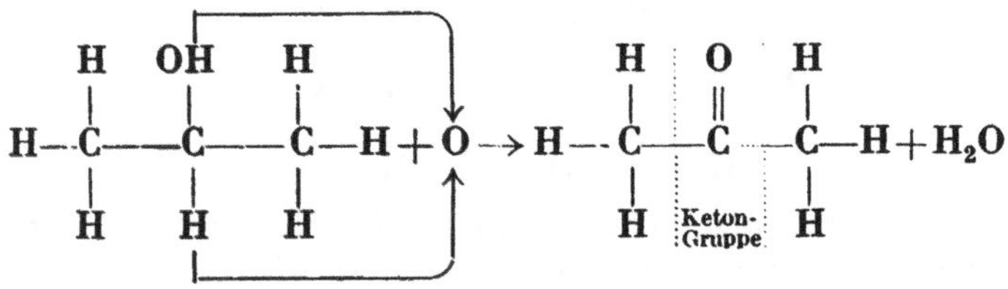

Es können in einer Kohlenwasserstoffkette auch mehrere Wasserstoffe durch —O—H-Gruppen ersetzt werden, dann entstehen sogenannte **mehrbasische Alkohole**, z. B. Glyzerin:

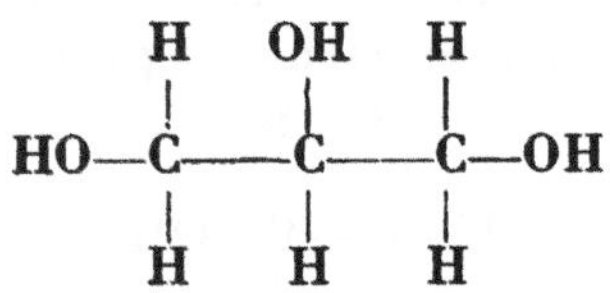

Durch Verkettung des Glyzerins mit höheren Fettsäuren entstehen die **Fette**. Durch Anschluß von Phosphorverbindungen an diese bilden sich die hochbedeutsamen **Phosphorfette**, wie das **Lezithin**. Die Phosphorfette machen den wichtigsten chemischen Inhalt des heute vielbenutzten Begriffs der **Lipoide** aus. Es ist dies ein Sammelbegriff für eine Reihe von Substanzen, die durch ihre Löslichkeit in Äther, Chloroform usw. eine lebenswichtige, aber im einzelnen noch wenig geklärte Rolle spielen.

In Aldehyden und Ketonen können statt Wasserstoffen auch OH-Gruppen vorhanden sein. Dann haben wir Oxyaldehyde bzw. Oxyketone, die Zucker. **Traubenzucker** ist ein **Oxyaldehyd**, **Fruchtzucker** ein **Oxyketon** mit sechs Kohlenstoffatomen.

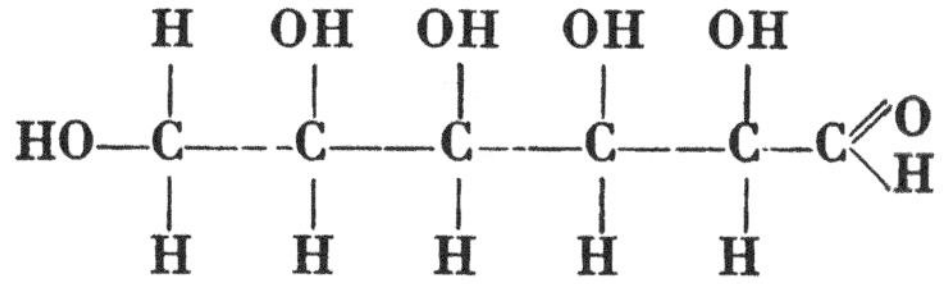

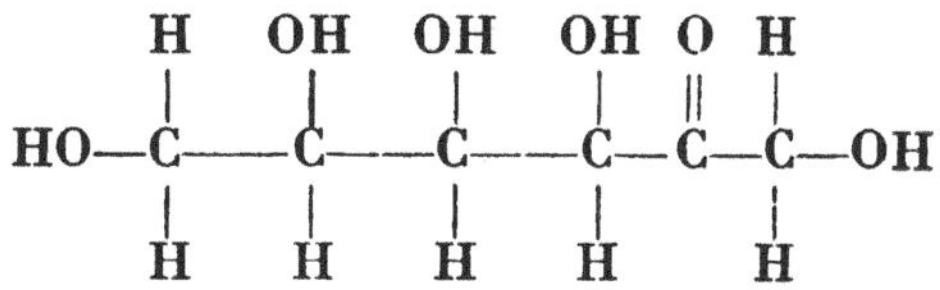

Verbinden sich Traubenzucker und Fruchtzucker unter Wasserabspaltung, so entsteht *Rohrzucker*. Treten viele Zucker unter Wasserabspaltung zusammen, so entstehen die *Polysaccharide*: Stärke, Zellulose usw.

Zucker und Stärkestoffe faßt man unter dem Namen *Kohlehydrate* zusammen.

Aus den Fettsäuren bilden sich durch Aufnahme von Stickstoff in Form des Ammoniaks die *Aminosäuren*, indem ein Wasserstoff des Kohlenwasserstoffrestes durch die sogenannte *Aminogruppe* $—NH_2$ ersetzt wird. So entsteht z. B. die Aminoessigsäure:

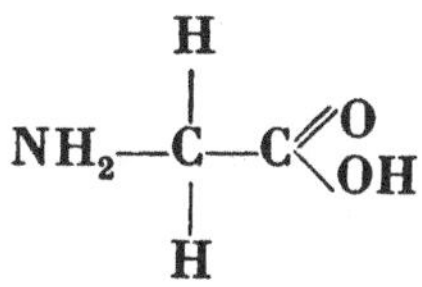

Die Aminosäuren können aneinandergekettet werden, z. B.:

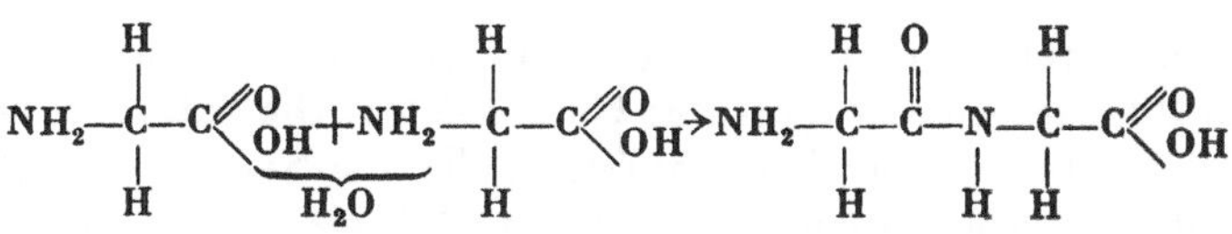

Unter diesen Verbindungen zeigen bereits die aus drei Aminosäuren aufgebauten einige charakteristische Eigenschaften der einfachsten *Proteide* (*Eiweißkörper*). Erst recht ist dies der Fall bei den noch höher molekularen Verkettungen, den Polypeptiden. Die Penta- und Heptapeptide entsprechen in ihren Eigenschaften bereits völlig den Peptonen und Albumosen, die durch schwachen Abbau von Eiweiß entstehen und wahrscheinlich komplizierte Gemische solcher Polypeptide sind. Aus einem Eiweißkörper und phosphorhaltigen Nukleinsäuren bestehen die Nukleoproteide, die wesentlichen Bestandteile der Zellkerne.

Sind in einem Kohlenwasserstoff zwei Kohlenstoffatome, durch zwei Affinitäten aneinandergebunden, wie z. B. beim Aethylen

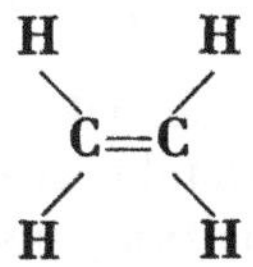

so ist die eine Affinität (Wertigkeit) sehr aufnahmebegierig für andere Atome oder Atomgruppen, die Verbindung ist eine ungesättigte. Ungesättigte Kohlenwasserstoffe sind zu Additionsreaktionen sehr geneigt. Im Azetylen: H—C≡C—H sind die beiden Kohlenstoffe durch drei Affinitäten aneinandergebunden. Leitet man Azetylen durch glühende Röhren, so ketten sich sechs Kohlenstoffe aneinander und schließen sich zu einem Ring zusammen, dem Benzolring:

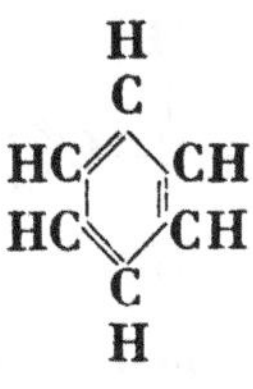

Solche Ringe bilden einen wesentlichen Bestandteil der sogenannten aromatischen Verbindungen, die namentlich bei den Pflanzen eine bedeutsame Rolle spielen. Die Tatsache, daß diese Systeme in der Mehrzahl der Fälle von Sechserringen gebildet werden, deutet darauf hin, daß sie ihren Ursprung aus Hexosen (Sechserzuckern) nehmen, welche bei der CO_2-Assimilation entstehen. So gelangen wir von einer aliphatischen Hexose zum hydroaromatischen Inosit, dann zum aromatischen Pyrogallol und über die Gallussäure zur Benzoesäure und Zimtsäure:

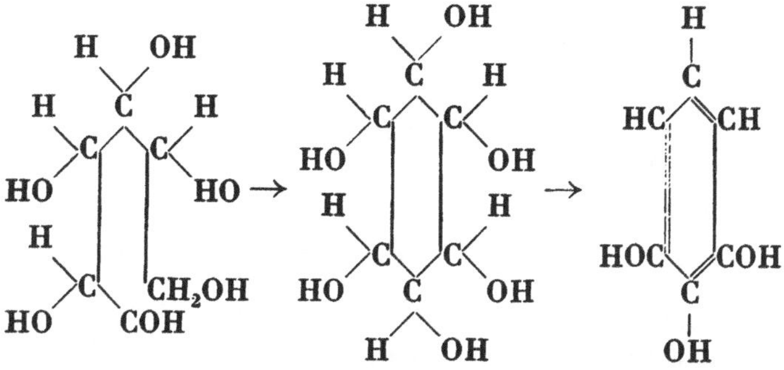

Hexose Inosit Pyrogallol

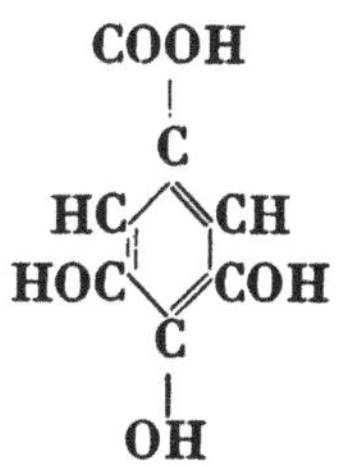

Gallussäure

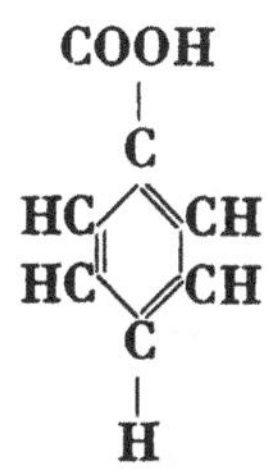

Benzoësäure

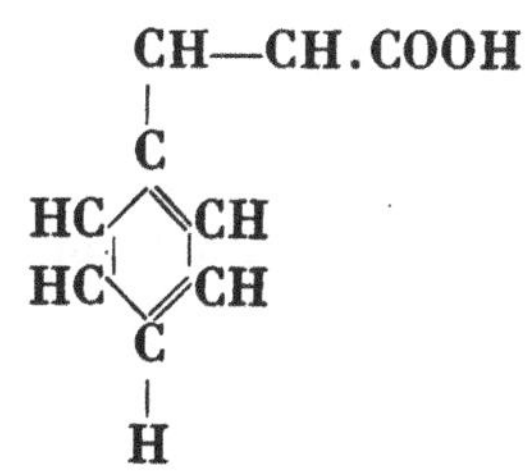

Zimtsäure.

Vom Asparagin gelangen wir gleichfalls durch Ringschluß zum **Pyrrol**, der **Muttersubstanz** des **Chlorophylls** und des **Hämoglobins**:.

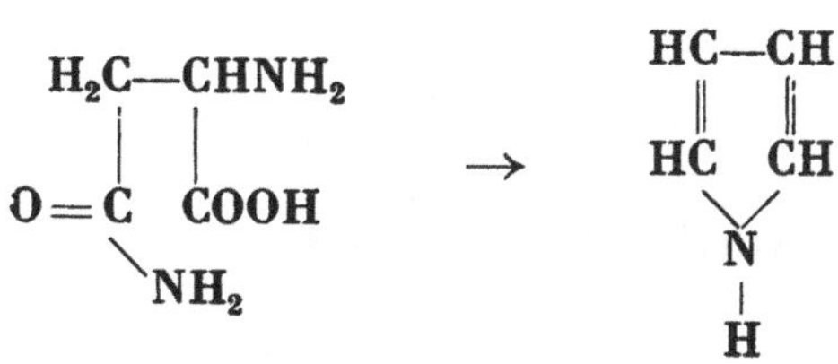

Asparagin Pyrrol.

Vom aliphatischen **Lysin** führt uns eine Reihe zum **Piperidin** und **Pyridin**, den Muttersubstanzen vieler **Alkaloide**.

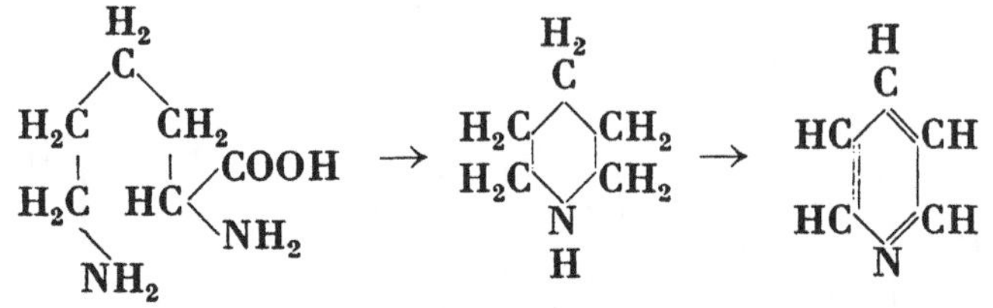

Lysin Piperidin Pyridin.

Ringgeschlossene Systeme finden sich auch in den **Nukleoproteiden**, Eiweißstoffen, die in den Kernen der Zellen sich finden und hier Träger der feinsten stofflichen Fähigkeiten der lebenden Substanz sind. Spaltet man ein Nukleoproteid, so zerfällt es in einen Eiweißkörper und in eine zweite zusammengesetzte Verbindung, die man als Kernstoff bezeichnet. Spaltet man den Kernstoff, so zerfällt er wieder in zwei Teile: in einen Eiweißstoff und in eine Säure, die man als Nukleinsäure oder Kernsäure bezeichnet.

Kerneiweiß
Eiweiß Kernstoff
Eiweiß **Kernsäure**

Die Nukleinsäuren liefern beim Abbau das **Purin**, das wir uns aus **Harnstoff** entstanden denken können:

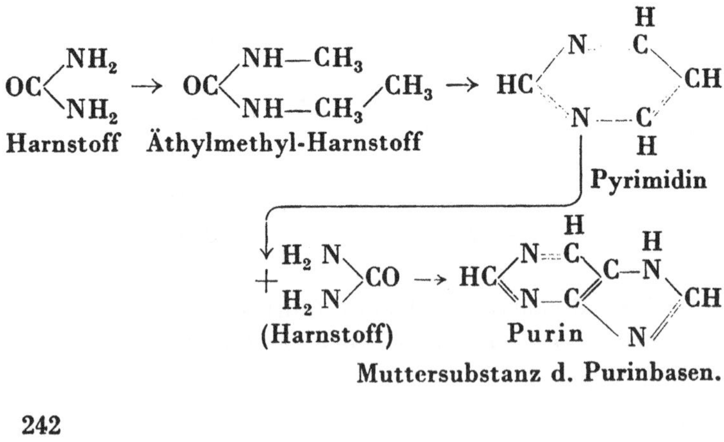

Muttersubstanz d. Purinbasen.

Aus einem etwas umgebauten Purinring entsteht durch Verbindung mit Phosphorsäure und Holzzucker eine Nukleinsäure des Lachssamens: die Inosinsäure.

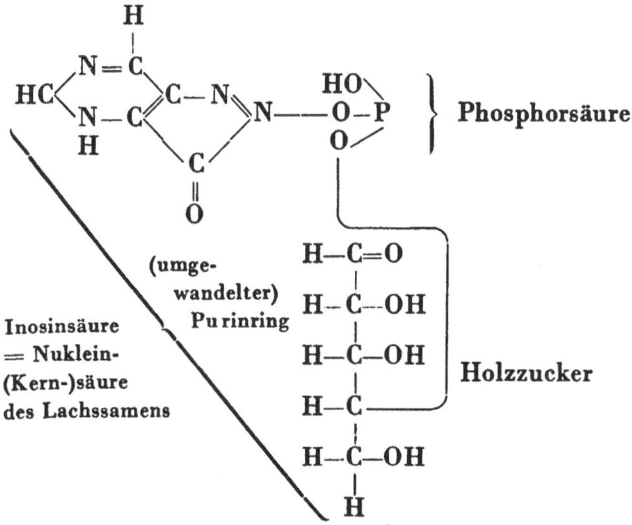

Dieser kurze Durchblick durch die Chemie der Kohlenstoffverbindungen zeigt uns: es ist durch die Neigung des Kohlenstoffatoms zu Verkettungen der verschiedensten Art die Möglichkeit zur Bildung einer ungeheuren Mannigfaltigkeit von Körpern gegeben, die mehr oder weniger leicht ineinander übergehen. Da nun jeder von ihnen seiner Zusammensetzung entsprechend verschiedene physikalische und chemische Eigenschaften hat, ist bei der Verarbeitung von Kohlenstoffverbindungen im Baustoffwechsel die Möglichkeit für das gegeben, was der Organismus dringend braucht: nämlich von einigen wenigen Reservestoffen ausgehend, die allerverschiedensten Körper aufzubauen, je nachdem, was die Verhältnisse verlangen. Die besondere Fähigkeit, Ringschlüsse aus Kohlenstoffverbindungen zu bilden, scheint nur die Pflanze zu besitzen, wahrscheinlich, weil sie besondere den

Ringschluß begünstigende Regulationsstoffe besitzt. Diese können aber vom Tier durch vegetabilische Ernährung aufgenommen werden. Nach der Auffassung von Tschirch, der zuerst diese Theorie aufgestellt hat, scheint es, daß diese Regulationsstoffe, die er als Ringschließer bezeichnet, die Darmwand unzersetzt passieren und nach den Orten ihrer weiteren Verwertung transportiert werden. „Durch die Pflanze und Tier verbindenden Ringschließer, schreibt er, wird ein neues Band um beide Reiche geschlungen, die Solidarität zwischen beiden befestigt, die ja schon durch den Kreislauf des Kohlenstoffs und Stickstoffs errichtet ist, der die Einheit der Natur uns so deutlich vor Augen führt" (15).

Die große Bedeutung der Kohlenstoffverbindungen für den Organismus besteht aber auch in der meist kolloidalen Beschaffenheit ihrer Lösungen, wie sie besonders bei den Eiweißstoffen zu finden ist. Die kolloidalen Lösungen stehen zwischen den echten Lösungen, bei denen der Stoff molekular (oder in Ionen gespalten) gelöst ist, und den sog. Suspensionen und Emulsionen (wie Tusche oder Milch). Die maximale Größe der kolloidalen Teilchen hat man auf 0,1 $\mu = {}^{1}/_{10000}$ mm festgesetzt. Das Wasser sucht an der Grenzfläche der kolloidalen Teilchen seine Oberflächenspannung dadurch herabzusetzen, daß in die Grenzfläche elektrisch-gleich-geladene Ionen eintreten. Die kolloidalen Partikelchen, die an und für sich das Bestreben haben, sich zusammenzuballen, werden durch diese Ladung auseinandergehalten. Kolloide, deren Ladungssinn stets derselbe ist, also positiv oder negativ, können leicht durch geringe Salzzufuhr durch die entgegengesetzten Ionen ausgefällt werden. Da sie leicht fällbar sind, bezeichnet man sie als lyophob. Sind sie einmal ausgefällt, so kann man sie so leicht nicht wieder auflösen. Ihre Fällung ist irreversibel. Es gibt aber auch kolloidale Lösungen, deren Teilchen nicht immer die gleiche Ladung besitzen. Dazu gehören die kolloidalen Eiweißlösungen. Der Punkt, wo ihre Ladung = 0 ist, der sog. isoelektrische Punkt, liegt bei schwachsaurer Lösung. Geht die Reaktion nach der alkalischen Seite, so wird das Eiweißteilchen vorwiegend negativ, im andern Falle vorwiegend positiv. Diese Kolloide sind sehr zur Wasseraufnahme geneigt und leicht zur Verringerung aber auch wieder zur Erhöhung ihres Dispersitätsgrades befähigt. Durch Zusatz minimaler Salzlösungen kann man ihre Ausfällung, durch ebenso minimale Einflüsse ihre Wiederauflösung und damit die Wiederherstellung des früheren Zustandes bewirken. Man bezeichnet sie als lyophil und reversibel. Sie sind befähigt, Gallerten mit Wabenstruktur zu bilden, deren Kammerung der Isolierung chemischer Prozesse dient. Daß die leichte Veränderlichkeit des Zustandes (der Konsistenz) der Protoplasmakolloide für die Regulierung der Lebensprozesse von Bedeutung ist, versteht sich von selbst. Eine eminent lebenswichtige Bedeutung der Kolloide besteht aber in ihrem Adsorptionsvermögen. Durch diese Eigenschaft vermögen sie den Lösungen bestimmte Stoffe zu entziehen und in die Wirkungssphären der lebenden Protoplasmateilchen zu bringen. Während ferner im homogenen Raum der echten Lösung die positiven und negativen Ionen nicht derart zu trennen sind, daß örtliche Potentialdifferenzen auftreten, werden durch die auswählende Adsorption und Anreicherung der Ionen in den kolloidalen Grenzflächen lokale Unterschiede der Konzentration und damit freie und verfügbare Energie geschaffen.

Da die Kolloide der lebenden Zelle schon durch geringe Änderungen im Wasserstoff- oder Hydroxylionengehalt, d. h. in der sauren und basischen Reaktion aufs nachteiligste verändert werden können, muß die Aufrechterhaltung einer in engen Grenzen möglichst neutralen Reaktion als eine der wichtigsten Eigenschaften der lebenden Zelle gelten.

Der Dissoziationsgrad einer Säure oder einer Base ist von der Konzentration abhängig. Das Produkt der Ionenkonzentration in seinem Verhältnis zur Konzentration der undissoziierten Moleküle bezeichnet man als Dissoziationskonstante. In der Dissoziationskonstanten der Essigsäure: $\frac{(H^+) \cdot (CH_3 \cdot COO^-)}{CH_3 \cdot COOH} = k$ haben wir 98,7% undissoziierte Säuremoleküle, der Zähler des Bruches ist also im Vergleich zum Nenner sehr klein. Im Gegensatz zur Säure ist aber das Salz: Kaliumazetat stark dissoziiert. Fügen wir es hinzu, so wird der Nenner des Bruches kaum verändert, während CH_3COO^- im Zähler stark vermehrt wird. Da aber k konstant bleibt, muß dann (H^+) stark vermindert werden, der Säuregrad wird herabgesetzt. Auf diese Weise läßt sich der Säuregrad beliebig regulieren und begrenzen.

Ein anderes Mittel zur Begrenzung des Säuregrades liefern die amphoteren Elektrolyte oder Ampholyte. Diese können sowohl H^+ wie OH^--Ionen abspalten. Dahin gehören einige Metallhydroxyde wie $Al(OH)_3$, vor allem aber Aminosäuren, Lezithine und Eiweißkörper, die gleichzeitig H^+, OH^- und Zwitterionen bilden können. Als Beispiel diene Aminoessigsäure = Glykokoll

$$NH_2 \cdot CH_2 \cdot COOH + H_2O \rightarrow HONH_3 \cdot CH_2 \cdot COOH$$
$$\rightarrow {}^+NH_3 \cdot CH_2 \cdot COO^- + H^+ + OH^-.$$

In Gegenwart von starken Basen wird die H-Bildung durch die Neutralisation gesteigert (immer wieder Gleichgewichtsherstellung zwischen dem dissoziierten und undissoziierten Stoff), in einer sauren Lösung dagegen wird das Abdissoziieren der H-Ionen unterdrückt und die Ampholyte sind als schwache Basen wirksam. Daher ist bei einem Überschuß des amphoteren Elektrolyts keine starke saure bzw. alkalische Reaktion möglich. Lösungen, in denen eine starksaure bzw. alkalische Reaktion durch solche Regulatoren ausgeschlossen ist, nennt man gepuffert. Die Eigenschaften der Puffersysteme sind also eminent lebensdienlich, indem sie die Neutralitätsregulierung und damit die Erhaltung des kolloidalen Zustandes der Protoplasmakolloide ermöglichen.

Wie man aus dem erwähnten Beispiel der Aminoessigsäure sieht, liegt die lebenswichtige Eigenschaft des Stickstoffs vor allem in seiner basischen Funktion. Die Wasserstoffverbindung des Stickstoffs, das Ammoniak (NH_3) bzw. ihr Hydrat $NH_4 \cdot OH$ stellt eine Base dar und gerade das Eiweiß enthält ihn in dieser basischen Form in den Aminosäuren, zu denen als einfachste die Aminoessigsäure zählt. Die Aminogruppe ist imstande, in einer sauren Lösung das Abdissoziieren der H-Ionen einzuschränken und zur Aufrechterhaltung einer in engen Grenzen relativ neutralen Reaktion beizutragen, was für die Erhaltung der Protoplasmakolloide von großer Bedeutung ist. Außer seiner Basizität scheint auch das Vermögen des Stickstoffs sowohl 3- wie 5wertig zu reagieren, im Stoffwechsel eine wichtige Rolle zu spielen. Ganz allgemein ist die Lebenseignung des Stickstoffs dadurch gekennzeichnet, daß viele seiner Verbindungen sehr labil sind und daher stark zu Umsätzen neigen. Während also der Kohlenstoff die hochkomplizierte Zusammensetzung der lebenswichtigen Verbindungen bedingt, garantiert der Stickstoff in besonderer Weise ihre leichte Zersetzbarkeit und damit die chemische Regulation.

Eine dialektisch besonders interessante Gruppe, die die Fähigkeit zu leichter und vielfach abgestufter Aktivierbarkeit trägt, bilden die Aminosäuren in Säureamidbindung (16). Wir gehen aus von der optisch aktiven Azetyl-Aminosäure:

I. . . . . .

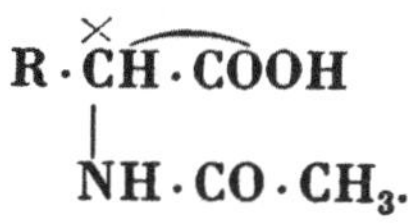

In wasserfreiem Lösungsmittel mit etwas Essigsäureanhydrid bei Zimmertemperatur zusammengebracht, wird sie in kurzer Zeit razemisiert, ohne in ihrer Zusammensetzung durch das Essigsäureanhydrid verändert zu werden. Man kann sich das am besten mit einer vorübergehenden Enolisation des α-Wasserstoffs nach dem Karboxyl hin erklären (wie durch den Pfeil angedeutet ist), so daß die Formel entsteht:

II. . . . . .

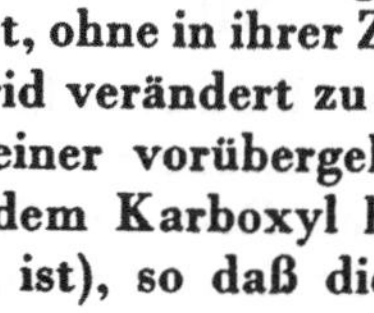

Die azylierte Aminosäure besitzt nun die Fähigkeit zu leichter Aktivierung bestimmter Molekülteile. Man kann z. B. die Enolform (II) begünstigen, wenn man viel Essigsäureanhydrid anwendet. Fügt man dann Pyridin zu, so entstehen substituierte Azetessigsäuren vom Typus III:

III. . . . . 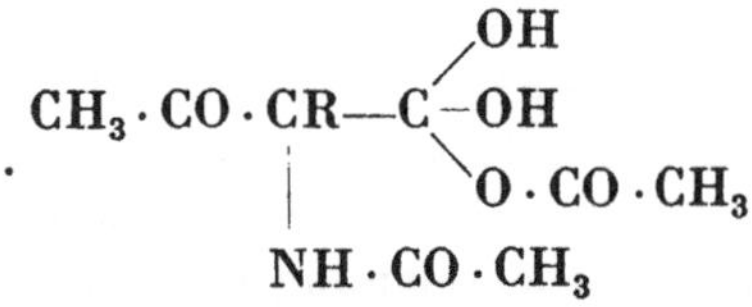

Diese sind naturgemäß unbeständig und gehen unter Abspaltung von Essigsäure und Kohlendioxyd in Aminoketone über von der allgemeinen Formel IV:

IV. . . . . . 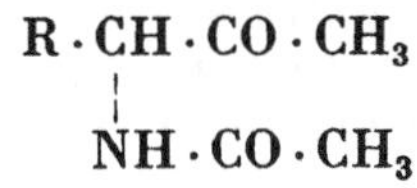

Speziellere Beispiele der Aktivierbarkeit zu bestimmten biologischen Zwecken liefert weiterhin der Abbau der Eiweißbausteine.

Wir wissen, daß unser Stoffwechsel regelmäßig eine gewisse Menge Eiweiß abbaut und in stickstofffreie Verbindungen überführt. Man nimmt zunächst eine fermenthydrolytische Zerlegung bis zu den Bausteinen der Aminosäuren an. Wir gehen für die weitere Betrachtung aus von einer solchen Aminosäure, dem Alanin (V)

V. . . . . . 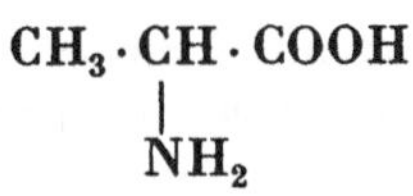

Diese Aminosäure tritt als *Donator* in ein dialektisches Verhältnis zu einem *Akzeptor*, und zwar zu einem Wasserstoffakzeptor, als den wir den Rest der Chloressigsäure wählen (Chlorazetyl). Es entsteht dann Chlorazetylalanin (VI)

VI. . . . . 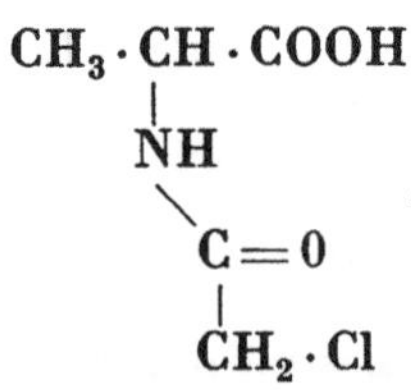 $+H_2O$

Diese Verbindung zeigt zunächst keine Neigung zu Abbau- oder Dehydrierungsreaktionen, weil dazu erst eine *antithetische Aktivierung sowohl der Donatoreigenschaften der Aminosäure wie der Akzeptor-*

eigenschaften der Chloressigsäure notwendig ist. Diese Aktivierung wird erreicht durch Wasserabspaltung zwischen Karboxyl und Säureamidgruppe mittels Essigsäureanhydrid. Bei Gegenwart desselben werden die in Formel VII durch Ringe

VII. . . . .

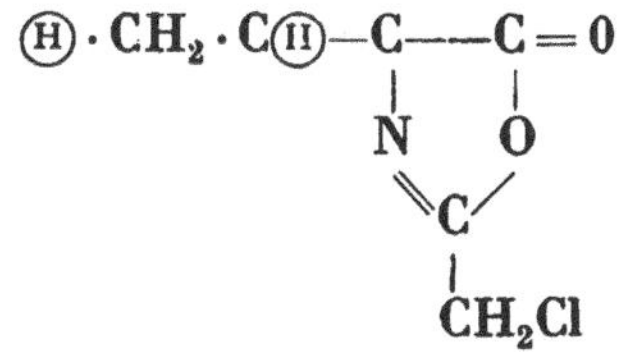

hervorgehobenen Wasserstoffatome veranlaßt, die Propankette zu verlassen und die Chloressigsäure veranlaßt, diese beiden Wasserstoffatome zu akzeptieren. Es bildet sich das zyklische Essigsäurederivat VIII und Chlorwasserstoff

VIII. . . . .

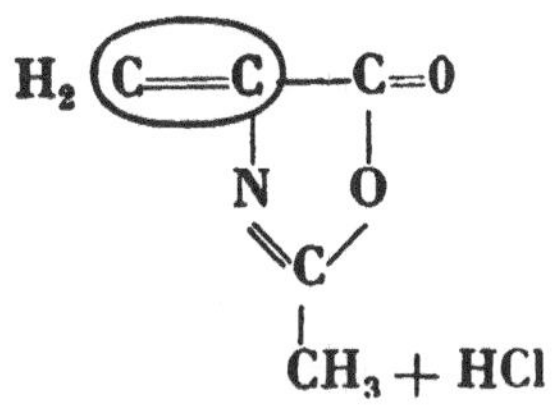

Wenn nun wieder H_2O zugeführt wird, erhalten wir schließlich aus dem Chlorazetylalanin (VI) das Azetyldehydroalanin IX.

IX. . . . .

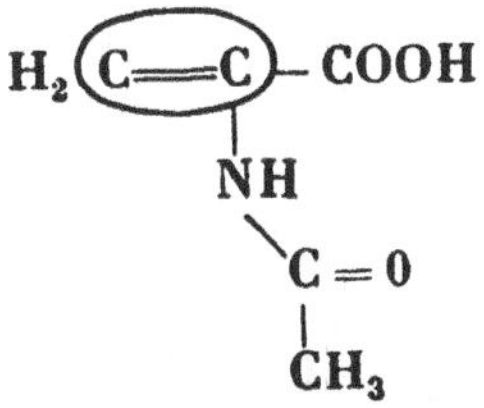

Das dehydrierte Alanin ist jetzt für den hydrolytischen Abbau in Brenztraubensäure bzw. Azetaldehyd hergerichtet. Die Dehydrierung führt, wie VIII zeigt, zu einer C—C-Doppelbindung, und diese bleibt auch nach der Wasseranlagerung (IX) erhalten. Die Wasserabspaltung an der einen präformierten Stelle (durch Ringe in VII gekennzeichnet)

ermöglicht die Aktivierung (also Affinitätsverschiebung) *entfernt liegender Molekülteile.*

Diese durch die definierten chemischen Eingriffe erzielten Verschiebungen der Bindungsverhältnisse geben ein Bild der Fermentwirkungen, wie sie sich im „Fermentorganismus“ des Protoplasmas abspielen. Durch fermentative Aktivierungsvorgänge können zunächst Eiweiß und Aminosäuren zerlegt, und diese können dann weiter oxydativ angegriffen und zweier Wasserstoffatome beraubt werden. Geht man vom Beispiel des Alanins (X) aus, so erhält man die α-Iminopropionsäure (XI)

X. XI.

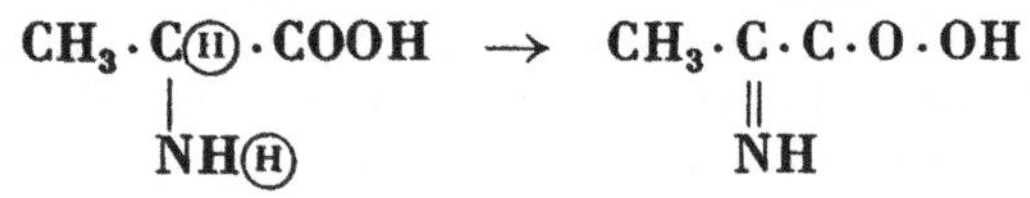

Diese soll dann zu Ammoniak und *Brenztraubensäure* ($CH_3.CO.COOH$) oder Azetaldehyd ($CH_3 \cdot CH = 0$) und Kohlensäure zerlegt werden.

Aus der Brenztraubensäure, als einer α-Ketosäure, kann durch Anlagerung von Wasserstoff und Ammoniak wieder Alanin entstehen. Die geniale Versuchsmethodik von Bergmann erlaubte es ihm, auch für den Weg des Aminosäureaufbaues aus Ketosäuren einige Zwischenstadien festzuhalten und strukturelle Einzelheiten festzulegen. Wird mit der Ketosäure (Brenztraubensäure) Azetamid zusammengebracht, so entsteht augenblicklich ein Additionsprodukt von der Formel:

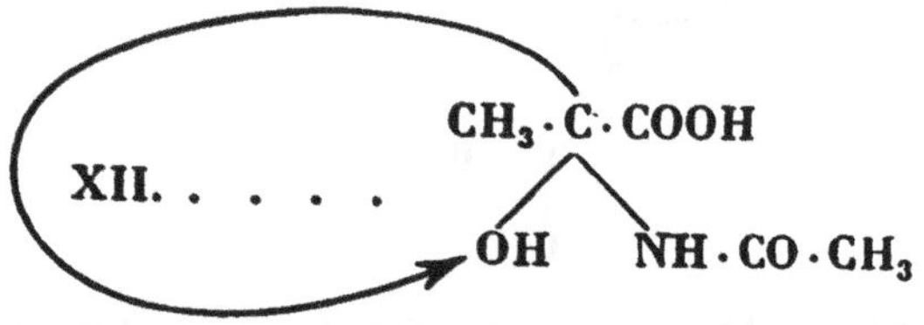

Dieses Additionsprodukt geht in Azetyldehydroalanin (IX) über, also in dasselbe Zwischenprodukt, das wir beim Abbau kennengelernt haben. An eine solche ungesättigte Aminosäure kann eine gesättigte, z. B. Asparaginsäure, als Donator Wasserstoff übertragen, so daß der beginnende Abbau der

Asparaginsäure die ungesättigte Aminosäure in die gesättigte überführt. Dazu ist aber wiederum eine Aktivierung nötig, die Bergmann durch einen parallelen Modellversuch erschlossen hat. Er wählte als gesättigte Aminosäure die Asparaginsäure (XIII)

XIII. . . . .

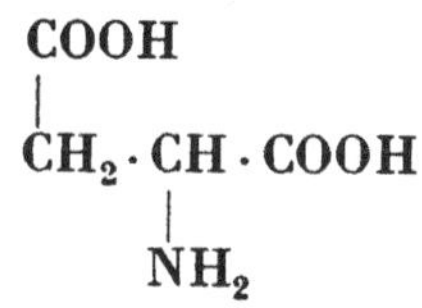

und als ungesättigte Aminosäure dehydriertes Phenylalanin (XIV)

XIV. . . . .

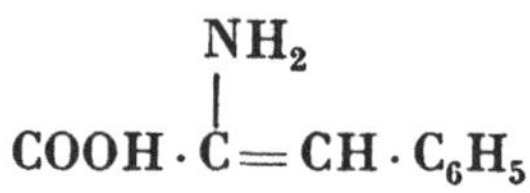

Dieses ist frei nicht bekannt (weil nicht beständig), sondern nur in Form einer Verbindung mit der Asparaginsäure (vgl. XV).

XV. . . .

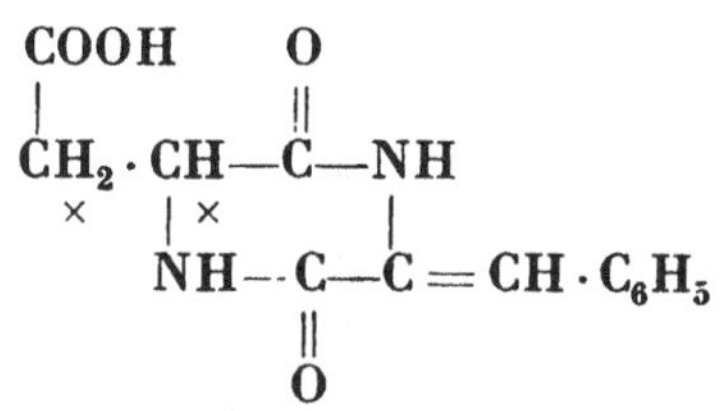

Durch Auflösen in *n*-Natronlauge springt von den mit × bezeichneten Stellen je ein H-Atom hinüber in den Phenylalaninrest (XVI)

XVI. . .

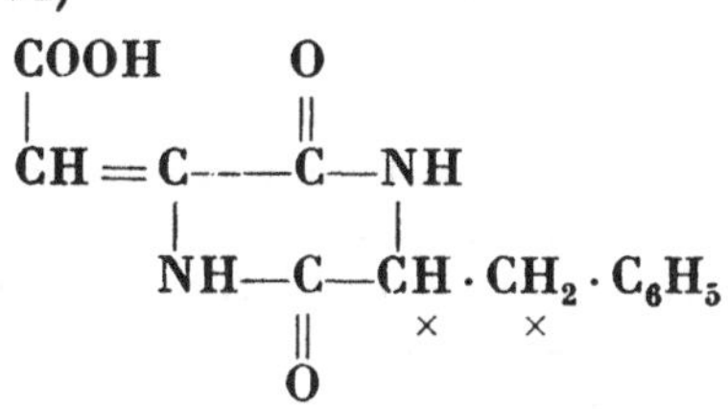

Der beginnende Abbau der Asparaginsäure und Aufbau des Phenylalanins werden durch denselben Vorgang, die Alkalisierung, ausgelöst. Die Asparaginsäure zeigt dabei die größere Tendenz zur Wasserstoffabgabe. Eine wunderbare Dialektik tritt nun aber darin hervor, daß in saurem p_H-Gebiet eine Umkehrung des Prozesses stattfindet und eine wenigstens teilweise Rückwanderung des Wasserstoffs nach dem Asparaginsäurerest eintritt.

Wir haben damit zugleich ein Bild dafür gewonnen, wie durch chemische Eingriffe eines Ferments, je nach den p_H, (dem alkalischen oder sauren Charakter der Lösung), eine entgegengesetzte Richtung in der Verschiebung der Bindungsverhältnisse eingeschlagen werden kann, also das gleiche Ferment auch eventuell spaltend oder synthetisierend wirken könnte. Das Wesen der Fermentwirkung scheint nach all dem auf einer durch die Anlagerung des Fermentkomplexes bedingten Umgestaltung der inneren Struktur des Substrates zu liegen, so daß bei einem bestimmten p_H, bei dem das freie Substrat beständig wäre, Hydrolyse, d. h. Anlagerung von Wasser erfolgt. Nach Abderhalden muß an die Möglichkeit gedacht werden, „daß Hormone und Vitamine ihre spezifische Wirkung auch in der Art entfalten, daß sie mit bestimmten Substraten in enge Beziehung treten und eine Zwischenverbindung entstehen lassen, die ganz bestimmte biologische Wirkungen zeigt". Auf alle Fälle ist das Protoplasma als ein „Fermentorganismus" zu betrachten, der dialektisch im Sinne K. Chr. Plancks als eine Zusammenfassung von Gegensätzen, als eine labile dynamische Einheit, zu bestimmen ist, die auf der Vereinigung und Ausgleichung gegensätzlicher Elemente beruht. Besonders die dialektische Zwitternatur der Kohlenstoff-Stickstoff-Verbindung in der OC-NH-Bindung ermöglicht durch bestimmte Besetzung der Iminogruppe je nach dem alkalischen oder saueren Charakter der Lösung eine starke innere Labilität und Beweglichkeit der Verbindung. „Gewiß", sagt Abderhalden, „wird man dereinst das ganze Rüstzeug der modernen Elektronenlehre zur Anwendung bringen können, um das, was nach erfolgter Anlagerung bestimmter Gruppen an bestimmte Substrate im Gesamtmolekül vor sich geht, zum Ausdruck zu bringen. Schon jetzt kann man an Ladungsverschiebungen innerhalb des gesamten Elektronengefüges denken." Daß schon der Zustand eines Teils des Atoms, des Elektrons, bedingt ist durch das Atomganze zeigt das Paulische Prinzip in der Atomphysik, wonach jeder durch vier Quantenzahlen definierte Zustand eines Elektrons höchstens von einem Elektron innegehabt werden kann.

Es sei noch schließlich auf einige *besonders wichtige Stickstoffverbindungen* hingewiesen.

Einer der Bausteine der Eiweißkörper, das *Tyrosin*, kann durch eine geringe Anzahl von chemischen Veränderungen, wie sie im lebenden Körper erfahrungsgemäß möglich sind, in Adrenalin umgewandelt werden, ein *Botenstoff*, der den Blutdruck reguliert und als Regulationsmittel auch insofern trefflich geeignet ist, als er sehr leicht wieder, z. B. durch Oxydationen, zerstört werden kann. Die Regulationswirkung des Botenstoffs dauert also nur in dem Falle lange Zeit an, als er von dem Organ der inneren Sekretion nachgeliefert wird.

Der Stickstoff ist nicht nur ein Eiweißbaustein sondern auch ein wichtiger Bestandteil des *Pyrrols*, der Muttersubstanz der Chlorophyllfarbstoffe. Es besitzt die Formel:

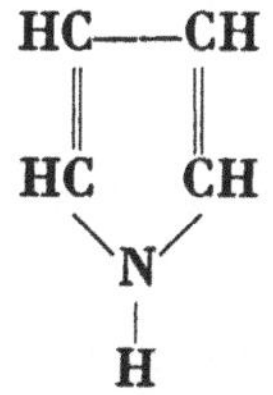

Auch hierin sehen wir im Gegensatz zum assimilierbaren, mehr passiv komplikationsfähigen Kohlenstoff die mehr an der aktiven Synthese selber beteiligte Natur des N hervortreten.

Der *Schwefel* ist als Eiweißbaustein unentbehrlich. Die chemische Bedeutung des Schwefels für den Organismus besteht wohl darin, daß er das Vermögen besitzt, die verschiedensten Oxydations- und Reduktionsstufen unter Bildung verhältnismäßig ungiftiger Verbindungen zu durchlaufen.

Der *Phosphor* wird nur in phosphorsaurer Verbindung angetroffen. Die Phosphorsäure $O = P\begin{array}{l} \diagup OH \\ -OH \\ \diagdown OH \end{array}$ ist neben der Arsensäure die einzige dreibasische Säure eines Metalloids. Phosphor läßt sich aber durch das Arsen nicht ersetzen, da dieses in seiner dreiwertigen Form die Eigenschaft eines Schwermetalls erhält, die Kolloide ausflocken und die Zelle vergiften würde.

Die chemische Bedeutung der Phosphorsäure besteht zunächst darin, daß sie als Bindeglied zwischen Körperklassen funktioniert, die sich direkt nicht vereinigen, nämlich zwischen einem Alkohol oder Zucker und einem stickstoffhaltigen Rest, z. B. dem Cholin. Als Beispiel sei die Strukturformel des Lezithins angeführt:

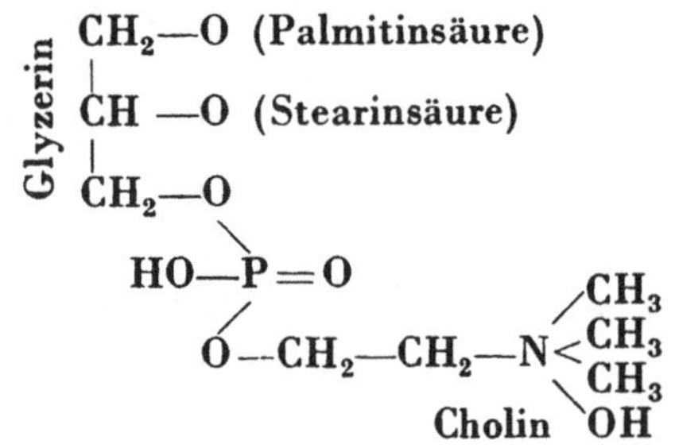

Die Lezithine scheinen ganz allgemein verbreitet zu sein und in keinem pflanzlichen Protoplasma zu fehlen.

Vor den dreibasischen organischen Säuren hat die Phosphorsäure eine höhere Wasserstoffionenkonzentration ihrer wässerigen Lösung und damit eine erhöhte Reaktionsfähigkeit voraus. Auch wird sie bei den oxydativen Vorgängen nicht verbrannt. Also in ihrer Ungiftigkeit, ihrer Dreibasigkeit, ihrer hohen Wasserstoffkonzentration und ihrer Unverbrennlichkeit dürften die lebenswichtigen Eigenschaften der Phosphorsäure bestehen.

Sulfat-Ionen und Chlor-Ionen haben eine ökologische Bedeutung für das pflanzliche Protoplasma dadurch, daß sie den Hitzetodpunkt, nämlich den Koagulationspunkt der Plasmakolloide, verschieben. Die große Hitzebeständigkeit sukkulenter Wüstenpflanzen ist auf den großen Gehalt ihres Zellsaftes an Chloriden zurückzuführen.

Die Bedeutung von Magnesium (Mg) und Eisen (Fe) scheint vor allem in ihrer Beteiligung an der Kohlensäureassimilation der Pflanze zu liegen.

Das eigentliche Chlorophyll ist nach den Untersuchungen Willstätters ein komplizierter Körper, der Magnesium in organischer Bindung enthält. Es besteht aus mehreren Farbstoffen, die sich durch alkoholische Lösung + Benzol ausziehen und trennen lassen. Außerdem war darin noch ein Alkohol, das Phytol, nachweisbar. Willstätter konnte unterscheiden: ein Chlorophyll A und ein Chlorophyll B, das Xantophyll und Karotin, welche Alkohol gelb färben. Die gefundenen Substanzen seien hier in der Formel angegeben.

$$\left.\begin{array}{l} \text{Chlorophyll A} = [\overbrace{\text{Mg}\,\text{N}_4\text{C}_{32}\underline{\text{H}_{30}\text{O}}}^{\text{chromophorer Komplex}}]\,\text{CO}_2\text{CH}_3\text{CO}_2\text{C}_{20}\text{H}_{39} \\ \text{Chlorophyll B} = [\text{Mg}\text{N}_4\text{C}_{32}\underline{\text{H}_{28}\text{O}_2}]\,\text{CO}_2\text{CH}_3\text{CO}_2\text{C}_{20}\text{H}_{39} \end{array}\right\}\ \text{färben Benzol grün}$$

$$\text{Phytol} = \text{C}_{20}\text{H}_{39}\text{OH}$$

$$\left.\begin{array}{l} \text{Xantophyll} = \text{C}_{40}\text{H}_{56}\text{O}_2 \\ \text{Karotin} = \text{C}_{40}\text{H}_{56} \end{array}\right\}\ \text{färben Alkohol gelb.}$$

Willstätter hat nun zunächst über die Gesetzmäßigkeit der Assimilation Wichtiges ermittelt. Es zeigte sich: bei sehr gesteigerter Assimilation nimmt der Chlorophyllgehalt nicht ab. Es findet also während der Assimilation keine Zersetzung statt. Auch das Verhältnis $\frac{\text{Chlorophyll A}}{\text{Chlorophyll B}} = 3$ verändert sich nicht. Eine Umwandlung von Chlorophyll A in Chlorophyll B durch Oxydation findet auch nicht statt. Das Verhältnis $\frac{\text{Xantophyll}}{\text{Karotin}} = 2{,}6$ schwankt unbedeutend. Das von Xantophyll und Karotin adsorbierte Licht hat keinen assimilatorischen Effekt, denn bei Ausschaltung der betreffenden Strahlen wird die Assimilation nicht gehemmt. Bei der assimilatorischen Leistung der Blätter spielen 5 funktionelle Größen eine Hauptrolle: das Licht, der Chlorophyllgehalt, der Kohlensäuregehalt der Luft, die Temperatur und der Wassergehalt der Blätter. Jeder der Faktoren muß in einem bestimmten Ausmaß vorhanden sein. Als Assimilationszahl führt Willstätter ein die stündliche assimilatorische Leistung, ausgedrückt in *x g* zersetzter Kohlensäure, bezogen auf 1 *g* Chlorophyll. In normalen Verhältnissen schwankt die Assimilationszahl zwischen 6 und 9 und steigt bis zu 133 g Kohlensäure. Bei verschiedenen Pflanzen gibt es also einen verschiedenen Effekt, ebenso bei jungen und alten Blättern derselben Pflanze. Willstätter stellte ferner fest, daß außer dem Chlorophyll ein im Stroma enthaltenes Ferment bei der Assimilation mitwirkt, das erst aktiviert werden muß, z. B. durch Temperaturerhöhung. Chlorophyll, das gebunden ist an narkotisiertes Stroma, kann nicht mehr assimilieren. Also ist ein geordnetes Zusammenwirken von Chlorophyll und Ferment nötig. Die Adsorptionsfähigkeit des Laubblattes für Kohlensäure ist viel größer wie die des Wassers. Es wird zwölfmal soviel Kohlensäure adsorbiert, als durch das Imbibitionswasser möglich wäre. Die Kohlensäureadsorption ist relativ um so größer, je geringer der Kohlensäuregehalt der Luft ist. Am interessantesten ist folgende Feststellung Willstätters: Das Chlorophyll gibt im kolloidalen Zustand mit der Kohlensäure ein Zwischenprodukt, eine Chlorophyllkohlensäureverbindung, die bei null Grad isoliert werden kann. Der chromophore Komplex wird dabei nicht zersetzt. Sehr wahrscheinlich entsteht diese Chlorophyll-Kohlensäureverbindung auch im Blatt. Die adsorbierte Lichtenergie bewirkt zunächst eine Umlagerung unter Energieerhöhung der Verbindung, es entsteht ein Peroxyd —O—O— und schließlich bildet sich als erster Baustein des Zuckers das Formaldehyd. Daß aus Formaldehyd Zucker entstehen können ist bekannt; durch Polymerisation geht es in einen Sechserzucker (Hexose) über:

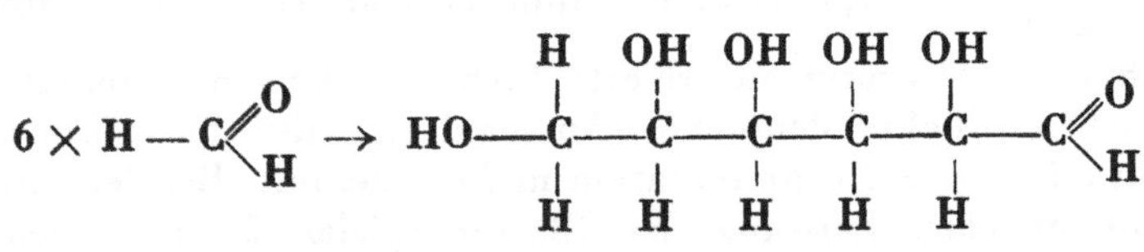

Folgende Strukturformeln mögen die Bildung des Formaldehyds nach Willstätter veranschaulichen:

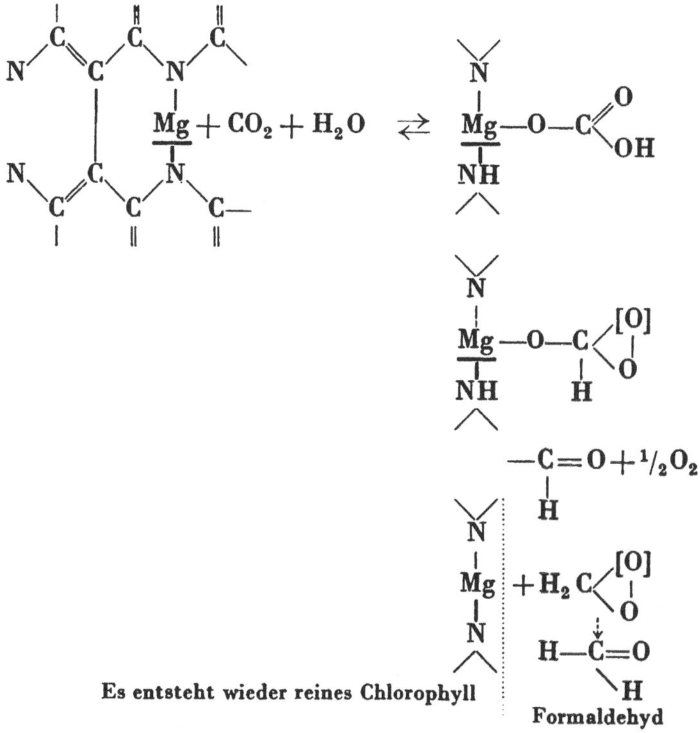

Diese ganze Assimilation zerfällt nach Warburg wahrscheinlich in einen photochemischen und einen rein chemischen Prozeß. Durch das Licht wird vermutlich an der Chlorophyllkohlensäureverbindung das Ameisensäureperoxyd photochemisch gebildet und durch den rein chemischen Prozeß, die sog. Blackmansche Reaktion, wird wahrscheinlich die Spaltung in Aldehyd und Sauerstoff bewirkt. Da chemisch indifferente Narkotizis je nach dem Grade ihrer Adsorbierbarkeit an festen Zellbestandteilen beide Assimilationsprozesse hemmen, haben wir es jedenfalls in beiden Fällen mit Oberflächenkatalysen zu tun. Die rein chemische, also Blackmansche Reaktion wird überdies durch eine geringe Dosis Blausäure gehemmt. Blausäure wirkt auf die Zelle durch ihre Umsetzung mit einer ganz geringen Spur Eisen. Warburg schließt daraus, daß das in der Blackmanschen Reaktion höchstwahrscheinlich wirksame Schwermetall das Eisen ist.

Nach Warburg spielt das Eisen auch bei dem der Assimilation entgegengesetzten Prozeß, bei der Atmung, eine Rolle. In den Grenzen der Plasmaflüssigkeit an den darin suspendierten Teilchen entwickeln sich dialektische Flächen durch Aufnahme von Substanzen, die die Oberflächenspannung herabzusetzen versuchen. Zwischen den Substanzen, die hier dicht beisammensitzen, entfaltet sich eine chemische Aktivität von größter Fruchtbarkeit, zumal auch die innere Oberfläche der im Plasma suspendierten Teilchen eine sehr große ist. Das Eisen, das in Ionenform in den Grenzflächen sitzt, beschleunigt nach Warburg die Übertragung von Sauerstoff auf oxydable Substanzen außerordentlich, und so spielt es jedenfalls auch bei der Atmung eine Rolle. Die zu veratmenden Stoffe werden nach Warburg an den plasmatischen Teilchenoberflächen bei Gegenwart von katalytisch wirksamen Eisenionen verbrannt. Die Ursache der Verbrennung ist die Adsorption des Atmungsmaterials zusammen mit Sauerstoff in die eisenhaltigen Oberflächen. In diesen dialektischen Grenzflächen werden also die an sich zur Oxydation trägen Materialien leicht oxydiert. Das Problem ist auch hier: die Herstellung eines Gefälles zwischen chemisch aktiver und für die Oxydation nun empfänglich gemachter Substanz. Es ist eine schwache Analogie zur Herausbildung des Organisators, der auch organisiert, weil er physiologisch aktiver ist als das für seine Einwirkung empfänglich gemachte Gebiet. Im Anurenei kann ja an beliebiger Stelle ein Organisator erzeugt werden, wenn nur ein Gefälle für die Wirklichkeitsbestimmung zustande kommt.

Von der rein chemischen Aufgabe von Kalium und Kalzium in der Pflanze wissen wir noch wenig. Ihr Vorkommen im Zellsaft kann je nach ihrer Konzentration die chemischen Umwandlungen, die von den Fermenten katalytisch eingeleitet sind, beschleunigen, oder im Gegenteil eine Verlangsamung hervorrufen. Die chemisch-physikalische Wirkung der Alkalien auf die Protoplasmakolloide ist bekannter. In einer regulatorischen Betätigung in dieser Hinsicht scheint ihre Hauptaufgabe zu liegen. Das Kalziumion hat eine Hauptstellung als balanzierendes Agens. Es entgiftet nicht nur die K-Ionen sondern auch das Magnesium, das für sich allein sehr giftig wäre. Kaliumionen befördern den Wassergehalt des Protoplasmas, wirken, wie man sagt, quellungsfördernd, während Ca-Ionen die Wasseraufnahme herabsetzen, quellungshemmend wirken. Der Antagonismus der Ionenwirkungen erklärt sich aus der gegenseitigen Verdrängung bei der Adsorption. Kaliumionen für sich allein könnten in einer Lösung so stark adsorbiert werden, daß hierdurch die Protoplasmakolloide geschädigt würden. Da aber auch Kalziumionen stark adsorbiert werden, so verdrängen sich die beiden Ionen von der Zelloberfläche und schränken ihre wirksame Menge gegenseitig ein. Es ist möglich, daß die hauptsächliche Wirkung gewisser Nährstoffe eine regulatorische ist, indem sie eine zu starke Adsorption von anderen verhindern. Zu den wichtigsten Erkenntnissen der modernen Stoffwechselphysiologie gehört überhaupt die Feststellung, daß die Metalle in der Hauptsache als Regulationsstoffe fungieren.

Von großer Wichtigkeit für die Dialektik des Stoffwechsels ist schließlich die fruchtbare Verkettung derjenigen beiden Flüssigkeiten miteinander, die schon in der reinen Erscheinungsform die Tendenz zu maximaler gegenseitiger Unterschiedenheit bekunden, die Verknüpfung von Wasser und Öl. Eine solche Verkettung zeigt Abb. 64b. Zwischen zwei identischen Elektrolytlösungen (Na Cl) liegt eine damit unvermischbare Ölschicht (Nitrobenzol). Diese wird auf der einen Seite säurereich auf der anderen säurearm gedacht. Die ganze Verknüpfung heißt Cremersche Kette. Verbindet man die wässerigen Phasen durch einen Draht, so entsteht infolge der Asymmetrie der Ölphase ein Strom. Analoge Verhältnisse liegen nach Beutner bei einem Apfel vor. Ein Apfelstück wird, wie Abb. 64a zeigt, oben ausgehöhlt, mit der Schale in die eine ableitende Flüssigkeit gesetzt und die Aushöhlung mit der anderen ableitenden Flüssigkeit erfüllt. Die äußerste Schale des Apfels, die Kutikula, entspricht nach **Beutner** der säurereichen Ölphase der **Cremerschen Kette**, das gesamte innere Fruchtfleisch der säurearmen Ölphase. Diese Kette erzeugt genau so einen Strom wie das künstliche Modell. Gleichgültig ob die Höhlung tief oder flach ist, die Größe der Stromkraft bleibt unverändert. (Erst wenn alles Fruchtfleisch bis zur inneren Seite der entgegengesetzten Schale entfernt ist, sinkt die Kraft nahezu auf Null.) Quetscht

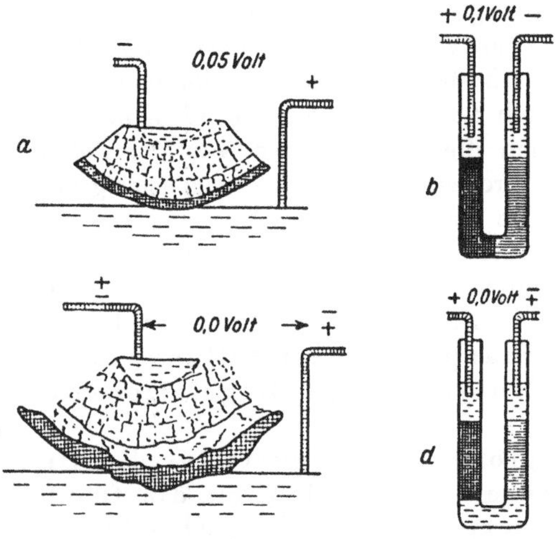

Abb. 64. (Nach Beutner.)

man aber den Apfel durch Druck von außen, ohne daß die Kutikula dabei verletzt wird, so findet zwischen Kutikula und Fruchtfleischmembran ein Erguß von Fruchtsaft statt und die elektromotorische Gesamtkraft ändert sich notwendig so, daß eine Negativität der gequetschten Stelle zustandekommt (Abb. 64c). Die gleiche Wirkung wird erzielt, wenn bei dem Modellversuch eine wässerige Lösung zwischengeschaltet wird.

Die Frage, wie im Organismus auch ohne Verletzungen (wie beim Apfel) bioelektrische Ströme zustandekommen, ist mit der Änderung der Permeabilität der Plasmahaut in Verbindung zu bringen, die auf Reizung hin wie ein veränderliches „Ionensieb" mit veränderlichen Löchern wirkt, also gewissermaßen „physiologische Verletzungen“ (reparabler Natur) von selber setzt. Nathanson gelangte weiterhin zu der Überzeugung, daß das Auftreten bioelektrischer Ströme „von elektrolytischer Wasserzersetzung begleitet ist, und so durch die Erzeugung naszierenden Wasserstoffs und Sauerstoffs tief in den fundamentalsten aller Lebensvorgänge, die physiologische Oxydation, eingreift“.

Neuerdings ist man auch der Überzeugung, daß durch Lageveränderungen von Wurzel oder Stengel Verschiebungen zwischen elektrisch geladenen kolloidalen Plasmateilchen eintreten, die Ströme im Gefolge haben und das auslösen können, was wir als geotropische Wachstumskrümmung einer Pflanze bezeichnen.

2. Das komplikatorische Prinzip.

Alle bisher in der chemischen Dialektik besprochenen Zersetzungen und Umgestaltungen der Stoffe vollziehen sich im lebendigen Organismus in jener inneren Unruhe des vitalen Prozesses, durch welchen die Stoffteilchen aus ihrem individuellen Fürsichsein herausversetzt sind, also in jenem inneren Offenheitszustand sich befinden, der die notwendige Voraussetzung des sich gegenseitig bedingenden inneren Einheitsverhältnisses der Teile und seiner weitgehenden Regulierbarkeit innerhalb des Ganzen ist. Es fragt sich nun, ob diese Offenheit so eingeschränkt ist, daß sie innerhalb des artspezifischen vitalen Kreislaufs einen immer konstanten Chemismus bedingt, oder ob der Organismus auf dem Grundstock seines schon vorhandenen Chemismus seine chemischen Kapitalien bereichern und für Umbildungsprozesse wirksam machen kann (17).

Tatsächlich finden wir, wenn wir bei dem systematischen Studium der Pflanzenwelt von einer Art zur andern oder von einer Gattung zur andern übergehen, und zwar bei Arten und Gattungen, die wahrscheinlich in einem genetischen Zusammenhang miteinander stehen, daß der physiologisch-chemische Apparat jeweils an den vorhandenen Grundstock anknüpfend sich verändert, und zwar nicht chaotisch willkürlich, sondern nach festen Regeln. In der Familie der

Salicaceae enthält die Gattung Salix in der Rinde das Glukosid Salizin, die Gattung Populus außer dem Salizin noch das Populin. Das gegenseitige Verhältnis zwischen beiden Glukosiden ist aus den folgenden Strukturformeln ersichtlich:

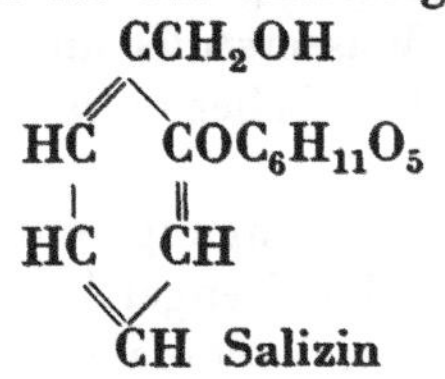
Salizin

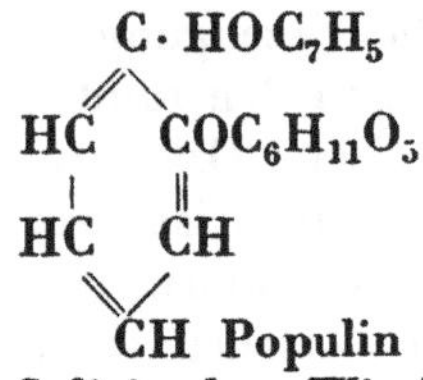
Populin

Das letztere stellt das benzoylierte Salizin dar. Wie hier das Salizin, so zeigen noch andere Glukoside, ferner auch Alkaloide, ätherische Öle, besonders aber fette Öle verschiedener Pflanzen (der Erikazeen, Papaverazeen, Erythroxylazeen, Rubiazeen usw.) bei den Verwandten gesetzmäßige Abwandlungen, wobei das Ausgangsprodukt entweder wie bei obigem Prozeß benzoyliert oder azetyliert oder methyliert oder hydrolysiert wird, vielleicht durch zum Teil neu hinzutretende Fermente. In Zusammensetzung mit der meist autotrophen Ernährungsweise der höheren Pflanzen, die dem Tiere abgeht, ist es schon a priori wahrscheinlich, daß in der phylogenetischen Stoffmetamorphose der Pflanzen besondere rein pflanzenspezifische Fermente aufgetreten sind, die dem Tiere fehlen. Wie wir schon in der chemischen Gegensatzlehre hervorgehoben haben, dürfte die Pflanze allein Enzyme ausbilden, die den Ringschluß offener Kohlenwasserstoffketten bewirken.

Nachdem nun einmal die Offenheit des Chemismus der Pflanze für Prozeßerweiterungen oder Prozeßmodifikationen gegeben ist, fragt sich, *ob diese Stoffmetamorphosen in Zusammenhang mit Gesetzmäßigkeiten in der gestaltlichen Metamorphose gebracht werden können.* Unter den Gestaltmetamorphosen dachte man hier in erster Linie an die Erscheinungen der *Typovergenz*, jener merkwürdigen Neigung zu gleichen Umbildungen bei Pflanzen, die nicht unmittelbar genetisch miteinander verbunden sind. Wohl eines der schönsten Beispiele einer solchen Typovergenz ist die *Umbildung des Androezeums bei den Kukurbitazeen*, das hier eigentümliche graduell verschiedene Verwachsungen zeigt. Die Verhältnisse sind in Abb. 65—76

Abb. 65—76. (Nach Pax und E. G. O. Müller. Vergrößert.)

dargestellt. Bei Fevillea bis Schizopepon (Abb. 65—68) handelt es sich um ein Verwachsen von je zwei Staubblättern, während das fünfte freibleibt. Bei Melothria bis Bryonia (Abb. 69—71) findet eine Verlängerung der Antherenfächer statt und bei Luffa bis Sikyos (Abb. 72—75) eine Vereinigung aller fünf Staubblätter zu einer zentralen Säule, die bei Zyklanthera (Abb. 76) die Gestalt eines niederen Tischchens mit ringförmig umlaufenden Antherenfächern gewinnt. Eine gesteigerte Anpassung an die Insektentätigkeit kann in dieser graduell gesteigerten Verwachsung nicht erblickt werden, von Erfolgen der Selektion kann also nicht die Rede sein. Außerdem ist mit Sicherheit zu sagen, daß die einzelnen Gattungen der Reihe nicht voneinander abstammen, da sie meist auf bestimmte und weit voneinander entfernte Gebiete der warmen und warm temperierten Länder der Erde beschränkt sind. Die Abänderungen müssen sich also, wenn auch vielleicht nicht durchweg, an sowohl systematisch wie geographisch getrennten Arten und Gattungen entwickelt haben. Trotzdem strebt die Ausbildung des Merkmals gleichsinnig demselben Typus zu; aus verschiedenen Ursprüngen kommt die gleiche Typusrichtung (Typovergenz) zum Vorschein. Wie ist das zu erklären? Rosen versucht es durch die Annahme eines allen Lebewesen immanenten komplikatorischen Prinzips, „das die rhythmische Wiederholung der Lebensvorgänge, die sich in jedem Individuum abspielen, unmerklich verändert und weiter spinnt, wie die Musik ein Thema variiert", und das, an einen bestimmten Grundstock des chemischen Apparates anknüpfend, auch bei genetisch nicht verbundenen Arten ähnliche formbestimmende stoffliche Faktoren hervorbringen könnte. Die morphologische Typovergenz erklärte sich also aus der innigen Verknüpfung von Formwechsel und Stoffwechsel und aus ähnlichen Tendenzen des Stoffwechsels heraus. Die morphologische Typovergenz der Staubgefäßverwachsung wird also hier auf der Grundlage des Stoffwechsels als eine mögliche Genese erkannt. Es handelt sich wie in der Ableitung der Chemie um ein „Entstanden-denken-können", also um ein ideelles begriffliches Herleiten oder zu Verstehenversuchen der Typovergenz, um die Einordnung von Einzelfällen in eine Art Gesetz. Kurt Lewin hat in seiner ausgezeichneten Studie: „Die Verwandtschaftsbegriffe in Biologie und Physik" (Schaxels Abhandlungen, Heft 5) auf den streng typologischen Charakter solcher Deutungsversuche hingewiesen. Das Mögliche pflanzlicher Lebensleistung ist eingeschränkt durch den Werkzeugcharakter der chemisch physikalischen Kräfte, die die Pflanze sich „geinnert“ hat. Sie kann, anknüpfend an einen schon vorhandenen Chemismus, neue formbildungserregende stoffliche Faktoren oder Werkzeuge ausbilden. Da sie dabei an die Gesetzmäßigkeiten der chemischen Komplikation innerlich gebunden ist, lassen uns die an dieser erkannten Gesetzmäßigkeiten vielleicht gewisse Züge in der Umbildung der Formen verstehen. Und mehr noch als gestaltliche Eigentümlichkeiten werden vielleicht die Farbenkonvergenzen bei Blüten und ihre Färbungsgesetze überhaupt auf der chemischen Grundlage verstanden werden können. Die Blumenfarben zeigen nämlich gewisse Regeln. Bei Blumen, die gelb und blau gefärbt sind, liegt das Gelb im Zentrum, das Blau außen. Oft geht der gelbe Kern über Feuerrot, Purpur und Violett in die blaue Peripherie über. Die Abänderungen der Farben unterliegen gewissen Gesetzmäßigkeiten. Es gibt keine blauen Rosen. Weiße Varietäten erzeugen am leichtesten die violetten und blauen Blumen, wie schon in der Natur die Heide, das Vergißmeinnicht und viele andere zeigen, während die gelben Blumen im allgemeinen nicht dazu neigen. Freilich fragt es sich, ob, wenn der Organismus seinen Chemismus verändert und weiterspinnt, wie die Musik ein Thema variiert, nicht doch auch auf relativ verschiedener stofflicher Grundlage und also von Anfang an durch verschiedene Stoffwechselverkettungen hindurch gleiche Färbungen und Zeichnungen und auch gleiche Formen und Strukturen produziert werden können. So stehen die Randstrahlen der Kompositenköpfchen in der Gesamtgestalt des Köpfchens an Stelle der Blumenblätter einer radiären choripetalen Einzelblüte, und es ist überraschend, daß sie, wie Troll nachgewiesen hat, auch mit diesen in der Farbe und Zeichnung übereinstimmen, obwohl sie aus den Unterlippen der in der Regel ganz anders gefärbten choripetalen Blüten abzuleiten, also wohl auch in der Farbe aus ganz anderen Stoffwechselverkettungen heraus entstanden sind. Tatsächlich können auch sonst ganz verschiedene Organismen mit dem gleichen Erfolge gleichartig chemische Verbindungen bilden.

Als Beispiel sei zunächst die Bildung der Blutfarbstoffe oder Hämoglobine angeführt, die an die Bedürfnisse der gleichmäßigen Sauerstoffversorgung des Körpers wunderbar angepaßt sind. Sie müssen in den verschiedensten Stämmen ganz selbständig entstanden sein, so bei den Weichtieren, Ringelwürmern und Insekten, da bei diesen nur einzelne Arten Hämoglobin besitzen. Sehr interessant ist eine Konvergenzerscheinung bei den Fetten. Gewisse Fette (aus der Bürzeldrüse der Vögel, dem Lanolin der Schafe, dem Walrat der Wale usw.) haben die Eigenschaft, nicht ranzig zu werden, was darauf beruht, daß sie statt mit einem dreiwertigen Alkohol: dem Glyzerin, von der Formel:

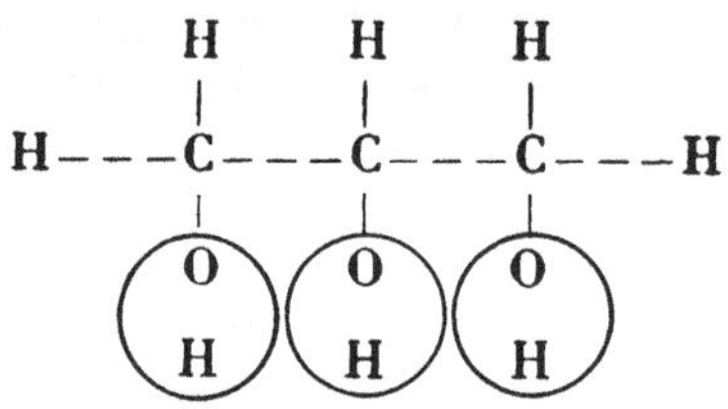

mit dem einwertigen Zetylalkohol von der Formel:

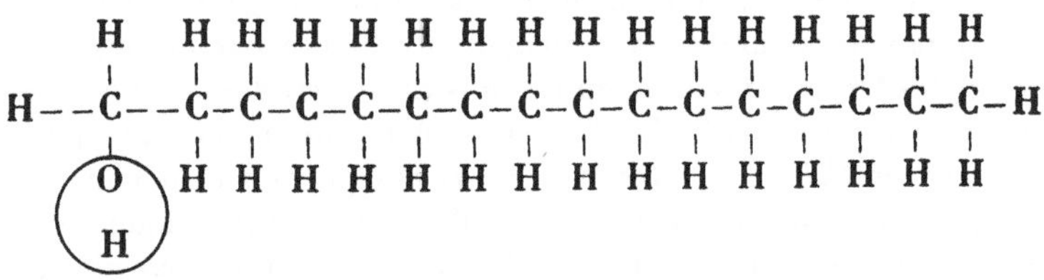

sich verbinden. Auch hier ist aus verschiedenen physiologischen Systemen Gleiches zu gleichem Erfolge (nicht ranzig werden) entstanden, und zwar mußte, wie die chemische Konstitutionsformel zeigt, die Bildung der nicht ranzig werdenden Fette gleich mit einem weit ausreichenden Sprung verbunden sein. Während hier die physiologische Bedeutung der chemischen Verbindung bzw. ihre Funktion mit dem chemischen Bau in Zusammenhang gebracht werden kann, ist dies in anderen Fällen nicht möglich. Nach Kossel geben ein gutes Beispiel hierfür die Purinkörper. Der Purinring ist ursprünglich an den Zellkern und auch an die Chromosomen gebunden. Als Guanin ruft er dagegen in den Schuppen der Fische und in der Haut der Amphibien und Reptilien den

Effekt des Glanzes hervor, und in der Form der Harnsäure verursacht er die weiße Farbe der Schmetterlingsschuppen. Ferner haben chemisch ganz nahe verwandte Gruppen (Koffein, Theobromin, pflanzliche und tierische Gifte) verschiedene biologische Wirkungen. Eine Vereinfachung der chemischen Formel kann genügen, damit der Stoff eine ganz andere biologische Rolle erhält als er früher hatte.

Wir müssen ferner zum Problem der chemischen Konvergenz noch folgendes beachten: es ist gewiß möglich, daß der Chemiker durch verschiedene chemische Prozeßverkettungen synthetisch denselben Stoff herstellen kann. Der Wahrscheinlichkeit nach wird aber aus verschiedenen „nicht gerichteten" sich selbst überlassenen Prozeßverkettungen eher Verschiedenes als Gleiches hervorgehen. Eine universelle Bevorzugung des gleichen Endresultates, wie z. B. in der Weise, daß alle Tiere trotz ihres oft so weitgehend verschiedenen Eiweißchemismus doch immer das gleiche Linseneiweiß in der Augenlinse bilden, ist als Ergebnis richtungsloser, d. h. im Darwinschen Sinne keine Richtung bevorzugender Variation im Stoffwechselgefüge nicht gut denkbar. Am schwersten aber spricht gegen die restlose Durchführbarkeit des komplikatorischen Prinzips die relative Unabhängigkeit von Stoff und Form, wie wir sie häufig feststellen können. Viele fremdländische Farne und unser Königsfarn (Osmunda regalis) haben im Vergleich zu unseren Kleearten sicher stofflich sehr verschiedene Grundgewebe. Und doch zeigen die Nerven des Blattes mancher Kleearten (Trifolium medium, Tr. rubens, Tr. alpestre) genau dieselben als Neuropteristypus bezeichnete Nervatur. Mit den Einkeimblätterigen (Monokotylen) stimmen die südamerikanischen Sumpferyngien in Habitus und Struktur weitgehend überein, obwohl sie als Verwandte unserer Mannestreuarten gar nicht zu den Monokotylen gehören, also wohl auch stofflich eine andere Zusammensetzung haben. Eine der interessantesten Übereinstimmungen stellt wohl die von Seybold festgestellte Konvergenz zwischen den Blättern eines Brennnesselgewächses und eines Lippenblütlers dar, die auf Abb. 77a und 77b wiedergegeben ist. (77a = Brennesselgewächs, 77b = Lippenblütler.) Der Versuch, aus dem phylogeneti-

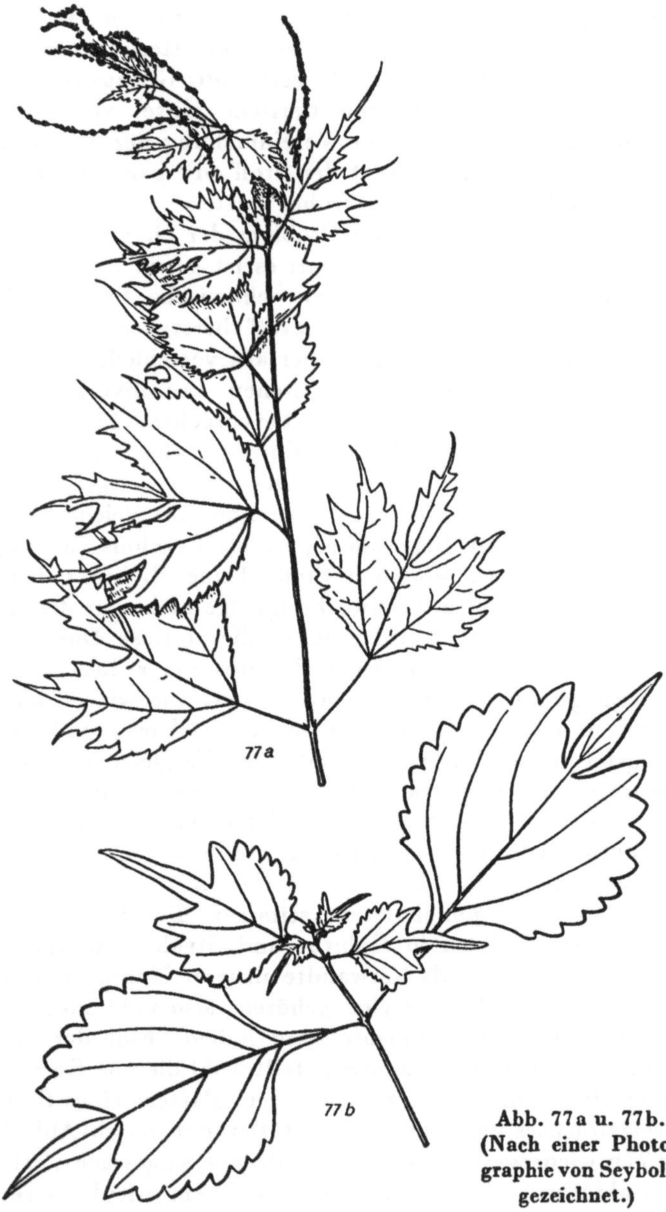

Abb. 77a u. 77b. (Nach einer Photographie von Seybold gezeichnet.)

schen Stoffwechsel den phylogenetischen Formwechsel voll verständlich machen zu wollen, beruht also wohl auf der mangelnden Unterscheidung von Materialfeld und Verwirklichungsfeld. Ein Verwirklichungsfeld bei phylogenetisch jugendlichen Formen hat sicher noch kein voll ausgebautes Materialfeld. Wenn aber schon im Einzelorganismus die chemischen Umsetzungen bei der Assimilation und Dissimilation vom Verwirklichungsfeld wie nach unsichtbaren Richtlinien geführt werden, warum soll nicht durch das Verwirklichungsfeld auch eine phylogenetische Weiterführung und Höherstaffelung dieser Prozesse möglich sein, und zwar so, daß die dabei neu entstehenden Formen zwar nicht Ergebnis des Materialfeldes, aber „die Erfüllung oder Berücksichtigung all der durch das betreffende Material gegebenen Bedingungen" (Utitz) zum Ausdruck bringen?

Wir werden endgültig zu dieser Frage erst durch die nun folgenden Erörterungen Stellung nehmen können.

D. Die Erkenntnis sinngesetzlich-wahrscheinlicher Entwicklungslinien auf Grund des Einblicks in eine fortschreitende Wesensentfaltung der Pflanze. Die obersten Spezifizierungsgesetze des pflanzlichen Seins im Generationswechsel (Planck) und in der Verzweigung der Pflanze (Heidenhain-Uittien). Gestalttypen oder figürliche Ausdruckstypen im Bereich der Blüte (Troll). Das Zahlengesetz Alexander v. Humboldts. Grenzen der Einsichtigmachung der Formen und der Formengruppierung.

Das Problem der gestaltlichen Konvergenz ist, wie unser letztes Kapitel gezeigt hat, aus der Stoffmetamorphose (für sich betrachtet) nicht (oder nur in ganz geringem Maße) zu verstehen. Die Notwendigkeit einer Gesichtspunktserweiterung, wie sie echt perspektivischen Deutungsversuchen eigentümlich ist, ergibt sich aus dem Versagen des komplikatorischen Prinzips. Sie erscheint, wie wir jetzt sehen werden, um so dringlicher, als das in der Konvergenz steckende Problem noch einer viel weiteren Fassung fähig ist und auf die Verwandtschaftsverhältnisse aller Formen ausgedehnt werden kann. Darauf hat zuerst Albert Wigand (18) in scharfsinniger Analyse hingewiesen.

Wigand geht aus von morphologischen Gemeinsamkeiten in den Familiengruppen. Es ist eine bekannte Tatsache, daß die Gattungen einer und derselben Familie bei Berücksichtigung des einen Merkmals mit dieser, bei Berücksichtigung des anderen Merkmals mit jener Gattung übereinstimmen. Bei den Kruziferen z. B. stimmt Arabis durch seinen seitenwurzeligen Keimling mit Alyssum, durch seine zweiklappig aufspringende Schote mit Sisymbrium überein. Beide Merkmale hat es gemeinsam mit Barbarea. Dagegen stimmt es mit Lepidium nur in den allgemeinen Familiencharakteren der Kreuzblütler überein. Will man hier einen genetischen Zusammenhang konstruieren, so kann man etwa Arabis als gemeinsame Ableitungsform für Sisymbrium und Alyssum zugrunde legen. Wie kommt man aber zu Lepidium? Durch die Ähnlichkeit der Schötchen kann man es wohl mit Alyssum in Zusammenhang bringen. Aber die rückenwurzelige Keimlingsform hat es mit Sisymbrium gemeinsam. Man kann also nur annehmen, daß die beim Übergang von Arabis zu Sisymbrium sich äußernde Abänderungstendenz in der Keimlingsbildung auch in dem aus ihm abgeleiteten Alyssum latent vorhanden ist und beim Übergang zu Lepidium aktuell wird. Wenn aber dann die Übereinstimmung von Lepidium mit Sisymbrium in der Rückenwurzeligkeit des Keimlings nicht direkt auf gemeinsamer Abstammung, sondern nur aus einer von einer weiteren Stammform übergebenen „Neigung", in bestimmter Richtung abzuändern, beruht, dann muß mit gleichem Recht angenommen werden, daß auch die Übereinstimmung der Kruziferengattungen im Fruchtbau durch eine solche „analoge" als Neigung mitbekommene Abänderungstendenz zu erklären ist, — dann ist konsequenter Weise der Grund sämtlicher Übereinstimmungen zwischen den verschiedenen Kruziferengattungen lediglich in einer bereits in der gemeinschaftlichen Stammform der ganzen Familie gegebenen, weiterhin aber selbst wieder überkommenen Konstitution oder Neigung, in den verschiedenen Beziehungen gleichmäßig abzuändern, zu suchen. „Anderseits", sagt Wigand, „wird man zugeben, daß, wenn in der gemeinschaftlichen Stammform eine Anlage angenommen wird, welche auf ihre Abkömmlinge vererbt, dieselben disponiert, in gewissen gleichen Richtungen abzuändern, alsdann mit gleichem Recht auch die Neigung, in bestimmten verschiedenen Richtungen, sowohl im Fruchtbau als in der Krümmung des Embryos und in allen übrigen Beziehungen sich zu differenzieren, und diese verschiedenen Merkmale mannigfach zu kombinieren, — kurz, daß der eigentliche Grund für alle innerhalb der Kruziferenfamilie auftretenden Unterschiede bereits der gemeinsamen Stammform dieser Familie als eine derselben inhärierende und weiterhin ererbte (überkommene) Anlage zuzuschreiben ist. — Daraus würde dann weiter folgen, daß auch die Ursache der Verschiedenheit mehrerer nächstverwandter Familien wie die Kruziferen, Fumariazeen, Papaverazeen als ererbte Neigung, nach diesen verschiedenen Richtungen abzuändern, in den Charakter der gemeinschaftlichen Stammform dieser Familien zurückzuverlegen ist. Und so hätten denn am Ende alle systematischen Verschiedenheiten und, wie wir oben sahen, ebenso alle systematischen Übereinstimmungen, mithin alle verwandtschaftlichen Beziehungen ihren bestimmenden Grund in einer ererbten Neigung der betreffenden Stammform, in allen diesen Richtungen zu variieren bzw. diese Neigung auf die Abkömmlinge zu vererben. Damit wären wir aber schließlich wieder wie so oft auf einen bereits in der Urzelle des ganzen organischen Reiches angelegten Entwicklungsplan zurückgekommen, welchen zu beseitigen, doch die eigentliche Absicht der Selektionstheorie ist."

Der Gedanke Wigands hat neuerdings eine tiefere systematische Ausarbeitung durch den japanischen Botaniker Hayata (19) erhalten. Die Tatsache, daß bei Berücksichtigung dieses Merkmals der betreffende Verwandtschaftskreis dieser Gruppe, durch Berücksichtigung jenes Merkmals jener Gruppe nähersteht, erfordert nach Hayata eine Neugruppierung des Systems in den Raum hinein. Dabei entsteht ein netz- oder wabenartiges Gebilde, dessen einzelne Glieder nach allen Richtungen hin untereinander Verbindungen besitzen und deren gegenseitige Stellung verschieden ist, je nach der Seite von der aus man sie betrachtet. Benutzt man als Rahmen das Englersche System, so ergeben sich bei den großen Gruppen folgende Zusammenhänge:

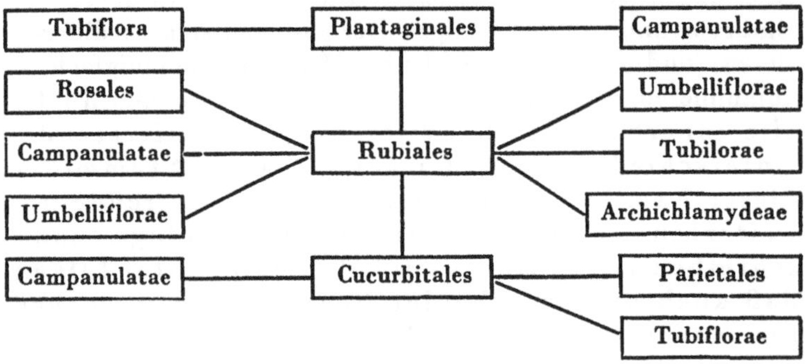

Das Wesentliche ist, daß, was die Systematiker der Darwin-Schule nur durch Anordnung in senkrechter Säule ausdrücken, auch in wagrechten Reihen dargestellt werden muß. Wenn z. B. einerseits ein Farn mit nephroidiumähnlicher Gestalt bisweilen alsophilaähnliche Sori hat, so kann anderseits eine mit einem alsophilaähnlichen Wedel versehene Art manchmal die an Nephridium erinnernden Sori tragen. Wenn wir ferner unter den höheren dikotylen Blütenpflanzen die Ordnungen der Archichlamydeen in einer linken senkrechten Säule anordnen und die der Metachlamydeen auf einer rechten, so sind wie beim periodischen System der Elemente Beziehungen der Ordnungen untereinander sowohl in vertikaler wie in horizontaler Richtung aufzuweisen. Es zeigen die Zentrospermae der Archichlamydeen zu den Primulales und Plumbaginales der Metachlamydeen eine innige Beziehung; die Sapindales der einen Unterklasse zu den Ebenales der anderen Unterklasse; die Parietales an der einen Seite zu den Kurkubitales an der andern; und die Umbelliflorae der einen Säule zu den Rubiales der andern. Auch gibt es, wie im periodischen System der Elemente, keine allmählichen, sondern plötzliche und sprungweise Übergänge, wie sie sich z. B. bei verschiedenen Familien der Phanerogamen, nämlich bei den Orchidazeen, Arazeen, Leguminosen und Gramineen vorfinden.

So bedeutungsvoll diese an der Fülle der Anschauung orientierte Neugruppierung des Systems auch ist, so erscheint uns doch ihre theoretische Interpretation durch Hayata nicht sehr plausibel. Sie ist nämlich eine extrem präformistische. Nach Hayata gibt es nämlich nur eine einzige Einheitsart, die vergleichbar ist einer Handvoll kleiner Kugeln mit verschiedenen Farben, welche ihre Gene darstellen. Die Kugelarten selbst sind stets dieselben. Aber es ändert sich die Anzahl dieser oder jener Sorte, vermehrt sich zu dieser und vermindert sich zu jener Zeit, und so tritt die Einheitsart infolge des stets wechselnden Zusammenwirkens der Gene in so vielfacher Form auf.

Hayata drückt das durch folgendes Schema aus. Zwei verschiedene Spezies seien äußerlich unterschieden durch einen roten und gelben Ball:

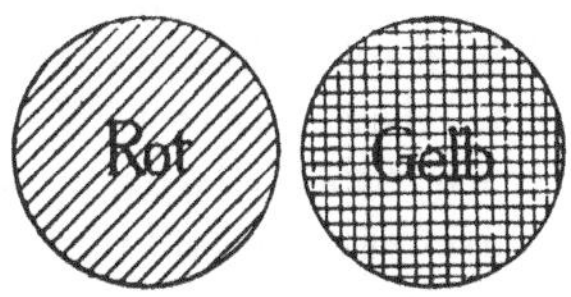

An Stelle des roten Balles ist nun ein aus Perlen zusammengesetztes Bild zu denken, in dem die roten Perlen das Übergewicht haben, an Stelle des gelben Balles eine Vereinigung von Perlen, unter denen die gelben vorherrschen:

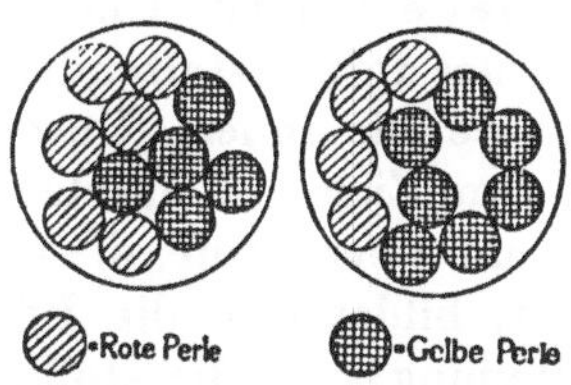

Hayata meint also, daß die Spezies in ihren wesentlichen Elementen alle gleich sind und sich nur in der verschiedenen Proportion unterscheiden, in der diese Elemente (die Gene) in den verschiedenen Spezies vorhanden sind. Uns erscheint diese Vorstellung als eine sehr künstliche Vereinfachung des Problems. Nach unserer heutigen Auffassung des Gen-Begriffs, wie ihn die Vererbungsphysiologie herausgebildet hat, ist der Hayatasche Gen-Begriff nicht haltbar. Die ganze netz- oder wabenartige Struktur des Systems, soweit sie wirklich vorhanden ist, kann, wie alle systematischen Übereinstimmungen und verwandtschaftlichen Beziehungen, ihren bestimmenden Grund nur im Verwirklichungsfeld der betreffenden Stammformen haben, d. h. in dessen Tendenz, sein Materialfeld zu allen eben nur möglichen „Materialstilen" (Friedmann) auszubauen. Die darin liegende Auffassung einer immer volleren und allseitigen Durchbildung des Materialfeldes auf Grund eines inneren normativen Gesetzes gewinnt aber erst dann volle Wahrscheinlichkeit, wenn im Einklang mit der Erfahrung eine solche Durchbildung auch als reine Entfaltung des pflanzlichen Wesens selber bzw. als Sinngesetz dieser Entfaltung begriffen werden kann, also — wenigstens im Kern — reines Zufallswerden ausschließt. So etwas ist aber durchaus möglich. Es ist nämlich in den verschiedensten Reihen eine rein aus den realen Wesensanlagen der Pflanze begreifliche Staffelung erkennbar. Planck hat sie zuerst klar gesehen. Die pflanzliche Lebenstätigkeit ist im wesentlichen in die stofflich-energetisch-aneignende und in die produktiv-formgestaltende und fortpflanzende zu unterscheiden. Ihre Einheit, die durch die für den vitalen Kreislauf offene Verbundenheit beider Wesensbestandteile zustande kommt, ist also eine in sich selbst unterschiedene Einheit. Und sie wird eine um so höhere Einheit nach der formgestaltenden und fortpflanzenden Seite, je mehr sie die innere Unterschiedenheit ihrer Wesensbestandteile zum Ziele gesteigerter Zusammenfassung durchführt. Auf der untersten Stufe, die nur produktiv, nicht reproduktiv tätig ist, bildet sich die Pflanze durch innere Teilung, durch Zellteilung aus. Die stofflich energetisch aneignende und die produktiv-formgestaltende Seite stehen hier noch in innigster Verbundenheit, und die Verkettung des Verwirklichungsfeldes mit dem Materialfeld ist insofern maximal, als die Bildung der vegetativen Sprosse von der stofflich aneignenden Seite der mineralischen Nährstoffversorgung noch weitgehend und unmittelbar abhängig ist. Indem die Pflanze ihre produktiv-formgestaltende Seite nicht mehr in der Teilvermehrung des vegetativen Wachstums betätigt, sondern zur Totalproduktion der Fortpflanzung fortschreitet und in ihr in ähnlicher Weise rein produktive Tätigkeit wird, wie die Erkenntnis im Menschen reine Selbsterkenntnis, hat die stofflich energetisch aneignende Tätigkeit schon das Material — zunächst für die Bildung der Makro- und Mikrosporen (Embryosack und Pollenkorn) — zubereitet. Die peripherische Versenkung in die Stoffwechseltätigkeit ist also keine so weitgehende mehr. Am konsequentesten ist dann die Scheidung des ernährenden und des produktiv-formgestaltenden Feldes in der Bildung der Sexualzellen durchgeführt. Der Spermakern ist nur noch reines Instrument der Reproduktion, während die Eizelle mit dem reproduktiven doch auch einen mehr empfänglichen Charakter übernommen hat. Der mit ihr aus derselben Makrospore stammende sekundäre Embryosackkern übernimmt nach Verbindung mit dem zweiten aus dem Pollenschlauch stammenden generativen Kern sogar noch die Ausbildung eines eigenen Nährgewebes für den jungen Embryo. Mit dieser vollen Scheidung ist zugleich die volle Loslösung des zum Embryo heranwachsenden Eies von der peripherischen Stoffwechselverkettung mit der Mutterpflanze gegeben, und zugleich ist im befruchteten Ei selbst (im Gegensatz etwa zur vegetativen Vermehrung) die reine Bestimmungsbereitschaft des Materialfeldes in Gegenüberstellung zum Verwirklichungsfeld, also deren maximales Gefälle hergestellt, das die reine Wiedererzeugung zur Folge hat. So wird über die antithetische Scheidung die höchste Synthesis erreicht, und der ganze Staffelungsprozeß stellt in der Scheidung und immer konsequenteren Durchbildung und Vereinigung der beiden Wesensbestandteile der pflanzlichen Lebenstätigkeit: der stofflich-energetisch aneignenden und der produktiv-formgestaltenden und fortpflanzenden, eine sinngesetzliche Entfaltung dar. Er erstreckt sich, als konsequente Durchbildung der Wesensanlagen der Pflanzen, über die gesamte höhere Pflanzenwelt und führt in der mit ihm wesensnotwendig verbundenen Reifungsteilung bei der Makro- und Mikrosporenbildung zu einem funktionellen Parallelismus, der gleichfalls universal ist. Als in der Entfaltung des realen Wesens der Pflanze begründet, ist also die Reifungsteilung sinngesetzlich bedingt. Sie muß also in den verschiedensten Gruppen, ganz unabhängig von genetisch-wirklichen Verwandtschaftszusammenhängen auftreten. Indem, was im Generationswechsel an ein und derselben höheren Pflanze, also in der Geeintheit des Individuums sich abspielt, erst durch Einung ursprünglich noch getrennter Phasen abgeleitet werden kann, bringt eine solche Ableitungslinie zum Ausdruck, wie das in sich selbst unterschiedene Eine immer mehr in sich unterschieden und geeint wurde, und wir sehen, mit wie tiefem Recht man die in den Urkeimen pflanzlicher Entwicklungsreihen liegenden Wesensanlagen als rationes seminales bezeichnen kann. Die Alten deuteten damit ihre Beziehung zu den göttlichen Vorbildern an. Aber auch wir können, wenn wir in der Eigenart der Pflanze ihre ratio erfaßt haben, wenigstens nachdenkend dieses sensibile intellectum als leitenden Gesichtspunkt der phylogenetischen Staffelung zugrunde legen.

Es wird bei dieser Zugrundelegung dann noch ein weiterer Wesenszug in der pflanzlichen Entwicklung für uns einsichtig. Diejenige Phase, die im Generationswechsel der Pflanze aus dem sexuellen Zeugungsakt hervorgeht, gewinnt immer mehr an Umfang. Was beim Moospflänzchen nur die Sporenkapsel mit dem Stiel ist, ist beim Farn schon die ganze sichtbare Pflanze und erst recht bei der höheren Blütenpflanze. Der asexuell aus der Spore entstehende Teil ist beim Moospflänzchen noch dieses selber (ohne Sporenkapsel und ihren Stiel), beim Farn der kleine Vorkeim und bei der höheren Blütenpflanze ist dieser Teil nur mehr auf wenige Zellen (bzw. Zellkerne) im Pollenkorn und Embryosack reduziert. Verwirklichungsfeld und Materialfeld erweitern also stufenweise ihren Auswirkungsbezirk in der sexual entsprungenen Entwicklungsphase. Hier betätigt sich ja auch das Verwirklichungsfeld an dem doppelten Erbschatz (von Vater und Mutter), es hat also, wenn wir es mit einem Maler vergleichen, mehr Farbsteinchen zur Verfügung und kann all die bunten Kreuzungsergebnisse hervorrufen. Die Unterscheidung von Farbsteinchen und Maler, die den Dualismus von Materialfeld und Verwirklichungsfeld andeutet, findet durch die Entwicklungsphysiologie eine kräftige Stütze. Daß, wie wir bei der Schneebeere gesehen, ein embryonales Blütenknöspchen zu einem Laubsproß umgebildet werden kann, an dem ganz andere „Eigenschaften" erscheinen, beweist eben, daß nicht die stofflichen Grundlagen der Eigenschaften (die Farbsteinchen) „malen", sondern die Verwirklichungszentren (der Künstler) selber.

Außer der Wesensrichtung, die auf die sexuelle Reproduktion geht, gibt es aber auch innerhalb des rein vegetativen Systems der Pflanze (ihres beblätterten Sprosses) fortschreitende Wesensentfaltungen, die aus bestimmten Urfähigkeiten der vegetabilischen Tätigkeit als deren Höherstaffelung zu verstehen sind. „Unorganisches", sagt einmal Langbehn sehr treffend, „vermehrt sich durch Anschieferung, Organisches wächst und pflanzt sich fort durch „Zeugung" und „Zweigung"." Dabei geht die „Zweigung", wie Heidenhain gezeigt hat, auf dasselbe Urphänomen wie die „Zeugung" zurück. Um das zu verstehen, müssen wir von den Urformen der „Zweigung" ausgehen.

Potonié (20) zeigt an sehr instruktiven Beispielen aus der Paläontologie und aus der vergleichenden Morphologie, daß bei den Farnblättern die gabelige Verzweigung die Urverzweigung ist, welche für die höheren Verzweigungsformen offen ist, sie der Potenz nach in sich einschließt. Abb. 81 zeigt den gabeligen Urtypus bei Karbonfarnen. Es läßt sich nun sehr schön demonstrieren, daß durch „Übergipfelung", d. h. durch Dominieren je eines Gabelastes über den einen Schwesterast, die fiedrige Verzweigung aus der gabeligen entlassen werden kann. An den gabelig gegenüberstehenden Vegetationspunkten von Selaginella läßt sich noch heute feststellen, wie der eine stark gefördert wird, gewissermaßen eine Plustendenz gewinnt und den anderen als Hauptachse übergipfelt (Abb. 79). Da abwechselnd der rechte und der linke Gabelast gefördert wird, kommt zunächst eine auf Gabelung beruhende

Vielfußverzweigung mit hin und her pendelnder, d. h. flexuoser Hauptachse zustande (Abb. 82). Dieselbe Form zeigen auch aus dem oberen Paläozoikum erhaltene Farnreste (Abbildung 83). Streckt sich die pendelnde Hauptachse gerade (Abb. 84), so sind von hier aus durch Verkürzung bestimmter Hauptachsenglieder alle Übergänge zum fiedrigen Verzweigungstypus etwa der Blättchen und Adern der heutigen Farnwedel möglich (Abb. 85). Alle diese Übergangsformen sind durch paläontologische Funde zu belegen, treten aber auch in der ontogenetischen Entwicklung der heutigen Farne noch nacheinander auf. Aneimia adiantifolia z. B. zeigt, daß in der Blattfolge die ersten Blättchen von der gabeligen Urverzweigung zur Übergipfelung ganz allmählich fortschreiten und schließlich mit der gefiederten Form abschließen.

Bei den Pflanzen von den Farnen an aufwärts scheint die Ableitungsmöglichkeit der höheren Blattformen aus der Gabelung ebenfalls möglich. Wo die Gymnospermen, die nacktsamigen Pflanzen, zu denen namentlich unsere Nadelhölzer gehören, noch eine blattartige Verbreiterung der Assimilationsorgane zeigen, wie beim uralten Gingkobaum, da ist die Verzweigung der Adern stets gabelig. Die Betrachtung der Vorfahren vom Gingkobaum zeigt zugleich eine Tatsache, die uns häufiger bei der Spezifizierung der Formen begegnet, nämlich ein immer weitergehendes Verwachsen ursprünglich getrennter Teile. Verfolgt man nämlich die Vorfahren, zunächst des Tertiärs, dann der Kreide, der Juraperiode, so sieht man, daß die Blattlappen immer schmaler werden und das Blatt als Ganzes in seine ursprünglich getrennten Teile immer mehr aufgespalten erscheint.

Bei den höchststehenden Pflanzen im System, bei den bedecktsamigen Blütenpflanzen, bei denen sich die Blüte immer mehr zur Blume herausgebildet hat, weisen die Blattformen ebenfalls auf die gabelige Verzweigung als den Urtypus, aus dem sie hervorgegangen sind, zurück. Bei den zweikeimblätterigen Blütenpflanzen sind die Primärblätter oder Kotyledonen oft noch deutlich gabelig verzweigt, und zwar in allen Übergängen von symmetrischer Zweilappung bis tiefer Spaltung und Teilung. Den Übergang der Dikotylen zu den Monokotylen haben wir bei den Hahnenfußgewächsen,

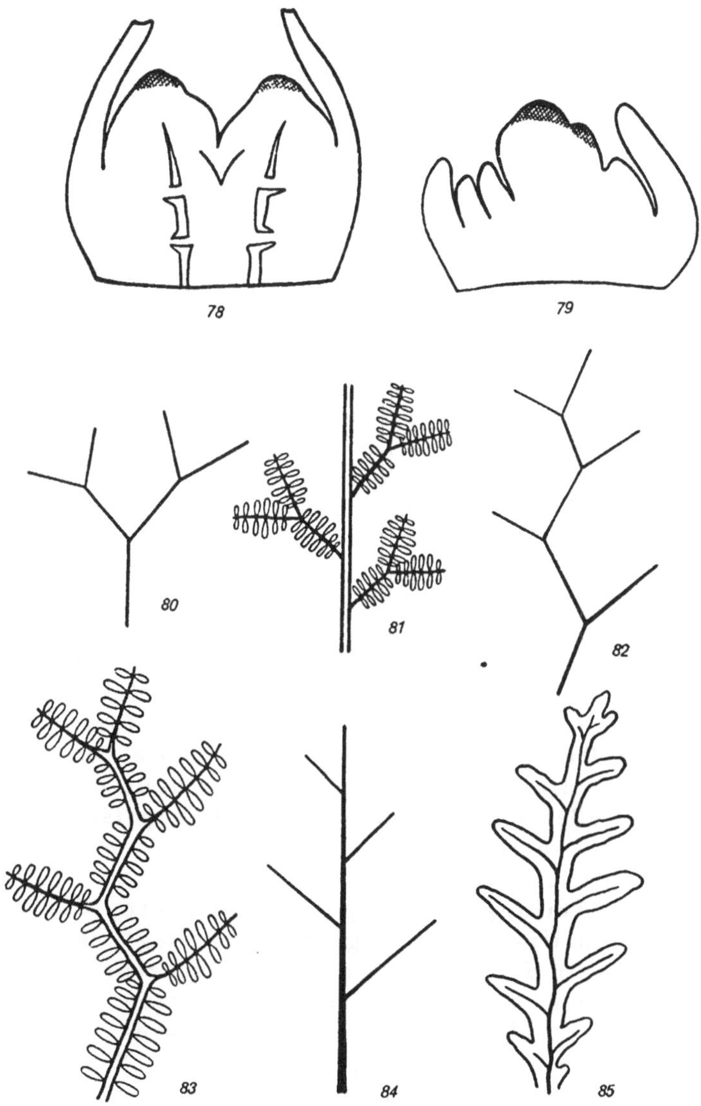

Abb. 78—85.

den Ranunkulazeen, zu suchen. Der Übergang kommt durch eine Verwachsung der beiden ursprünglich gabelig zueinander stehenden Keimblätter zu einem einzigen Keimblatt (Synkotylie) zustande. Wir finden ihn sehr schön ausgeprägt bei dem Keimling vom Scharbockskraut (Ranunculus Ficaria). Die aus der gabeligen Urverzweigung sich ableitenden Übergipfelungsformen bis herauf zum schönen symmetrisch gefiederten Blatt sind in Abb. 86—90 dargestellt und in Abb. 90 durch die Blattform einer hochentwickelten Blütenpflanze belegt. Für die Blattformen der Blütenpflanzen hat besonders Heidenhain (21) die Übergipfelungstheorie eingehend begründet, zugleich aber auch unter einen ganz neuen theoretischen Gesichtspunkt gestellt. In den Spaltungs- und Integrationsgesetzen der Blätter kommt nach ihm dasselbe Urphänomen der sich wiederholenden Teilungsfunktionen zum Ausdruck, die im elementaren Rhythmus Wachstum und Teilung der kleinsten Plasmateilchen bewirken. Wo dieser Elementarrhythmus rein verwirklicht ist, z. B. im Wachstum bestimmter Zellkerne (das nicht auf Quellung beruht), da kommt es zu einer rhythmischen Verdoppelung des Volumens. Wo er mit Entwicklung und Differenzierung verbunden ist, da stellt er im Anschwellen und Wachstum der lebendigen Pflanze die unterste Prozeßform einer fortschreitenden Durchgliederung dar, durch die von oben herunter die Pflanze sich in immer neue einander einschließende Unterabteilungen (enkaptische Ordnungen) von Organen, Geweben, Zellen und Zellorganen differenziert.

Die Teilung der Vegetationspunkte, die der gabeligen Urverzweigung zugrunde liegt, ist nach Heidenhain im Sinne seiner Teilkörpertheorie aus der inneren Anlagenspaltung abzuleiten. Die Natur selbst schwätzt gelegentlich dieses Geheimnis der Anlagenspaltung nicht nur im Wachstum durch Volumenverdoppelung der Kerne sondern auch in Mißbildungen, die Organverdoppelung zeigen, aus. Tafel I zeigt eine von Heidenhain

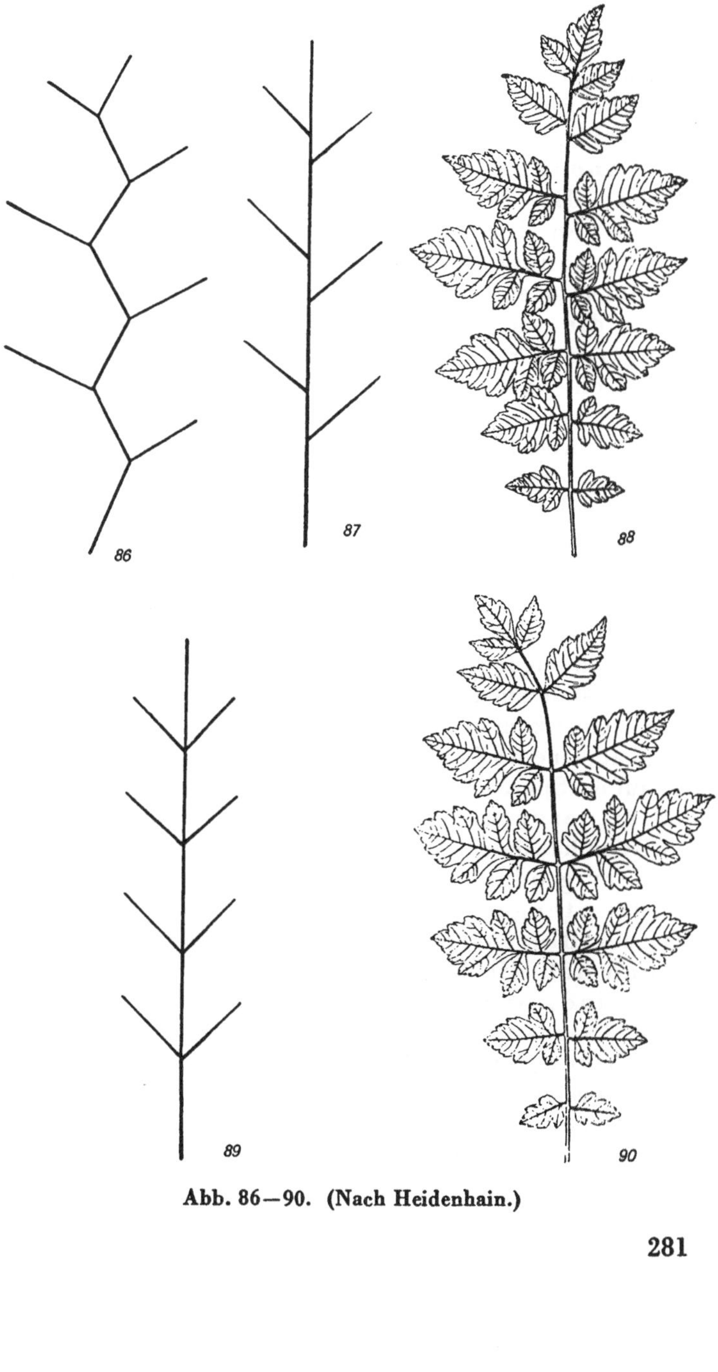

Abb. 86—90. (Nach Heidenhain.)

photographierte 10teilige Gloxinie, die auf dem Wege der „inneren" Teilung der Anlagen zustandegekommen ist. Sie zeigt: 10 Zipfel der Korolle, 10 Kelchzipfel, 10 Staubgefäße und 2 Stempel. Das Teilungsprinzip, das in letzter Konsequenz zu der Annahme der Teilung der Anlagen führt, baut auf die Erfahrungstatsache der Teilungsprozesse von der Zelle an abwärts auf. Die Zelle teilt sich, innerhalb der Zelle der Kern, innerhalb des Kerns die Chromosomen usw. Das gleiche gilt für die anderen lebenden individualisierten Einschlüsse der Zelle (Plastiden, Chromatophoren usw.). Nach abwärts muß aber die Teilung eine Grenze haben, wenn nicht Teilprodukte entstehen sollen, die nur noch Molekularstruktur, aber keine organische Struktur mehr haben. Die letzten Teilkörperchen, die noch die Fähigkeit der Assimilation, des Wachstums und der Vermehrung durch Teilung haben, sind die Heidenhainschen Protomeren.

Prinzipiell dieselben Abwandlungen, wie sie sich bei der Nervaturverzweigung des Blattes in einer Ebene durchführen lassen, sind auch für die Sproßentwicklung im Raume möglich. Dabei kommt man, wie der Holländer Uittien (22) gezeigt hat, einem sehr allgemeinen morphologischen Parallelismus auf die Spur, der eine ziemlich konstante Beziehung der Blattnervatur zur Sproßverzweigung erkennen läßt. Uittien hat dargelegt, daß die Blätter einer Pflanze fiedernervig oder gefiedert sind, wenn die Hauptachse des Stengels die Seitenachsen an Länge übertrifft, der Blütenstand also razemös ist (Abb. 100 bis 102), und daß die Blätter handnervig oder handförmig sind, wenn die Seitenachsen die Hauptachsen überragen, die Blütenstände also zymös sind (Abb. 91 u. 92). Die Bezeichnung razemös und zymös für die Verzweigungstypen der Blütenstände bedarf dabei einer etwas freieren und weniger künstlichen Fassung wie bisher.

Die razemösen Blütenstände leiten wir nach der geläufigen Vorstellung alle von dem Typus der Traube (Abb. 100)

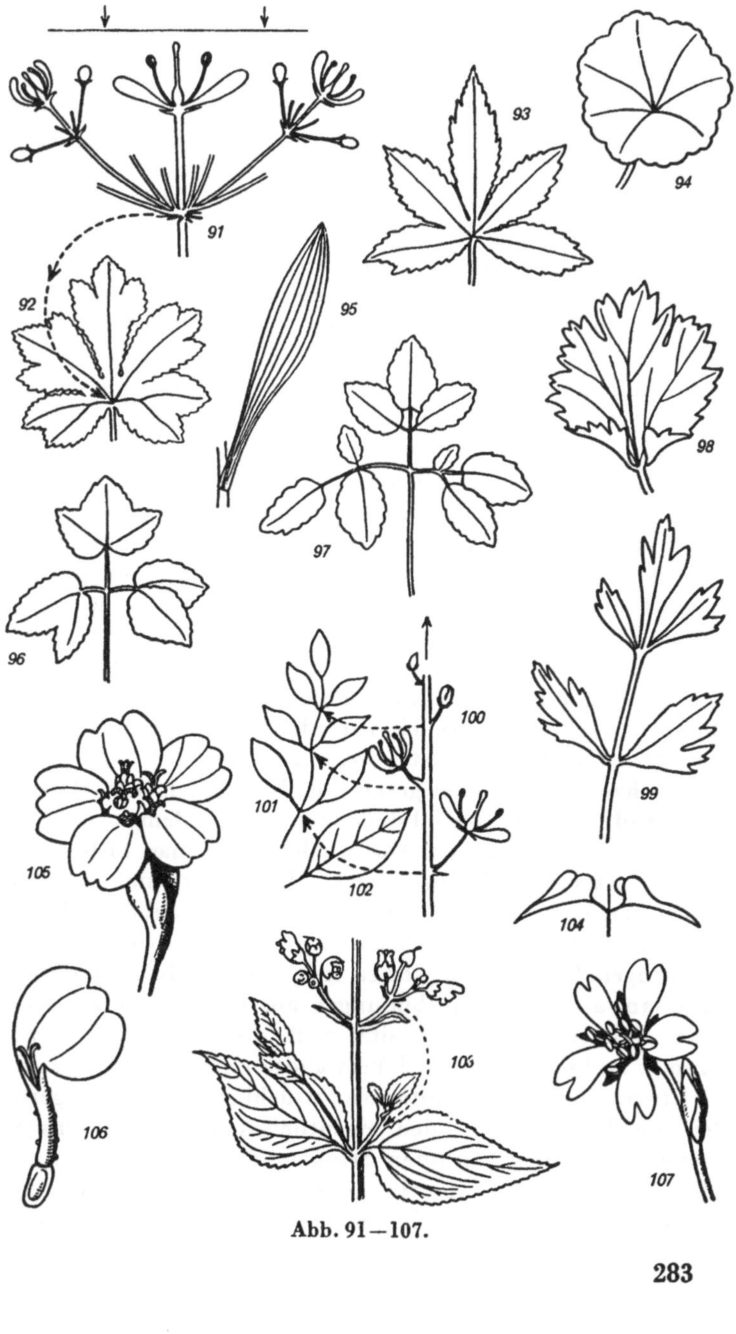

Abb. 91–107.

ab. Bei der Traube haben wir eine verlängerte Hauptachse, an der aus den Achseln der schraubenförmig angeordneten Hochblätter gestielte Einzelblüten sitzen. Die oberste Blüte steht oft scheinbar terminal, da die Hauptachse über dieselbe hinaus sich nicht mehr verlängert. Sie ist dadurch ausgezeichnet, daß sie zuletzt aufblüht. Die untersten Blüten öffnen sich zuerst. Ganz anders liegen die Verhältnisse bei einer zymösen Infloreszenz. Hier schließt die Hauptachse nicht scheinbar, sondern wirklich mit einer Terminalblüte ab (Abb. 91). (Der Blütenstand ist hier in der Phantasie zu einer Dolde ergänzt, worauf wir gleich zurückkommen werden). Über die Terminalblüte hinaus kann keine Blüte mehr gebildet werden, sondern die Ausbildung weiterer Blüten ist nur an darunterliegenden Seitenachsen möglich. Die Terminalblüte öffnet sich beim zymösen Blütenstand zuerst, dann die der Seitenachsen. Der razemöse Typus ist ein nach oben wenigstens im Prinzip verlängerungsfähiges, d. h. offenes System, der zymöse Typus ist durch die Terminalblüte nach oben geschlossen. Wir haben hier gewissermaßen Parallelen zur mehr fremd- oder mehr eigenzentralen Umwelteinstellung des Tieres, die die Gestaltqualität der Pflanze ähnlich bestimmen, wie diese die tierische Ausdrucksqualität. Auch eine Parallele zur offenen und zur in sich geschlossenen Kohlenstoffkette liegt hier vor.

Es hat sich zunächst gezeigt, daß äußerlich sehr ähnlich aussehende Formen sowohl dem zymösen wie dem razemösen Typus angehören können. Die Dolde führte man bisher nur auf den razemösen Typus zurück. Man dachte sich dieselbe so entstanden, daß die Hauptachse der Traube verkürzt bleibt und Blüten mit gut entwickelten Blütenstielen an ihr entspringen. Tatsächlich gibt es viele Dolden, die man derart gleichsam als Hemmungsbildungen aus der Traube ableiten kann. Eine solche Dolde besitzt z. B. die Primel. Sie ist als razemös zu bezeichnen, weil Verwandte unserer Primel, z. B. die Etageprimel, die Hauptachse tatsächlich auch verlängern. Bei den Umbelliferen, den eigentlichen Doldengewächsen, können aber nur die unteren Strahlen die Verzweigung fortsetzen. Sie sind also als eine vielarmige Zyme zu betrachten (Abb. 91, die eine Phantasiezyme mit Doldencharakter darstellt). Behält man das im Auge, so wird man bei den Primeln fiedernervige Blätter erwarten dürfen, bei den Umbelliferen dagegen handnervige. Das ist auch tatsächlich der Fall. Rein handteilig sind z. B. die Blätter von Sanicula europaea (Abb. 98). Zu den handnervigen Blättern muß man auch die schildförmigen von Hydrocotyle (Abb. 94) rechnen. Dort, wo eine Abweichung vom Typus sich zeigt, ist wenigstens eine typologische Ableitung aus dem handnervigen Typus möglich. Bei Aegopodium Podagraria z. B. findet man dreizählig handförmige, zweifach dreizählige und siebenblätterige, d. h. nahezu gefiederte Blätter. Die zu wiederholten Malen gefiederten Blätter der Umbelliferen muß man sich immer aus handnervigen entstanden denken. Die Fiederung kann so zustande kommen, daß der mittlere Teil des Blattes in der Längsachse ausgezogen und das Blatt tief fiederspaltig eingeschnitten wird (Abb. 99), wobei sich bei den ausgeschnittenen Seitenblättchen der Vorgang wiederholt. Die handnervigen Blätter gehen also über das dreizählige Blatt zu gefiederten Formen über (Abb. 96 und 97 = Blätter von Aegopodium), wofür wir auch bei erwachsenen Formen z. B. beiMyrrhis odorata Beispiele finden.

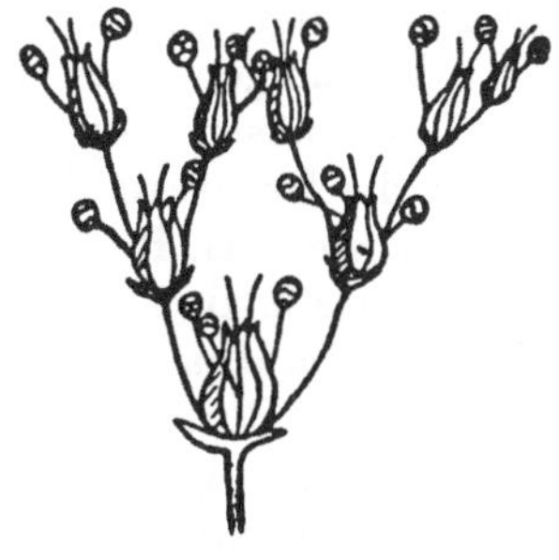

Abb. 108. (Nach Velenovský.)

Daß die in Abb. 91 abgebildete Phantasiezyme mit Doldencharakter dem Bauplan der Umbelliferendolde entspricht, zeigt der in Reinheit hervortretende zymöse Typus bei Petagnia saniculifolia Iuss., die in Abb. 108 dargestellt ist. Hier haben die seitlichen Achsen sehr hübsch die Hauptachsen übergipfelt.

Auch die Ranunkulazeen stellen dem Typus nach eine zymöse Familie dar und haben deshalb vor allem bei ihren ältesten Vertretern: bei Ranunculus, Helleborus und Anemone, handnervige oder handförmige bzw. dreizählige Blätter. In der Gattung Ranunculus selber gibt es eine Reihe von Übergängen zwischen der ursprünglichen Form von Ranunculus acer und Ranunculus repens bis zu den linealischen Blättern von Ranunculus lingua (Abb. 95), welche in der Form und Nervatur schon ganz dem monokotylen Typus ähneln. Das handnervige Blatt braucht eben nicht notwendig geteilt zu sein, und deshalb müssen wir auch die parallelnervigen Blätter, wie sie die meisten Monokotylen besitzen, zum handnervigen Typus rechnen. Die jüngsten und höchstdifferenzierten Vertreter der Ranunkulazeen, wie Aquilegia, Clematis und Thalictrum, haben aber schon fast vollkommen razemöse Blütenstände. Sie bilden stark verzweigte Blütenrispen und haben zwei- bis dreifach gefiederte Blätter.

In der Gruppe der Malvales sind die Malvazeen selber wohl immer zymös, während man in den folgenden Familien: den Bombazeen, Tiliazeen, Sterkuliazeen und Elaeokarpazeen ein immer stärkeres Hervortreten der razemösen Tendenzen findet.

Auch die Untersuchung der Geraniazeen, der Morazeen, Urtikazeen, Ulmazeen, Euphorbiazeen, der Kapparidazeen usw. bestätigt die von Uittien aufgestellte Regel über den Zusammenhang handförmiger Nervatur mit zymöser Sproßverzweigung.

Bei einigen Familien sind die Übergänge vom zymösen zum razemösen Typus besonders häufig. Dazu gehören vor allem die Rosazeen. Wir finden hier ausgesprochen razemöse Arten, wie z. B. Rubus odoratus, und ausgesprochen zymöse Arten, wie z. B. Spiraea sorbifolia. Bei dem Blütenstand von Rubus odoratus ist klar ersichtlich, daß die ältesten, schon verblühten Blüten die Achsen beschließen, während sie von den Seitenzweigen übergipfelt werden. Der Blütenstand ist also zymös und dem entsprechen auch die handnervigen Blätter. (Tafel II b). Spiraea sorbifolia dagegen hat einen ausgesprochen razemösen Blütenstand, und dementsprechend sind auch die Blätter schön gefiedert (Tafel II a).

Als ausgesprochen razemöse Familien sind dem Laien am besten die Chenopodiazeen, die Kruziferen, die Leguminosen, die Oenotherazeen, die Skrophulariazeen und die Lythrazeen bekannt. Der Zusammenhang der razemösen Verzweigung mit der Fiedernervatur oder der fiederförmigen

Zusammensetzung der Blätter ist hier die Regel. Doch muß man bei der Beurteilung der Blattform auch die Blattform der verwandten Arten heranziehen. Die Gattung Cardamine gehört zu den Kruziferen, sie soll also razemös und fiedernervig sein. Doch gibt es mehrere Arten, wie z. B. Cardamine pedata Regel et Til, die Handnervigkeit des Blattes zeigen. Eine vergleichende Betrachtung mit verwandten Arten zeigt jedoch, daß diese Blätter als übriggebliebene Terminalblätter von zusammengesetzten Blättern aufzufassen sind, die deutlich gefiedert sind. Cardamine cordata Barn z. B. hat bei den Stengelblättern noch zwei kleinere Blättchen unter dem herzförmigen Terminalblättchen. Formgesetzlich gehört also das Terminalblatt dem gefiederten Typus an.

Die Skrophulariazeen sind im allgemeinen racemös und haben fiedernervige Blätter. Wo aber die Blätter opponiert stehen, wie z. B. bei Scrophularia selbst, da finden wir eine Verkürzung der relativen Hauptachse mit Bildung einer Terminalblüte und die Seitenäste stehen paarweise gegenüber (Abb. 103). Diese Verzweigung stellt ein typisches Dichasium dar. Damit haben wir eine zweite Regel gefunden, die den Zusammenhang der opponierten Blattstellung mit bestimmten Umänderungen im Blütenstand zum Gegenstand hat. Nicht nur die Seitenäste des Blütenstandes stehen dann paarweise gegenüber, sondern es tritt auch eine mehr oder weniger starke Verkürzung der relativen Hauptachse ein. Findet dies an allen Ästen in gleicher Weise statt, dann wird, wie z. B. bei Sambucus oder Valeriana, aus einer Rispe eine schirmförmige Rispe. Ist die Verkürzung besonders stark, dann kann die Hauptachse abortieren oder in einer Blüte endigen, wodurch wir ein Dichasium erhalten, das namentlich für die Karyophyllazeen charakteristisch ist. Hier wird die Hauptachse von den beiden Seitenachsen und diese wieder von den Achsen nächst höherer Ordnung übergipfelt. Es sei in diesem Zusammenhang auch auf die dichasialen Blütenstände der Labiaten hingewiesen, die mit ihrer opponierten Blattstellung in Beziehung stehen. Wir erwähnen sie deshalb besonders, weil die Verhältnisse bei ihnen leicht von jedermann in der freien Natur studiert werden können und legen sie kurz an einem Schema dar.

Eine einfache deutliche Zyme haben wir bei Satureja (Abb. 109). Die Blüte der Hauptachse, also die Mittelblüte *A*, öffnet sich zuerst, dann folgen die Nebenachsen *B* und zuletzt die Achsen dritter Ordnung *C*. Eine Zyme von Mikromeria zeigt dasselbe Gesetz, nur verwickelter (Abb. 110). Die Aufblühfolge ist hier: *A—B*; *B—CC*; *CC—DD, DD*; *DD, DD.*

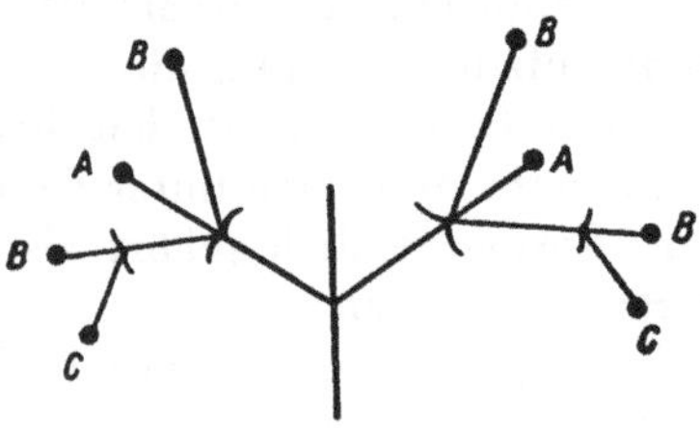

Abb. 109.

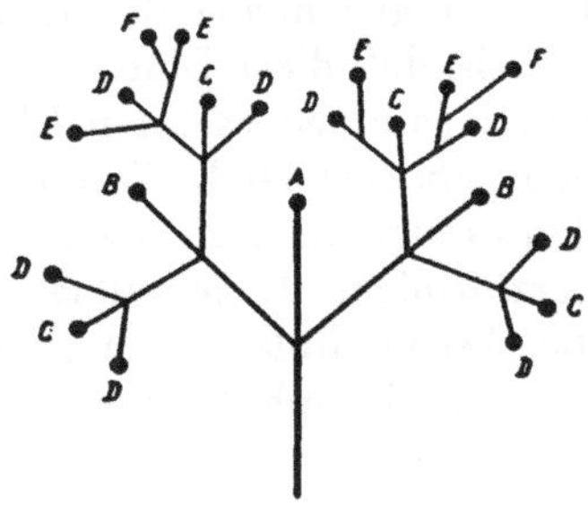

Abb. 110.

Bei regelmäßiger Fortsetzung müßte man 16 Blüten der Nebenachsen *E* und 32 der Nebenachsen *F* verlangen. Wir finden jedoch eine Unregelmäßigkeit und durch Fehlschlagen dieser Achsen einen Abschluß. Von diesen regelmäßigen Zymen können wir den 14 zähligen Scheinquirl der weißen Taubnessel (Lamium album) ableiten. Dessen Verwicklung löst

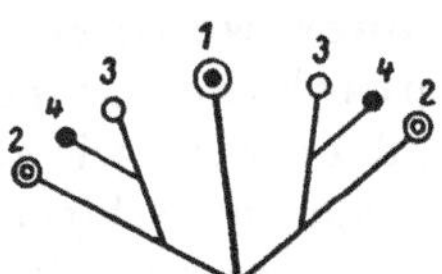

Abb. 111.

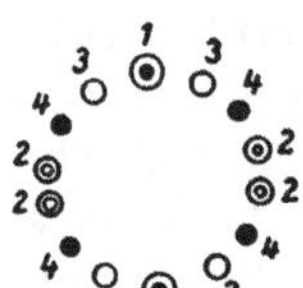

Abb. 112.

sich auf, wenn wir uns die Blütenachsen jeder Quirlhälfte verlängert denken, woraus zwei gegenständige Zymen in der Form von Abb. 111 entstehen würden. Die Reihenfolge des Aufbrechens der Blüten zeigt Abb. 112.

Eine weitere sehr häufige Begleiterscheinung der opponierten Stellung der Blätter ist eine Abänderung der Blattform selbst. Die Blattspindel verkürzt sich dann

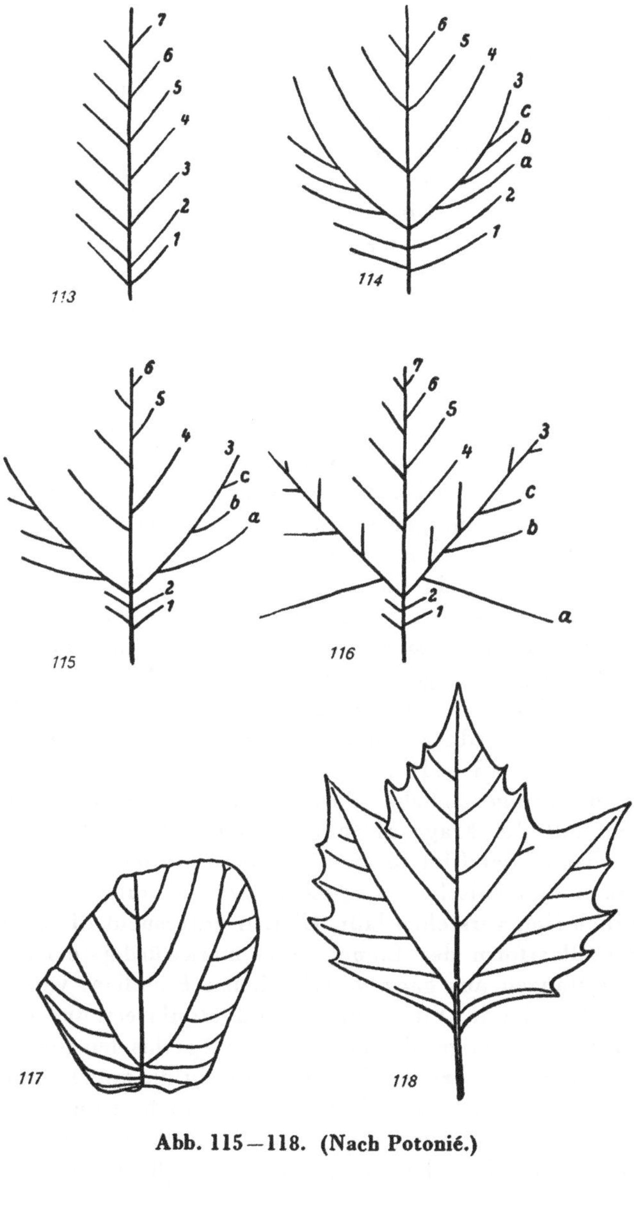

Abb. 115—118. (Nach Potonié.)

mehr oder weniger. Wenn die Verkürzung nur eine geringe ist, entsteht ein Blatt mit herzförmiger Basis (Abb. 104), wie bei sehr vielen Labiaten, ist sie eine größere, dann bekommt man handnervige oder handförmig zusammengesetzte Blätter wie bei der Roßkastanie. Bei den mit den Hippokastanazeen verwandten Sapindazeen stehen die Blätter immer zerstreut und sind mit wenigen Ausnahmen gefiedert oder gedreit. Die Handförmigkeit müssen wir also als eine Folge der opponierten Blattstellung betrachten. Auch die Blattform der ebenfalls mit den Sapindazeen verwandten Azerazeen läßt sich in ähnlicher Weise erklären.

Große Schwierigkeit bereitet oft die Einordnung der Blatt- und Verzweigungsverhältnisse bei Typen oder kleineren Gruppen, die im System isoliert stehen. Dahin gehört z. B. Platanus. Die Platane besitzt razemöse Blütenstände, aber eine ausgesprochen handnervige Nervatur. Wenn man jedoch die zwölf ersten Blätter der Keimpflanze oder die ersten Blätter von Schößlingen betrachtet, so bemerkt man sofort daß die Blätter an der Basis fiederig angeordnete Nerven zeigen. Man hat darin eine Bestätigung des phylogenetischen Grundgesetzes gesehen, denn auch die fossilen Arten der Gattung und ihre fossilen Verwandten, und zwar besonders schön Credneria, zeigen ein fiedernerviges Blatt (Abb. 117) Die Entstehung der Platanenblattaderung aus der Blattaderung von Credneria hat besonders schön Potonié dargestellt (Abb. 113—118).

Der formgesetzliche Parallelismus so vieler Blattgestalten läßt die Frage auftauchen, ob nicht auch mancher Parallelismus der Blattformen, den man auf den ersten Blick als einen ökotypischen ansprechen würde, auch rein formgesetzlich sich verstehen läßt. Uittien untersucht diese Frage an der Blattform der Lianen. Das merkwürdigste ist, daß Kletterpflanzen aus ganz verschiedenen Familien, wie z. B. aus der Familie der Vitazeen, der Konvolvulazeen und Kaprifoliazeen herzförmige Blätter haben. Es legt das den Gedanken nahe, daß die herzförmige Gestalt vielleicht die zweckmäßigste für die Winder ist. Tatsächlich wurden auch schon die verschiedensten Vermutungen über die Nützlichkeit der Lianenblätter aufgestellt, aber sie harren noch alle einer exakten experimentellen Nachprüfung. Nach Uittien brauchen aber hier gar keine Anpassungserscheinungen vorzuliegen, sondern die Blattform der Lianen läßt sich nach ihm im Zusammenhang mit dem Verzweigungstypus des Stengels verstehen. Bei den Vitazeen haben wir eine sympodiale, d. h. zymöse Verzweigung, und damit ist auch die Blattform schon formgesetzlich eingeordnet. Auch die Konvolvulazeen sind im Gegensatz zu Eichlers Meinung als zymös zu betrachten. Die axillären Zymen können aber zu einer einzigen Blüte reduziert werden, und diese Blüten bilden dann bisweilen am Ende der Stengel stehende Scheintrauben. Lonicera aus der Familie der Kaprifoliazeen gehört zu der zweiten großen Gruppe der Lianen, die herzförmige Blätter mit opponierter Blattstellung besitzen. Es ist schon, wenn man die Blattstellung berücksichtigt, der Regel entsprechend, daß nicht nur bei den Kletterpflanzen wie Lonicera similis, sondern auch bei anderen Kaprifoliazeen handnervige Blätter vorhanden sind. Man vergleiche z. B. Viburnum cordifolium Wall. und Viburnum opulus.

Interessant ist auch die morphologische Einordnung der schildförmigen Blätter. C. de Candolle hat sie in einer ziemlich vollständigen Liste zusammengestellt. 363 Arten mit schildförmigen Blättern stammen aus den verschiedensten Familien der Phanerogamen. Mit Ausnahme von sechs Arten gehören alle zu zymösen oder opponiert blätterigen Familien, wodurch die Handnervigkeit ermöglicht ist. Die Tropaeolazeen, zu denen unsere Kapuzinerkresse mit den schildförmigen Blättern gehört, weisen zwar nur einzeln stehende axilläre Blüten auf. Aber aus ihrer Verwandtschaft mit den Geraniazeen und anderen zymösen Familien kann man auf ihre zymöse Verzweigung schließen.

In den Ergebnissen Uittiens kommt also klar zum Ausdruck, daß die Blattform nicht nur den biologischen Zwecken der Pflanze entspricht, sondern auch dem ganzen Baugesetz der Pflanze sich einfügt. Sogar die von Laien bisweilen ausgesprochene Meinung, es bestehe eine gewisse Übereinstimmung zwischen dem figürlichen Charakter des Baumes und seiner Blattform bekommt heute einen wissenschaftlichen Grund. Die synthetische Morphologie geht nun weiter auf das vitalgesetzliche Verstehen der Verzweigungstypen ein, die nach ihr ebenso ableitbar als konsequente Höherstaffelung und Modifizierung der Urfunktion der Teilvermehrung durch aktive Spaltung sind, wie die Sexualität sich aus der Gegensatz bedingenden und verstärkt zusammenfassenden Höhergipfelung der stofflich aneignenden und der produktiv formgestaltenden und fortpflanzenden Urfunktion als die reine Produktion des Ganzen im Generationswechsel sich ergibt. Es muß in diesem Zusammenhang noch einmal darauf hingewiesen werden, wie rein durch bildbedingte Intuition Julius Langbehn, der Philosoph mit dem Ei, wie er im Gemälde einmal dargestellt wurde, diese Dinge schon angedeutet hat. Zunächst war er derjenige, der — wie wir schon erwähnten — den Sinn der Goetheschen Metamorphosenlehre zutiefst darin sah, „die innere Einheit einer einzelnen organischen Entwicklung gerade in und durch die Verschiedenheit ihrer betreffenden zeitlichen Entwicklungsphasen" nachzuweisen („Zoographie" in „Rembrandt als Erzieher", pag. 156). Wie das möglich ist, haben wir gesehen, als wir den Generationswechsel im Sinne K. Chr. Plancks interpretierten. Weiter sagt Langbehn: „Unorganisches vermehrt sich durch Anschieferung, Organisches wächst und pflanzt sich fort durch „Zweigung" oder „Zeugung". . . . Und bei dieser Katholon-Gesetzlichkeit (holon = ganz, aus dem Ganzen als Norm sich ergebenden Gesetzlichkeit) scheint es so zu sein, daß der „höhere" Kreis immer die „niederen Kreise beherrscht, weil sein Wesen darin besteht, daß er mehr katholon ist und wirkt als der niedere Kreis". (Der Geist des Ganzen, pag. 6 und 197.) „Bild" ist nach Langbehn Katholon-Darstellung. Es gibt nach ihm eine bildbedingte „Tektonik der Natur", die als Wissenschaft der Formen ein einheitliches Zusammenfassen der Maßverhältnisse, der inneren Symmetrie des Naturlebens erstrebt. Auch Heidenhain kommt mit den objektiven Bestimmungen der Spaltungsgesetze der Blätter den Stilgesetzen des pflanzlichen Ornaments in der Kunst sehr nahe. Wenn man berücksichtigt, daß die Töne durch aufeinanderfolgende Schwingungen in der Zeit entstehen, die organischen Gestalten von der untersten Prozeßform der Protomerenspaltung an durch fortschreitende Durchgliederung von den umschließenden zu immer neuen umschlossenen Kreisen (von Organen, Geweben, Zellen und Zellorganen) im Raume sich verwirklichen, so können wir die Analogie zwischen Zeitgestalt und Raumgestalt noch weiter spinnen. Der Organismus ist ein „in sich selbst unterschiedenes Eines“, und er wird es in seiner individuellen Verwirklichung um so mehr, je mehr er das Eine in der inneren Unterschiedenheit wird. Auch in der musikalischen Zeitgestalt kann die eine Gestalt eine immer mehr in sich selbst unterschiedene werden. Der niedrigste Grad von Zusammenspiel ist das Unisono. Mehr in sich selbst unterschieden wird die Gestalt, wenn die verschiedenen Instrumente bei jedem Ton einen Akkord bilden und der höchste Grad des in sich selbst unterschiedenen Einen wird erreicht, wenn jedes Instrument sich in eigener Melodie bewegt, aber alle einzelnen Melodien polyphonisch zusammenstimmen.

Da der Organismus mehr als eine Raumgestalt sich repräsentiert, liegt natürlich auch der Vergleich mit den mehr einfach oder mehr zusammengesetzt durchgegliederten Schöpfungen der Architektur sehr nahe. Diese Analogie ist insofern auch vollständiger, als der Organismus neben der rein baugesetzlichen Spezifikation auch die Zweckspezifikation der Formen zum Ausdruck bringt. Es ist in dem Sinngesetz der pflanzlichen Baugesetze die Zweckspezifikation ebenso vorgesehen wie in dem Sinngesetz menschlicher Architektur. Die Morphoteleologie (die Lehre von der Formzweckmäßigkeit der Pflanzen) muß also die reine Morphologie und die synthetische Morphologie (im Sinne Heidenhains) ergänzen. Mit der Scheidung und Differenzierung der Gesichtspunkte muß also auch hier erst die möglichst vollständige Gegenstandserfassung (die adaequatio cum re) angestrebt werden. Was also Heidenhain vital-spaltungsgesetzlich und Uittien rein baugesetzlich an den Umbelliferenblättern entwickelt (ihre Ableitung aus dem zymösen Typus), das muß ergänzt werden durch das kritisch ökologische Studium der Zweckspezifikation dieser Blätter. So hat sich z. B. bei diesem Studium schon ergeben, daß Arten mit sehr eingeschnittenen Blättern auf gleich großer Blattfläche viel mehr assimilieren als die Arten mit ganzen oder doch nur wenig zerschlitzten Blättern. Dieser Unterschied in der Stärke der Assimilation erklärt sich durch die Anordnung des Pallisadengewebes, welches, anstatt in einer einzigen Schicht auf einer großen Oberfläche ausgebreitet zu sein, in mehreren übereinanderliegenden Lagen angeordnet ist.

Die gleiche Unterscheidung der Gesichtspunkte gilt auch für dasjenige Gebilde der Pflanze, das mit der Funktion der Fortpflanzung verbunden ist und das wir im engeren Sinne als „Blume“ bezeichnen, welcher Begriff sowohl Blüte wie Scheinblüte umfaßt. Als Vorläufer der „Blume“ haben wir ohne Zweifel die Fruktifikationsorgane von Selaginella zu betrachten. An einer verlängerten Achse sitzen hier zahlreiche kleine schuppenartige Blättchen, die auf dem Grunde der Oberseite in der Nähe der Blattachse die sog. Sporenbehälter oder Sporangien tragen. Es gibt solche, die Sporangien mit großen (Makro-)Sporen tragen, die Makrosporophylle, und solche, die Sporangien mit kleinen (Mikro-)Sporen besitzen, die Mikrosporophylle (Abb. 119). Bei den Blütenpflanzen führt eine Reihe von Anzeichen zu der Auffassung, daß die Pollenkörner Mikrosporen und die in den Samenknospen eingeschlossenen Embryosäcke Makrosporen darstellen. Wir finden nun auch bei den Nadelhölzern gelegentlich Zapfen, auf denen ähnlich wie bei Selaginella Makro- und Mikrosporophylle spiralig an einer Achse angeordnet sind. Abb. 120 zeigt die Blüte einer Pinusart, die unten Mikrosporophylle und oben Deckschuppen zeigt, in deren Achseln Samenschuppen mit Makrosporangien, also Makrosporophylle, sitzen. Gehen wir nun von da aus zu den primitiven Blumen, etwa zu einer Magnoliablüte (Abb. 121), über, so finden wir einen ähnlichen Blütentyp wieder. Wir haben eine verlängerte Achse, um die unten die Staubblätter als Mikrosporophylle und oben die Fruchtblätter als Makrosporophylle in spiraliger Anordnung sitzen. Das Ganze ist nur jetzt eingesenkt in eine Blütenhülle und verliert dadurch seine gestaltliche Selbständigkeit. Die gleiche Kombination der Charaktere kommt bei den primitiven Hahnen-

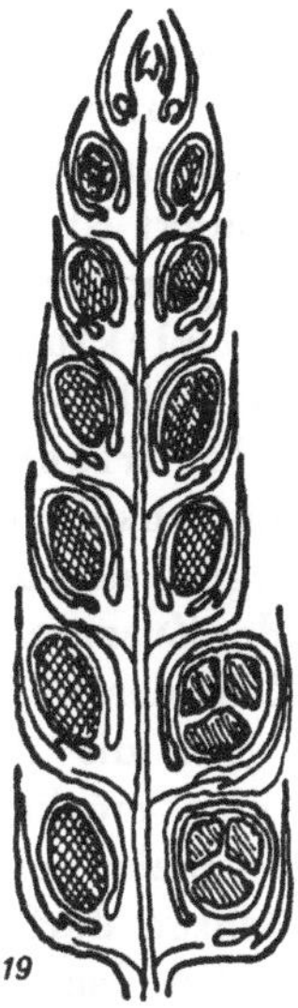

119

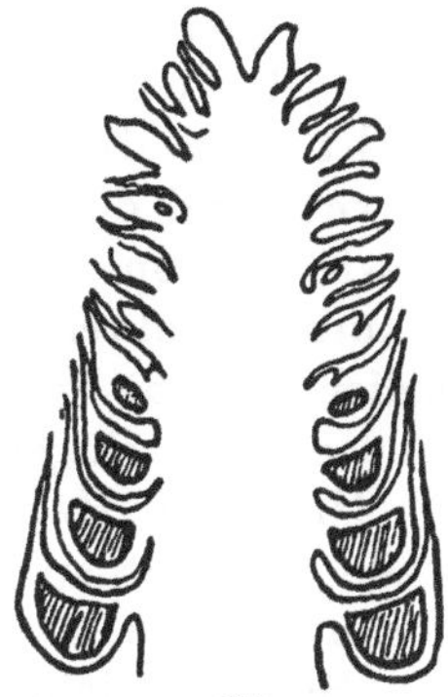

120

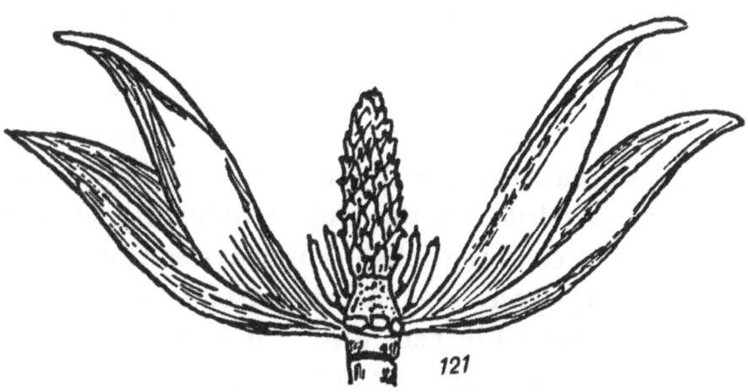

121

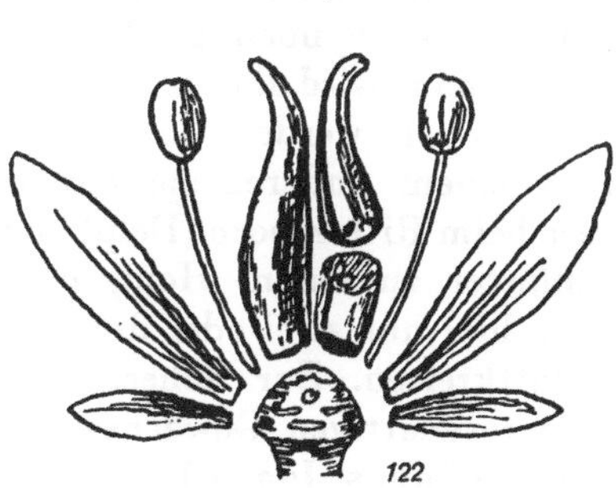

122

Abb. 119–122. (Nach Troll, Goebel, Zimmermann und Gießenhagen.)

fußgewächsen (Ranunkulazeen) vor. Aus diesen und anderen Gründen werden die Ranunkulazeen als primitive Angiospermen betrachtet, aus denen sich die anderen Gruppen ableiten lassen. Der erscheinungshafte Ausgangspunkt ist die Offenheit, die Spezialisierungspotenz dieses primitiven Blütentypus. „Alle phylogenetische Entwicklung", sagt Nägeli, „geht von dem relativ Undifferenzierten, Unbestimmten und der Zahl nach Mehrfachen aus."

Wollen wir die Spezialisierungsmöglichkeiten aus der „Urblume" kurz charakterisieren, so ergibt sich als nächstliegende Möglichkeit eine Verkürzung oder Zusammenziehung der Achse und eine Verringerung der Zahl der Blütenglieder (Abb. 122). Hand in Hand damit geht die Anordnung der Blütenteile von der spiraligen in eine möglichst kreisförmige Anordnung über. An einigen Beispielen sei dies kurz demonstriert. Bei den Hahnenfußgewächsen dürfen wir als primitivste Blüten diejenigen ansehen, bei denen um eine verlängerte Blütenachse noch spiralig die zahlreichen Blütenteile angeordnet sind. Besonders deutlich ist dies beim Mäuseschwänzchen (Myosurus minimus) noch zu erkennen. Der möglichst einheitliche Charakter der Blüte wird nun durch die plötzliche Kontraktion der Blütenachse erreicht, und durch die gesetzmäßige Reduktion der aufeinanderfolgenden Blattformationen, die sich möglichst konzentrisch um die verkürzte Achse gruppieren. Das Adonisröschen hat noch zahlreiche goldgelbe Kronblätter und viele Staubgefäße und Stempel. Beim Hahnenfuß ist die Zahl der Kronblätter schon auf 5 reduziert. Eine noch größere Einheitlichkeit, Unteilbarkeit und Prägnanz wird dadurch erzielt, daß die Blumenblätter unsymmetrisch werden und sich so verbinden, daß je ein solches einem anderen spiegelbildlich gleichen gegenübersteht, wie beim Rittersporn (Delphinium consolida), wo zwei Kronenblätter zu einem Honigsporn ausgezogen sind. Auch kommen hier nur zwei oder drei Stempel zu zwei oder drei Staubblattkreisen. Zur höheren Ausbildung der Blüte schreiten die rosenartigen Gewächse fort. Obwohl die Blüte der Himbeere (Rubus Idaeus) sehr einer einfachen Hahnenfußblüte gleicht (sie zeigt fünf Blumenblätter, viele Staubblattkreise und zahlreiche nicht miteinander verwachsene Stempel), so ist doch der Blütenboden schon tellerartig erweitert, so daß die Blütenblätter in eine freiere Stellung gerückt sind. Bei den apfelartigen Rosengewächsen sind nur noch fünf oder weniger Fruchtblätter mit dem krugförmig sie umschließenden Blütenboden verwachsen, und dieser nimmt jetzt an der Bildung der Frucht selber teil. Weitere Spezialisierungen zeigen sich in anderen Verwachsungserscheinungen.

Ein glänzendes Beispiel dafür, wie „das in sich selbst unterschiedene Eine“ immer mehr in sich unterschieden und immer mehr in sich Eines wird, zeigt jener Komplex an der Pflanze, der mehrere Blüten umfaßt: der Blütenstand, die Infloreszenz. Mit dem Auftreten solcher Insekten, die wie Bienen und Schmetterlinge ausschließlich von Blumennahrung leben, schlossen sich die Kronblätter allmählich zusammen, verwuchsen miteinander und boten den Nektar in Röhren, Glocken, kleinen Urnen oder in trichterförmigen Vasen dar. Diese nennt man die verwachsenblätterigen Blumen oder auch die Saumblumen. Obwohl es große Glocken- und Röhrenblumen gibt, so ist doch ihr natürlicher Charakter die Engröhrigkeit. Der Verlust an Auffälligkeit, der dadurch eintritt, wird wieder ausgeglichen, indem zahlreiche Blüten sich zu gehäuften Blütenständen zusammendrängen. Man denke z. B. an die Zusammendrängung der Blütchen bei den Heidekräutern oder Erikazeen. Auch bei freikronblätterigen Pflanzen finden wir, wenn die Blüten sehr klein sind, eine innige Vereinigung derselben, so z. B. bei den Doldengewächsen. Die Unterschiedenheit eines Blütenstandes in sich selber steigert sich um so mehr, je mehr darin verschiedenartige Infloreszenzformen wechseln. Deshalb weist schon Wigand darauf hin, daß die Grasrispe, die Trugdolde der Korymbiferen, die Traube der Labiaten morphologisch höher zu schätzen sind als die reine Rispe oder Trugdolde oder Dolde. Ihren Gipfelpunkt erreicht die Tendenz, das in sich selbst Unterschiedene zur Einheit zusammenzufassen, bei den Körbchenblütlern oder Kompositen, zu denen die Kornblumen, der Löwenzahn, die Sonnenblume und das bekannte Maßliebchen gehören. Betrachten wir ein Maßliebchen genau, so sehen wir, daß diese so kleine und so niedliche Blüte in Wirklichkeit eine Scheinblüte ist, die sich aus zwei oder dreihundert ganz vollkommenen Einzelblütchen zusammensetzt. Alle die oben weiß und unten rosa gefärbten Blättchen, die einen Strahlenkranz von Kronblättern zu bilden scheinen, sind ebenso wie die kleinen gelben Spitzchen, die wir in der Mitte sehen, echte Blütchen, von denen jedes Fruchtknoten, Staubgefäße und Blumenkrone hat und in seiner Art so vollkommen ist, wie die Blüte einer Hyazinthe oder Lilie. Hier hat gleichsam eine Verwachsung zweiten Grades stattgefunden. Viele einzelne Blüten sind in einen einzigen Blütenstand zusammengefaßt, der dann wie eine Einzelblüte aussieht und als Scheinblüte bezeichnet wird. Daß diese Scheinblüte aber wirklich ein Ganzes, gleichsam eine zusammengesetzte Blume höherer Ordnung darstellt, kann man durch den schon früher erwähnten Versuch einer künstlichen Symmetriestörung sehr schön zeigen (Abb. 57—59).

Wenn man die Ableitungsmöglichkeiten der Kompositen verfolgen will, so muß man von der großen Gruppe der rosenartigen Gewächse (Rosales) ausgehen. Von Hortensien (Hydrangea) und Pfeifenstrauch (Philadelphus) ist zu den Hamamelidazeen nur ein kleiner Schritt. Diese gehen in die Kornus-Arten über, die durch eine einzige Reihe von Staubgefäßen statt durch zwei gekennzeichnet sind, sowie durch die Verschmelzung der Petala einen Aufstieg zu den Rubiazeen ermöglichten, die als Vorfahren der Kardengewächse (Dipsazeen) und Kampanulazeen angesehen werden. Betrachten wir nun das Scheibenblütchen einer Komposite (etwa von Gaillardia), so findet man, daß es eine röhrchenförmige Krone hat und einen steifen Kelch an der Spitze des Fruchtknotens, einen Ring von Staubgefäßen auf der Innenseite und einen gegabelten Griffel, der als Reminiszenz eines zweikammerigen Vorfahrenstempels gedeutet werden kann. Die Rubiazeen und Kampanulazeen sowohl wie die Dipsazeen und Valerianazeen haben ähnliche Blüten, so daß der Weg, auf dem aus rosenartigen Gewächsen Körbchenblütler werden konnten, einigermaßen überblickt werden kann. Die hergestellten Beziehungen sind natürlich zunächst nur ideale und die Ableitungen sind meistens immer mehr oder weniger künstlich, weil man nicht alle Merkmale berücksichtigt. So müssen Gruppen zusammengefaßt werden, die nicht weniger aus differenten Gliedern bestehen als andere, die man voneinander trennt, und umgekehrt reißt man Typen auseinander, die nach anderen Merkmalen zusammengehören. Hayata hat deshalb unter Benutzung mehrerer Merkmale auch die netz- und ringförmigen Verwandtschaftsbeziehungen verfolgt und es sei in dieser Hinsicht noch einmal auf sein Schema verwiesen mit seiner mehr allseitigen Einordnung der Rubiales. Immerhin scheint auch dann noch dem Blütenbau eine sehr wichtige Rolle einzuräumen zu sein.

Die Zusammenarbeit in der Anlockung der Insekten und die massenhafte Samenproduktion sind die für den Biologen auffälligste Tatsache bei den Kompositen. Die Randblüten sind zur Anlockung in ansehnlichen Borten angeordnet, wie am schönsten bei der Sonnenblume, bei Dahlien und Chrysanthemen zu sehen ist. So sehr nun aber auch diese Scheinblüte in ihrer Formspezifikation mit dem Insektenbesuch in Einklang steht, so kann sie doch nicht durchgängig nur unter dem Gesichtspunkt dieser Leistung verstanden werden (23). Zunächst: wie merkwürdig ahmt der Blütenstand unserer Körbchenblütler eine Einzelblüte in der Formgestaltung nach (Abb. 105 und 107). Die Nachahmung erstreckt sich, wie der Münchner Botaniker W. Troll nachgewiesen hat, nicht bloß auf die Strahlung der Randblüten überhaupt, sondern auch auf die Gestalt der Randstrahlen, ihre Farbe und, soweit vorhanden, auch auf ihre Zeichnungen. Die Randstrahlen (Abb. 106) leiten sich aus zweilippigen Röhrenblüten ab, deren Unterlippe dreizipfelig gespalten ist. Bei einem Teil der Tubilifloren ist nun aber die Oberlippe gänzlich reduziert und an der Unterlippe hat sich an Stelle der drei Endzipfel deren gemeinsame Basis ansehnlich entwickelt, so daß Formen zustandekommen, die einzelnen Blumenblättern außerordentlich ähnlich sind. Aber auch die Farbe hat sich verändert und steht in derselben Korrespondenz zur Form wie bei radiärblütigen Choripetalen. An Stelle der roten, violetten und blauen Töne, die bei den zweilippigen Röhrenblüten vorwiegen, ist in der Hauptsache weiß und goldgelb getreten, wodurch die Übereinstimmung der sternförmigen Köpfchen mit radiärblütigen Einzelblüten noch frappanter wird. Bei diesen überwiegen, z. B. in den Familien der Ranunkulazeen, Kruziferen und Rosazeen, gerade Weiß und Gelb, und zwar entfallen auf sie ca. 80% der Arten, auf die Rot-Blau-Gruppe nur 16,9%. Für die Randblüten der Kompositen ergab die Statistik von Troll: Weiß-Gelb-Gruppe 89,1%, Rot-Blau-Gruppe 10,9%. Hierin kommt also deutlich die Korrespondenz der Farbe zur Form zum Ausdruck. Troll fand auch ferner eine Ähnlichkeit der Zeichnungstypen auf den Strahlen der Kompositen und den Blumenblättern radiärer getrenntblätteriger Einzelblüten. Er unterscheidet hier Grundfeld-, Band- und Zeichentypus und findet, daß diese drei Typen, die für radiäre getrenntblätterige Einzelblüten charakteristisch sind, auch auf den Kompositenköpfchen auftreten, während Punkt-, Flecken- und Strichzeichnungen, die auf den Unterlippen dorsiventraler Sympetalenblüten allgemein beobachtet werden, nicht vorhanden sind, obwohl sie doch nach der Ableitung der Randblüten aus solchen Sympetalenblüten zu erwarten wären.

Besonders wichtig ist bei den Kompositenblüten auch die bis ins einzelne gehende Ähnlichkeit des Scheinkelches mit einem echten Kelch, weil diese Ähnlichkeit noch weniger vom bloßen Nutzmäßigkeitsstandpunkt aus verständlich ist, wie bei den Randstrahlen, die als Schauapparat funktionieren. Bei den vereinfachten Körbchenblütlern finden wir auch zahlreiche Formen, welche die gewöhnliche Blütenform (Abb. 107) der zweikeimblätterigen Pflanzen durch die Fünferzahl der Blumenkronblätter und der Hüllkelchblätter nachahmen (Abb. 105), ohne daß dies irgendwelchen Nutzen für die Blüten hätte. Es ist eine rein erscheinungshafte Übereinstimmung der Figur bei einem ganz verschiedenen Aufbau der Gebilde.

Interessant ist ferner, daß der blütenkronähnliche Rand der Kompositen entweder durch strahlende Randblüten (Strahlenblumen) (Abb. 124) oder durch die innersten Blätter der Hülle mit pedaloiden Anhängseln (Strohblumen) (Abb. 126) erzeugt werden kann, wie ferner bei den sog. Pseudozephalien nicht bloß einzelne Blüten sondern wieder ganze Köpfchen zu einem zusammengesetzten Blütenkopf zusammentreten können, bei dem wiederum sowohl der Strahlenblumen-

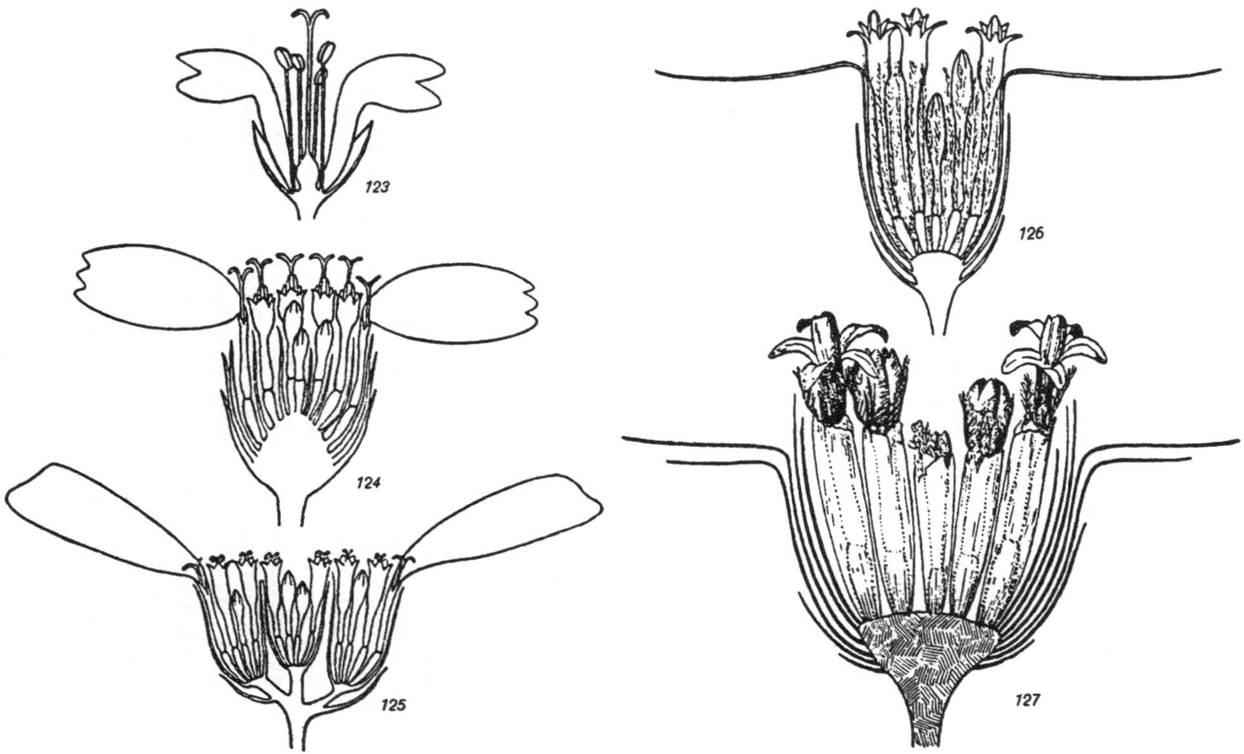

Abb. 123--127. (Nach Troll.)

wie der Strohblumentypus sich wiederholen kann (Abb. 125 u. 127) Die Figur bleibt konstant, während der Aufbau wechselt. Als instruktives Beispiel von baugesetzlicher Typenanalyse wird von Troll auch die Ableitung des Cyathiums bei Euphorbia durchgeführt, seine Infloreszenznatur gezeigt, zugleich aber auch sein figürlicher Parallelismus mit der Einzelblüte verfolgt. Auch in der Cyathiumhülle von Euphorbia ist die Fünfzahl der Glieder dem Cyathium gleichsam „aufgeprägt“. Schließlich weisen auch in den Erscheinungen des zyklischen Baues und der Alternanz echte Blüten und Scheinblüten eine Annäherung auf. Wie die radiären Blüten und die ihnen entsprechenden Pseudanthien, so zeigen auch die dorsiventralen Blüten und die ihnen entsprechenden Pseudoformen einen figürlichen Parallelismus. Bei diesen Parallelismen sind zwar die Anpassungserscheinungen an die Bestäubung durch die Insekten besonders auffallend. „Allein sie betreffen weit mehr den Bestäubungsmechanismus als die Gestalt der ganzen Blüte, wenn sich auch beide nicht scharf voneinander trennen lassen. Die Figur weist vielmehr unverkennbare Züge nichtadaptiver Natur auf und es sind gerade diese, welche sich an den Pseudoformen wiederholen. Das aber deutet auf rein figurtypische Übereinstimmung und schließt konvergente Züchtung aus.“

Selbstverständlich stehen die Färbungsgesetze der Blüten in Entsprechung zu den Wahrnehmungsgesetzen der sie befruchtenden Insekten. So entsprechen bei den Schwärmern Blau, Violett, Purpur (also Glieder der zyanischen Reihe) einer Empfindungsgruppe, und gelbliches Rot (also ein Glied der xanthischen Reihe) einer andern; zwischen beiden ist eine Umstimmung möglich. Bienen reagieren (wie Frisch festgestellt hat) besonders auf die Pole beider Reihen: Blau und Gelb. Man kann die Tatsache, daß die Bienen nicht nur (wie Farbenblinde) die Helligkeitsunterschiede der Farben unterscheiden, sondern auch deren Qualität, sehr schön durch folgenden Versuch von Frisch aufzeigen. Man nimmt Papierquadrate, die man in allen Helligkeitsgraden von Dunkelblau bis Hellblau gefärbt hat, und belegt sie mit Urschälchen, von denen nur eines (auf einem ganz bestimmten

Blau) mit Zuckerwasser, die andern mit Wasser gefüllt sind, und läßt vom Stock die Bienen anfliegen. Sie haben bald das richtige Schälchen herausgefunden und fliegen nun immer hier an. Ersetzt man aber das darunterliegende Blau durch ein Grau von demselben Helligkeitsgrad, so wird die Orientierung der Bienen gestört. Ein Zeichen, daß sie durch das Blau in seiner Qualität orientiert werden. Frisch hat auch gezeigt, daß bei den Blütenbesuchen der Bienen die „Sucher" voranwalten. Sie erkennen die Blüten mittels der Farben aus großer Entfernung und werden dann weiterhin durch den Duft orientiert. Ihre Befunde vermitteln sie dann mit einer charakteristischen Zeichensprache (zwei verschiedenartigen „Tänzen", je nachdem es sich um Pollen- oder Honigfund handelt) den „Sammlern", die nun die Pollen- bzw. Nektarquellen stetig ausbeuten. Diese Farbwahrnehmungen sind nun aber rein dem biologischen Gesichtskreis der Insekten eingebaut. Die Farben sind darin rein impressionistische Dominanten, aber eine Gestaltwahrnehmung der Blüte in dem Sinne, daß in ihr die Einheit in der Mannigfaltigkeit und das Stilgemäße der Färbung hervortreten würde, die Wahrnehmung also, wie die Gestaltpsychologen sagen würden, die „angenäherte Rationalität" der ästhetischen Auffassung haben würde, ist insofern nicht wahrscheinlich, als in dieser lichtspendend die potentiell in ihr liegende Erkenntnis des in sich selbst unterschiedenen Einen vorwirkt, wie auch dieser Begriff selbst potentiell die ästhetische Struktur des Stoffes in sich trägt. Man könnte sagen, daß solche stilvolle Einheit der Blüte ein Produkt unserer subjektiven Gestaltauffassung sei und keiner objektiven Naturtendenz entspräche. Aber wie kommt es, daß die Natur, wie Troll an zahllosen Beispielen dargelegt hat, solche uns stilvoll erscheinende Gestalttypen bevorzugt, und zwar so bevorzugt, daß das Fragen nach ihnen sogar ein heuristisches Prinzip eines neuen Zweiges der reinen Morphologie, der „Gestalttypologie" werden kann? Es werden eben beim Menschen subjektive und objektive Grundlagen der Gestaltwahrnehmung ebensowenig prinziplos miteinander verkettet sein, wie die Empfindungsweisen des Tieres mit den äußeren Reizen. Neueste Untersuchungen über die Formwahrnehmung der Bienen haben zu dieser Frage noch wertvolle Ergebnisse gezeitigt. Bietet man Bienen nebeneinander einen Kreis, einen Ring, einen Stern und ein schachbrettartig unterteiltes Quadrat, so werden Kreis und Ringe überhaupt nicht beachtet, von den beiden anderen aber nicht die „gestalthaft" am schönsten abgewogene und durchgegliederte Sternfigur, sondern in weit überwiegender Zahl das konturenreiche Schachbrettmuster. Als gestalthaftes Moment ist nur wichtig der Konturzusammenschluß, weshalb ein Dreieck, dessen Spitze wie ein langer Zipfel aus einem Kreis heraussteht, vernachlässigt wird gegenüber einem zweiten Dreieck, das in umgekehrter Orientierung den Kreis nur mit der Spitze berührt, also abgeschlossener ist gegen den Kreis.

Auch bei den Laubblättern haben wir einen Parallelismus figürlicher Konstanten. Es gibt eine Mannigfaltigkeit der Blattformen und innerhalb derselben eine gewisse Gesetzmäßigkeit, die sich einer reinen Nutzmäßigkeitsbetrachtung noch völlig entzieht. Seybold (24) hat gezeigt, daß in der Gestalt der Blätter in den verschiedenen Familienreihen eine periodische Wiederholung — wenn man so sagen darf — bestimmter „Blattmoden" auftritt, wobei fast bei allen größeren Reihen eine Zunahme der Differenzierung zu bemerken ist. Gras-, lorbeer-, weiden- und buchenähnliche, kapuzinerkressenähnliche, ferner rainfarn-, möhren-eschen-, wiesenrauten- und akazienähnliche, weinreben-, ahorn- und hahnenfußartige Blätter kehren in aufsteigender Komplikation in den verschiedensten Familienreihen wieder. Es wird sich fragen, ob wir diese Eigentümlichkeiten überhaupt nur durch Zurückbeziehung auf ihre nutzmäßige Funktion verstehen können. Schon Uittien hat gezeigt, daß dies nicht möglich ist, daß vielmehr dazu noch der Gesichtspunkt ihrer rein baugesetzlichen Bedingtheit (im Verzweigungstypus) hinzutreten muß. Damit lösen sich viele figurtypische Parallelen in bautypisch bedingte Eigentümlichkeiten auf. Beim Parallelismus zwischen Kompositenköpfchen und Einzelblüte versagt aber auch dieser Gesichtspunkt Denn bautypisch bedingte Parallelen liegen hier sicher nicht vor, da der innere Aufbau bei beiden Gebilden ja gerade grundverschieden ist. Troll spricht deshalb von „reinen Gestalttypen". Wir können auch von rein figürlichen Ausdruckstypen oder Ausdrucksparallelismen sprechen. Die Bezeichnung morphologischer Parallelismus ist nicht so gut, da sie auch baugesetzlich bedingte Ähnlichkeiten einschließt.

Überschauen wir die Ableitung der Blattformen und der „Blumen"formen, so finden wir die Aufspaltung in ihre einzelnen Glieder verknüpft mit einer immer höher gestaffelten Synthese (oder Integration) derselben und finden mit der Zweckspezifikation vereinigt eine Erhöhung der Mannigfaltigkeit und „typischen" Ausprägung der Formen. Was die Verzweigung der Blattnervatur und Blütenstände betrifft, so liegt die Typendifferenzierung hier hauptsächlich in der Scheidung von geschlossener (zymöser) und offener (razemöser) Form, innerhalb welcher wiederum die mannigfaltigsten Abwandlungen möglich sind. Die Bevorzugung bestimmter konvergenter Gestalttypen (z. B. des Fünfertypus bei Blüten und Blütenkörbchen), ist eine einfache Erfahrungstatsache und besagt für den Biologen nur, daß die pflanzliche Form nicht rein durch die Nützlichkeitskategorie zu erfassen ist. Für die biologische Analyse stellt die Kompositenblüte das am höchsten zusammengesetzte und doch funktionell und figürlich vollkommen einheitliche Organ der Pflanze dar. Das Aufteilungs- und Totalisierungsgesetz findet hier seine höchste Anwendung beim Individuum, es erreicht in der Höchststaffelung des „in sich selbst unterschiedenen Einen" sein Ziel.

Wollen wir nun noch weitere Anwendungen von ihm kennenlernen, so müssen wir von dem Individuum zur Vereinigung von Individuen übergehen, wir müssen den „Pflanzenteppich" ins Auge fassen. Der Pflanzenteppich ist zusammengesetzt aus vielen und mannigfaltigen Einzelpflanzen, die verschiedenen Arten, Gattungen und Familien angehören und so das Bild schöner Abwechslung bieten. Aber diese verschiedenen Individuen sind zugleich zu einem höheren Ganzen integriert. Alle Fortschritte der wissenschaftlichen Pflanzengeographie beruhen darauf, daß sie die Pflanzen zu größeren Einheiten, zu Assoziationen, zusammenfaßt; so wie jeder Fortschritt synthetischer Wissenschaft auf dem Erkennen immer höherer Einheiten beruht. Das Aufteilungs- und Totalisierungsgesetz der Assoziationen ist nun zwar zunächst wieder biologisch-umweltrelativ zu interpretieren, also demjenigen Gesichtspunkt, den die Haushaltslehre der Natur, die Ökologie, zum Gegenstande hat, zu unterstellen. Unter diesem Gesichtspunkt stellt sich z. B. der Wald als ein tausendfach zusammengesetztes Ganzes dar, in welchem jedes Glied eine bestimmte nützliche Stelle einnimmt. „Stockwerk um Stockwerk baut sich der Wald übereinander auf. Auf der Bodendecke selbst, dem Reich der Pilze, dem Zubereiter des Humus, ruht der Teppich der Moose, der Feuchtigkeitsbewahrer und Regler des Wasserhaushaltes. Über sie heben sich Gräser, die Farne und Waldblumen, darüber die hohen Stauden, noch höher die Sträucher. Und aus ihnen allen sprießen die Bäume hervor, deren Kronen sich hoch oben alle zusammenschließen zur Wölbung des Ganzen. So erscheint uns der Wald als das Bild vollkommensten Zusammenwirkens aller Teile in gegenseitiger Abhängigkeit und Bedingtheit." (Feucht.) Er ist eine Lebensgemeinschaft, eine Biozönose. Zur Erhaltung einer solchen Lebensgemeinschaft ist nötig, daß in der Natur, wie Thomas von Aquin sagt, keine Saite zu schlaff oder zu straff angezogen sei, daß die Teile also mit dem Ganzen zusammenstimmen. Man nennt das Gesetz der Aufrechterhaltung der Harmonie das Kompensationsgesetz. Eine besonders schöne Kompensation ist in der Natur die Bildung der Pflanzengallen. Die Pflanzengallen stellen für die Gallinsekten Wohnhäuser und Gasthäuser von oft erstaunlicher Zweckmäßigkeit dar. Die Gallen besitzen eine schützende, oft mit Stachelhaaren besetzte Wand, bilden eigene Öffnungsmechanismen (Türen), auch eigene Überwinterungskammern; ferner steht im Innern der Galle durch stets sich erneuerndes, eiweißreiches Nährgewebe ein dauerndes „Tischlein deck dich" bereit usw. Nach Gustav Wolffs (25) genialer und gerade deshalb so überraschend einfacher Interpretation dient der Vorteil, der dem Tier aus all diesen Einrichtungen erwächst, nämlich die Einschränkung der Eierzahl infolge der vorzüglichen, von der Pflanze übernommenen Brutpflege, auch dem Wohl der Pflanze selber. Die Pflanze versteht sich dazu, eine relativ kleine Besatzung zu pflegen, weil sonst eine ganze Heeresmacht sie aussaugen würde. Die Kompensation zwischen Gliedern einer Lebensgemeinschaft erfordert meist das Ineinandergreifen mehrerer Glieder. Damit z. B. der gefährliche Schmetterling unserer Wälder, die Nonne, sich nicht übermäßig vermehrt, ist ein Schmarotzer dieses Schmetterlings nötig. Man hat gefunden, daß die Raupen derselben von einer Fliege (Tachina) befallen werden, die ihre Eier in dieselben legt und sie dadurch zum Absterben bringt. Diese Raupenfliege, der Nützling, würde bald die Oberhand über den Schädling gewinnen, ihn vernichten und dadurch seine eigene Existenz untergraben. Dies wird dadurch vermieden, daß auch die Vermehrung der Nützlinge wieder durch Schmarotzer, die sog. Schädlinge zweiten Grades, eingedämmt wird. Diese legen ihre Eier nicht ausschließlich, aber doch mit Vorliebe in den Larven der Nützlinge ab; sie tun dies vor allem dann, wenn die Nützlinge überhand genommen haben. Dadurch erhalten dann die Schädlinge wieder Spielraum. Das Kompensationsgesetz schafft also Raum für alle, und es ist gar kein Zweifel, daß es auch in der Geschichte der Lebensgemeinschaften, die oft zur Steigerung ihres Mannigfaltigkeitsgrades führte, eine große Rolle spielte. So dürfen wir annehmen, daß auch der in der phylogenetischen Entwicklung oft in so merkwürdiger Weise hervortretende Wechsel in der Fruchtbarkeit der Arten und Sippen durch ein phylogenetisches Kompensationsgesetz geregelt wird, so daß Arten mit einer besonders großen Fruchtbarkeit auftreten, wenn ihr Gefahrenkomplex ein außerordentlich großer ist (26).

Wir finden also in den lebendigen Assoziationen zunächst das Aufteilungs- und Integrationsgesetz, das Gesetz der Anpassung und der Steigerung des Mannigfaltigkeitsgrades vor. Das Anpassungsgesetz gewinnt hier vor allem in einer inneren Anpassung der Teile an das Ganze und im Kompensationsgesetz seinen Ausdruck. Das Gesetz der Steigerung des Mannigfaltigkeitsgrades der Gemeinschaften ist aber nicht bloß vom reinen Anpassungsstandpunkt aus zu verstehen. Ebenso wie ein einfaches und ein gefiedertes Blatt gleich gut an den Zweck der Assimilation angepaßt sein kann oder wie ein einfach- und ein doppeltzusammengesetztes Kompositenköpfchen gleich gut die Befruchtung herbeiführen kann, kann auch eine arm und eine reich gegliederte Lebensgemeinschaft gleich gut innerlich kompensiert sein. Nun liegt die Frage nahe, ob die Mannigfaltigkeit des Pflanzenteppichs auch typische Ausprägungen zeigt, Symmetrieverhältnisse, die mit den nur morphologisch ableitbaren Charakteren der Einzelpflanze, also etwa dem Fünfertypus oder dem Verzweigungsmodus in Parallele zu setzen wären, nicht aber mit bestimmten sekundären Anpassungscharakteren. Der erste, der dieses Problem sah, indem er gewissermaßen die de Candolle'sche Unterscheidung rein morphologisch stilgesetzlich fundierter Symmetrieverhältnisse und sekundär bedingter Anpassungscharaktere sinngemäß auf das Werden des Pflanzenteppichs übertrug und Spezifizierungsgesetze dafür aufzustellen suchte, war Alexander von Humboldt. Schon Agassiz betont, daß die weite Verbreitung oder Beschränkung des Vorkommens, Gemeinheit einzelner Tiere und Pflanzen oder Seltenheit anderer, nicht allein durch wechselnde Umgebung bestimmt würden, sondern von Anfang an mit zu den betreffenden Organismen gehörten, mit ihr Wesen ausmachten. Ebenso gehört es mit zum Wesen der Familie, ob sie zahlreiche Gattungen, mit zum Wesen der Gattung, ob sie zahlreiche Arten aufweist oder nicht. Humboldt glaubte nun feststellen zu können, daß die Anzahl der Arten jeder Ordnung in einer bestimmten Zone einen gegebenen unveränderlichen Bruchteil der Gesamtflora ausmachen. So bilden nach ihm in der nördlich gemäßigten Zone die Arten der Kompositen $^1/_8$, die der Gräser $^1/_{12}$, die der Schmetterlingsblütler $^1/_{18}$ aller Arten der Blütenpflanzen. Stellt man die Artenzahl für Deutschland zusammen und vergleicht sie mit der von Frankreich, so fehlen dort viele Arten der entsprechenden Familien; sie sind aber durch andere ersetzt, so daß das Spektrum der Artenverteilung der Proportion nach dasselbe bleibt. Dieses Gesetz bedürfte natürlich erst wieder einer präziseren Nachprüfung durch die heutige Floristik. Humboldts Ideen wurden neuerdings von Friedmann weiter verfolgt. Nach ihm erfolgt die Aufspaltung der Angiospermen in den aufeinanderfolgenden Schichten von Kreide und Tertiär nach gleichen Proportionen, und zwar sowohl was Familien oder Ordnungen oder in den Ordnungen vertretene Arten betrifft. Wo eine Abweichung auftritt, wie bei den Sympetalen, wäre sie von durchgreifender gesetzmäßiger Art. Friedmann hat hier zweifellos ein echt typologisches Problem gesehen, wenn auch dessen Behandlung durch die Lückenhaftigkeit des paläontologischen Materials noch kaum befriedigen kann. Mehr befriedigend sind seine Untersuchungen über konstante Aufteilungsspektren in dem heutigen Pflanzenteppich der geographischen Zonen, die Humboldts Idee mehr oder weniger bestätigen. Wir kommen jedoch hier in ein Gebiet, indem wir nur mehr oder weniger charakterisieren, aber nicht mehr durch eine noch weiter getriebene Unterscheidung und Einung der Gesichtspunkte einzusehen vermögen. Schon Augustinus weist auf diese Grenzen des Naturerkennens hin, wenn er von den platonisch gerichteten Denkern spricht, die alle Wahrheit aus der allgemeinen Idee des Seins oder aus dem Lichte eines erkannten Absoluten herleiten wollten. „Konnten denn jene platonisch gerichteten Denker," schreibt er, „weil sie mit vollem Recht und sichersten Gründen überzeugt sind, daß alles Zeitliche nach ewigen Ideen sich vollzieht, darum in diesen Ideen auch schauen oder aus ihnen erschließen, wie viele Gattungen der Tiere bestehen, was für Samen in deren Anfängen, welches Maß in ihrem Wachstum, welche Zahlen für ihre Schwangerschaft, ihre Geburt, ihr Sterben, welche Bewegungen zum Suchen und Fliehen des natürlich Guten und Schlimmen? Haben sie nicht viel mehr dies alles aus der Geschichte der Orte und Zeiten erforscht oder als etwas, das andere erfahrungsgemäß festgestellt und beschrieben haben, geglaubt?" (De Trin. I. 4. n. 21.)

E. Vereinigung der bildbedingt typologischen mit der kausalen Grundlegung der Phylogenie. Der Deszendenzgedanke als Konsequenz der Verbindung der Ideenlehre mit höchster Unterscheidung des kausalen Gesichtspunktes. Durchführung dieser Verbindung und Unterscheidung an der Hand des Konvergenzproblems. Vertiefung und fruchtbare Formulierung der typologischen Probleme der Biologie im Zusammenhang mit der Ideenlehre. Die Antithese zwischen abstraktkausaler und konkret-kausaler Analyse und ihre eventuelle Überwindung in einer höheren gestalttheoretisch grundgelegten Betrachtung in der Physiologie (Pütter). Raum- und Zeitlupe und charakterologische Verzerrung der biologischen Phänomene. Reale Zeit im Biologischen. Biologische Zeitgestalten. Die Erscheinung der Verjüngung in der Natur nach Alexander Braun. Die Konstituierung der immerwährenden Entwicklung durch die immerwährende Schöpfung (concursus divinus). Seinsbedingte Naturdialektik. Perspektivische Erkenntnis und das sichere Fundament der Erfahrung.

In dem vorhergehenden Kapitel haben wir die fortschreitende Typenentfaltung unter dem Gesichtspunkt der Entfaltung der Wesensanlagen der Pflanze betrachtet. Damit ist lediglich festgestellt worden: wenn Entwicklung wirklich stattgefunden hat, dann erscheint sie durchaus aus den anfänglichen Wesensanlagen heraus als möglich und konsequent. Über das wirkliche Stattgefundenhaben einer phylogenetischen Entfaltung, über die Entwicklung als realen Prozeß, sagt diese typologische Analyse noch nichts aus. Denn die eigentlichen Verwirklichungsfelder einer solchen Entfaltung, die solches Werden wahrscheinlich machen, waren darin noch keineswegs miterfaßt. Wir können höchstens zunächst Konvenienzgründe für ein solches Werden anführen. Wenn der Organismus nur eine durch eine ganz bestimmte Umwelt beschränkte zeitliche Rolle zu spielen hätte, nicht aber wie ein Organ des Weltwerdens auch eine Zukunftsrolle in einer ganz anders gearteten Umwelt zum Ziele hätte, so wäre Konstanz für ihn naturgemäß. In solchem Falle könnte der Organismus seine chemischen Kapitalien in keiner Weise vermehren, der in ihm einmal gegebene Chemismus würde mit dem Aussterben der Art selber vergehen und an der Ausgestaltung der verschiedenen in den geologischen Epochen aufeinanderfolgenden Lebewelten hätten die Arten der jeweils vorausgehenden Lebewelten nicht den geringsten Anteil. Es würde immer radikal abgebaut und radikal von neuem angefangen, aber nicht auf einem vorhandenen Grundstock chemischer Kapitalien weitergebaut. Eine solche Vorstellung hat aber in der anorganischen Natur keinerlei Analogie. Die Substanzen sind hier durchaus Organe des Weltwerdens und geben, indem sie transitiv aufeinander wirken, immer neuen Substanzen den Ursprung. Das Folgende baut kontinuierlich auf dem Voraufgehenden weiter und hebt aus dem Schatze seiner stofflichen Bestimmungsbereitschaften immer neue Bestimmungen heraus. Nur die Organismen sollten als Organe des Weltwerdens völlig ausgeschaltet sein. Während die anorganischen Substanzen Organe des Werdens dadurch sind, daß sie auf Anderes verändernd einwirken, sollten die Organismen niemals Organe des Werdens dadurch sein können, daß sie — der Natur ihrer immanenten Tätigkeit entsprechend — auf sich selber verändernd einwirken, indem sie an ihrem stofflichen Apparat weiterbauen oder ihn neu modifizieren. Sie sollten absolut geschlossene Formen sein, nur für sich und ihre eigene Mitwelt von Bedeutung, aber im Hinblick auf die Zukunft einer neuartigen Lebewelt völlig unfruchtbar und in dieser Hinsicht an Vollkommenheit weit zurückstehend hinter den Anorganismen. Eine solche Entbindung von den Aufgaben künftiger Weltgestaltung scheint mir nach den Analogien der Anorganismen und der menschlichen Geschichte zum mindesten nicht wahrscheinlich. Aber damit haben wir nur von den Bestimmungsbereitschaften aus das Problem beleuchtet, nicht aber vom treibenden Verwirklichungsfeld aus.

Es muß also jetzt zum bildbedingt-typologischen der kausale Gesichtspunkt neu hinzutreten und von unten herauf eine konkret-kausale Analyse der systematischen Vielgestaltigkeit der Formen einsetzen. Daß dann auch in der kausalen Betrachtung eine grundlegende Scheidung der Gesichtspunkte durchgeführt werden muß, wird sich bei der immer tiefer lotenden Analyse von selbst ergeben. Die Frage ist also jetzt: Wodurch und wie kommt die systematische Vielgestaltigkeit und im besonderen innerhalb dieser

Vielgestaltigkeit der Parallelismus der Formen zustande? Um diese Frage zu entscheiden, müssen wir an das „Hier" und „Jetzt", an die erlebte Wirklichkeit, an die erlebten Prozeßformen anknüpfen. Petersen (27) hat mit großem Scharfsinn gezeigt, daß für die erfahrungswissenschaftliche Begründung der Entwicklungstheorie, also für eine Begründung, die die Entwicklung als wirkliches Geschehen wahrscheinlich machen will, nur diese Anknüpfung an die erlebte Wirklichkeit realer Prozeßformen von heute das zunächst sichere Fundament bildet. Er beleuchtet das durch eine Analogie mit der erfahrungswissenschaftlichen Methode der Geologie. In der Deutung früherer geologischer Geschehnisse ging die alte Geologie oft sehr willkürlich vor. So führte man eine Schlucht auf das explosionsartige Bersten von Felsen und auf plötzlichen Durchbruch riesiger Wassermassen zurück. Da stellte Lyell das Prinzip auf, daß alle vergangenen geologischen Geschehnisse nur zuverlässig rekonstruiert werden können in Analogie zur heute erlebten Wirklichkeit. Auf Grund des Studiums der heutigen geologischen Vorgänge hat man dann gefunden, daß einzig und allein die langsame Auswascharbeit des Wassers die tiefste Schlucht eingraben kann. Ein real wahrscheinlicher Vorgang in der Vergangenheit ist also nur ein solcher, der rekonstruierbar ist auf Grund von dem, was wir wirklich heute beobachten. Bloß gedachte Vorgänge, die auf Grund der heute erlebten Wirklichkeit nicht rekonstruierbar sind, können keine erfahrungswissenschaftliche Wahrscheinlichkeit für sich beanspruchen. Wenden wir diese prinzipiell sehr wichtige Erkenntnis auf die Entwicklungslehre an, so gelangen wir zu der Frage: wodurch und wie kommt die systematische Vielgestaltigkeit nach den heute beobachtbaren Umbildungsprozessen oder nach heute feststellbaren Analogien zustande?

Wir müssen dabei zunächst ausgehen von den realen Faktoren, welche nach Ausweis der experimentellen Vererbungs- und Mutationsforschung der Vielgestaltigkeit der Art zugrunde liegen (28). Am einfachsten ist die Analyse dann, wenn es sich um strenge Selbstbefruchter handelt, wie z. B. bei der Bohne. Die von den Gärtnern unterschiedenen Rassen von Phaseolus vulgaris, wie: Prinzeßbohne, schwarzer Neger usw., lassen sich dann leicht in viele reine Linien oder Biotypen zerlegen, wo väterlicher- und mütterlicherseits dasselbe Erbmaterial vorhanden ist. Die Rassen, die man nach Jordan, der zuerst ihre Sammelnatur entdeckte, auch Jordanone nennt, sind also die Gesamtheit einer großen Zahl von Biotypen oder reinen Linien und bilden wiederum in ihrer Gesamtheit die Art: das Linnéon. Die Linnésche Art ist also ihrer erblichen Zusammensetzung nach mit einem großen Komplex von Mosaikbildern zu vergleichen, wobei für jedes Merkmal eines oder eine Anzahl differenter Steinchen (als Symbol der Erbanlage) vorhanden sind. Die reinste Untergruppe mit einem väterlicher- und mütterlicherseits gleichen Mosaikbild ist der Biotypus. Durch Umkombinierung und Neukombinierung der Erbanlagen verschiedener Biotypen sind die Jordanone entstanden zu denken. Sie bestehen aus einer sehr großen Zahl von Biotypen. Ist es nun nach der heutigen Genetik möglich, daß durch kleine schrittweise Umbildung der Anlagen neue Biotypen und dadurch auch neue Jordanone entstehen, die das Bild der Art bereichern?

Wenn man die Jordanone, d.h. die die Rassen charakterisierenden Merkmale des Weizens, also z. B. die Rassen von

Triticum vulgare,
„ compactum,
„ Spelta,
„ durum,
„ polonicum,
„ turgidum usw.

miteinander vergleicht, so tritt ein sehr deutlicher Parallelismus der Reihen jeder Art zutage.

Überall finden wir begrannte und unbegrannte Formen, weiße, rote und schwarze Ähren, behaarte und unbehaarte, rot- und weißkörnige, Winter- und Sommerformen usw.

Aber nicht nur genetisch verwandte Arten, sondern auch einander nahestehende Gattungen zeigen eine Ähnlichkeit in ihren phänotypischen sowohl, als genotypischen Variationsreihen. So wiederholt die Gattung Secale in Einzelheiten die Variationsreihen der Gattung Triticum. Dasselbe gilt auch für zu verschiedenen Familien gehörenden Gattungen. Bei den Nadelhölzern kommen in verschiedenen Formenkreisen immer wieder parallele Variationen vor; so die Pyramidenform, die Kriechform, die Hängeform, die Zwergform, die Schlangenform, die astlose Form usw. Interessant sind in dieser Hinsicht auch die Kataloge der großen Gärtnereien, die immer neue Varietäten der Zier- und Nutzpflanzen auf den Markt werfen. Auch da liest man immer von identischen Varietäten, z. B. von geschlitztblätterigen, schmalblätterigen, rotblätterigen, krausblätterigen Formen usw. Auch generell nicht miteinander verbundene Familien können die Erscheinungen des Albinismus, des Gigantismus, des Nanismus und der Fasziation zeigen. Zwei umfangreiche Gruppen der Pilze: die Askomyzeten und die Basidiomyzeten zeigen einen weitgehenden Parallelismus, z. B. in den Eigentümlichkeiten ihrer Fruchtkörper. Vavilov betont eine gewisse Analogie zwischen diesen von ihm gefundenen Gesetzmäßigkeiten und den homologen Reihen in der organischen Chemie, denn „die Gattungen und Familien entsprechen den verschiedenen homologen Reihen der Kohlenwasserstoffverbindungen, den näheren oder mehr entfernteren, vielleicht gar auch den Kristallsystemen und -klassen."

Innerhalb der Parallelismen der Vavilovschen Regel können wir nun weiterhin unterscheiden:

1. Nachgewiesen genotypischen Parallelismus.

So hat Correns an zwei verschiedenen Mirabilisarten (M. jalapa und M. longiflora) einen ganz identischen Chlorinafaktor nachgewiesen. Baur fand bei Antirrhinum majus und A. molle einige identische Gene, die gleiche Eigentümlichkeiten bedingen.

2. Ökotypischen Parallelismus: bei verschiedenen Formen kommt es zur Ausarbeitung einer gleichen Reaktionsform auf bestimmte Standorts- und klimatische Bedingungen, z. B. zu einem

oecotypus campestris, oecotypus salinus,
„ arenarius, „ alpinus,
oecotypus subalpinus.

Ökotypische Parallelismen können zwischen einander nahestehenden Arten genotypischer Natur sein, sie müssen es aber nicht sein. Wenn derselbe ökotypische Parallelismus zwischen systematisch ziemlich weitab stehenden Formen beobachtet wird, ist es wahrscheinlicher, daß gleiche Reaktionen auf äußere Einwirkungen von gänzlich verschiedenen Genen abhängen. Das ist z. B. anzunehmen bei den von Turesson untersuchten Arten: Solidago virgo aurea, Rumex acetosa, Ranunculus acer, Myosotis silvatica, Melandrium rubrum und Geum rivale, die einen ihnen allen eigentümlichen oecotypus alpinus bilden.

3. finden wir als interessanteste Form des Parallelismus den figürlichen Parallelismus oder den Parallelismus der Gestalt und Ausdruckstypen.

Sowohl Foraminiferen (schalentragende Rhizopoden) wie Nautiloideen (Cephalopoden) zeigen gleiche Reihen von der geraden zur gekrümmten, zur halbgewundenen bis zur spiralig gewundenen Form ihrer Schalen. Nach Troll treten in der Mannigfaltigkeit der Blumenformen gewisse allgemeine Züge hervor, gleichsam morphologische Konstanten, welche dieselben sind, ob nun der Gestaltbildung eine einfache Blüte, eine Infloreszenz oder auch nur ein Teil der Organe einer einfachen Blüte zugrunde liegt, in welch letzterem Falle, kurz gesagt, eine „Blüte in der Blüte" (eine sog. Sekundärblüte) zustande kommt. Die Gestalt bleibt dieselbe, während der Aufbau wechselt. Troll charakterisiert diese gestaltliche Typovergenz, die nicht auf der Zweckmäßigkeitsgrundlage allein zu verstehen ist, besonders auf Grund einer groß angelegten Erforschung der analogen Ähnlichkeit von Kompositenköpfchen und einfachen Blüten bis in die feinsten Einzelheiten der Figurcharaktere und der Farbe und Zeichnung hinein. Es ist natürlich gänzlich ausgeschlossen, diesen figürlichen Parallelismus auf einen genotypischen zu reduzieren. Die Träger der niedersten systematischen Einheiten, die Gene, können wohl mitunter z. B. parallele Färbungstendenzen bedingen. Das Gelingen einer experimentellen Erzeugung gleichsinnig sich verstärkender Mutationsschritte in der Augenfarbe von Drosophila (von blaßgelb zu rot) läßt es nicht aussichtslos erscheinen, daß wir in einfachen Merkmalen auch einmal parallele Abänderungen bei ganz verschiedenen Gruppen hervorrufen können. Bei dem morphologischen Parallelismus zwischen Kompositenköpfchen und einfachen Blüten aber handelt es sich um ein sehr viel verwickelteres Problem, gleichsam um eine ganz neue Rollenverteilung im Zusammenwirken der Gene, insoweit diese an der Hervorbringung der Einzelheiten im Gesamtbild beteiligt sind*).

Die Rollenverteilung zwischen den formgestaltenden Ursachen ist bei der Entstehung anderer konvergenter Bildungen schon ziemlich erforscht. Betrachten wir die Bildung des Wirbeltierauges. Es gibt hier korrelative Wechselbeziehungen, die von Uexküll den fiktiven Korrelationen einer autonomen Zündholzschachtel vergleicht, in welcher gewöhnliche Schwefelhölzer eine rauhe, schwedische Zündhölzer eine ihnen entsprechende schwedische Reibfläche induzieren. In einem sich entwickelnden Wirbeltierauge ruft das Zellmaterial, aus dem sich die Netzhaut differenziert, nämlich ein aus der Gehirnblase hervorwachsender, langgestielter Becher, in der dem Auge vorgelagerten Haut die Tendenz zur Linsenbildung hervor, auch dann, wenn dieses Stückchen Haut durch ein Stückchen der Bauchepidermis ersetzt wurde, aus dem sich normal niemals eine Linse, sondern eben die Bauchhaut bildet. Ganz anders wie beim Wirbeltier entsteht das Auge bei einem Weichtier, z. B. einem Tintenfisch. Hier wird das ganze Auge von einem einzigen kleinen Bezirk des äußeren Keimblattes aus gebildet. So verschieden aber die Bildungswege des Weich- und Wirbeltierauges sind, so übereinstimmend ist ihr Bau. Die Linsen bestehen aus denselben zwiebelschal-

*) Überhaupt ist heute, wie Woltereck ausgezeichnet dargestellt hat, von der Genetik eine dreifache Schichtendifferenzierung des Variabilitätsproblems erkannt. Die erste Schicht haben Johannsens usw. Forschungen abgetragen, die zweite trägt der Mendelismus und der „Morganismus" ab, und nun kommt die dritte zum Vorschein, die die der ganzen Genanordnung zugrundeliegende Struktur betrifft, das Gerüst sozusagen, auf dem die einzelnen Gene plaziert sind, und in dem die Erbcharaktere der Arten, Gattungen, Familien stecken.

ähnlichen Lamellen, ganz ähnlich sind Netzhaut, Glaskörper, Iris und Hornhaut gebaut und ihre Anordnung ist im wesentlichen dieselbe. Hier haben wir ein ganz klassisches Beispiel dafür, daß gleiche Erfolge ursächlich auf ganz verschiedenem Wege erreicht werden können. Um uns diese Übereinstimmung auf Grund von Erfahrungsanalogien verständlich zu machen, schreiben wir den Tätigkeiten eine bestimmte in demselben Ergebnis zusammenlaufende Richtung zu und nehmen an, daß das Ergebnis als Motiv irgendwie mitwirkende Bedingung für seine Verwirklichung ist. Ein Beispiel soll uns das veranschaulichen. Stellen wir uns 100 Spaziergänger vor, die von 100 verschiedenen Punkten aus nach Laune das Land durchstreifen und dann in eine Stadt sich begeben. Daß zu einer bestimmten Zeit sich jeder an einem bestimmten Punkt in einer bestimmten Straße dieser Stadt befindet, wäre nichts Ungewöhnliches. Stellen wir uns nun 100 andere Spaziergänger vor, die am Tage darauf von 100 verschiedenen Punkten aus wiederum völlig nach Laune das Land durchstreifen und dann in dieselbe Stadt einziehen. Ist es wahrscheinlich, daß auch diese sich gleichzeitig an genau denselben Punkten in denselben Straßen sich befinden werden, wie die am vorherigen Tage? Wir werden sagen, das ist ganz und gar unwahrscheinlich! Die Unwahrscheinlichkeit wird um so größer sein, je größer die Gruppen der umherschweifenden Personen sind und je mannigfaltiger infolgedessen nach Zahl und Verteilung das Punktsystem ihrer räumlichen Gegenwart ist. Nehmen wir nun aber an, die zwei Gruppen, von denen wir sprachen, hätten sich verabredet, zu einer bestimmten Zeit an denselben Orten in derselben Stadt zu sein, dann ist das Ziel für jede einzelne Person ein mitwirkendes Motiv für ihre Leistung; dann ist ihr Umherschweifen nicht mehr rein launenhaft, sondern mehr oder weniger gerichtet; dann ist uns auch das Übereintreffen der Personen an denselben Orten völlig verständlich. Wenden wir das analog auf die stammesgeschichtliche Entwicklung des Weich- und Wirbeltierauges an. Zwei verschiedene Entwicklungsreihen, also zwei verschiedene Wege, auf denen verschiedene Ursachen wirksam sind, und zwar ungeheuer viele Ursachen in ungeheuer komplizierter Verkettung, führen hier zu demselben Ergebnis. Das ist bei völlig richtungsloser Wirkung der Ursachen, d. h. bei der Annahme von lauter Zufallsmutationen ganz und gar unverständlich. Denn, wie uns ja das Beispiel der zwei Personengruppen veranschaulicht hat, ist es bei weitem wahrscheinlicher, daß aus zwei verschiedenen Systemen richtungslos wirkender Ursachen Verschiedenes hervorgeht. Man wird sagen, daß gleichartige Umstände und Selektion gleichartiger Variationen die Augenbildung beider Tiergruppen hervorgebracht haben. Aber es ist ja doch gerade die Frage, warum bei Tiergruppen, die nichts miteinander zu tun haben, doch in derselben Zielrichtung erbliche Variationen auftreten, und warum sich gleichsam Gleiches zu gleichem Ziele aus dem Materialfeld „herausformen" läßt. Die Frage wiederholt sich bei allen Konvergenzerscheinungen, die, wie eine tiefere Analyse zeigt, in der Natur eine überraschende Verbreitung haben, z. B. auch in den histologischen Merkmalen der Tiere. Alle schnell wirkenden Muskelzellen und alle Nervenzellen sind (im Prinzip wenigstens) gleich gebaut. Rádl hat gezeigt, daß sich der innere Bau der Sehzentren aller Tierwesen ein und demselben Baugesetz unterordnen läßt, daß die Asymmetrie bei allen Organismen diese Zentren beherrscht, daß die kaskadenförmigen Krümmungen der Nervenfibrillen bei Würmern ebenso wie beim Menschen vorkommen, daß die Inversion der Ganglienknoten und die Nervenkreuzungen bei allen Tieren denselben Regeln gehorchen. Hinzu kommt, daß auch im Instinktleben ganz verschiedener Verwandtschaftsgruppen Übereinstimmung, Konvergenz herrschen kann, so bei allen Jagdtieren, allen Herdentieren, allen Baumtieren usw. Eines der unerhörtesten Beispiele von Konvergenz ist die Parallelentwicklung der Instinkte bei Ameisen und Termiten. Die Termiten sind, zoologisch betrachtet, niedrigstehende Insekten aus der Gruppe der Schaben, also mit den Ameisen keineswegs systematisch verwandt. Trotzdem besteht zwischen ihnen und den Ameisen eine große Gleichförmigkeit der Instinkte, die sich bis in die kleinsten Details verfolgen läßt. Die Termiten leben wie die Ameisen in Staaten, versorgen wie die Ameisen Brut und Königin, zeigen dieselben Eigentümlichkeiten des Nestbaues, das Halten von Arbeiter- und Soldatenkasten, das Plündern anderer Nester, ja selbst der Zuchtinstinkt im Anlegen von Schimmelpilzgärten findet sich bei ihnen ebenso wie bei den Ameisen.

Vergeblich bemüht man sich, die Gleichförmigkeit im Bau und in der Funktion systemfremder Organismen ausschließlich auf gleichförmige äußere Bedingungen zurückzuführen. Damit ist gar nichts erklärt. Denn gleiche Ursachen bewirken doch, wenn sie auf zwei verschiedene und nicht auf ein Gemeinsames hingeordnete Systeme wirken, der Wahrscheinlichkeit nach eher Verschiedenes als Gleiches. Nur wenn die Bau- und Funktionsparallelen gewissermaßen als ideenhafte Richtpunkte zu gelten haben, nach denen hin die Umbildungsvorgänge in den verschiedensten Gruppen konvergieren, wird uns diese häufige Bevorzugung solcher Parallelen nach der Analogie der menschlichen Absichtshandlung verständlich. Wir können diese Analogie als für die Naturwissenschaft unzulässige Perspektivenerweiterung abweisen, aber wir nehmen uns dann auch die Möglichkeit, der Parallelentwicklung als realem Prozeß irgendwelche empirisch gestützte Wahrscheinlichkeit zu verleihen. Mit tiefem Verständnis für die Notwendigkeit dieser Perspektivenerweiterung sagt Petersen: „Die Wissenschaft von den Stammbäumen, die Phylogenie, rühmt sich, unmetaphysisch, sogar avitalistisch zu sein. Damit aber schneidet sie sich den letzten dünnen Zweig ab, durch den sie Verbindung mit der Wirklichkeit, mit dem ‚Hier' und ‚Jetzt' haben könnte" (27). Wir unterstreichen diesen Satz, der aus tiefem Einblick in die erkenntnisaufbauenden Prinzipien der Biologie als Erfahrungswissenschaft, für sie die Notwendigkeit einer erfahrungsbedingten Scheidung der kausalen Gesichtspunkte bis zur Evidenz erhebt — und zwar einer Scheidung, die man als eine rein philosophische anzusprechen hat.

Doch gewinnt das Konvergenzproblem und das von Petersen aufgeworfene Problem der aus Erfahrungsanalogien gewonnenen Scheidung der Gesichtspunkte erst dann seine volle konsequente Durchführung, wenn wir es mit dem

Ideenproblem und dem Problem des Ursprungs der Ideen in der menschlichen Erkenntnis in Zusammenhang bringen. Wir können hier anknüpfen an eine hochinteressante Parallelentwicklung auf dem psychischen Gebiet. Neben allen Unterschieden in der inhaltlichen Umweltorientierung (Umweltintentionalität) der Tiere haben die bisherigen Beobachtungen doch auch eine ganz auffallende Gleichartigkeit in den Grundfunktionen der Sinnesorgane aller, auch der verschiedensten, Tiergruppen erweisen können. Man hat nicht nur feststellen können, daß Bienen, Krebse, Tintenfische und andere Tiere überhaupt einen Farbensinn besitzen, sondern auch, daß gewisse Feinheiten in der Farbenphysiologie, wie z. B. das subjektive Erscheinen der Komplementärfarbe (der sog. simultane Farbenkontrast) ganz verschiedenen Gruppen gemeinsam sind, also z. B. nicht nur dem Menschen, sondern auch der Biene zukommen. Ferner finden sich die vier Grundqualitäten süß, bitter, sauer, salzig bei Mensch, Säugetieren und Insekten überall wieder, trotz der total verschiedenen Konstruktion der Organe des chemischen Sinnes. Hier tut sich das Pleßnersche Problem des Subjekt und Objekt allererst verbindenden Verhältnisses der „Vergegenständlichung" („Objizierung") in seiner ganzen Tragweite vor uns auf. In der Qualität steckt das Empfindbare der realen Dingstruktur und die Verhältnisweise von Objekt und Subjekt. Beide sind streng einander eingepaßt. In den Beispielen der entsprechungsverbürgenden Analyse haben wir schon beim Planckschen Realismus nachgewiesen, daß die sog. subjektiven Sinnesqualitäten eine durchaus gegenständliche Bedeutung haben — daß also z. B. der Sehakt einen in der Weise sinnlichen Erkennens unmittelbar vollzogenen Einblick in eine Eigentümlichkeit des Objektes darstellt. In diese Wirklichkeitsberührung sind nun durch die erwähnten Parallelen auch die Tiere hineinversetzt, aber in dem rein biologischen Perspektivismus des Erkennens, der das sinnliche Schätzungsvermögen des Tieres kennzeichnet. Beim Menschen erst tritt die Wirklichkeitsberührung in den unendlich erweiterten Perspektivismus der Wesenserkenntnis ein. Es ist ihm ein „Anfixieren“ der reinen Erscheinungsform mit ihren Qualitäten von den verschiedenen Erkenntnisebenen aus möglich und bei diesem Anfixieren stellt sich die Entsprechung der reinen Erscheinungsform zu den verschiedenen Ergebnissen der Struktur- und Wesensanalysen der Gegenstandsschichten heraus. Daß dabei die reine Erscheinungsform erst aus dem biologisch-perspektivischen „Augenschein“ sozusagen „herausgelöst“ werden muß und erst nach und nach zur vollen Prägnanz, zur Katholondarstellung, wie Langbehn bemerkt, erhoben werden kann, ist selbstverständlich. Alle gegen den genuinen Sinnesrealismus erhobenen Schwierigkeiten übersehen, daß zwischen Nacht und Tag die undeutliche, aber immer mehr sich aufhellende Dämmerung liegt.

Mit dieser reflexen Analyse ist freilich die volle und konsequente Scheidung der Gesichtspunkte, durch die die Erkenntnis ihre eigene Tragfähigkeit zu sichern sucht, noch nicht durchgeführt. Daß der menschliche Geist, der in intellektueller Beziehung eine Potenz ist, von der sinnlichen Auffassung der Dinge zur begrifflichen fortzuschreiten vermag, hat die Scholastik auf zwei nächste Prinzipien der menschlichen Erkenntnistätigkeit zurückgeführt, auf ein wirkendes (intellectus agens) und ein instrumentales (das Sinnesbild). Keines dieser Prinzipien enthält aber den zureichenden Grund des menschlichen Erkennens und auch beide zusammen können nicht den letzten Grund desselben ausmachen. Die Dinge könnten nicht durch ihr Sinnesbild in jene instrumentale Geeintheit mit der Abstraktionskraft (dem intellectus agens) treten, durch die in intentionaler, dem Erkenntnisstreben entsprechender Weise ihr allgemeiner Wesenskern freigelegt wird — die Dinge könnten das nicht, sage ich, wenn sie nicht selbst wahre Wesenheiten dadurch wären, daß sie geschaffene Kopien der ungeschaffenen Vorbilder sind. Und die Abstraktionskraft vermöchte nicht in der instrumentalen Erhebung des Sinnesbildes den Wesenskern herauszuführen, wenn sie nicht nach Ähnlichkeit des göttlichen Lichtes geschaffen wäre, in welchem die intelligiblen Wesenheiten aller Dinge subsistieren. Die Wirklichkeitsberührung der Sinneserkenntnis und ihre die Wesenserkenntnis vermittelnde Rolle ist also ohne die metaphysische Abhängigkeitsbeziehung der Vernunft sowohl wie der Dinge zu den göttlichen Ideen nicht möglich. Von dieser Abhängigkeitsbeziehung rührt es aber auch her, daß jedes Wesen durch seine Tätigkeit dem Gegenstand, auf den es wirkt, seine Form nicht nur in intentionaler, sondern auch, wie bei der Zeugung, in physisch wirklicher Weise mitzuteilen vermag. Auf Grund dieser Auffassung, wonach die produktiv formgestaltende Kraft des Samens — quasi wie der Pinsel in der Hand des Meisters — unter der Leitung der göttlichen Vorbilder steht, zögert Thomas auch nicht im geringsten, den (von ihm ursprünglich als pflanzlich aufgefaßten) befruchteten Menschenkeim zur Produktion eines sensitiven Zwischenwesens und schließlich bis zur Grenze aller naturhaft-instrumental vermittelbarer Produktivität: bis zur Bildung des Menschenleibes fortschreiten zu lassen. Diese Produktivität ist der des Pinsels zu vergleichen, der um so intensiver und großartiger im Gemälde produziert, je größere künstlerische Vernunftenergie ihn leitet. Der Unterschied zum Pinsel des Malers liegt nur darin, daß dieser in der Ausführung unselbständig, das Naturwesen aber in der Ausführung relativ selbständig ist, so daß seine Produktion in der tiefsten Unterschiedenheit und Einheit des kausalen Gesichtspunktes eine ganz kreatürlich und ganz göttlich gewirkte Produktion zugleich ist.

Nichts hindert uns, diesen Gedanken von der Embryonalentwicklung auf die hypothetische Stammesentwicklung des Menschen zu übertragen. Die sog. organischen Zwischenwesen wären dann nur die unumgänglichen Glieder, bei denen an bestimmter Stelle das Werden nicht mehr eine Steigerung der Wesensentfaltung, sondern deren instrumental vermittelte Aufhebung wäre*). Und diese kann nur aufgefaßt

*) Zur Tatsachenfrage vergl. auch die gründlichen Untersuchungen von Karl Frank S. J.: Was sagt uns heute die Wissenschaft über die tierische Abstammung des Menschen? (Stimmen LXXX 4) sowie sein

werden als eine instrumental vermittelte Herausführung einer neuen Empfänglichkeit und inneren Unterschiedenheit, mit deren Vollendung instantan die neue wesenshöhere Zusammenfassung durch das neue wesenshöhere Verwirklichungsfeld eintritt. Solche Stellen vergleicht Stumpf sehr anschaulich mit Schleußenöffnungen in der Entwicklung (29). Wer den Wesensschnitt zwischen Natur und Geist und die tiefe Hineinversetzung alles Kreaturwirkens in den concursus divinus nicht sieht oder nicht anerkennt, wird mir in dieser „Aufbruchstheorie" nicht folgen können. Er wird an die Stelle der großen natürlichen Ahnung, daß die Natur dem Geiste gegenüber wohl bis zur Bestimmungsbereitschaft emporgehoben, von „unten" her dem Geiste zugeführt werden kann, auf daß sie ihn von „oben" her empfange, er wird, sage ich, an Stelle dieser Auffassung den „verkappten" Geist in der Natur setzen und so ähnlich dem Organischen etwas Gegenstandsfremdes unterlegen, wie der Wilde dem Anorganischen, wenn er etwa eine Lokomotive für „belebt" hält. Die bildbedingte Naturinterpretation, wird immer wieder das relativ „Ausführende" im Naturwirken erkennen, soweit die in ihr selbst liegenden Verwirklichungsfelder in Frage kommen.

Die hier entwickelte Auffassung einer Bereicherung des Schoßes der Natur (durch neue Verwirklichungsfelder), wenn die Dispositionen dazu in ihm selbst herausgearbeitet sind, schließt die vermittelnde Rolle des Kontinuitätsprinzips nicht aus, sondern ein. Unter dem Gesichtspunkt, daß die Natur instrumental die Bestimmungsbereitschaft aus sich herausführen kann zur Inkarnation des Geistes, wird die Natur auch gleichsam erst in ihrer Wesensrichtung erfaßt. Von dieser zentralen Wesensrichtung entfernen sich die Typen des Pflanzen- und Tierreichs. Aber innerhalb der Typen ist eine Entwicklung als echte Wesensentfaltung gegeben (30). Die dem Typus zugrunde liegende Idee, die im Urstand (actus primus) der Formen ihr Verwirklichungsfeld gefunden

Buch: Die Entwicklungstheorie im Lichte der Tatsachen. Freiburg, Herder. Von seinem vollkommenen Beweis der leiblichen Deszendenz des Menschen kann wohl heute noch nicht die Rede sein.

hat, ist ja in Gott nicht eine Abstraktion, sondern Leben. Und zwar das Leben, das Gott selbst ist. Als in inniger Beziehung zu diesem Leben des actus purus stehend, muß dem Verwirklichungsfeld im Urstand der Formen (dem actus primus) die intentio (das Streben) innewohnen, an der Fülle des reinen (des göttlichen) Aktes teilzunehmen, d. h. als Saatursache im Augustinischen Sinne die ursprünglichen Wesensanlagen immer reiner und konsequenter zur Durchbildung, gleichsam auf immer höherer Ebene der Wesensentfaltung zur Verwirklichung zu bringen. Augustinus hat die Pflanze als „ultima resonantia vitae“, das Tier wegen seiner unvollkommenen Teilnahme am Erkennen als „ultima resonantia sapientiae“ bezeichnet. In dem Vermögen ultima resonantia vitae zu sein, vermag das Sein der Pflanze seinem ganzen Wesen nach weiter entwickelt zu werden, denn es besteht ja ein Wesen, welches alle Wirklichkeit des Lebens dem Wesen nach in sich enthält und somit jene Wesen, die nur Vermögen für das Leben haben, immer mehr an seinem wesenswirklichen Leben teilnehmen lassen kann. Es ist diese kreatürliche Teilnahme, wie wir sie in der Typenentfaltung und speziell in der Herausbildung der Sexualität gesehen haben, eine Teilnahme, die mit einer fortschreitenden inneren Scheidung eine immer höhere Geeintheit und Produktivität der pflanzlichen Lebenstätigkeit verbindet. Der Dualismus zwischen der aufnehmend ernährenden und der produktiv formgestaltenden Wesensanlage des pflanzlichen Lebens wird von der inneren Fächerung der Zellteilung und äußeren Gabelung der Vegetationspunkte über die Vermehrung durch Ableger und von da aus über die Sporenbildung bis zur Bildung der Sexualzellen und des Endosperms immer mehr gesteigert und synthetisch geeint. Dabei wird die **Epigenesis** eines solchen Werdens nur durch die Analogie der psychischen Entwicklung des Erkennens wahrscheinlich, wie wir sie in der Lehre vom **intellectus agens** dargestellt haben. **Wie das Sperma des Sinnesbildes durch seine**

Hineinversetzung in das tätige Vernunftlicht ein dem geistigen Erkenntnisstreben entsprechendes zeugerisches Vermögen gewinnt und in wahrer Epigenesis (als etwas vollkommen Neues) die intellektuelle Vorstellung hervorbringen hilft, so können aus einem durch äußere Reize veränderten Stoffwechsel Fermente entstehen, die, in das morphogenetische Verwirklichungsfeld aufgenommen, Auslösungsreize zu ganz neuen Formgestaltungen werden können. (Vgl. auch Pfeifer, Harmonische Bez. zw. Scholastik und Naturw., Augsburg 1881). Wir sehen also, wie dadurch, daß die vegetabilische Entwicklung als Nachbild der psychischen Entwicklung im Erkennen aufgefaßt wird, bei aller Unterstreichung des wesentlichen Unterschiedes doch eines die Auslegung und Deutung des anderen nicht stört, sondern nur fördert. Wir können sagen: alle Epigenesis hat ihr Urbild in der Ideogenesis, wie sie die Scholastik als ontologische Voraussetzung der Tragfähigkeit menschlicher Erkenntnis dargestellt hat. Auch Entwicklungssprünge und Entwicklungsknoten erscheinen jetzt konkret-kausal nicht mehr unwahrscheinlich und die Entwicklungslehre erhält eine neue Stütze durch die genuine Scholastik. Die Analogie der organismischen Epigenesis mit der Ideogenesis ist auch insofern zutreffend, als beide fortschreitende Unterscheidung und Einung zum Ziele haben, erstere freilich in physisch-realer, letztere in idealer intentionaler Weise. Man muß also bei aller Analogie immer streng im Auge behalten, daß in der Ideogenesis die Herausführung der intellektuellen Vorstellung aus der sinnlichen, die sie erzeugen hilft, in der Sphäre des Erkennens sich vollzieht, das den Wesensgehalt aus der sinnlichen Vorstellung herausführt, ohne sie real zu verwandeln. Unsere Deutung der Epigenesis ist damit auch deutlich unterschieden von der Lehre von der sogen. emergent evolution einiger amerikanischer Biologen. Diese hat zweifellos das Verdienst, daß sie die qualitative Seite der Lebenserscheinungen und die nicht summenhaft ableitbare Entstehung neuer Qualitäten im Naturwerden wieder in ihr Recht setzt. Aber indem sie das Primitivbild solcher qualitativen Epigenesis, die chemische Synthese, zum Urbild erhebt, sieht sie sich gezwungen, auch die intellektuellen Vorstellungen als Emergenten (qualitative Neuprodukte) der sinnlichen zu betrachten, d. h. einem verfeinerten Sensualismus und Materialismus zu huldigen, der den Ansprüchen der bildhaften Stoffquellen auf Veränderlichkeit und denen der Ideen auf Unveränderlichkeit und Zeitlosigkeit nicht in gleicher Weise genügen kann. Auch wird durch die nicht mehr klare Unterscheidung von Materialfeld und Verwirklichungsfeld und das instrumental vermittelte Hineinwirken des ersteren in das letztere das Wesen eines schöpferischen Auslösungsprozesses nicht präzis genug gekennzeichnet.

Mit diesem ersten Prinzip: der fortschreitenden schöpferischen Einung in der fortschreitenden Scheidung, das wir als Prinzip der epigenetischen Aszendenz bezeichnen können, verbindet sich nun noch ein zweites Prinzip: das der Typenspezialisierung. Auch hier erweist sich die Verbindung der wissenschaftlichen Fragestellung mit der Ideenlehre (und namentlich mit der Auffassung vom Leben der Ideen) als sehr fruchtbar. Wenn nämlich die Ideen in Gott Leben sind, und zwar das Leben, das Gott selbst ist, dann ist es auch verständlich, daß im Gegensatz zum typenhaft verdünnenden Kunstschaffen, das seine Quelle in der verdünnenden menschlichen Abstraktion hat, das Naturwirken eine gehaltliche Fülle in der Konkretisierung der Typen zur Darstellung bringt, die alle menschliche Fassungskraft weit übersteigt. Daß zunächst die Urformen noch weniger spezialisiert und durchgebildet waren als die späteren Abkömmlinge, besagt nicht, daß sie etwa schemenhaft oder weniger konkret waren. Sie waren ihrem Milieu und ihrer Zeit, ihrer Rolle innerhalb des urweltlichen Lebensschauplatzes und seiner Szenerie durchaus eingepaßte, ganz konkrete Einzelwesen. Ein ganz konkretes Einzelwesen sein heißt eben nicht, die typischen Wesensanlagen für alle möglichen Lebensrollen auch schon voll durchgebildet zu besitzen, und auch nicht, sie schon ganz einseitig spezialisiert zu besitzen. Vom Verwirklichungsfeld im Urstand der Formen (dem actus primus in der zweiten Bedeutung dieses Wortes) schreiten sie zum actus secundus ihrer zeitlichen Spezialisierung, von den mehr allgemeinen Charakteren der Ordnung und der Familie konsequent bis zu den spätesten Unterscheidungsmerkmalen der Linnéone und Jordanone fort. Mit dem actus primus scheint eine gewisse Urgestalt des Plasmas gegeben zu sein, die weiter ausgebildet werden kann, so wie wir ahnen können, wie eine Melodie, welche wir teilweise gehört haben, sich weiter spinnt. Die Träger der niederen systematischen Einheiten, die erst die Konkretisierung ganz vollenden, scheinen die Gene zu sein, die der höheren systematischen Charaktere wahrscheinlich die Protoplasmen. Wie mit der fortschreitenden Typenspezialisierung eine stufenweise Klärung und präzisere räumliche Gruppierung und ausgeglichenere Physiognomie des Pflanzenbildes Hand in Hand ging und z. B. die heutige Pflanzenwelt von der früherer Schöpfungszeiten sehr charakteristisch unterscheidet, schildert der Schweizer Botaniker Christ in seinem „Pflanzenleben der Schweiz". In bezug auf das Nebeneinander der Typen im Tertiär schreibt er, daß Palmen und Koniferen von Amerika, japanische und chilenische Typen, Eichen vom Orient, Nußbäume von Nordamerika, Kampferbäume von China, eine Sammlung bildeten, die bunter und seltsamer in unseren heutigen botanischen Gärten nicht zusammengewürfelt sein kann. Eine solche Charakteristik erscheint zunächst freilich nur als eine bessere Naturbeschreibung, so lange wir die von ihr erfaßten Spezifikationen nicht einer höheren Bedeutungssphäre einordnen können, die die innere Zusammengehörigkeit der Zeitformen zu ihrer Epoche erkennen läßt. Dacqué hat aber in seinem Werk „Die Erdzeitalter" gezeigt, wie die Frage nach Zeitformparallelismen in den erdgeschichtlichen Epochen sich wenigstens als gute Arbeitshypothese bewährt und für die Unterscheidung echter Typenursprünge von bloß nachahmenden Parallelismen sehr wichtig geworden ist.

Wie fruchtbar noch in anderer Hinsicht die Frage nach den Spezifizierungsgesetzen der Entwicklung ist, zeigt Hermann Kranichfelds Schrift über die „Theorie des phylogenetischen Wachstums", die von Roux in seinen Studien über Entwicklungsmechanik veröffentlicht wurde. Sie sucht zu zeigen, wie die von der Entwicklungsphysiologie in der individuellen Entwicklung erschlossenen Gesetzmäßigkeiten in einer analogen Weise auch für die Stammesentwicklung der Organismen gelten. Die von Roux aufgestellten Entwicklungsperioden der Ontogenese haben nach Kranichfeld in der Phylogenie ein Gegenstück: einen gleichsam embryonalen Jugendzustand, einen Höhepunkt der Lebensentfaltung und eine Altersperiode in der Entwicklung der Arten. (Wie gerade letztere vom Dualismus zwischen Materialfeld und Verwirklichungsfeld aus zu verstehen ist, haben wir beim Todesproblem schon besprochen.) Auch zwischen den Gesetzmäßigkeiten der Selbstdifferenzierung und der abhängigen Differenzierung in der Ontogenese einerseits und der Phylogenese anderseits bestehen Parallelen. Schließlich gibt es auch ein Gesetz der phylogenetischen Selbstregulation, das Kranichfeld folgendermaßen formuliert: „Das Ziel, auf welches die Zweckmäßigkeit im Naturgeschehen angelegt ist, ist, soweit wir es aus dem Ablauf des biologischen Geschehens erkennen können, die Entfaltung der Arten zu einem immer größeren Reichtum und die Aufrechterhaltung der Ordnung, bei welcher diese unendlich große Zahl von Arten und Varietäten sich im Gleichgewicht befindet und bei einer Störung durch einen phylogenetischen Fortschritt oder durch eine Umwälzung der äußeren Verhältnisse sich immer wieder ins Gleichgewicht setzt." So dürfen wir annehmen, daß z. B. der in der phylogenetischen Entwicklung oft in so merkwürdiger Weise hervortretende Wechsel in der Fruchtbarkeit der Arten und Sippen durch dieses Gesetz bestimmt ist, und Arten nur dann mit einer so ungeheuren Fruchtbarkeit, wie sie etwa der Bandwurm besitzt, auftreten, wenn auch der Gefahrenkomplex, mit dem sie es zu tun haben, ein außerordentlich großer ist. Ein besonders schönes Beispiel von Kompensation sieht Kranichfeld auch in bestimmten Erscheinungen der Gastpflege der Ameisen. Wasmann hat schon seit 30 Jahren in einer Reihe von Arbeiten nachgewiesen, daß die Pflege, welche die blutrote Raubameise und andere Formica-Arten ihren echten Gästen aus der Gruppe der Lomechusini (Kurzflüglerkäfer) zuwenden, nur diesen Gästen nützt, nicht aber den Ameisen selber, ja letzteren schließlich zum Verderben wird. Und doch besitzt jede der verschiedenen Formica-Arten einen eigenen erblichen Instinkt zur Pflege eben ihrer Gastart! Wir sehen somit hier erbliche Instinkte, die nicht artdienlich, sondern artfeindlich sind mit Rücksicht auf die pflegenden Wirte, fremddienlich dagegen mit Rücksicht auf die gepflegten Gäste. Die Käfer bieten ihren Wirten als Kostgeld berauschende Exsudate (Fettprodukte), auf deren Ableckung die Ameisen leidenschaftlich versessen sind. Dafür füttern die Ameisen nicht bloß den Käfer, sondern erziehen auch dessen Larven gleich der eigenen Brut. Diese Käferlarven sind jedoch die schlimmsten Feinde der Ameisenkolonien. Sie fressen massenhaft die Eier und die jungen Larven ihrer Wirte auf und veranlassen durch die adoptive Brutpflege sogar eine Entartung des normalen Brutpflegeinstinktes, der zur Entwicklung krüppelhafter Mischformen von Arbeiterinnen und Weibchen führt und mit dem Aussterben der gastgebenden Ameisenkolonie schließt. Dieses Endergebnis wird aber im Verlaufe der Erziehung jener Gäste dadurch meist lange aufgehalten, daß die Ameisen aus übergroßer Sorgfalt für die Larven der Lomechusini ihnen bei der Verpuppung keine Ruhe lassen und dadurch oft den größten Teil derselben zu Tode pflegen, weil sie in diesem Stadium anders behandelt werden müssen, als die Ameisenlarven. Hierdurch wird der zu starken Vermehrung der Gastkäfer eine Schranke gesetzt durch den nämlichen Instinkt, der die Ameisen veranlaßt, zu ihrem eigenen Schaden jene Käfer zu pflegen und zu erziehen. Auf so einfache und doch wirksame Weise wird das Gleichgewicht hergestellt zwischen Gast und Wirt zugunsten der Lebensgemeinschaft, welche beide miteinander in der Naturharmonie zu einem Ganzen verbindet.

Dieser große Zusammenhang, der sich zwischen den einzelnen Gliedern des Naturganzen vor uns auftut, darf uns aber nicht dazu verleiten, die eigenartige **Einheit des Seins**, die das **lebendige Individuum** als solches darbietet, auch auf die **Natur als Ganzes** zu übertragen (31). Das wäre die Scheineinheit (der falsche Monismus) einer Deutung ohne die nötige innere Unterscheidung der **wesentlichen Erscheinungsformen** und der sich aus ihnen ergebenden

Gesichtspunkte. Was die reine Erscheinungsform angeht, so sind ja im Organismus im Gegensatz zum Naturganzen die Glieder aus ihrem individuellen Fürsichsein herausversetzt und durch das Verwirklichungsfeld in die aktuelle Einheit seines Seins hineinversetzt. Im Naturganzen dagegen sind, wenn wir auch hier wieder an die reine Erscheinungsform uns halten, die Glieder zwar in einer alles verbindenden Ordnung, in eine Sinn- und Anordnungsganzheit hineinversetzt, aber dies unter voller Wahrung der Selbständigkeit ihrer Verwirklichungsfelder, die nicht wieder als Materialfelder eines umfassenden Verwirklichungsfeldes sich offenbaren. Wenn aber nun diese Selbständigkeit ihrer Verwirklichungsfelder als die der Natur allein zugehörige Selbständigkeit aufgewiesen werden kann, so kann die ins Ganze gehende Produktivität und Zielsicherheit ihrer Glieder auch nur wieder darauf beruhen, daß sie in dieser Hinsicht noch in einem wesensanderen Sinne Ausführungsorgane sind, als die Organe im Organismus es zunächst sind, nämlich konkrete, relativ in sich selbst gegründete Ausführungsorgane der Ideen, Instrumente Gottes also, die in der höchsten Unterschiedenheit und Einheit des kausalen Gesichtspunktes eine zugleich ganz göttliche und ganz kreatürlich gewirkte Tätigkeit entfalten (wie wir oben schon aus anderen Gründen entwickelten). Für den Naturforscher bleibt dabei die kreatürlich gewirkte Tätigkeit in ihrer ganzen Tiefendimension gewahrt, so daß nichts im Organismus geschieht, was nicht natürlich-kausal bedingt ist. Andererseits muß der Naturforscher dem Philosophen zugeben, daß dem Naturwesen, da seine Wesenheit sein Dasein nicht fordert, jede konstitutiv-persönliche Seinsmacht fehlt.

Durch diese in sich selbst aufs höchste unterschiedene Einheit der kausalen Beurteilung wird dann auch noch in anderer Hinsicht eine vollkommene Deckungseinheit mit der reinen Erscheinungsform des Naturwirkens erzielt; insofern nämlich dieses Wirken sich einerseits als ein nur in der Ausführung selbständiges und in sich selber „blindes“ und anderseits als ein überraschend schöpferisch produktives und unendlich planvoll geregeltes darstellt. Es ist einerseits ein nur in der Ausführung selbständiges und in sich selber blindes. Wenn z. B. bei Verletzung der Haut des Auges an fast beliebigen Stellen Linsenregenerate entstehen, wo sie gar keinen Sinn haben, so kann hier das Versagen des Prozesses nicht auf übermäßiger Einschränkung in der Wahl der Mittel zurückgeführt werden, da die Blindheit ja gerade darin besteht, daß zu viel getan wird. Hier haben wir es zweifellos mit den anschaulichen Kennzeichen einer nur in der Ausführung selbständigen Tätigkeit zu tun, die nicht aus innerer Einsicht wirkt. Anderseits aber preist schon Albertus Magnus die über all unsere Begriffe erhabene Zielsicherheit der Natur und stellt sie der menschlichen Beschränktheit gegenüber. „Während die Natur“, sagt er, „sicher wirkt und ohne Schwierigkeit und Mühe, geschieht hier (in den menschlichen Verrichtungen) alles mit Mühe und vielen Irrtümern; in der Kunst ist nichts von jenen Kräften, sondern nur die erbettelte Zusammenwirkung des Genies und des Feuers“ (De minerabilus, p. 213). Für den Physiologen ist diese Erkenntnis sehr wichtig. „Ein der menschlichen intelligenten Handlung analoges zweckmäßiges Geschehen, wie es die Psychovitalisten annehmen, würde viel zu langsam ablaufen und zu unsicher sein, als daß bei ihm das wunderbare Zusammenspiel der Einzelvorgänge, das uns z. B. bei dem Entwicklungsgeschehen oder bei dem Chemismus der physiologischen Prozesse überhaupt entgegentritt, möglich wäre. Es kommt bei all diesen Vorgängen ja nicht nur darauf an, daß etwas geschieht, sondern daß es auch in dem richtigen Rhythmus geschieht. Es muß jeder Vorgang präzis einsetzen und ablaufen, und tausend verschiedene Vorgänge müssen sicher ineinandergreifen. Auch bei dem menschlichen Organismus sind daher die Entwicklungsvorgänge und die lebensnotwendigen physiologischen Prozesse der Willkür entzogen und naturgesetzlich geregelt. Dabei ist die möglichste Einfachheit der teleologischen Einrichtungen dadurch gewahrt, daß sie nur den verschiedenen normalen äußeren und inneren Bedingungen angepaßt ist.

Die von den gewöhnlichen abweichenden, entweder künstlich gesetzten oder durch besondere individuelle Verhältnisse gegebenen Bedingungen brauchen nicht berücksichtigt zu werden, da der Naturzweck nur (wir würden besser sagen: in der Hauptsache) auf den Bestand der Art und das Gleichgewicht der Arten im Naturreich als solches geht" (26). In bezug auf die Mißbildungen, die eine Folge der Einstellung auf die Norm sind und deshalb unter abnormen Bedingungen eintreten, sagt deshalb Aristoteles sehr tief: „Sie gehören zu den Erscheinungen, welche wider die Natur sind, aber nicht wider alle Natur, sondern nur wider den gewöhnlichen Lauf der Dinge" (Von der Zeugung der Tiere IV, 62. [770b]). Es ist deshalb angebracht, auch scheinbar der gewöhnlichen Norm widersprechende Bildungen, wie z. B. die Pflanzengallen, aus höheren normativen Zusammenhängen zu begreifen und im Bereich des Menschlichen die Anomalien nicht ohne das sie oft sehr stark kompensierende Positivbild zu sehen, das nicht selten durch sie bedingt ist und in höhere Sinngesetze sich einfügt (Leben mancher Heiligen).

Zu der Art und Weise der kausalen Betrachtung, die wir jetzt bis zur höchsten Unterschiedenheit und Einheit durchgeführt haben, muß aber hinzugefügt werden, daß durch sie das reale Geschehen als solches nicht seines Geheimnischarakters entkleidet wird, sondern erst recht in seiner ganzen Geheimnistiefe sich vor uns auftut. Wir haben durch sie zwar die ontologischen Grundlagen zu der Deszendenztheorie gelegt, aber schon die Beziehung der Verwirklichungsfelder zu den Ideen, die, wie der Botaniker Troll sagt: „als ens realissimum in der Fülle der organischen Formen diese regelnd bilden", läßt uns das Unerforschliche in den Problemen der Phylogenie so recht zum Bewußtsein kommen. Dazu kommt, daß jede Wirklichkeitsbestimmung in der Natur, soweit sie als individuelle Verwirklichung von einem konkreten Verwirklichungsfeld in ihrem Verlauf abhängt, für uns ein unergründliches Rätsel ist. Lichtvoll ist für uns nur der aus der Wesenseinsicht in Potenz und Akt und dem Widerspruchsgesetz hervorgehende allgemeine ontologische Ursächlichkeitsgrundsatz, wonach echtes

Werden nur aus dem Dualismus von Materialfeld und Verwirklichungsfeld und der Priorität des letzteren zu verstehen ist.

Wir haben ferner die Möglichkeit, die Verwirklichungstypen zu unterscheiden und durch Wesensanalyse z. B. festzustellen, daß im Erkenntnisakt durch die ideal-intentionale Beziehung zwischen erkennendem Subjekt und erkanntem Objekt ein wesensanderes Bestimmen vorliegt, wie in der physischen Wirklichkeitsbestimmung. Auch im Belebungsakt liegt eine wesensandere Bestimmung vor, wie in dem äußerlichen Aufeinanderwirken der Teile in einem mechanischen Gemisch. Für die bildbedingte Analyse stellt sich die vitale Verwirklichung des Organismus meist als ein Assimilieren dar, und zwar sowohl als stoffliche wie als gestaltliche Assimilation. Für die Forschung erweist sich dabei die Unterscheidung von Materialfeld und Verwirklichungsfeld zunächst insofern fruchtbar, als sie den Leitfaden für eine Topographie der Organisationszentren bildet. Nicht minder wichtig ist der Zeitpunkt, an dem die einzelnen Organisatoren in ihrer Wirksamkeit einsetzen. Ist durch Berücksichtigung beider Gesichtspunkte der Verwirklichungsprozeß ausreichend beschrieben, dann kann man versuchen, seinem Sinn (seiner ratio) auf die Spur zu kommen. Die ersten Ansätze sind dazu heute durch die Verbindung der Entwicklungsphysiologie mit der Typenforschung gemacht [wie sie namentlich durch den Kölner Anatomen Brandt (32) angestrebt wird]. In der morphologischen Assimilation gibt es nämlich eine Suprematie des Typischen über die verschiedensten materiellen Zellgrundlagen, wie experimentell erhärtet worden ist. Nimmt man bei einer Tritonenlarve an der seitlichen Fläche des Rumpfes eine genau bekannte Stelle heraus, so kann man nach Verpflanzung auf einen anderen Keim die Entwicklung einer Gliedmaße beobachten, die sich aus dem verpflanzten Zellmaterial bildet. Das Interessante bei diesen Vorgängen ist, daß die typische Form „Gliedmaße" sich durchsetzt und auch Zellmaterial des Wirtes, das im normalen Entwicklungsgeschehen ganz andere Organe geliefert hätte, in die Form der Gließmaße mit einbezieht. Spemann gelang es, eine Zellinsel, die er einem Keim entnahm, indem sie ihrer Lage entsprechend Epidermis gebildet hätte, auf einen anderen Keim in dessen Gehirngegend zu übertragen. Dabei ging der Pfropf wohl in die typische Gehirngestalt des Wirtes über, aber es zeigte sich, daß die daraus gebildeten Zellen ihre eigenen Mendeleigenschaften ausgebildet hatten. Diese Suprematie des Typischen hat nach Brandt beim Menschen Ausprägungen der Gestalt zur Folge, die über alle rassigen, familiären und individuellen Verschiedenheiten dominiert. Es sind dies der „breite, kurze, gedrungene Körpertyp und der lange hagere, schmächtige Typ". Innerhalb dieser beiden Grundtypen, ihrer Suprematie unterstellt, gruppieren sich all die zahllosen Besonderheiten der einzelnen Rassen der Erde, der Völker, Familien, Individuen und ihrer Konstitutionsformen. Bildbedingte typologische und konkret-kausale Analyse können sich also in der Verbindung von morphologischer Typologie und Entwicklungsphysiologie recht wohl zusammenfinden.

Wie steht es aber mit dem Verhältnis der konkret-kausalen zur abstrakt-kausalen Analyse? In einer Wirklichkeitsbestimmung könnte wohl, wie wir soeben gesehen haben, ein Einsichtiges als eine vom Typischen bestimmte Norm einmal aufgezeigt werden. Muß nicht aber, wenn das mathematisch Einsichtige zur Darstellung der Abhängigkeitsbeziehungen der quantitativ erfaßbaren Größen in Anwendung kommen soll, von der Wirklichkeitsbestimmung als einem die Teile ins konkrete Ganze fügenden Prozeß vollkommen abgesehen werden? Ist diese Wirklichkeitsbestimmung in ihrem konkreten Vollzug nicht etwas der Einsicht sich absolut Entziehendes für uns, ein unerträgliches Noumenon, das erst fiktiv zersetzt werden muß, um den Gegenstand der für uns hellsten, der mathematischen Rationalität, zu unterwerfen? Hier liegt in der Tat ein scheinbar unüberbrückbarer Gegensatz zwischen dem konkret-kausalen und dem Gesetzesdenken vor, und der Vorzug des rein exakten naturwissenschaftlichen Erkenntnisideals tritt vor uns in seiner ganzen Größe heraus. Es macht meßbar und errechenbar, was meßbar und errechenbar zu machen ist. Auch wenn es dabei zu einer ganz unzureichenden Gegenstandsanalyse sich zurückziehen muß, so zieht es sich doch dabei auf eine völlig exakte Erkenntnisebene zurück. Anderseits führt diese Zurückziehung, wenn sie verabsolutiert wird, ebenso unverweigerlich zu einer Selbstauflösung der Biologie als einer gegenüber der Physik und Chemie selbständigen Wissenschaft vom Leben. Sie darf also keine gegensatzlose (antithesenlose) Zurückziehung bleiben. Und da fragt es sich schließlich, ob zwischen dem abstrakt-kausalen Denken und seiner Antithese, dem konkret-kausalen, eine synthesis in irgendeiner Form für immer ausgeschlossen ist. Nach der auf die Unterscheidung von Materialfeld und Verwirklichungsfeld sich gründenden Auffassung von der Wirklichkeitsbestimmung ist nichts in der physiologischen Tätigkeit vorhanden, was nicht der Potenz nach in dem Materialfeld enthalten ist, also auch nach seinen quantitativen Beziehungen darstellbar ist. Da das Charakteristische der Wirklichkeitsbestimmung eine die Teile ins wirkliche Ganze fügende Bestimmung ist, müssen konkret-kausale Analyse und abstrakt-kausale Gesetzeserfassung so lange dialektisch gespalten und exakt unüberbrückbar sein, als es nicht gelingt, die physiologische Chemie und Physik auf ganz neue gestalttheoretische Grundlagen zu stellen, Grundlagen, die nach neuen Gesetzmäßigkeiten eine Voraussage der vitalen Reaktionsergebnisse gestatten. Diese neue Theorie würde dann im Gewande von partiellen Differenzialgleichungen erscheinen, die in ihren Zahlen die chemischen und physikalischen Eigenschaften der Stoffe kennzeichnen, anderseits aber noch weitere Zahlen enthalten, die von der Form und Größe der untersuchten Organismen oder ihrer Teile abhängen. Zu solchen Versuchen, welche die Bedeutung bestimmter Formen und Abmessungen für die besondere Art des Lebens haben, sind aber noch kaum Ansätze vorhanden. Pütter ging zuerst diesem Problem nach (33). Das gleiche gilt von der Berücksichtigung der Mikrostrukturen. Da die Funktion der perspektivischen Erkenntnis aber ist, die höchste Einheit der Erkenntnis durch die höchste innere Unterschiedenheit der Gesichtspunkte, und zwar, wenn notwendig, bis zur dialektischen Spaltung der

Methode zu erzeugen, wird die abstrakt-kausale Methode in der Physiologie ihre Bedeutung, die sie bisher hatte, auch in Zukunft nicht verlieren. Wir haben im Gegenteil Grund, die Naturwissenschaft in ihrer Zurückziehung aufs Exakte (als auf ihre eigentlichste Domäne) immer wieder zu bestärken, wenn die dafür gegensätzlichen Gesichtspunkte nicht vernachlässigt werden! Denn, wenn wir den praktischen Erfolg dieser Zurückziehung betrachten, die Erweiterung und stetige Verfeinerung der experimentellen Basis durch den technischen Ausbau der Untersuchungsapparatur, so können wir nur sagen, daß durch dieses Werk erst jene für die Erschließung der Wirklichkeit vollgeöffnete Peripherie geschaffen und abgeschieden worden ist, der auch eine um so mehr aus den Teilaspekten gelöste Zusammenfassung der Ergebnisse in einer viel freieren, tieferen und konsequenteren Unterscheidung der Gesichtspunkte entspricht.

Was in der neuen Wissenschaft der Gesamterkenntnis der Gegenstände entscheidend sein wird, ist das neue Vertrauen in den konkreten Bildgehalt der Wirklichkeit. Das bedeutet nicht, daß wir lauter adäquate Wahrnehmungen besitzen würden, sondern daß wir die Potenz in uns haben, aus unserer Sinnesansicht der Dinge immer mehr die möglichst adäquaten Anschauungsgehalte herauszusondern. In der Tatsache, daß das Auge sich akkommodiert, die bestmögliche Sehweite immer selbst herstellt, liegt ein Bild für jede Erkenntnis, die immer erst die richtige Distanz zum Objekt gewinnen muß. Wir dürfen aus guten Gründen annehmen, daß in der Sehfläche um so mehr Einzelheiten abgebildet werden, je mehr Sehelemente im Auge vorhanden sind. Wenn man die Auflösung des Gegenstandes in seine Einzelheiten über das Normalmaß hinaus steigert, indem man z. B. einen Rasterdruck unter dem Mikroskop betrachtet, so entschwindet der Gesamteindruck immer mehr, die Gestalt löst sich mehr oder weniger auf in ein Aggregat von Punkten. Nur indem beim Organismus diese mikroskopische Analyse mit der makroskopischen in allen möglichen Abstufungen verbunden wird, gelingt es, seinen Aufbau aus einander sich übergreifenden Formwerten im Sinne der Heidenhainschen

Morphologie zu ermitteln und die hierarchische Gliederung seines Aufbaues zu verstehen. Die Abneigung Goethes gegen das Mikroskop ging, so unberechtigt sie an sich selbst ist, doch aus der berechtigten Befürchtung hervor, es gehe durch die immer schärfer das Objekt in Einzelheiten auflösende mikroskopische Betrachtung die optische Gesamtauffassung aus der richtigen Distanz heraus verloren. Wir können auch sagen: durch die Raumlupe werden uns die Raumgestalten in ähnlicher Weise entrückt, wie durch die Zeitlupe die Zeitgestalten. So z. B. löst sich die Melodienstruktur auf, wenn wir beim Spielen die Töne in zu großen Zeitintervallen aufeinanderfolgen lassen. Umgekehrt können bei den sog. Wachstumsfilmen der Pflanzen die Zeitintervalle verkürzt werden, so daß wir die Wachstumsbewegungen überblicken können, die Pflanze wachsen sehen. Das Leben der Pflanze, das in der Entfaltung ihrer Form sich auswirkt, wird durch die Bewegungssteigerung des Films so maskiert, als sollte es „etwas ins Werk setzen", wie das Tier bei der Handlung. Da es aber seinem Wesen nach gar keine solche „Intention" hat, wirkt die Bewegung dennoch „marionettenhaft" und wird charakterologisch gar nicht mehr richtig erfaßt. Die Bewegung pflanzlicher Spermatozoen und Schwärmsporen aber bringt im Gegensatz zu den Wachstumsbewegungen die innere „Erregtheit" bei der Fortpflanzungsfunktion, der höchsten Vitalfunktion der Pflanze zum Ausdrucke. So ist es auch wohl mit dem Wesen des Raubtieres zusammenhängend, daß das Blut des Löwen, sobald es aus dem Herzen tritt, schon viermal und in den Zweigen der 15. Abteilung hundertmal schneller läuft als im Menschen. Während in der Physik die Dauer in dem Sinne relativ bleibt, daß es keinen festen Punkt für sie gibt, von dem aus die Dauer gemessen werden könnte, dürften für die Biologie die Unterschiede in den wahrgenommenen oder festgestellten Bewegungen (ob schnell oder langsam usw.) auf einen festen Punkt: den Wesensbegriff hinweisen, von dem aus sie charakterologisch mehr oder weniger einsichtig werden. So dürfte auch das übersteigerte Bewegungstempo der heutigen Zivilisation auf unserem abstrakten, relativen, physikalischen Zeitbegriff beruhen und dem natürlichen (in den menschlichen

Wesensgesetzen verankerten) Lebensrhythmus widersprechen. Wir erfassen in den ganz verschiedenen Bewegungsrhythmen (z. B. „unruhig — steilzackig“ oder „mild und breit ausladend“) Entsprechungen zu ganz verschiedenen vom Gesamtcharakter aus beleuchtbaren Verhaltungstypen. (Man erinnere sich an die im 2. Kapitel dieses Buches zitierte Charakteristik Herders, in welcher er den Bewegungsrhythmus des Löwen und Elefanten mit der Raubtier- und Pflanzenfressernatur in Zusammenhang bringt. Erkenntnistheoretisch hat das ganze Problem besonders Pleßner von seiner Kritik der Sinne aus behandelt.)

Wie es in der Entfaltung des Organismus feste, in seinem Wesen begründete räumliche Ordnungen (konstante Richtungsfelder im morphogenetischen Reizfeld) gibt, so gibt es also auch feste in seinem Wesen begründete zeitliche Ordnungen (rhythmische Konstanten). Bei den Pflanzen ist in dieser Hinsicht besonders auffällig der Keimungsrhythmus vom Klappertopf (Alectorolophus). Wenn seine Samen durch irgendwelche Umstände im ersten Jahr am rechtzeitigen Austreiben verhindert werden, so müssen sie ein ganzes Jahr warten, bis ihre Zeit wieder gekommen ist. „Das besonders Rätselhafte dieses Falles liegt darin, daß den Samen auch im lufttrockenen Zustand, in dem ja bekanntlich alle Lebenstätigkeit auf ein Minimum reduziert ist, die Kenntnis des Kalenderstandes erhalten bleibt“ (Brauner). Es ist interessant, wie schon Augustinus auf die festen Raum- und Zeitgestalten im organischen Werden hinweist, in denen in gewisser Weise unabhängig vom Material eine konstante Ordnung in den Zahlenverhältnissen sich durchsetzt. „Wäre es nämlich so, sagt Augustinus, daß die Zahlenverhältnisse (numeri) der Samen sich ebenso räumlich dehnten (tumerent) wie die Samenkörner selbst, so würde aus dem halben Samen des Feigenbaumes ein halber Baum entsprießen, und aus dem geteilten tierischen Samen (Keim) würden nicht ganze und vollständige Tiere entstehen. Es könnte ein einziges winziges Samenkorn auch nicht eine unermeßliche Zeugungskraft haben.“ Der zur Fortpflanzung sich vorbereitende Teil im Körper empfängt nach Augustinus die „verborgenen Zahlengesetze des animalischen Ganzen“ kraft derer in der Mutter das Material „in bestimmten Zeitmaßen in bestimmte räumliche Maße gebracht wird". (Siehe Mausbach, Wesen und Stufung des Lebens nach dem hl. Augustinus.) Wie sehr Augustinus das Problem der Zeitgestalten bei der organischen Entwicklung beschäftigte, geht hervor aus dem, was er in „De civitate dei" (V 2) laut Gurlitt berichtet. „Cicero", schreibt er dort, „habe überliefert, zwei Brüder wären gleichzeitig erkrankt, ihre Krankheit habe zur gleichen Zeit ihren Höhepunkt erreicht, und beide wären wieder zugleich genesen. Er habe daraus geschlossen, daß sie Zwillinge seien (wir würden heute richtiger sagen: eineiige Zwillinge)." Was hier Augustinus berührt, steht in Beziehung zu den modernsten Problemen der Entwicklungsphysiologie. Bei gleichem Erbgut und gleichen Zeitmaßen im Einsetzen der Organisatoren scheinen gleiche Formen herausmodelliert zu werden. Kleine Verschiebungen in dem Zeitmaß oder in dem quantitativen Ausmaß der Hormonwirkung in der inneren Sekretion können ganz verschiedene individuale Ausprägung (in morphologischer und anatomischer Hinsicht) zur Folge haben, ein Problem, auf das wiederum Brandt sehr eindringlich hingewiesen hat. Bekannt ist, um das nur nebenbei zu erwähnen, das Versuchsergebnis, daß Fütterung mit dem Fleisch verschiedener innersekretorischer Drüsen bei Kaulquappen einschneidende Veränderungen des Wachstums-, Entwicklungs- und Verwandlungstempos und -endzieles hervorruft. Was das Wachstums- und Entwicklungstempo bei der Pflanze angeht, so hat zuerst Wigand einen die einzelnen wachsenden Teile übergreifenden Rhythmus darin aufzuzeigen versucht. Wenn man nämlich die Schwankungen des jährlichen Wachstums bei der Hauptachse und den Seitenachsen vergleicht, so läßt sich für das Steigen und Fallen ein deutlicher Parallelismus der Kurven nachweisen, so daß etwa in einem Jahre, wo die Entwicklung stockt oder umgekehrt einen raschen unverhältnismäßigen Aufschwung nimmt, diese Erscheinung durch die ganze Reihe der Sprosse geht. Dieses Gesetz gilt nicht nur annähernd für die Längenzunahme der Sprosse, sondern auch für die Zahl der Stengelglieder und Blätter, die Länge der Glieder, sowie für die jährlich erzeugten entwicklungsfähigen Knospen und ist durch den die ganze Pflanze einheitlich beherrschenden Rhythmus in der Lebenstätigkeit bedingt.

Wie der Rhythmus in der Lebenstätigkeit wesensgesetzlich-charakterologisch, so ist er auch ontologisch in dem Dualismus von Materialfeld und Verwirklichungsfeld verankert. Der Wechsel in der relativen Bestimmungsbereitschaft des Materialfeldes und das verschiedene innere „Gefälle“ von Materialfeld und Verwirklichungsfeld bedingt den Wechsel von Jugend und Alter. Wenn man z. B. liest, daß die Zellen der Wurzelspitze, solange sie noch im embryonalen Zustand sich befinden, chemischen Reizen sehr zugänglich sind, während sie in der Zeit des Streckungswachstums die Reizfähigkeit zum guten Teil verlieren, oder wenn wir erfahren, daß Berührungsempfindlichkeit von Ranken, die Licht-, Wärme- und Stoßreizbarkeit von Blättern und ihr tagesperiodischer Wandel mit dem Alter erlischt und daß für durch Außenfaktoren bewirkbare Mutationen eine besonders sensible Periode um die Zeit des Befruchtungsvorganges zu liegen scheint, so besagt das nichts anderes als eine rhythmische Verjüngung des Lebens, die eine maximale jugendliche Bestimmungsbereitschaft und Erregbarkeit herbeiführt, die immer wieder mit dem Alter abklingt. Analoge sensible Perioden wie im letztgenannten Fall dürfte es aber auch in der Phylogenie geben. Das Materialfeld der Urformen dürfte in Hinsicht auf ihre Spezialisierung durch Umbildung in maximaler Bestimmungsbereitschaft stehen, was in der oft geradezu explosiven Bereicherung des Formenschatzes, wie ihn die Paläontologen feststellen, sich zu bestätigen scheint. Schon früher haben wir im Anschluß an die Problemstellung von Petersen gesehen, daß die heutigen mutativen Umbildungen keinen ausreichenden Anhaltspunkt bieten, um eine Umbildungsweise verständlich zu machen, die z. B. zur Parallelentwicklung in dem Ausmaße führt, wie wir sie beobachten. Die Parallelisierung der Phylogenese mit der Ontogenese in bezug auf jugendliche Bestimmungsbereitschaft läßt nun zudem auch ganz anders geartete Umbildungsreaktionen wie heute bei den urweltlichen Formen vom Erfahrungsstandpunkt aus als wahrscheinlich erscheinen. Der Darwinismus, der echt biologische Begriffe wie

Jugendlichkeit und Alter durch seine mechanistische Interpretation der Lebensvorgänge entleert und entwertet hat, konnte zu solchen Rückschlüssen gar nicht kommen und entzieht so paradoxerweise der Deszendenztheorie am stärksten die Möglichkeit einer erfahrungswissenschaftlichen Wahrscheinlichmachung. Der letzte Botaniker dagegen, der unser Problem ganz tief gesehen, wenn auch freilich nur metaphorisch umschrieben hat, war Alexander Braun. Hervorgehend aus dem Trieb nach Vollendung des angelegten Wesens spricht sich nach Braun die phylogenetische Verjüngung in dem Aufgeben bereits erreichter Gestaltung und in einem Zurückgehen zu neuen Anfängen aus. Für den Biologen ist dies Neue ein ruhender Pol in der Flucht der Erscheinungen, ein mit Datum zu versehendes „Ereignis" (Rádl), von dem aus wenigstens er selbst verstehend nach rückwärts und vorwärts blicken und als wesentlich erkennen kann, daß es wenigstens einmal geschehen ist. Der Natur selbst freilich ist dieses Monopol des homo sapiens, das Überschauen ihrer Geschichte fremd. Nicht die Pflanze selbst erinnert sich an ein eigentlich in ihrem Wesen Liegendes, das sie noch vollkommener (als ein noch mehr in sich unterschiedenes Eines) aus sich herausführen soll, sondern diese Sammlung und dieses neue Schöpfen aus dem eigenen Lebensgrund vollzieht sich im letzten Grunde kraft der Hineinversetzung alles Naturwerdens in die alles Sein und Werden tragende Wirksamkeit Gottes, die das Naturwesen allein in seinem eigenherrlichen Sein und wie zu einem Springquell seiner zeitlichen Entfaltung konstituieren kann. Diese „immerwährende Schöpfung" konstituiert die „immerwährende Entwicklung" vor allem auch deshalb, weil Gott in aller Kreatur ihrer ontologischen Wahrheit gemäß, d. h. naturentsprechend wirkt. Als die Heimat aller ontologischen Wahrheit kann er gar nicht anders, als dieselbe auch in seiner Kreatur ehren, d. h. dieser keinen Zwang antun, der ihre konkrete Wahrheit verletzt. Darin besteht aber das Wesen des göttlichen concursus bei allem Werden, daß er das Angelegte seiner Natur entsprechend sich entfalten, d. h. sich entwikkeln läßt und seinen natürlichen Weg, der zuerst zu mehr oder minder vollkommenen, hier zu „geratenen“, dort zu grotesken, hier zu noch vorbereitenden, dort schon zu ausgereiften Stufen führt, nicht willkürlich verkürzt. Gerade das mitunter Groteske und Abenteuerliche, das Possierliche, Phantastische, „Gewagte“ der Naturformen ist als Ausdruck ihrer ontologischen Wahrheit zu verstehen, die im kreatürlichen, d. h. gottranszendenten Sein die mannigfaltigsten und überraschendsten Kombinationen von Licht und Schatten, Freiheit und Maß, Vorzug und Mangel in unendlichem reizvollen Wechselspiel ermöglicht. Von der ontologischen Wahrheit des Ganzen aus gesehen erscheint in der Natur auch das, was uns wie eine Verkehrung oder Ausschweifung vorkommt, durch ein innewohnendes Gesetz gebändigt und sanktioniert. Wir erinnern an den pervertierten Gastpflegeinstinkt der blutroten Raubameise. Hier ist der „Hedonismus“ der Ameise, der im Hinblick auf Individuum und Gattung Unnatur ist, im Hinblick auf die durch die Lebensgemeinschaft erforderliche Kompensation in bewunderungswürdiger Weise sanktioniert. Goethe spricht geradezu von einer Politik der Instinkte in der Natur und sagt, daß auch das Unnatürlichste in ihr Natur werden kann und daß sich in ihrer plumpsten Philisterei noch Genie verrät (34).

Man kann die anschauungsbedingte Wiederherstellung der adaequatio cum re, durch welche die Naturdinge jede ihnen angedichtete Romantik abstreifen, aber dadurch um so plastischer in ihrem eigenherrlichen Sein hervortreten, mit den Darstellungsformen der klassischen Malerei vergleichen. Jene lehrt die Naturwesen begrifflich in ihrer Vollkonstitution erfassen, wie sie diese konkret in derselben darzustellen versuchte. Freilich genügt uns die alte Art der Gegenständlichkeit (etwa eines Lionardo oder Dürer) heute nicht mehr. Sie hat das in sich selbst unterschiedene Eine des Gegenstandes noch nicht konsequent genug in sich unterschieden und damit neu geeint. Die optische Perspektive und der optische Gehalt verbindet sich heute mit der Tastperspektive und dem taktilen Gehalt zu einer neuen unerhört verfeinerten Strukturerfassung der Oberflächen (so z. B. in den Bildern von Heinrich Patt). Ferner muß die Annäherung an die Sache selbst, wie sie die „moderne Sachlichkeit" erstrebt, dialektisch erst zu ihrem Gegenpol, zu einem geistig verfeinerten essentiellen Realismus (wie etwa bei Seewald) fortschreiten, um in der Synthese die volle charakterologische und symbolische Tiefendimension des Gegenstandes mit hereinzunehmen. Sonst bleibt die Sachlichkeit abstrakt und leer. Eine Parallele zur künstlerischen Bewältigung des Gegenstandes bietet die begriffliche Annäherung an ihn durch die heutige Wissenschaft. Was die anschauungsbedingte Struktur- und Wesensanalyse von heute im Vergleich zur vorwissenschaftlichen Naturbetrachtung der Antike und des Mittelalters auszeichnet, ist der reifere vollere Einblick durch reichere Differenzierung der Gesichtspunkte und umfassendere Orientierung an der von der modernen Wissenschaft so gründlich durchpflügten Erfahrung. Wie schon im Werden der organischen Welt die Gnetazeenblüte die wahre Angiospermenblüte nur präludiert und diese auf höherer Stufe das Prinzip der Blume original weiter durchführt, wie ferner in der Herausbildung der höheren Integrationsformen im Bereich der Blüte nichts Wesentliches verloren geht, sondern aus unzähligen Verwandlungen in immer reiferer Gestalt hervortritt, so auch sahen wir in der Wissenschaft vom Naturwirklichen selber Höherstaffelungen des Erkennens. Und wie es in der Formengeschichte des Lebens allem Anschein nach einen zur reifsten Form, zur Grenze der Gestalten, zum Menschen heraufführenden Konservativstamm gibt, der alle Teilperspektiven der Spezialisierung nach Möglichkeit vermeidet, so auch im Bereich des Wissens eine zur Annäherung an die Sache selbst immer mehr hinstrebende Entwicklungslinie des aufs Ganze gerichteten Erkennens. Die erfahrungswissenschaftliche Sicherung, die eine solche Erkenntnis von unserem heutigen Standpunkt aus erst voll konstituiert, haben wir in diesem Buch kennen gelernt. Man kann gewiß die bildbedingte Erkenntnis mit dem erfrischten, klaren Blick des Erwachenden vergleichen, der „sich die Augen ausgerieben hat", und die Naturphänomenologen preisen, daß sie uns wieder das richtige „Schauen" und „Sehen" gelehrt haben. Aber mit dem neuen Schauen ist es allein nicht getan. Das Sprichwort „Aber warum einfach, wenn's auch kompliziert geht" wendet sich heute in seiner Ironie auf den Präger selbst zurück, denn die Erschließung der Wirklichkeit ist bei aller Einfachheit auch wieder unendlich kompliziert. Sie ist heute erst recht vor eine unendlich schwierige Aufgabe der erfahrungswissenschaftlichen Sicherung gestellt, insofern sie durch entsprechungsverbürgende Analysen verschiedene Tiefenschichten des Gegenstandes ableuchten und umfassen muß (und nicht, wie bisher, nur die der abstrakt-kausalen Analyse zugängliche Schicht). Und man kann sagen, daß nur so viel Wissenschaft in der bildbedingten Erkenntnis ist, als sie Wirklichkeitseroberung in diesem nichts sich schenken lassenden erfahrungswissenschaftlichen Sinne ist*).

*) Vgl. dazu auch Fritz Klein: „Logos und Bios", Westdeutscher Lutherverlag in Witten 1929, ein Buch, das trotz manchen gedanklichen Wildwuchses außerordentlich tiefe Einblicke in den dialektischen Perspektivismus der Erkenntnis zeigt, wie ihn die Gegenwart bewegt. Chesterston macht geistreich darauf aufmerksam, daß das Symbol der aufs Ganze gerichteten (Katholon-)Erschließung der Wirklichkeit der komplizierte Schlüssel ist. Im Gegensatz zu allen Monismen, die die Einheit durch künstliche Vereinfachung der Gesichtspunkte erstreben, zielt sie auf die Einheit in der höchsten Unterschiedenheit der Gesichtspunkte und dadurch auf die höchste Deckungseinheit mit der reichen Wirklichkeit. Doch verliert diese Erkenntnishaltung ihre überzeugende Macht über die Geister, wenn sie sich der Tiefe und Gefahr schöpferischer Auseinandersetzung verschließt und statt verjüngenden Abstiegs zu ihren großen geistigen Quellen eine neuscholastische Fortschritts- und Adaptionsphilosophie betreibt.

A. Anmerkungen und Literaturhinweise.

I.

1. Heyse, Hans, Der Begriff der Ganzheit und die Kantische Philosophie. München 1927.
2. Weyl, Hermann, Was ist Materie? Berlin 1924.
3. Kaufmann, Nikolaus, Die teleologische Naturphilosophie des Aristoteles. Paderborn 1893, pag. 77 ff.
4. Die Naturwissenschaften 1917, Heft 24.
5. Gurwitsch, Alexander, Versuch einer synthetischen Biologie. Berlin 1923. Ferner: Rudy, Die biologische Feldtheorie. Berlin 1931, pag. 47.
6. Palágyi, Melchior, Wahrnehmungslehre. Leipzig 1925.
7. Claudel, Paul, Ars poetica mundi. Hellerau 1930.
8. Schrammen, A., Die gesetzmäßigen Ursachen der Umbildung und des Verganges der Tierwelt und des Menschen. Hildesheim 1930.
9. Becher, Sigmund, Untersuchungen über nichtfunktionelle Korrelation in der Bildung selbständiger Skelettelemente und das Problem der Formbildung in einheitlichen Plasmamassen. Zool. Jahrbücher, Bd. 31 (1911).
10. Gredt, Jos., O. S. B., Die Selbstbewegung des menschlichen Verstandes und Willens. Divus Thomas, 5. Bd., 1. Heft.
11. Vgl. E. Rolfes, Die substantiale Form und der Begriff der Seele bei Aristoteles. Paderborn 1896, pag. 98.
12. Fischer, Ikonik. Regensburg 1931. Vgl. dazu auch die tiefe Ausführung von Scheler: „Das Tier vermag die Leerform des Raumes und der Zeit so wenig von bestimmten Inhaltlichkeiten der Umweltdinge loszulösen wie die ‚Zahl' von einer als größer oder kleiner in den Dingen selbst liegenden ‚Anzahl'. Es lebt ganz in die konkrete Wirklichkeit seiner jeweiligen Gegenwart hinein. Erst wenn die in Bewegungsimpulse sich umsetzenden Trieberwartungen das Übergewicht erhalten vor all dem, was faktische Trieberfüllung in einer Wahrnehmung oder Empfindung ist, findet — im Menschen — das überaus seltsame Phänomen statt, daß die räumliche Leere, und analog die zeitliche, allen möglichen Inhalten der Wahrnehmung und der gesamten Dingwelt als vorhergehend, als ‚zugrundeliegend' erscheint. So blickt der Mensch, ohne es zu ahnen, seine eigene Herzensleere als eine ‚unendliche Leere' des Raumes und der Zeit an, als ob diese auch bestünden, wenn es gar keine Dinge gäbe."

13. Siehe Arbeit von Jacobj, Literaturnachweis 57.
14. Vgl. dazu Dorlodot, Le Darwinisme. Bruxelles 1921. Dorlodot hat hier den thomistischen Begriff der Instrumentalursache ausführlicher zum Verständnis der Entwicklungskausalität herangezogen. Dorlodots Versuch war der erste auf theistischer Seite, eine Auffassung vom Werden der Dinge zu geben, die unter Wahrung des Wesensunterschiedes zwischen Mensch und Tier eine genetische Entwicklung zuläßt (indem sie eine totale essentielle Veränderung als Naturerscheinung nicht nur als möglich erweist, sondern als sehr allgemein vorkommend voraussetzt). Es fehlt jedoch eine tiefere Verknüpfung der Gedankengänge mit den Fragen der bildbedingten typologischen Biologie, die den Fragen z. B. der „rationes seminales" erst einen wissenschaftlichen und die Wissenschaft selbst befruchtenden Sinn geben.
15. Vgl. dazu auch Scheler, Idealismus—Realismus, pag. 274. „Philos. Anzeiger", II. Jahrg., 1927, Heft 3.
16. Vgl. auch das „Biologische Unterrichtswerk" von Richard und meinem Freunde Weber, in welchem versucht wird, die verschiedenen Blattformen aus dem eiförmigen Umriß abzuleiten. Dieses Unterrichtswerk bringt neben Smalian endlich wieder den eigentlichen Bildungswert der Biologie: die Kultur des Gesichtssinnes, des Schauens zur besonderen Geltung.

II.

1. Müller, Armin, Das Individualitätsproblem und die Subordination der Organe. Ein Beitrag zum Descensus der Keimdrüsen der Säugetiere. Leipzig 1924.
2. Lotze, H., Mikrokosmos. 5. Aufl. Leipzig 1905. II. Bd., pag. 188 ff.

In diesen seinen Ausführungen, die die menschliche Sinnlichkeit behandelt, findet es Lotze mit seinem wissenschaftlichen Gewissen durchaus vereinbar, in den sinnlichen Qualitäten eine echt wesenhafte Entsprechung zur feineren Dingstruktur aufzuzeigen, also das, was Frau Hedwig Conrad Martius in ihrer „Realontologie" durchgeführt hat (in modern-phänomenologischer Analyse) und was wir selbst an einigen Beispielen hier versuchen, in seiner tiefen Berechtigung anzuerkennen. Die Regelmäßigkeit des Baues und die gleichmäßige Stetigkeit der inneren Anordnung verrät nach Lotze die Durchsichtigkeit eines Körpers, der ungleichartige Zustand der Bestandteile seine Trübe. Auch im Klang sucht Lotze nachzuweisen, „daß mit den äußeren Reizen unsere Empfindungsweisen nicht prinziplos verkettet sind". „Nicht mehr an der Kraft, die er ausübt, nicht an der Größe seines Widerstandes gegen äußere Gewalten schätzen wir jetzt die Härte, die Dichtigkeit, die Sprödigkeit und Federkraft des Körpers; vielmehr in der Fülle der Klänge, in ihrer Weichheit oder Herbigkeit, im Schneidenden oder Feuchten und Abgerundeten des Schalles glauben wir erst zu fühlen, wes Geistes Kinder alle jene physischen Eigenschaften sind und welche wahrhafte Härte und Sprödigkeit, welche wahre Weichheit des Wesens und Daseins sich in der Welt hinter jenen äußerlichen Formen räumlich wirkender Kräfte verhüllt."

Wir erfassen also in der sinnlichen Intuition auch nach Lotze etwas vom Wesen der intimen körperlichen Organisation, allerdings in der Weise des sinnlichen Erkennens, d. h. ohne uns reflex darüber ein Urteil zu bilden.

3. Diese sinnliche Äußerlichkeit ist allerdings mehr bei den niederen Affen als bei den hochentwickelten Menschenaffen vorhanden. „Vergleichen wir den kleinen (niederen) Affen mit dem großen alten Schimpansen. Bei dem kleinen Affen fliegt die Blickrichtung wie ein schmales Suchlichtbündel von einem Umweltteil zum andern. Er hat immer etwas Neues im Blick. Wenn auch das Aha-Erlebnis sich immer wieder einstellen kann, das ganze Verhalten des Tieres hat etwas Nervöses, etwas Unruhiges. Besonders aber hat das Tier immer nur wenig zu gleicher Zeit. Der alte, große Affe aber, der aus physischen Gründen schon immer dicht beim Stamme verweilen muß, hat die ganze Baumkrone mit Ästen, Blättern und Früchten, alles zu gleicher Zeit" (Buytendijk).
4. Vgl. K. C. Schneider, Euvitalistische Biologie. München 1926, pag. 10 ff.
5. Bolk, Das Problem der Menschwerdung. Jena 1926.
6. Petersen, Die Bedeutung der aufrechten Körperhaltung für die Eigenart des menschlichen Umweltbildes. (Die Naturwissenschaften 1924, Heft 10.)
7. Heß, Funktionsgesetze des vegetativen Nervensystems. Klin. Wochenschrift, 5. Jahrg., Nr. 30.
8. Daß nur von den seelisch-geistigen Wesenskonstanten des Menschen und deren Entfaltungsstufen aus auch Soziologie, Wirtschaftsgeschichte usw. zu „verstehenden" Wissenschaften sich entwickeln können, diese Einsicht beginnt langsam zu dämmern. Ich erinnere nur an O. Spann und B. Laum!

III.

1. Schleip, Waldemar, Die Determination der Primitiventwicklung. Leipzig 1929, pag. 113.
2. Die grundlegenden die Biologie betreffenden, phänomenologischen Analysen Schelers finden sich schon in einem Kollegheft aus seiner Münchner Zeit, das mir durch die Liebenswürdigkeit von Frau Scheler zur Verfügung gestellt wurde. Sonst findet sich das Wesentlichste der Schelerschen Lebensphänomenologie in seiner Ethik. In stärkstem geistigen Kontakt stand Scheler mit den beiden Physiologen K. Goldstein und F. Buytendijk.
3. Ein Teil der folgenden Ausführungen ist meinem Aufsatz: Pleßners Ästhesiologie des Geistes. Ein neuer Zugang zur Philosophie der Natur. Hochland 1924—25, 11. Heft, entnommen.

4. Von besonderem Interesse sind hier die Bemerkungen Pilgrams, „Über christlichen Realismus im Gegensatz zum Intellectualismus und Ethicismus": „Der Gegensatz vom Realismus wäre, nach unserem Gebrauch des Wortes, der Intellectualismus und Ethicismus. Der Intellectualismus besteht darin, daß am Erkennen und seinen Objecten die intellectuelle Seite, die Erkenntnis nach ihrem Wesen und Inhalte als solche hervorgehoben wird. Folge des Intellectualismus der Neuzeit ist jenes aufgelöste Geistesleben, welches in überfließendem Erkennen als solchem seine innere Realität verloren und im Wissen sein eigenes Dasein sozusagen aufgelöst hat. Der Ethicismus besteht in dem entsprechenden Hervorkehren der Wesenheit und des Inhaltes des Willens über seine Realität und Tatsächlichkeit, und seine notwendige Folge war unter Anderem jenes endlose Moralisieren der neueren Zeit, welches vor lauter Wollen es selten zu Taten kommen ließ ... Der Idealismus beruht auf einer Hervorhebung des Wesens und der in ihm innerlich gegebenen Bestimmung zu ihrer factischen Wirklichkeit. Dieser Gegensatz ist an sich sehr wohl lösbar, wenn nur die factische Existenz als ein durch die Sünde accidentell hervorgebrachter und durch die Erlösung auch tatsächlich wieder aufzuhebender Zustand gefaßt wird, bei dem die reale Wirklichkeit immerhin bestehen bleibt. Die modernen Idealisten aber haben nicht den Schlüssel zu dieser Lösung gehabt, sie wußten nicht zwischen Zustand und ursprünglicher Wesenheit der Dinge zu unterscheiden, und darüber kommen sie zu dem Schlusse, das Wirkliche sei als solches schlecht, und zu jener Flucht von dem Wirklichen ins Reich der Ideale, welche Flucht der tatsächliche Ausdruck jenes unbewußten Schlusses ist." Demgegenüber muß das ethische Problem wieder in erster Linie von der konkret-kausalen, nicht von der urbildlich-normativen Seite aus gesehen werden: „Namentlich ist das, was man das Mechanische zu nennen pflegt, welches am Menschen im gesunden und ursprünglichen Zustande latent bleibt und als eine durchaus untergeordnete Seite und aufgehobenes Moment in das organische und geistige Leben aufgenommen ist, im jetzigen Zustande bis zu einem gewissen Grade auf sich selbst gesetzt und zur Herrschaft gelangt über die höheren und geistigen Verhältnisse, so daß das Sein des Menschen jetzt in Vielem annormaler Weise ein wesentlich mechanisches zu nennen ist." („Physiologie der Kirche". Mainz 1860, pag. 121 ff.) Die Gegenwirkung, die Aufhebung des verkehrten Zustandes der menschlichen Natur und die Restitution derselben in ihr wahres Wesen, haben die großen christlichen Ethiker, so vor allem Augustinus, immer gern in biologischen Parallelen verdeutlicht und dabei gerade die feinsten Charakterzüge des Vitalen enthüllt. An die Schilderung z. B., wie bei der spirituellen Erneuerung der sinnliche Mensch gleichsam erst „aufgelöst" und von innen heraus neu geformt wird, schließt Augustinus eine wundervolle Ausführung über die „sichtende" und „prüfende" Tätigkeit des vegetativen Lebens an: „Wenn die Nahrungsmittel vergehen, d. h. ihre Form verlieren, wandern sie in die Werkstätte (fabricam) der Leibesorgane und erneuern

das Verbrauchte, wobei sie selbst eine neue angemessene Form gewinnen. Durch die vitale Bewegung werden sie gleichsam geprüft und gesichtet, damit das Geeignete aus ihnen zum Aufbau (structuram) dieses sinnfällig Schönen verwertet, das Ungeeignete aber auf bestimmten Wegen ausgeschieden wird. Das Gröbste von letzterem wird der Erde zurückgegeben, damit es neue Formen eingeht; ein anderes atmet der ganze Körper aus, wieder anderes empfängt die verborgenen Zahlentypen des animalischen Ganzen und bereitet sich vor zur Fortpflanzung ... In der Mutter sodann wird es in bestimmten Zeitmaßen in bestimmte räumliche Maße gebracht, so daß jedes Glied den rechten Platz erlangt. Wenn alle Glieder so zusammenstimmen, wenn überdies der Reiz der Farbe hinzutritt, dann wird ein Leib geboren, den wir schön nennen, und den die Liebhaber des Leibes aufs höchste lieben. Immerhin erregt dabei die Form, die bewegt wird, kein größeres Wohlgefallen als das Leben, das aktiv bewegt." (De vera relig. n. 74.)

IV.

1. Wiesner, Julius, Die Elementarstructur und das Wachstum der lebenden Substanz. Wien 1892.
2. Heidenhain, M., Über die Grundlagen einer synthetischen Theorie des tierischen Körpers. Klinische Wochenschrift, 4. Jahrg., Nr. 3 u. 11.
3. Jacobj, W., Über das rhythmische Wachstum der Zellen durch Verdoppelung ihres Volumens. Arch. f. Entwicklungsmech. der Organismen 106, 1925 und M. Monschau, Untersuchungen über das Kernwachstum bei Pflanzen. „Protoplasma" 1930, Bd. IX, Heft 4.
4. Simon, V., Über Gewebeveränderungen in den Stielen abgetrennter bewurzelter Blätter von Begonia Rex. Jahrb. f. wiss. Bot. 1929, Heft 3.
5. Münch, E., Die Stoffbewegungen der Pflanze. Jena 1930.
6. Kny, L., Über künstliche Spaltung der Blütenköpfe von Helianthus annuus. Naturw. Wochenschrift, N. F. IV, Nr. 47.
7. Némec, B., Über die Folgen einer Symmetriestörung bei zusammengesetzten Blättern. Prague 1902.
8. Rudy, H., Die biologische Feldtheorie. Berlin 1931, pag. 19 ff. Vgl. zu den neuen Formbildungstheorien auch die treffliche Schrift von Bertalanffy: Kritische Theorie der Formbildung. Berlin 1928.
9. André, H., Über künstliche Blatt- und Blütenmetamorphosen bei der Schneebeere (Symph. rac. Michx.). Berlin 1927.
10. Schuepp, O., Untersuchungen zur beschreibenden und experimentellen Entwicklungsgeschichte von Acer Pseudoplatanus. Jahrb. f. wiss. Bot. 1929, Heft 5.
11. Vgl. dazu: K. Goldstein, Die Lokalisation in der Großhirnrinde. Handbuch der normalen und pathologischen Physiologie, II. Bd., pag. 675. Berlin 1927.
12. Molisch, H., Die Lebensdauer der Pflanze. Jena 1929.
13. Schrammen, A., Die gesetzmäßigen Ursachen der Umbildung und des Verganges der Tierwelt und des Menschen. Hildesheim/Leipzig 1930.

14. Jacobj, W., Das geometrische Prinzip der „Möbiusringe". Roux' Arch. 106.
15. Tschirch, A., Was sind Vitamine? Schweizerische medizinische Wochenschrift 1920, Nr. 2.
16. Vgl. zum Folgenden: M. Bergmann, Zur Kenntnis der Eiweiß-Bausteine und ihrer enzymatischen Verbindungen, sowie: E. Abderhalden, Die biologische Bedeutung der Zwischenverbindungen. Die Naturwissenschaften 1930, Heft 20/21.
17. Siehe zum Folgenden: Rosen, Das komplikatorische Prinzip. Beitr. z. Biol. der Pflanzen, 14. Bd., 7. Heft.
18. Wigand, Alb., Der Darwinismus. Braunschweig 1874. I. Bd., pag. 256ff.
19. Hayata, The Relation between the Succession and Participation Theories and their Bearings upon the Natural System. Tokyo 1926 und 1929.
20. Potonié, H., Grundlinien der Pflanzenmorphologie im Lichte der Paläontologie. Jena 1912.
21. Heidenhain, M., Ein vorläufiger Bericht über die Spaltungsgesetze der Blätter. Zeitschr. f. Anatomie und Entwicklungsgeschichte, 90. Bd., 2. Heft.
22. Uittien, H., Über den Zusammenhang zwischen Blattnervatur und Sproßverzweigung. Amsterdam 1929.
23. Siehe zum Folgenden: W. Troll, Organisation und Gestalt im Bereich der Blüte. Berlin 1928. Grundprobleme der Pflanzenmorphologie und der Biologie überhaupt. Biol. Zentralbl. 1929, Heft 1.
24. Seybold, A., Untersuchungen über die Formgestaltung der Blätter der Angiospermen. Leipzig 1927. Über Zweckmäßigkeitsbetrachtungen und die Aufgaben der pflanzlichen Physiologie. Biol. Zentralbl. 1930, Heft 6.
25. Wolff, G., Zur Frage der „fremddienlichen" Zweckmäßigkeit. Roux' Arch. 111.
26. Vgl. dazu: H. Kranichfeld, Gemeinschaftsdienliche Zweckmäßigkeit, die Lösung des Problems der Dysteleologien. Naturw. Wochenschrift 1921, Nr. 36.
27. Petersen, H., Vorgänge und Zustände und ihre Ableitung auseinander. Kritische Anmerkungen zum Geschichtsproblem in der Biologie. Die Naturwissenschaften 1920, Heft 49.
28. Vgl. zum Folgenden: Jur. Philiptschenko, Variabilität und Variation. Berlin 1927.
29. Stumpf, C., Leib und Seele. Der Entwicklungsgedanke in der gegenwärtigen Philosophie. Leipzig 1909.
30. Es ist merkwürdig, daß die Dogmatiker die tiefen Parallelen, die hier zwischen Schöpfungs- und Offenbarungsgeschichte bestehen, nicht schon längst zu Konvenienzgründen für die Entwicklungstheorie verwertet haben.
31. Wenzl, A., Der Gestalt- und Ganzheitsbegriff in der modernen Psychologie, Biologie und Philosophie und sein Verhältnis zum Entelechiebegriff. Philosophia perennis. Regensburg 1930.

32. Brandt, W., Die biologischen Grundgesetze der Entwicklung. Köln 1931.

33. Pütter, A., Studien über physiologische Ähnlichkeiten. VI. Wachstumsähnlichkeiten. Pflügers Arch., Bd. 180, 1920, S. 298—340.

34. Die größte Schwierigkeit, die man gegen den concursus divinus erhoben hat, liegt darin, daß er eine Welt erhalten und regieren soll, die voll Schmerzen, Schuld und Leiden ist. Aber diese Schwierigkeit übersieht die tiefste Wesensstruktur des kreatürlichen und insofern gottranszendenten Seins, das in seiner konkreten Wahrheit im Vergleich zum gediegenen Sein Gottes ein schlechtes, d. h. wie Frau Conrad-Martius sagt, „ein der konstitutiv-persönlichen Seinsmacht bares" und aus Potenz und Akt zusammengesetztes Sein ist (ja seinem Wesen nach sein muß). Die Thomisten sehen im Leiden eine Notwendigkeit, die sich aus dem absolut wahren und darum (im Hinblick auf die Kreatur selbst) völlig seinsgerechten und naturentsprechenden Vorgehen des göttlichen concursus ergibt. Es ist durchaus naturentsprechend und wahr, daß Seinsbedrohung mit einer Intuition (oder einem „Innewerden") des Negativen, d. h. beim bewußten Leben des Tieres mit Schmerz verbunden ist. Die Seinsbedrohung und die Notwendigkeit des Individualtodes beim Tier ergibt sich wiederum als Bedingung zur Verwirklichung eines höheren Wertes: des Lebens der Gattung und der Lebensgemeinschaften. Beim Menschen aber erhält das Leiden noch eine viel tiefere Sinnfunktion. In allem geschöpflichen Sein, in dem Vervollkommnung nur Aktuierung des Guten (nicht aber actus purus, d. h. konstitutiv persönliche Seinsmacht des Guten selber ist), wird die Weckung der ganzen Energie des Aktes in seiner ganzen Gediegenheit erst sinnvoll und seinsentsprechend bei jener dialektischen Situation, in welcher der Handelnde wenigstens des Wunsches nach einem nach der objektiven Wertordnung unerlaubten Gute fähig und daher im weitesten Sinne im Leiden ist. Es ist also seinsgerecht im Sinne der höchsten Entfaltung der Energie des Guten, daß Natur und Geistesgeschichte im Helldunkel und in der dialektischen Auseinandersetzung aller Möglichkeiten des Daseins nach seinen Gegensätzen sich bewegen. Die Natur mag dabei in ihrer Ordnung vom Individuum aus gesehen hart erscheinen (besonders bei subjektiver vermenschlichender Einfühlung in dasselbe), aber als Reflex der ehernen ontologischen Wahrheit, die aller Welttragik zugrunde liegt, ist sie in ihrem Kampfprinzip und in ihren Opfersymbolen ein gewaltiges und ergreifendes Schauspiel, das dem Menschen die guten und die bösen Gegenbilder seines Wesens und das Präludium seiner Weltgeschichte, für die der Baum der Versuchung konstitutiv ist, vorführt. Die Geschichte, wo sie wirklich Weltgeschichte wird, ist nicht der Boden des Glücks. „Die Perioden des Glücks", sagt Hegel, „sind leere Blätter in ihr, denn sie sind die Perioden des fehlenden Gegensatzes". Und wir können hinzufügen: im Mittelpunkt der Weltgeschichte steht das Kreuz. Wie die Geschichte, so ist

nach Thomas auch das „Gericht" nur eine unerbittliche Konsequenz des Gedankens, daß Gott in der Kreatur immer naturentsprechend, also ihrer konkreten Wahrheit gemäß wirkt. Thomas geht so weit, daß er auch die Strafe des Gottesverlustes im Inferno von der naturhaften Stabilisierung der Willensrichtung in der vom Leibe getrennten Seele abhängig macht, die eine Reue — ohne Vernichtung oder Vergewaltigung dieser Natur — ausschließt. „Die Seele", sagt er, „ist nach diesem zeitlichen Leben keinem Wechsel und Wandel mehr unterworfen durch irgendwelche Alteration, weil diese Art von Veränderung (nämlich der Wechsel der Gemütsstimmung) ihr nicht an sich, sondern nur indirekt, nämlich auf Grund eines Wechsels, der im Körper (im leiblichen Organismus) vor sich ging, zukommt" (Comp. theol. 174). Wir führen diese Stelle hier an, nicht um Theologie zu treiben, sondern um das senkrecht immer auf das Sein und die ontologische Wahrheit gerichtete Denken des Aquinaten ganz markant herauszustellen. Erst in Verbindung mit diesem gewinnen auch Schelers tiefe Untersuchungen über den Sinn des Leidens (Moralia 1923), in denen er „das seltsame, helldunkle, süß-schmerzliche Lust-Leidbouquet des Opfers" wertphänomenologisch zu ergründen sucht, ihren Halt.

B. Gesamtübersicht über die Literatur.

I. Zur ideengeschichtlichen Orientierung.

1. Meyer, Ad., Das Wesen der idealistischen Biologie und ihre Beziehungen zur modernen Biologie. Archiv f. Geschichte der Mathematik, der Naturwissenschaften und der Technik. Leipzig 1928.
2. Ders., Das Wesen der antiken Naturwissenschaft mit bes. Berücksichtigung des Aristotelismus in der modernen Biologie. Arch. f. Geschichte der Medizin 1929, Heft 1.
3. Ders., Goethes Naturerkenntnis, ihre Voraussetzung in der Antike, ihre Krönung durch Carus. Jahrb. d. Freien Deutschen Hochstifts, Frankfurt a. M. 1929.
4. Meyer, E., Geschichte der Botanik. Königsberg 1854. Gibt eine treffliche Darstellung der Biologie des Aristoteles und Albertus Magnus.
5. Rádl, E., Geschichte der biologischen Theorien. Leipzig 1909 und 1913. Hebt vor allem die ideellen Leitlinien und geistesgeschichtlichen Zusammenhänge deutlich hervor und zeigt tiefes Verständnis für die Biologie als eine Wissenschaft sui generis. Als Ergänzung zu Rádl ist noch zu empfehlen: Siegel, Geschichte der deutschen Naturphilosophie. Leipzig 1913.
6. Sternberg, M., Die Bedeutung der scholastischen Philosophie für das heutige medizinische Denken. Berlin 1926*).

7. Willmann, O., Historische Einführung in die Metaphysik (Freiburg 1914) und Logik (Freiburg 1912). Vgl. bes. die Kapitel: „Das Allgemeine und das Wesen“ (Logik) sowie „Latentes und entwickeltes Sein“, „Das Wesen als Entwicklungsprinzip“ und „Die genetischen Prinzipien“ (Metaphysik). Willmann ist kein primär kritischer, aber ein instinktsicherer Denker, von dem Buytendijk sagt, daß ihm „besonders die Resonanz der wissenschaftlichen Probleme und ihrer Lösungen im Herzen des einfachen Menschen immer ein Zeichen ist, das Richtige, den Schwerpunkt in der Einheit der Erscheinungen, im Blick erfaßt zu haben.“

8. Liberatore, M., Die Erkenntnistheorie des hl. Thomas von Aquin. Aus dem Italienischen übersetzt von Eugen Franz. Mainz 1861.
9. Gredt, J., Unsere Außenwelt. Eine Untersuchung über den gegenständlichen Wert der Sinneserkenntnis. Innsbruck 1921.
10. Gloßner, M., Das Prinzip der Individuation nach der Lehre des hl. Thomas und seiner Schule. Paderborn 1887.
11. Ders., Die objektive Bedeutung des aristotelischen Begriffs der realen Möglichkeit. Jahresbericht d. Görr.-Ges. f. 1883. Köln 1884. Diese beiden Gloßnerschen Arbeiten sind zu einer grundsätzlichen Orientierung über die thomistische Problemstellung sehr wichtig.
12. Grabmann, M., Die Idee des Lebens in der Theologie des hl. Thomas von Aquin. Paderborn 1922.
13. Mausbach, J., Wesen und Stufung des Lebens nach dem hl. Augustinus. Köln 1930 (in der Augustinus-Festschrift der Görres-Ges.).
14. Pfeifer, Dr. Fr. X. Harmonische Beziehungen zwischen Scholastik und moderner Naturwissenschaft. Augsburg 1881.
15. Eibl, H., Aufriß einer Metaphysik. Jahrb. d. österr. Leoges. 1929.

16. Braun, A., Betrachtungen über die Erscheinung der Verjüngung in der Natur. Leipzig 1851.
17. Ders., Das Individuum der Pflanze in seinem Verhältnis zur Spezies. Berlin 1853.
18. Carus, C. G., Natur und Idee oder das Werdende und sein Gesetz. Wien 1861.
19. Goethes Morphologische Schriften. Ausgewählt und eingeleitet von Wilh. Troll. Jena 1926.
20. Humboldt, A. v., Ansichten der Natur. Stuttgart 1859.
21. Kiehlmeyer, Rede über das Verhältnis der organischen Kräfte untereinander in der Reihe der verschiedenen Organisationen, die Gesetze und Folgen dieser Verhältnisse. Stuttgart und Tübingen (1793) 1814.
22. Planck, K. Chr., Grundzüge einer genetischen Naturwissenschaft oder einer Mathematik der Naturformen. Tübingen 1862.
23. Ders., Grundlinien einer Wissenschaft der Natur als Wiederherstellung der reinen Erscheinungsformen. Leipzig 1864.
24. Ders., Grundzüge der organischen Naturansicht, als Einleitung zur Anthropologie. Ulm 1869.

25. Ders., Seele und Geist oder Ursprung, Wesen und Tätigkeitsform der physischen und geistigen Organisation. Leipzig 1871.
26. Ders., Wahrheit und Flachheit des Darwinismus, ein Denkstein zur Geschichte heutiger deutscher Wissenschaft. Nördlingen 1872.
27. Ders., Die Stoffe und das Leben. Württ. Staatsanzeiger 1877, 22. September.
28. Lotze, H., Mikrokosmos. Leipzig 1876.
29. Snell, K., Die Schöpfung des Menschen. Leipzig 1863.
30. Wigand, A., Der Baum, Betrachtungen über Gestalt und Lebensgeschichte der Holzgewächse. Braunschweig 1874.
31. Ders., Der Darwinismus. Braunschweig 1874.
32. Ders., Der Individualismus in der Natur. Aus dem handschriftl. Nachlaß herausgegeben von Dr. Armin Müller. Habelschwerdt 1927.
33. Langbehn, J., „Zoographie" (in „Rembrandt als Erzieher", Leipzig 1922), ferner „Ganzheit" und „Mathematisch-Mystisches" (in „Der Geist des Ganzen", Freiburg i. Br. 1930).

---

34. Driesch, H., Philosophie des Organischen. Leipzig 1921.
35. Heyse, H., Der Begriff der Ganzheit und die Kantische Philosophie. München 1927. Versucht von Kant aus die Entwurzelung der Univozität des Seinsbegriffs und dadurch die Anknüpfung an die antike und genuinscholastische Ontologie und Kosmologie.
36. Landmann, E., Die Transzendenz des Erkennens. Berlin 1923. Ein phänomenologisch grundgelegter Neuaufbau des Sinnesrealismus, ein Seitenstück zu Gredts, „Unsere Außenwelt".
37. Martius, Hedwig Conrad-, Metaphysische Gespräche. Halle a. S. 1921.
38. Dies., Realontologie. Jahrb. f. Philos. u. phän. Forschung, Bd. VI.
39. Dies., Farben. Husserl-Festschrift.
40. Pleßner, H., Die Stufen des Organischen und der Mensch. Berlin 1928.
41. Friedmann, Die Welt der Formen. München 1929.
42. Haering, Th., Philosophie der Naturwissenschaft. München 1923.
43. Scheler, M., Versuche einer Philosophie des Lebens (in „Vom Umsturz der Werte", II. Bd., Leipzig 1923). Die biologischen Grundanschauungen Schelers sind seinen übrigen Werken eingegliedert. Wesentliches bringt er besonders in seiner Ethik.
44. Buytendijk, F., Anschauliche Kennzeichen des Organischen. Philos. Anzeiger, II. Jahrg., 1928, Heft 4 und „Zur Untersuchung des Wesensunterschiedes von Mensch und Tier" (Blätter f. deutsche Philosophie 1929).
45. Claudel, P., Ars poetica mundi. Hellerau 1930.
46. Switalski, B., Deuten und Erkennen. (Vorlesungsverzeichnis der Staatl. Akademie. Braunsberg 1928.) Bahnt die reife vorsichtig abwägende Synthese zwischen dem anschaulich-progressiven und kritisch-regressiven Denken an.

II. Zur Orientierung über die neuere einschlägige biologische Literatur.

(Die mit *) versehenen Schriften sind in „Schaxels Abhandlungen zur theoretischen Biologie" erschienen.)

1. Alsberg, P., Das Menschheitsrätsel. Dresden 1922.
2. André, H., Über künstliche Blatt- und Blütenmetamorphosen bei der Schneebeere (Symph. rac. Michx) nebst Versuch einer charakterologischen Analyse pflanzlicher Lebenserscheinungen. Berlin 1927.*)
3. Ders., Über die teleologische und kausale Deutung der Jahresringbildung des Stammes. (Die Naturwissenschaften 1920, Heft 51 und 52.
4. Ders., Über künstliche Entwicklungs- und tropistische Verhaltungsveränderungen bei Mimulus Tilingii. Ber. d. d. Bot. Ges. 1927, Heft 8.
5. Asher, L., Der Anteil einfachster Stoffe an den Lebenserscheinungen. Bern 1913.
6. Becher, E., Die fremddienliche Zweckmäßigkeit der Pflanzengallen. Leipzig 1917.
7. Becher, S., Untersuchungen über nichtfunktionelle Korrelationen in der Bildung selbständiger Skelettelemente und das Problem der Formbildung in einheitlichen Protoplasmamassen. Zool. Jahrb., Bd. 31, 1911. Abt. f. allg. Zool u. Physiologie d. Tiere.
8. Behm, H. W., Schöpfung des Menschen. Revolution um Charles Darwin und sein Erbe. Leipzig 1929.
9. Bertalanffy, L., Kritische Theorie der Formbildung. Berlin 1928.*)
10. Blees, Phototropisme et expérience chez la Daphnie. Niederl. Arch. d. Phys. d. M. u. d. Tiere, Bd. II, 1918.
11. Brandt, W., Die biologischen Grundgesetze der Entwicklung. Köln 1931.
12. Ders., Die biologischen Grundlagen der Konstitution des Menschen. Zeitschr. f. d. ges. Anat., II. Abt., Bd. 13.
13. Buytendijk, F., Instinkt en leven. Kampen 1918.
14. Ders., Oude problemen in de Moderne Biologie. Haarlem 1919.
15. Ders., Proeven over gewoonte vorming by dieren. Amsterdam 1918.
16. Ders., Psychologie der Dieren. Haarlem 1920.
17. Ders., Die Weisheit der Ameisen. Habelschwerdt 1925.
18. Ders., Über das Verstehen der Lebenserscheinungen (idem 1925).
19. Ders., Über die Erklärungsmethoden in der Tierpsychologie. Ber. über d. ges. Physiologie, Bd. II, Heft 2, 1920.
20. Ders., Über die Formwahrnehmung beim Hunde. Pflügers Arch. d. ges. Physiologie, Bd. 205, 1924.
21. Ders., Die Deutung des mimischen Ausdruckes (mit H. Pleßner). Philosophischer Anzeiger, I. Jahrg., 1925.
22. Ders., Instinct de la Recherche du Nid et expérience chez les crapauds. Niederl. Arch. f. d. Physiologie d. Menschen u. d. Tiere, Bd. II, 1917.

23. Ders., L'instinct d'alimentation et l'expérience chez les crapauds (idem Bd. III, 1917).
24. Ders., L'instinct d'alimentation et l'expérience chez les poissons (idem Bd. II, 1918).
25. Ders., Acquisition d'habitudes par les êtres unicellulaires (idem Bd. III, 1918).
26. Ders., Considérations de psychologie comparée à propros d'expériences faites avec le singe Cercopithecus (idem Bd. V, 1920).
27. Ders., Sens de localisation et acquisition d'habitudes chez les oiseaux (idem Bd. V, 1920).
28. Ders., L'odorat du chien (idem Bd. V, 1921).
29. Ders., Une formation d'habitude simple chez le limaçon d'eau douce (Limnaeus) (idem Bd. V, 1921).
30. Ders., Sur une méthode d'examen du sens chimique chez les animaux inférieurs (idem Bd. VII, 1922).
31. Ders., Sur la valeur de réaction de quelques excitants sensoriels simples dans la formation d'une habitude par les chiens (idem Bd. VIII, 1923) (mit Frl. Hage).
32. Ders., Nouvelles recherches sur la formation d'habitudes chez les poissons (idem Bd. VIII, 1923) (mit Frl. Remmers'.
33. Ders., L'importance spéciale du sens de la vue dans les phénomènes de reconnaissance chez les singes inférieurs (idem Bd. VIII, 1923) (mit Révesz).
34. Ders., À propos de la façon dont les animaux se débarassent de leurs entraves (idem Bd. XV, 1930).
35. Ders., Über das Umlernen (idem Bd. XV, 1930) (unter Mitarbeit von Frl. Bonnema und Frl. Jansonius).
36. Ders., Over het reactieverloop in physiologische buffermengsels, onderzocht door directe registratie der Ph veranderingen. Koninklijke Akademie von wetenschappen te Amsterdam 1926 (mit R. Brinkmann).
37. Dacqué, E., Urwelt, Sage und Menschheit. München 1928.
38. Ders., Die Erdzeitalter. München 1930.
39. Eimer, G. H. Th., Die Entstehung der Arten. Jena 1888.
40. Einhorn, D., Erfahrung und Deszendenztheorie. Wien 1924.
41. Ettlinger, M., Der Anpassungscharakter der spezifischen Sinnesenergien nach seiner erkenntnistheoretischen Tragweite. Festgabe zum 70. Geburtstag von Georg Freiherrn von Hertling. Freiburg 1930.
42. Fitting, H., Die Pflanze als lebender Organismus. 1917.
Ders., Grundprobleme der Pflanzengestaltung. Bonner Mitteilungen, Heft 4.
43. Geßner, F., Die Philosophie der Vererbung. „Freie Welt" Gablonz, Heft 185.
Ders., Die Krisis im Darwinismus. Reichenberg 1930.
44. Goldstein, K., Die Lokalisation der Großhirnrinde (im „Handbuch der norm. und path. Physiologie, 10. Bd.). Berlin 1927. Das umfassendste Werk der gestalttheoretisch-psychologisch orientierten Gehirnphysiologie.

45. Gurwitsch, A., Versuch einer synthetischen Biologie. Berlin 1923.*)
46. Ders., Die histologischen Grundlagen der Biologie. Berlin 1930. Bringt den vollständigen Entwurf der biologischen Feldtheorie.
47. Haecker, V., Pluripotenzerscheinungen. Jena 1925.
48. Hayata, B., An Interpretation of Goethes Blatt in his „Metamorphose der Pflanzen" as an Explanation of the Principle of Natural Classification, in Icones Plantarum Formosanarum X, p. 80.
49. Hartmann, M., Allgemeine Biologie. Jena 1927.
50. Heidenhain, M., Plasma und Zelle. In: Handbuch der Anatomie des Menschen, 8, 1. Abt. (1907 und 1911).
51. Ders., Formen und Kräfte in der lebendigen Natur. Vorträge und Aufsätze über Entwicklungsmechanik der Organismen, H. 32 (1923 b).
52. Ders., Über die Grundlagen einer synthetischen Theorie des tierischen Körpers. Klin. Wochenschrift 1925.
53. Ders., Ein vorläufiger Bericht über die Spaltungsgesetze der Blätter. Zeitschr. f. Anatomie und Entwicklungsgeschichte, 90. Bd., 2. Heft.
54. Henderson, L., Die Umwelt des Lebens. Wiesbaden 1914.
55. Hertwig, O., Das Werden der Organismen. Jena 1918.
56. Jacobj, W., Über das rhythmische Wachstum der Zellen durch Verdoppelung ihres Volumens. Roux' Arch. 106.
57. Ders., Das geometrische Prinzip der „Möbiusringe" im Chromosomenmechanismus der heterotypischen Mitose und seine Bedeutung für Vererbung und Geschwulstentstehung. Roux' Arch. 120.
58. Jarmer, K., Das Seelenleben der Fische. München 1928.
59. Jordan, J., Allgemeine vergleichende Physiologie der Tiere. Berlin und Leipzig 1929. Die erste vergleichende Physiologie auf der Grundlage der Ganzheitsforschung.
60. Just, G., Begriff und Bedeutung des Zufalls im organischen Geschehen. Berlin 1925.
61. Köhler, W., Die physischen Gestalten. Braunschweig 1920.
62. Klebs, G., Über die Nachkommen künstlich veränderter Blüten von Sempervivum. Heidelberg 1909.
63. Kleinschmidt, O., Realgattung Homo sapiens (L.) in Berajah. Zoographia infinita. Halle a. S. 1922.
64. Ders., Die Formenkreislehre und das Weltwerden des Lebens. Halle a. S. 1926.
65. Kniep, H., Die Sexualität der niederen Pflanzen. Jena 1928.
66. Kny, L., Über künstliche Spaltung der Blütenköpfe von Helianthus annuus. Naturw. Wochenschrift, N. F. IV, Nr. 47.
67. Kranichfeld, H., Das „Gedächtnis" der Keimzelle und die Vererbung erworbener Eigenschaften. Biol. Zentralbl. 1907, Nr. 20. Die tiefgründigste Kritik der psychistischen Entwicklungslehre.
68. Ders., Wie können sich Mutanten bei freier Kreuzung durchsetzen? Idem 1910, Nr. 18.
69. Ders., Zum Farbensinn der Bienen. Idem 1915, Nr. 1.
70. Ders., Die funktionelle Anpassung der embryonalen Aortenbogen. Roux' Arch., XI. Bd., 4. Heft.

71. Ders., Die prinzipielle Stellung der modernen Naturwissenschaft zum Darwinismus. Neue kirchl. Zeitschr., 30. Jahrg., Nr. 1 und 2.
72. Ders., Die Geltung der von W. Roux und seiner Schule für die ontogenetische Entwicklung nachgewiesenen Gesetzmäßigkeiten auf dem Gebiete der phylogenetischen Entwicklung (Theorie des phylogenetischen Wachstums). Vortr. u. Aufs. über Entwicklungsmechanik d.Org. Heft 31, 1922.
73. Ders., Eine neue Untersuchung über die fremddienliche Zweckmäßigkeit. Naturw. Wochenschrift 1921, Nr. 43.
74. Ders., Eine Erneuerung der Darwinschen Zufallstheorie. Die Naturwissenschaften 1920, Heft 21.
75. Ders., Das teleologische Prinzip in der biologischen Forschung. Habelschwerdt 1924.
76. Küster, E., Botanische Betrachtungen über Alter und Tod. Berlin 1921.
77. Lasson, A., Der Leib. Berlin 1898.
78. Lebedinsky, G., Die Isopotenz allgemeiner homologer Körperteile. Berlin 1925.*)
79. Luehr, W., Ein Beitrag zur Kenntnis der Vorgänge in sich differenzierenden und streckenden Pflanzenzellen. Bot. Arch., Bd. 21, Heft 1, 1928.
80. Lewin, K., Die Verwandtschaftsbegriffe in Biologie und Physik. Berlin 1920.*)
81. Matthaei, R., Der Begriff der Gestalt und seine biologische Bedeutung. Natur und Museum 1927.
82. Ders., Über die Methode der Biologie. Dieselbe Zeitschrift 1929.
83. Ders., Das Gestaltproblem, Ergebnisse der Physiologie 1929. (Zur Einführung in die Gestalttheorie sehr geeignet.)
84. Meyer, Ad., Logik der Morphologie. Berlin 1926.
85. Monschau, M., Untersuchungen über das Kernwachstum bei Pflanzen. „Protoplasma", Bd. IX, Heft 4.
86. Müller, A., Das Individualitätsproblem und die Subordination der Organe. Leipzig 1924.
87. Ders., Die sog. fremddienliche Zweckmäßigkeit und die menschliche Pathologie. Virchows Archiv, Bd. 244.
88. Münch, E., Die Stoffbewegungen in der Pflanze. Jena 1930.
89. Naef, A., Idealistische Morphologie und Phylogenetik. Jena 1929.
90. Němec, B., Über die Folgen einer Symmetriestörung bei zusammengesetzten Blättern. Prag 1902.
91. Oldekop, E., Über das hierarchische Prinzip in der Natur und seine Beziehungen zum Mechanismus-Vitalismus-Problem. Reval 1930. Ein über die gegenwärtige Problemlage trefflich orientierendes Büchlein.
92. Petersen, H., Die Bedeutung der aufrechten Körperhaltung für die Eigenart des menschlichen Umweltbildes. Die Naturwissenschaften 1924, Heft 10.

93. Ders., Vorgänge und Zustände und ihre Ableitung auseinander. Kritische Anmerkungen zum Geschichtsproblem in der Biologie. Die Naturwissenschaften 1920, Heft 49.

94. Philiptschenko, J., Variabilität und Variation. Berlin 1927.

95. Pütter, A., Studien über physiologische Ähnlichkeiten. VI. Wachstumsähnlichkeiten. Pflügers Arch., Bd. 180, 1920.

96. Rádl, E., Neue Lehre vom zentralen Nervensystem. Leipzig 1912. Weist im Nervensystem allgemeine Strukturgesetze nach, welche für die verschiedenen Tiergruppen ohne Unterschied ihrer systematischen Stellung gelten.

97. Ritter, E., und Bailey, W., The organismal conception, its place in science and its bearing on philosophy. University of California publications in Zoologigy. Vol. 31, Nr. 14, p. 307—358.

98. Ders., The unity of the organism or the organismal conception of life. 2 Bde. Boston 1919.

99. Rosen, F., Das komplikatorische Prinzip. Beiträge zur Biologie der Pflanzen. 14. Bd., 2. Heft.

100. Rudy, H., Die biologische Feldtheorie. Berlin 1931.*)

101. Sapper, K., Biologie und organische Chemie. Berlin 1930.*)

102. Schaxel, J., Grundzüge der Theorienbildung in der Biologie. Jena 1922.

103. Schleip, W., Die Determination der Primitiventwicklung. Leipzig 1929. Bringt auch die eingehende Darstellung der Spemannschen Organisatorenlehre.

104. Schmid, B., Von den Aufgaben der Tierpsychologie. Berlin 1921.*)

105. Schneider, K. C., Die Grundgesetze der Deszendenztheorie in ihrer Beziehung zum religiösen Standpunkt. Freiburg i. Br. 1910.

106. Ders., Euvitalistische Biologie. München 1926.

107. Schrammen, A., Die gesetzmäßigen Ursachen der Umbildung und des Verganges der Tierwelt und des Menschen. Hildesheim 1930.

108. Schuepp, O., Untersuchungen zur beschreibenden und experimentellen Entwicklungsgeschichte von Acer Pseudoplatanus. Jahrb. f. wiss. Botanik 1929, Heft 5.

109. Selle, D. Dr. Fr., Pflanze und Weltanschauung. Graz 1927.

110. Seybold, A., Untersuchungen über die Formgestaltung der Blätter der Angiospermen. 1. Die homologen Konvergenzreihen der Blätter und allgemeine kritische Bemerkungen über das Gestaltproblem. Leipzig 1927.

111. Ders., Über die Zweckmäßigkeitsbetrachtungen und die Aufgaben der pflanzlichen Physiologie. Biol. Zentralbl., Bd. 50, Heft 6.

112. Simon, S. V., Über Gewebeveränderungen in den Stielen abgetrennter bewurzelter Blätter von Begonia Rex. Jahrb. f. wiss. Bot. 1929, Heft 3.

113. Smuts, J. C., Holism and Evolution. New York 1926. Entwickelt gut das Stufenprinzip in der Natur, das Pflanze, Tier und Mensch scheidet.

114. Spiller, B., The origin and nature of man. London 1931. Entwickelt ebenfalls gut das Stufenprinzip in der Natur, das Pflanze, Tier und Mensch scheidet.
115. Strohl, J., Physiologische Gesichtspunkte in der Tiergeographie. Vierteljahrsschrift d. Naturf. Ges. Zürich 1921.
116. Ders., Mißbildungen im Tier- und Pflanzenreich. Jena 1929.
117. Troll, W., Organisation und Gestalt im Bereich der Blüte. Berlin 1928.
118. Ders., Grundprobleme der Pflanzenphysiologie und der Biologie überhaupt. Biol. Zentralbl., Bd. 49, Heft 1.
119. Ders., Gestalt und Gesetz. Versuch einer geistesgeschichtlichen Grundlegung der morphologischen und physiologischen Forschung. „Flora", N. F. 18. und 19. Bd.
120. Tschermak, A. v., Allgemeine Physiologie. Berlin 1924.
121. Tschirch, A., Die Beziehungen zwischen Pflanzen und Tier im Lichte der Chemie. Stuttgart 1924.
122. Uexküll, J. v., Die Lebenslehre. Potsdam 1930.
123. Uittien, H., Über den Zusammenhang zwischen Blattnervatur und Sproßverzweigung. Amsterdam 1930.
124. Ungerer, Die Regulationen der Pflanzen. Berlin 1919.
125. Velenovský, J., Vergleichende Morphologie der Pflanzen. Prag 1905—1913.
126. Wasmann, E., Die Gastpflege der Ameisen, ihre philosophischen und biologischen Probleme. Berlin 1920.
127. Weiß, P., Morphodynamik. Ein Einblick in die Gesetze der organ. Gestaltung an der Hand von experimentellen Ergebnissen. Berlin 1926.*)
128. Weizsäcker, V. v., Reflexgesetze (im „Handbuch d. norm. u. path. Physiologie", 10. Bd.). Berlin 1927.
129. Wenzl, A., Der Gestalt- und Ganzheitsbegriff in der modernen Psychologie, Biologie und Philosophie und sein Verhältnis zum Entelechiebegriff. Philosophia perennis. Regensburg 1930.
130. Wiesner, J., Die Elementarstruktur und das Wachstum der lebenden Substanz. Wien 1892.
131. Wolff, G., Zur Frage der „fremddienlichen" Zweckmäßigkeit. Roux' Arch. 111.
132. Woltereck, R., Biologie als Ganzheitsforschung. Die Erde. Bd. I.

Tafel I. (Nach einer Photographie von Heidenhain.)

Tafel II. (Nach Uittien.)

Printed and bound by CPI Group (UK) Ltd, Croydon, CR0 4YY
18/08/2026
14944368-0003